Personalmanagement

Dirk Holtbrügge

Personalmanagement

7., überarbeitete und erweiterte Auflage

Springer Gabler

Dirk Holtbrügge
Universität Erlangen-Nürnberg
Nürnberg, Deutschland

ISBN 978-3-662-55641-2 ISBN 978-3-662-55642-9 (eBook)
DOI 10.1007/978-3-662-55642-9

Die Deutsche Nationalbibliothek verzeichnet diese Publikation in der Deutschen Nationalbibliografie; detaillierte bibliografische Daten sind im Internet über http://dnb.d-nb.de abrufbar.

Springer Gabler

Lektorat: Stefanie Winter

Springer Gabler ist Teil von Springer Nature
Die eingetragene Gesellschaft ist Springer-Verlag GmbH Deutschland
Die Anschrift der Gesellschaft ist: Heidelberger Platz 3, 14197 Berlin, Germany

Vorwort zur 7. Auflage

Personalmanagement ist heute nicht mehr auf administrative Aufgaben wie die Lohn- und Gehaltsabrechnung und das Führen von Personalakten beschränkt, sondern wird immer mehr zu einem strategischen Erfolgsfaktor der Unternehmungsführung. Als Folge davon gibt es kaum noch Mitarbeiter, die nicht mit verschiedenen Aspekten des Personalmanagement konfrontiert sind – sei es als Führungskraft, in der Personalabteilung, im Rahmen der betrieblichen Mitbestimmung oder als von personalpolitischen Maßnahmen Betroffene.

Das Ziel dieses Lehrbuchs ist es, einen fokussierten und systematischen Überblick über wichtige Aspekte des Personalmanagement zu geben. Angesprochen sind dabei nicht nur Personalspezialisten, sondern alle mit personalpolitischen Aufgaben betrauten Führungskräfte und Mitarbeiter. Im Vordergrund stehen deshalb aktuelle und kontrovers diskutierte Aspekte, die für die Tätigkeit von Unternehmungen von besonderer Bedeutung sind und einen expliziten Managementbezug aufweisen.

Das Buch ist in sechs Kapitel untergliedert. In Kapitel 1 wird der Bedeutungswandel von der Personaladministration zum Personalmanagement aufgezeigt. Den Mittelpunkt von Kapitel 2 bilden ausgewählte Theorien des Personalmanagement, die die Grundlage für den diesem Buch zugrunde liegenden integrierten Personalmanagement-Ansatz bilden und in späteren Kapiteln wieder aufgegriffen werden.

Kapitel 3 ist den Akteuren des Personalmanagement gewidmet. Hierzu zählen die Mitarbeiter und die Führungskräfte als individuelle Akteure sowie die Mitarbeitervertreter und die Personalabteilung als kollektive Akteure. Den Abschluss des Kapitels bildet die Darstellung verschiedener Formen der Organisation des Personalmanagement, wobei vor allem aktuelle Entwicklungen wie das Wertschöpfungscenter-Konzept, das Konzept der virtuellen Personalabteilung und das Outsourcing von Personalaufgaben thematisiert werden.

Im Mittelpunkt von Kapitel 4 stehen die Bedingungen des Personalmanagement. Dabei wird in externe Bedingungen wie das Arbeitsrecht und den Arbeitsmarkt sowie in interne Bedingungen wie die Unternehmungsstrategie und den Internationalisierungsgrad unterschieden.

Im umfangreichsten Kapitel 5 werden die einzelnen Instrumente des Personalmanagement dargestellt. Zu aktuellen Themen im Rahmen der Personalbedarfsplanung und -deckung zählen etwa die Nutzung sozialer Netzwerke und das Talent- und Karrieremanagement (Kapitel 5.1). In Kapitel 5.2 (Personaleinsatz) werden vor allem neue Formen der Arbeitsgestaltung wie Leih-, Zeit- und Telearbeit sowie Möglichkeiten der Arbeitszeitflexibilisierung angesprochen. Ein Schwerpunkt in Kapitel 5.3 (Personalentlohnung) sind strategische Anreizsysteme für

Führungskräfte. In Kapitel 5.4 (Personalführung) werden neben klassischen Führungstheorien auch neuere Ansätze der symbolischen und postmodernen Personalführung thematisiert.

Kapitel 6 ist schließlich der Effizienz des Personalmanagement und deren Messung im Rahmen des Personalcontrolling gewidmet. Ein Schwerpunkt liegt hier auf Ansätzen der Humanvermögensrechnung.

Ein besonderes Anliegen des Buches ist es, die Zusammenhänge zwischen verschiedenen Theorien, Konzepten und Methoden des Personalmanagement aufzuzeigen. Insbesondere wird deutlich gemacht, dass unterschiedliche Ansätze auch zu unterschiedlichen Perspektiven und Bewertungen personalpolitischer Fragestellungen führen können. Theoretische Fundierung heißt jedoch keineswegs Praxisferne. Vielmehr soll belegt werden, dass die einzelnen Theorien und Konzepte des Personalmanagement sehr praktische Implikationen beinhalten können. Dazu dienen vor allem kurze Praxisbeispiele, die Anwendungen in Unternehmungen aufzeigen und Erfahrungen illustrieren.

Die diesem Buch zugrunde liegende Konzeption wurde über mehrere Jahre in Lehrveranstaltungen des Master- und MBA-Studiums an der Friedrich-Alexander-Universität Erlangen-Nürnberg entwickelt, erprobt und kontinuierlich erweitert. Allen Studierenden, die sich an diesen Lehrveranstaltungen in großer Zahl und mit großem Engagement beteiligt haben, gebührt daher Dank für vielfältige Anregungen, Verbesserungsvorschläge und Hinweise auf Unverständlichkeiten. Danken möchte ich auch den Kolleginnen und Kollegen in der Kommission „Personalwesen" im Verband der Hochschullehrer für Betriebswirtschaft e.V. und in der Academy of Management für ihre kritischen und ermutigenden Kommentare zu verschiedenen Vorträgen und Aufsätzen, die in einzelne Kapitel eingeflossen sind.

Für die siebte Auflage wurden alle Kapitel aktualisiert. Dies gilt insbesondere für die Berücksichtigung von Reformen des Arbeitsrechts. Zudem wurden neue Entwicklungen bei der Flexibilisierung von Arbeitsverhältnissen, dem Einsatz neuer Medien, dem Karrieremanagement und der Personalführung berücksichtigt. Viele Kapitel wurden erweitert und um aktuelle Praxisbeispiele ergänzt. Alle Literaturhinweise wurden aktualisiert und rund 100 neue Veröffentlichungen eingearbeitet.

Mein Dank gilt meinen Kollegen Prof. Dr. Nicola Berg (Universität Hamburg) und Prof. Dr. Helmut Haussmann (Bundeswirtschaftsminister a.D.) sowie meinem Mitarbeiter Dr. Tassilo Schuster, die mir zahlreiche Anregungen für Überarbeitungen und Ergänzungen gegeben haben. Annette Henn hat die redaktionelle Gestaltung des Manuskripts betreut. Meinen Mitarbeitern Judith Ambrosius, Marcus Conrad, Dr. Franziska Engelhard, Dr. Ritam Garg, Christina Kempf, Marc Oberhauser und Marion Wehner danke ich für die anregende und herzliche Arbeitsatmosphäre am Lehrstuhl, in der dieses Buch entstanden ist.

Nürnberg, im Juli 2017 Univ.-Prof. Dr. Dirk Holtbrügge

Inhaltsverzeichnis

Abbildungsverzeichnis

Tabellenverzeichnis

1 Personalmanagement als strategischer Erfolgsfaktor der Unternehmungsführung

Seit der Herausbildung eigenständiger Personalabteilungen in industriellen Großunternehmungen im ausgehenden 19. Jahrhundert haben sich Inhalt, Ziele und Methoden des Personalmanagement fundamental gewandelt. In **traditioneller Auffassung** kam dem Personalwesen als betriebliche Instrumentalfunktion die Aufgabe zu, den Faktor Arbeit möglichst optimal an die rechtlichen, technologischen, organisatorischen und marktlichen Rahmenbedingungen der Unternehmung anzupassen. Entsprechend war das Personalwesen lange Zeit vor allem von den beiden folgenden **Zielsetzungen** geleitet:

- Im Vordergrund stand zumeist das Ziel, die *Rechtmäßigkeit* aller personalpolitischen Aktivitäten zu gewährleisten. Die große Bedeutung dieses Ziels resultierte aus dem weitreichenden Einfluss des Rechts auf personalpolitische Entscheidungen. Traditionell waren damit deshalb überwiegend Juristen betraut.
- Darüber hinaus wurde das Ziel verfolgt, eine möglichst hohe *Arbeitsproduktivität* der Mitarbeiter zu erreichen, indem z.B. Zeit- und Bewegungsstudien durchgeführt und leistungsorientierte Entgeltsysteme eingeführt wurden. Da diese Aufgaben einen starken technischen Bezug hatten, wurden sie vor allem von Ingenieuren ausgeübt.

Deutlich wird diese traditionelle Ausrichtung des Personalwesens etwa im **Produktionsfaktoransatz von Gutenberg** (1983), wonach die Mitarbeiter einer Unternehmung analog zu Kapital, Roh- und Betriebsstoffen, Maschinen und Gebäuden als *Produktionsfaktoren* angesehen werden, deren Einsatz es zu optimieren gilt. Die besonderen Eigenschaften des Menschen, d.h. seine Ziele, Wünsche, Emotionen, Ängste, u.a. stellen lediglich Rahmenbedingungen dar, die beim Einsatz dieses Produktionsfaktors berücksichtigt werden müssen. Entsprechend argumentieren Wöhe/Döring (2002, S. 32): „Zweifellos kommt dem arbeitenden Menschen eine zentrale Stellung im Betrieb zu. Aber vom Standpunkt der Betriebswirtschaftslehre ist er nicht Zweck, sondern Mittel, einer der Faktoren, die zur Realisierung der mit dem Betriebsprozess erstrebten praktischen Zielsetzungen eingesetzt werden."

Organisatorisch verankert waren personalpolitische Aufgaben zumeist in einer zentralen Stabsabteilung „Personalwesen", deren Aufgaben vor allem die Lohn- und Gehaltsabrechnung, das Führen von Personalakten und die Einstellung neuer Mitarbeiter waren. Diesen administrativen und operativen Aufgaben entsprechend besaß die Personalabteilung i.d.R. keine Weisungsbefugnis und nur einen geringen Einfluss auf unternehmungspolitische Entscheidungen.

Diese traditionelle Auffassung des Personalwesens hat seit Beginn der achtziger Jahre einen **grundlegenden Wandel** erfahren, der sich gleichermaßen auf dessen Zielsetzungen, Instrumente und organisatorische Verankerung auswirkt (vgl. Tab. 1.1). Begleitet wird dieser von einem Begriffswandel. Während früher die Begriffe Personalwesen oder Personaladministration gebräuchlich waren, wird zunehmend der Begriff Personalmanagement verwendet. Ein ähnlicher Wandel ist im anglo-amerikanischen Sprachraum zu beobachten, wo der Begriff Human Resource Management zunehmend den Begriff Personnel Management ersetzt.

Tabelle 1.1. Von der Personalverwaltung zum Personalmanagement

	Personalverwaltung	**Personalmanagement**
Ziele	• Rechtmäßigkeit • Arbeitsproduktivität	• Zufriedenheit • Wirtschaftlichkeit
Leitbilder	• Bürokratie (Verwaltungsorientierung)	• Markt (Wettbewerbsorientierung)
Menschenbild	• *homo oeconomicus* • Normalarbeitskraft	• *complex man* • Organisationsmitglied
wissenschaftliche Grundlagen	• Recht • Verwaltungswissenschaften • Ingenieurwissenschaften	• Betriebswirtschaftslehre • Verhaltenswissenschaften
Umweltzustand	• statisch	• dynamisch
Antriebskräfte	• Gesetzgeber	• Wettbewerb
Instrumente	• Dienstanweisungen und Verwaltungsvorschriften • Senioritätsprinzip • Hierarchie • formale Qualifikationen	• leistungsorientierte Anreizsysteme • Partizipation • Personalcontrolling • Gruppenarbeit

Standen im Rahmen des Personalwesens vor allem die Rechtmäßigkeit und Produktivität personeller Maßnahmen im Vordergrund, verfolgt das Personalmanagement insbesondere die folgenden **Ziele**:

- *Zufriedenheit*: Mit dem Wandel von der Personaladministration zum Personalmanagement geht eine fundamentale Veränderung des Menschenbilds einher. Mitarbeiter werden nicht länger als Produktionsfaktoren aufgefasst, sondern als Organisationsmitglieder, deren Bedürfnisse und Qualifikationen bei Entscheidungen im Hinblick auf die Erzielung einer möglichst hohen Arbeitszufriedenheit zu berücksichtigen sind. Damit einher geht die verstärkte Adaption und Integration von Erkenntnissen der Verhaltenswissenschaften wie der Organisations- und Arbeitspsychologie (vgl. Gebert/von Rosenstiel 2002; Schuler/Moser

2013; von Rosenstiel/Nerdinger 2011; Ulich 2011), der Organisations- und Arbeitssoziologie (Mikl-Horke 2007; Abraham/Büschges 2009) und der Philosophie (vgl. Steinmann/Löhr 1992; Holtbrügge 2001; Kaiser/Kozica 2012).

- *Wirtschaftlichkeit*: Unbestritten ist darüber hinaus, dass der Einsatz personalpolitischer Instrumente nicht nur die Arbeitsproduktivität steigern, sondern die Wirtschaftlichkeit und Wettbewerbsfähigkeit von Unternehmungen insgesamt verbessern soll. Neben der Verhaltensorientierung kommt dem Personalmanagement damit auch eine starke Marktorientierung zu, die sich im Rückgriff auf Erkenntnisse und Methoden der Ökonomie niederschlägt (vgl. Backes-Gellner/Lazear/Wolff 2001; Sadowski 2002).

Aus diesen beiden Zielsetzungen ergeben sich mehrere Implikationen für die **organisatorische Einordnung** des Personalmanagement, die anschaulich in Abb. 1.1 illustriert sind. Von besonderer Bedeutung ist, dass sich Personalmanagement nicht länger auf die operative Anwendung von Personaltechniken durch eine hierarchisch untergeordnete Personalabteilung reduziert, sondern neben der Planung, der Organisation und dem Controlling zu einer gleichwertigen strategischen *Führungsaufgabe* wird. Beispiele für personalpolitische Instrumente auf strategischer Ebene sind die integrierte Personal- und Strategieplanung (vgl. Kap. 5.1.1.3) sowie Anreizsysteme für Führungskräfte (vgl. Kap. 5.3).

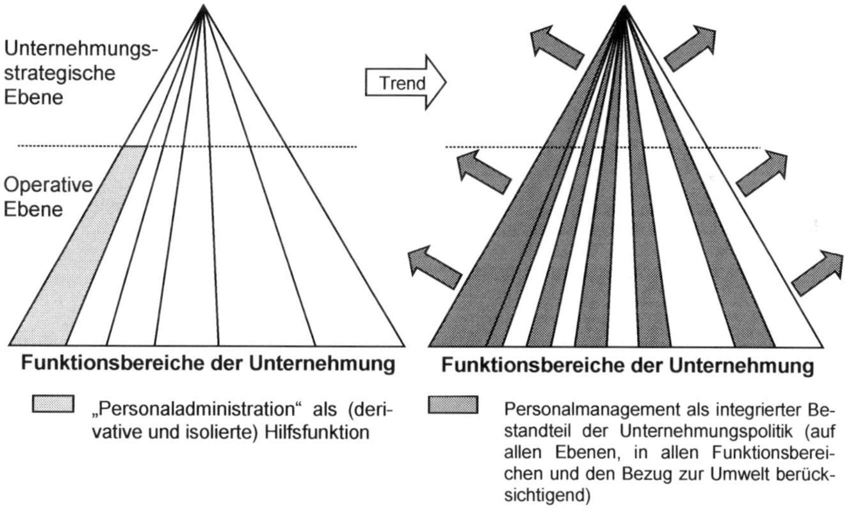

Abb. 1.1. Von der Personaladministration zum Personalmanagement (Quelle: Wohlgemuth 1987, S. 88)

Personalpolitische Fragestellungen bleiben zudem nicht länger auf den Funktionsbereich Personalwesen beschränkt, sondern werden für *alle betrieblichen Funktionsbereiche* und damit letztlich für *alle Mitarbeiter relevant*. Insbesondere Führungskräfte werden immer mehr zu eigenständigen personalpolitischen Akteuren, die in Zusammenarbeit mit der Personalabteilung Gestaltungsaufgaben des Personalmanagement wahrnehmen (vgl. Kap. 3.2).

Darüber hinaus besitzt das Personalmanagement einen starken *Umweltbezug*. Dies gilt in zweifacher Hinsicht: Einerseits stehen Unternehmungen auf dem Arbeitsmarkt in Konkurrenz zu anderen Unternehmungen, was sich z.B. auf deren Personalbeschaffung und Personalentlohnung auswirkt. Andererseits werden die Mitarbeiter als Humanressourcen aufgefasst, die im Sinne der ressourcenorientierten Theorie der Unternehmung (vgl. Kap. 2.7) eine zentrale Quelle von Wettbewerbsvorteilen gegenüber anderen Unternehmungen darstellen.

Für die wachsende Bedeutung des Personalmanagement gibt es zahlreiche **Ursachen** (vgl. Rump/Walter 2013; Hackl/Gerpott 2015; Widuckel 2015):

- Die *zunehmende Größe und Komplexität vieler Unternehmungen* bewirkt, dass personalpolitische Maßnahmen nicht mehr allein der Personaladministration dienen, sondern auch eine wichtige Koordinationsfunktion übernehmen. So sollen etwa verbindliche Kriterien der Personalauswahl, gruppenorientierte Formen des Personaleinsatzes und die Personalführung mit Hilfe von Zielvorgaben auch dazu beitragen, die Handlungen der einzelnen Mitarbeiter aufeinander abzustimmen und eine konsistente Unternehmungspolitik zu gewährleisten.
- Eine weitere Ursache ist der in Deutschland und vielen anderen Ländern in den letzten Jahren zu beobachtende *rapide Anstieg der absoluten und relativen Personalaufwendungen*. Vor allem im Dienstleistungssektor machen die Personalaufwendungen einen bedeutenden Teil der Gesamtaufwendungen aus, was wiederum eine intensive Auseinandersetzung mit personalpolitischen Fragestellungen erfordert.
- Die zunehmende Relevanz des Personalmanagement ist darüber hinaus durch die *Verschärfung und Globalisierung des Wettbewerbs* bedingt. Aufgrund des steigenden Wettbewerbsdrucks werden personalpolitische Instrumente immer stärker einer ökonomischen Kosten-Nutzen-Analyse unterzogen und ihr Beitrag zur Wertsteigerung von Unternehmungen untersucht. Dies gilt insbesondere für Branchen, in denen Unternehmungen internationaler Konkurrenz aus den Emerging Markets ausgesetzt sind.
- In Deutschland und vielen anderen Industrieländern vollziehen sich tief greifende demographische Veränderungen. Dazu zählen etwa die Alterung der Bevölkerung, die zunehmende Erwerbstätigkeit von Frauen sowie die kulturelle Differenzierung in vielen Unternehmungen. Diese Diversifizierung der Beschäftigten führt dazu, dass das vielen personalpolitischen Instrumenten zugrunde liegende Menschenbild der Normalarbeitskraft obsolet wird und eine *Individualisierung* des Personalmanagement stattfindet.
- Zu dieser Individualisierung des Personalmanagement trägt auch der in den meisten Industrieländern zu beobachtende *Wertewandel* von materialistischen zu post-materialistischen Werten bei. Der steigende Wohlstand und die erkennbaren Grenzen des Wachstums haben seit Ende der sechziger Jahre zu veränderten Arbeitseinstellungen geführt, die Autonomie, Arbeitszeitreduzierung und die bessere Abstimmung mit privaten und sozialen Bedürfnissen höher einstufen als einen permanenten Einkommenszuwachs. Aufgrund des geringen

Wirtschaftswachstums und der hohen Arbeitslosigkeit deutet sich in vielen Ländern jedoch gegenwärtig wieder eine zunehmende Leistungsorientierung, Flexibilität sowie regionale und berufliche Mobilität der Mitarbeiter an.

- Ein weiterer Grund sind die in vielen Industrieländern zu beobachtenden *strukturellen Veränderungen des Arbeitsmarktes*. So herrscht z.B. in Deutschland ein Mangel an qualifizierten Fachkräften (z.B. in vielen Handwerksberufen und in der Informationstechnologie) bei gleichzeitig hoher Arbeitslosigkeit in anderen Bereichen vor. Aufgrund der demographischen Entwicklung wird sich dieses strukturelle Ungleichgewicht in den nächsten Jahren weiter verschärfen. Die Instrumente des Personalmanagement erfordern deshalb einen zielgruppenspezifischen Einsatz. Während etwa einerseits ein verschärfter *war for talents* zu beobachten ist, der zu besonders attraktiven Beschäftigungsangeboten für hoch qualifizierte Fach- und Führungskräfte führt, nimmt andererseits der Anteil befristeter und prekärer Arbeitsverhältnisse zu.
- Schließlich nimmt die Bedeutung des Personalmanagement durch die *Digitalisierung* und *Entwicklung neuer Technologien* zu. Diese fördern die Virtualisierung der Arbeit und die Mobilität der Mitarbeiter und bewirken eine erhebliche Erweiterung, Erhöhung und Verschiebung von Anforderungsprofilen. Zudem gewinnen dadurch vernetzende, koordinierende und überwachende Tätigkeiten gegenüber ausführenden Tätigkeiten immer mehr an Bedeutung, was wiederum eine Schwerpunktverschiebung des Personalmanagement zur Folge hat.

In einer empirischen Studie unter Personalverantwortlichen schweizerischer Unternehmungen haben etwa Wunderer/Dick (2007) untersucht, wie sich diese Veränderungen der Rahmenbedingungen auf die **praktische Bedeutung** der unterschiedlichen Instrumente des Personalmanagement auswirken werden. Dabei zeigt sich, dass vor allem die Relevanz der Personalentwicklung und der Personalauswahl zunehmen wird. Darin drückt sich die zentrale *Bedeutung des Wissens für den Unternehmungserfolg* aus. Daneben wird für die Entgeltgestaltung, die Arbeitszeitgestaltung und die Personalplanung ein starker Bedeutungszuwachs prognostiziert. Während die ersten beiden Instrumente vor allem der wachsenden *Individualisierung* Rechnung tragen, steht bei der Personalplanung deren *Koordinationsfunktion* im Vordergrund.

Insgesamt fällt dem Personalmanagement damit eine zentrale Rolle im Rahmen der Unternehmungsführung zu, die nicht mehr nur auf die Implementierung von Strategien beschränkt ist, sondern auch deren Initiierung umfasst. Entsprechend verschieben sich die Anforderungen an das Personalmanagement von Routinetätigkeiten zu strategischen und strategieunterstützenden Tätigkeiten, die in enger Abstimmung zwischen Personalabteilung und Linienvorgesetzten ausgeübt werden. Zum wichtigsten Beurteilungskriterium des Personalmanagement wird dessen Fähigkeit, einen positiven Beitrag zur Wettbewerbsfähigkeit von Unternehmungen zu leisten (vgl. Lado/Wilson 1994; Wrigth/Dyer/Takla 1999).

Der positive **Beitrag des Personalmanagement zum Unternehmungserfolg** wird durch zahlreiche empirische Untersuchungen bestätigt. Bereits Peters/Waterman (1984) zeigen im Rahmen ihres *7-S-Konzepts* auf, dass der Erfolg einer Unternehmung nicht nur von den „harten" Faktoren Strategie, Struktur und Systeme abhängt, sondern vor allem durch die „weichen" Faktoren Personal, Fertigkeiten und Fähigkeiten, Führungsstil und Unternehmungsphilosophie bestimmt wird. Einen empirischen Beleg dafür liefert eine Studie der Boston Consulting Group (Strack et al. 2012). In einer weltweiten Befragung von 4.300 Personalverantwortlichen zeigte sich, dass die Gewinnmarge und das Umsatzwachstum von Unternehmungen mit einer systematischen Personalentwicklung, einem ausgeprägten Talentmanagement und einer transparenten Personalbeurteilung und -entlohnung signifikant höher als von Unternehmungen sind, deren Aktivitäten in diesen Bereichen unterdurchschnittlich sind.

In einer Metaanalyse von 61 Studien in Asien, Europa und den USA bestätigen Gmür/Schwerdt (2005) diesen Zusammenhang und weisen einen positiven Einfluss des Personalmanagement auf den Unternehmungserfolg nach. Besonders bedeutsam sind danach der Aufwand für die Personalbeschaffung, eine leistungsfördernde Arbeitsgestaltung, die Höhe des Weiterbildungsaufwands, der Anteil variabler Vergütung und das Fürsorgeempfinden der Unternehmung für ihre Mitarbeiter (vgl. Abb. 1.2). Der Erfolgsbeitrag dieser Instrumente ist weitgehend von der Unternehmungsgröße und dem Herkunftsland unabhängig (vgl. auch Bonn/Gmür/Klimecki 2004; Stock 2004). Eine Schwäche des gegenwärtigen Forschungsstands zum Zusammenhang zwischen Personalmanagement und Unternehmungserfolg ist jedoch, dass bislang nur wenige Erkenntnisse zu möglichen indirekten bzw. moderierenden Effekten vorliegen. Die genauen Wirkungszusammenhänge zwischen dem Einsatz der Instrumente des Personalmanagement und dem Unternehmungserfolg sind deshalb noch weitgehend unerforscht. Zudem handelt es sich bei der Mehrzahl der Studien um Querschnittsuntersuchungen, die keine eindeutigen Hinweise auf die Kausalität der gefundenen Zusammenhänge erlauben (vgl. Stock-Homburg/Herrmann/Bieling 2009).

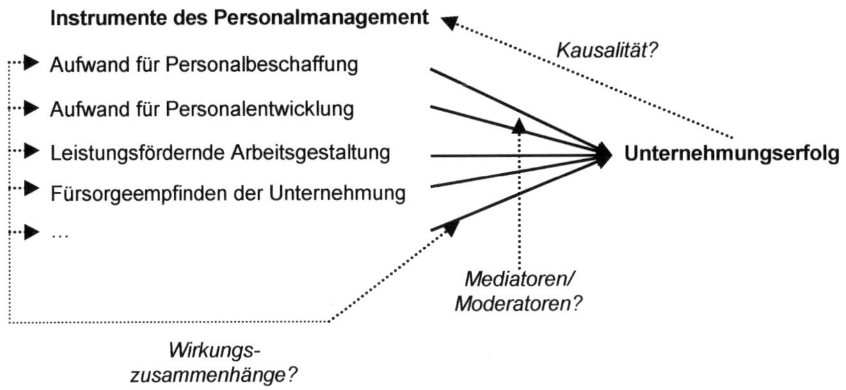

Abb. 1.2. Einfluss des Personalmanagement auf den Unternehmungserfolg

Die Bedeutung des Personalmanagement für den Unternehmungserfolg äußert sich nicht zuletzt darin, dass dieses auch im Rahmen der **Investor Relations** einen immer größeren Raum einnimmt. So schreibt § 289c, HGB vor, dass Kapitalgesellschaften auch eine Erklärung über Arbeitnehmerbelange abzugeben haben, „wobei sich die Angaben beispielsweise auf die Maßnahmen, die zur Gewährleistung der Geschlechtergleichstellung ergriffen wurden, die Arbeitsbedingungen, die Umsetzung der grundlegenden Übereinkommen der Internationalen Arbeitsorganisation, die Achtung der Rechte der Arbeitnehmerinnen und Arbeitnehmer, informiert und konsultiert zu werden, den sozialen Dialog, die Achtung der Rechte der Gewerkschaften, den Gesundheitsschutz oder die Sicherheit am Arbeitsplatz beziehen können." Konkretisiert wird dieses Erfordernis im DRS 15 des Deutschen Rechnungslegungs Standards Committee (2011), der eine möglichst quantifizierte Berichterstattung zur Fluktuation, zur Mitarbeiterqualifikation, zu Weiterbildungsaufwendungen, zum Entlohnungssystem sowie zu tariflichen und betrieblichen Vereinbarungen empfiehlt. Scholz/Sattelberger (2012) befürworten darüber hinaus, die Personalberichterstattung auch an freiwilligen Standards wie der Global Reporting Initiative zu orientieren, und schlagen sieben *Reportingbereiche* vor:

- Personalkosten (z.B. Personalaufwand, Personalaufwand pro Mitarbeiter, Personalkostenstruktur)
- Mengengerüst (z.B. Zahl der Mitarbeiter, Zeitarbeiter, Teilzeitquote)
- Personalstruktur (z.B. Alters-, Qualifikations- und Geschlechterstruktur)
- Aus- und Weiterbildung (z.B. Weiterbildungsaufwand, Teilnehmertage, Weiterbildungskonzept, Zahl der Auszubildenden, Übernahmequote)
- Mitarbeitermotivation (z.B. Arbeitgeberimage, Commitment-Index)
- Arbeitsumfeld (z.B. Work-Life-Balance, Arbeitsschutz)
- Personalertrag (Umsatz pro Mitarbeiter, Einsparungen aus Vorschlägen)

In Zukunft ist davon auszugehen, dass Aspekte des Personalmanagement auch bei der Bewertung von Unternehmungen durch Aktionäre, Banken, Kooperationspartner und die Öffentlichkeit an Relevanz gewinnen (vgl. Wucknitz 2005; Scholz/Sattelberger 2012). In vielen Unternehmungen hat deshalb in den letzten Jahren der Umfang der Personalberichterstattung zugenommen (vgl. Beile 2011). Nach einer empirischen Studie von Knauer (2010) berichten etwa 96,7% der DAX-30-Unternehmungen, 85,1% der MDAX-Unternehmungen und 61,5% der TecDAX-Unternehmungen in ihrem Geschäftsbericht über ihre Personalstrategien. Im Vordergrund stehen dabei Informationen zur Mitarbeiterstruktur sowie zur Aus- und Weiterbildung. Angaben zum Diversity-Management, zur Arbeitgeberattraktivität, zur Partizipation sowie zum Anreizsystem werden dagegen deutlich seltener gemacht. Besonders ausgeprägt ist die Personalberichterstattung bei Unternehmungen aus Branchen, denen Stellensuchende überwiegend nur eine geringe Attraktivität beimessen wie etwa Energieversorgung und Rohstoffe, während Unternehmungen aus der Technologiebranche und der pharmazeutischen Industrie deutlich weniger Informationen über ihr Personalmanagement veröffentlichen.

Tab. 1.2 gibt die Personalberichterstattung am Beispiel der Deutschen Bank für die Jahre 2014 bis 2016 wieder.

Tabelle 1.2. Personalberichterstattung am Beispiel der Deutschen Bank AG

Strukturkennzahlen		**2014**	**2015**	**2016**
Mitarbeiter[1]		98 138	101 104	99 744
Regionen	Deutschland	46,3%	45,3%	44,7%
	Europa, Naher Osten, Afrika	23,5%	23,5%	24,1%
	Nord- und Südamerika	10,9%	11,3%	11,0%
	Asien/Pazifik	19,4%	19,2%	20,2%
Alter	bis 29 Jahre	18,8%	18,4%	17,1%
	30-39 Jahre	29,3%	29,7%	29,9%
	40-49 Jahre	29,6%	28,6%	28,2%
	über 49 Jahre	22,3%	23,3%	24,8%
Weibliche Mitarbeiter	Insgesamt	41,7%	41,7%	41,5%
	Managing Directors and Directors	19,4%	20,5%	21,3%
	Officer[2]	31,7%	32,5%	32,8%
Betriebs-zugehörigkeit	bis 4 Jahre	33,8%	34,8%	34,2%
	5-14 Jahre	29,3%	27,5%	27,3%
	über 14 Jahre	36,9%	37,7%	38,5%
Auszubildende	Anteil	3,8%	4,0%	3,9%
	Übernahmequote	59%	70%	52%
Fest angestellte Mitarbeiter		98,1%	98,1%	98,7%
Teilzeitmitarbeiter		13,2%	13,1%	12,9%
Behinderte		3,4%	3,7%	3,9%
Leistungskennzahlen				
Mitarbeiter-Commitment-Index		66%	63%	58%
Fluktuationsquote aufgrund von Arbeitnehmerkündigungen		6,6%	7,3%	7,2%
Gesundheitsquote[3]		94,9%	94,8%	94,3%
Personalaufwand (in Mio. €)		12 512	13 293	11 874
Personalaufwand pro Mitarbeiter (in Tsd. €)		128,1	133,7	117,4
Erträge pro Mitarbeiter (in Tsd. €)		327,0	337,2	296,6
Weiterbildung (Aufwendungen in Mio. €)		82	92	77
Weiterbildungsaufwand pro Mitarbeiter (in €)		835	910	772
Berufsausbildung (Aufwendungen in Mio. €)		41	45	51
Anzahl eingereichter Verbesserungsvorschläge		2 392	2 566	2 456
Einsparungen aus umgesetzten Verbesserungsvorschlägen (in Tsd. €)		205,2	109,2	487,8

[1] Vollzeitkräfte unter anteiliger Berücksichtigung von Teilzeitarbeitskräften, ohne Auszubildende und Volontäre/Praktikanten.

[2] Mitarbeiterinnen mit Unternehmenstitel Managing Director, Director, Vice President, Assistant Vice President und Associate.

[3] 100-(Summe der Krankheitstage*100/Summe der Sollarbeitstage).

Quelle: Deutsche Bank AG 2017

2 Theoretische Grundlagen des Personalmanagement

Im Unterschied zu den anderen Managementfunktionen zeichnete sich das Personalmanagement lange Zeit durch eine relative Theoriearmut aus. Im Vordergrund stand zumeist die Entwicklung personalpolitischer Instrumente in der betrieblichen Praxis, die anschließend von der Wissenschaft abstrahiert und systematisiert wurden. Entsprechend stand die Beschreibungsfunktion im Vordergrund.

Parallel zu dem im einleitenden Kapitel dargestellten Bedeutungswandel und Bedeutungszuwachs gewinnt in den letzten Jahren jedoch immer mehr die Erklärungs- und Gestaltungsfunktion des Personalmanagement an Relevanz. Kennzeichen dafür sind zahlreiche Theorien, die eigenständig für das Personalmanagement entwickelt oder aus anderen Bereichen adaptiert wurden (für einen Überblick vgl. Martin/Nienhüser 1998; Festing et al. 2004). Im Folgenden werden zunächst die wichtigsten theoretischen Ansätze dargestellt und anschließend der den weiteren Ausführungen zugrunde gelegte integrierte Personalmanagement-Ansatz entwickelt.

2.1 Theorie der wissenschaftlichen Betriebsführung

Den historischen Ausgangspunkt der wissenschaftlichen Beschäftigung mit personalpolitischen Fragestellungen bildet die Theorie der wissenschaftlichen Betriebsführung *(scientific management)* von Taylor (1911, 1913). Der Ingenieur Taylor war der erste, der mit Hilfe von aus den Naturwissenschaften entlehnten Methoden Arbeitsprozesse systematisch untersucht hat. Die stark auf dem mikroökonomischen Menschenbild des *homo oeconomicus* basierende Grundannahme seiner Untersuchungen war, dass Mitarbeiter zweckrational denken und handeln und bei ihrer Arbeit ausschließlich danach streben, ihre ökonomischen Vorteile in Form materieller Vergütung zu maximieren.

Dem steht auf Seiten der Unternehmung die Zielsetzung gegenüber, die menschliche Arbeitskraft möglichst produktiv einzusetzen und alle äußeren Einflüsse, die der Realisierung dieses Ziels entgegenstehen, zu beseitigen. Hierzu dienen die folgenden **Instrumente** (vgl. Abb. 2.1):

- Die Grundlage des Ansatzes von Taylor bildet die *radikale Arbeitsteilung*. Diese basiert auf der Erkenntnis seiner Untersuchungen, dass die Lern- und Erfahrungseffekte von Mitarbeitern umso größer sind, je weniger anspruchsvoll die von diesen ausgeübten Tätigkeiten sind. Die Arbeitsproduktivität nimmt deshalb mit dem Grad der Stellenspezialisierung zu.

- In einem engen Zusammenhang damit steht die *strikte Trennung von Leitungs- und Ausführungstätigkeiten*. Während bei Leitungstätigkeiten die geistige Arbeit im Vordergrund steht, werden bei Ausführungstätigkeiten körperliche Arbeiten ausgeübt. Eine Vermischung dieser beiden Tätigkeitsformen würde deshalb nach Auffassung von Taylor den Vorteilen der Arbeitsteilung entgegenwirken und damit zu einem Sinken der Arbeitsproduktivität führen.
- Im Rahmen der ausführenden Tätigkeiten postuliert Taylor die *Optimierung des Arbeitsvollzugs mit Hilfe von Zeit- und Bewegungsstudien*. Deren Ziel besteht darin, durch die exakte Vorgabe von Arbeitsprozessen und die optimale Auswahl und Anordnung von Arbeitsmitteln unnötige Bewegungen zu vermeiden, die zu Zeitverlusten und damit zu einer sinkenden Arbeitsproduktivität führen würde. Zudem sollen Vorgabezeiten für die Ausführung einzelner Arbeitstätigkeiten ermittelt werden, die die Grundlage der Personalbedarfsplanung und Entgeltgestaltung bilden.
- Eine besondere Bedeutung misst Taylor darüber hinaus der *Identifikation und Förderung tätigkeitsspezifischer Eignungen* der Mitarbeiter zu, die die Grundlage der Personalauswahl und -entwicklung bilden.
- Die Verknüpfung zwischen dem Unternehmungsziel der Erzielung einer möglichst hohen Arbeitsproduktivität und dem Mitarbeiterziel einer möglichst hohen Entlohnung bildet eine *leistungsorientierte Entgeltpolitik*. Die durch die Vorgabezeiten für einzelne Tätigkeiten definierte Normalleistung eines Mitarbeiters bildet die Grundlage für die Ermittlung des Normallohns, der durch individuelle Leistungssteigerungen erhöht werden kann (Akkordlohn).
- Ergänzt werden diese personalpolitischen Instrumente durch die auf Fayol (1916) zurückgehende *klassische betriebswirtschaftliche Organisationstheorie*, die vor allem das Prinzip der Einheitlichkeit der Auftragserteilung hervorhebt.

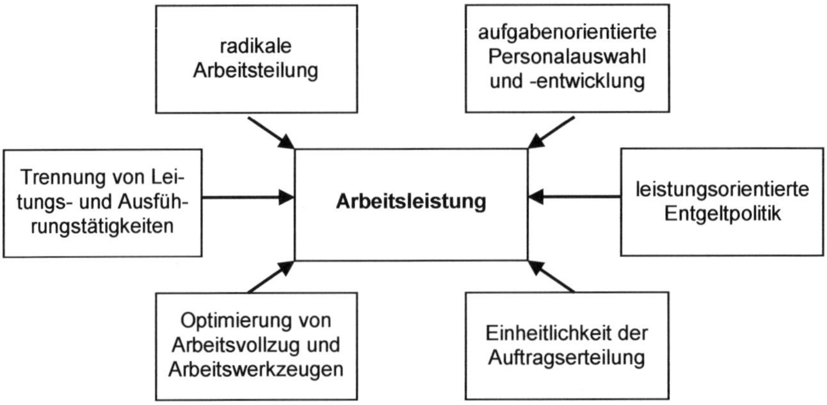

Abb. 2.1. Leistungsdeterminanten im Ansatz der wissenschaftlichen Betriebsführung

> Die Optimierung von Arbeitswerkzeugen lässt sich anschaulich an der Auswahl von Schaufeln für Erdarbeiten illustrieren. „Für einen erstklassigen Schaufler gibt es eine bestimmte Gewichtslast, die er jedes Mal mit der Schaufel heben muss, um die größte Arbeitsleistung zu vollbringen. Welches ist nun diese Schaufellast? Wird ein Arbeiter pro Tag mehr leisten können, wenn er jedes Mal zwei, drei, fünf, zehn, fünfzehn oder zwanzig kg auf seine Schaufel nimmt? Das ist eine Frage, die sich nur durch sorgfältig angestellte Versuche beantworten lässt. Deshalb suchten wir erst 2 oder 3 erstklassige Schaufler aus, denen wir einen Extralohn zahlten, damit sie zuverlässig und ehrlich arbeiteten. Nach und nach wurden die Schaufellasten verändert und alle Nebenumstände, die mit der Arbeit irgendwie zusammenhingen, sorgfältig mehrere Wochen lang von Leuten, die ans Experimentieren gewöhnt waren, beobachtet. So fanden wir, dass ein erstklassiger Arbeiter seine größte Tagesleistung mit einer Schaufellast von ungefähr 9 ½ kg vollbrachte, d.h. er leistete mit einer Schaufellast von 9 ½ kg mehr als mit einer solchen von 11 kg oder 8 ½ kg“ (Taylor 1913, S. 68).

Der Theorie der wissenschaftlichen Betriebsführung kommt das Verdienst zu, erstmals systematisch die Effizienz von Arbeitsabläufen untersucht und Maßnahmen zu deren Steigerung entwickelt zu haben. Sie hat damit zu Beginn des 20. Jahrhunderts wesentlich zur Einführung und Verbreitung der Massenproduktion beigetragen. So wären etwa die Produktion des Modells T von Ford und damit der weltweite Aufschwung der Automobilindustrie ohne die Erkenntnisse von Taylor kaum möglich gewesen.

In den letzten Jahren haben die Theorie der wissenschaftlichen Betriebsführung und die auf ihrer Grundlage entwickelten Methoden der Arbeitsanalyse und -gestaltung vor allem in der Verwaltung eine große Bedeutung erfahren, in der bislang ökonomische gegenüber rechtlichen Kriterien nur eine untergeordnete Rolle spielten. Auch in vielen Dienstleistungsbereichen werden vermehrt Zeit- und Bewegungsstudien sowie systematische Arbeitsanalysen durchgeführt.

Trotz ihrer unbestrittenen Auswirkungen auf die Arbeitsproduktivität stößt die Theorie der wissenschaftlichen Betriebsführung jedoch zunehmend auf *Kritik* (vgl. Wolf 2013, S. 93 ff.). Von Organisationssoziologen und -psychologen wird vor allem das „Zwei-Klassen-Modell“ des Taylorismus kritisiert. Der Mensch tritt demzufolge zum einen als Entscheidungsträger bzw. dispositiver Faktor und zum anderen als ausführendes, manipulierbares Objekt auf, das auf die gleiche Ebene mit Betriebsmitteln und Werkstoffen gestellt wird. Darüber hinaus wird kritisiert, dass der soziale Charakter des Menschen sowie dessen Bedürfnisse und Erwartungen gegenüber dem alleinigen Ziel der Einkommensmaximierung weitgehend vernachlässigt werden.

Von Seiten der Managementlehre wird dagegen betont, dass die Steigerung der Arbeitsproduktivität mit Hilfe tayloristischer Methoden zunehmend an Grenzen stößt, da die zentralen Voraussetzungen der Gleichartigkeit und Repetitivität von Arbeitsaufgaben im Rahmen neuer Produktions- und Dienstleistungskonzepte nicht mehr erfüllt sind. Neuere Managementansätze postulieren deshalb vielfach, sowohl die radikale Arbeitsteilung als auch die strikte Trennung in Leitungs- und Ausführungstätigkeiten aufzuheben. Während Taylor die Entwicklung tätigkeitsspezifischer Qualifikationen fordert, wird zudem zunehmend die Bedeutung tätigkeitsübergreifender Schlüsselqualifikationen betont.

2.2 Human Relations-Ansatz

Den Ausgangspunkt des Human Relations-Ansatzes bilden zahlreiche Experimente, die die Psychologen Mayo und Roethlisberger zwischen 1924 und 1934 in den Hawthorne-Werken der zur AT&T Corporation gehörenden Western Electric Company in Chicago durchgeführt haben (vgl. Roethlisberger/Dickson 1939). Das Ziel dieser ursprünglich stark von der Theorie der wissenschaftlichen Betriebsführung beeinflussten Experimente war es, den Nachweis zu erbringen, dass die Arbeitsproduktivität durch die Variation der Arbeitsbedingungen positiv beeinflusst werden kann.

Die Forscher nahmen dazu zielgerichtete Veränderungen der Arbeitsbedingungen wie z.B. der Beleuchtung und der Arbeitsplatzgestaltung vor. Wie von der Theorie der wissenschaftlichen Betriebsführung postuliert, nahmen daraufhin die Leistungen der Mitarbeiter zu. Unerwartet stiegen jedoch auch die Leistungen von Kontrollgruppen, die unter unveränderten Arbeitsbedingungen arbeiteten und jeweils gleichzeitig neben den Testgruppen beobachtet wurden, an. Noch überraschender war es, dass darüber hinaus auch die Leistungen aller Mitarbeiter nach Rücknahme aller positiven Veränderungen und damit nach Rückkehr zu den ursprünglichen Arbeitsbedingungen vor Beginn der Experimente nochmals zunahmen, und zwar auf ihren absoluten Höchststand, auf dem sie mehrere Wochen lang verblieben.

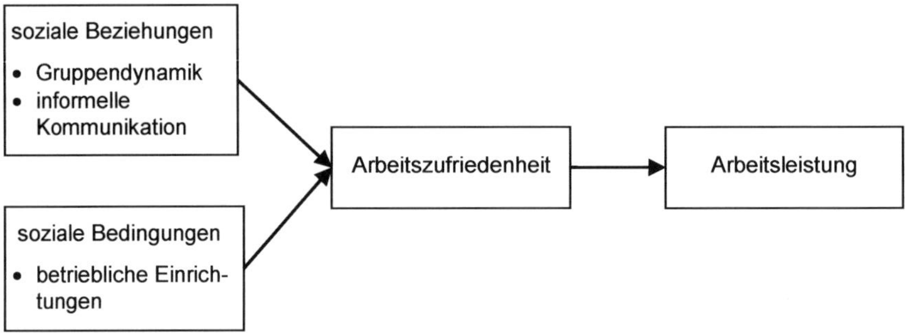

Abb. 2.2. Leistungsdeterminanten im Human Relations-Ansatz (Quelle: erweitert nach Berthel/Becker 2007, S. 16)

Die Forscher interpretierten diese unerwarteten Ergebnisse so, dass die Arbeitsleistung – entgegen der Annahme von Taylor – nicht nur von den objektiven Arbeitsbedingungen, sondern in einem stärkeren Maße auch von den sozialen Bedingungen am Arbeitsplatz abhängt. Allein die Anwesenheit der Forscher, deren Bemühungen um eine Verbesserung der Arbeitsbedingungen und deren Gespräche mit den Mitarbeitern haben dabei bereits zu einer Verbesserung des Arbeitsklimas geführt (Hawthorne-Effekt). Die zentrale These des Human Relations-Ansatzes lautet demzufolge, dass die Verbesserung der sozialen Beziehungen (Gruppendynamik, informelle Kommunikation) und der sozialen Bedingungen (betriebliche Einrichtungen wie Altersversorgung, Verpflegung, Sportstätten, etc.) die Arbeitszufriedenheit der Mitarbeiter steigert und diese wiederum zu steigenden Arbeitsleistungen führt (vgl. Abb. 2.2).

Der Human Relations-Ansatz hat seit den siebziger Jahren wesentlich die Debatte um die *Quality of Work Life* bzw. *Humanisierung der Arbeit* angeregt und in vielen Unternehmungen dazu beigetragen, die Arbeitsbedingungen der Mitarbeiter sowie das soziale Arbeitsklima zu verbessern. Trotz dieser großen praktischen Relevanz und der durch die Humanisierungsbemühungen erzielten Erfolge wird der Human Relations-Ansatz vielfach kritisiert. Bemängelt wird insbesondere die einseitige Betonung sozialer Faktoren und die Vernachlässigung anderer wichtiger Einflüsse auf die Arbeitsleistung und -zufriedenheit wie z.B. des Arbeitsinhalts, der Arbeitsbedingungen oder der Entlohnung. Darüber hinaus belegen empirische Untersuchungen, dass der Zusammenhang zwischen Arbeitsleistung und Arbeitszufriedenheit weitaus komplexer als vom Human Relations-Ansatz angenommen und z.B. auch von situativen Bedingungen (z.B. Arbeitsmarkt) und persönlichen Faktoren (z.B. Alter) abhängig ist. Hierauf weisen insbesondere die motivationstheoretischen Ansätze hin, die im Folgenden erläutert werden.

2.3 Motivationstheoretische Ansätze

Den motivationstheoretischen Ansätzen liegt die Annahme zugrunde, dass das menschliche Verhalten durch latente, kurz- bis mittelfristig relativ unveränderliche Bedürfnisse bestimmt wird, die durch innere und äußere Anreize aktiviert werden können. Motivation ist demnach die Voraussetzung für zielorientiertes Handeln und Verhalten von Menschen und deshalb aus der Perspektive des Personalmanagement ein zentraler **Ansatzpunkt für leistungssteigernde Beeinflussungsstrategien** (vgl. Rheinberg 2002; Jost 2008; von Rosenstiel 2015).

Dabei besteht das Problem, dass Motivation einer direkten Beobachtung kaum zugänglich ist. Motivation ist ein *hypothetisches Konstrukt* bzw. eine *intervenierende Variable* zwischen situativen sowie personalen Bedingungen und beobachtbarem Verhalten, deren Operationalisierung und empirische Überprüfung sehr schwierig ist. Lediglich durch die Analyse von Anreizen und die darauf erfolgenden Reaktionen von Personen können Rückschlüsse auf deren individuelle Motivation (Verhaltensbereitschaften) sowie die zugrunde liegenden Motive gezogen werden.

Die Begriffe Motiv (*motive*) und Bedürfnis (*need*) werden in der Literatur überwiegend synonym verwendet. Davon zu trennen ist der Begriff Wert (*value*). Während bestimmte Motive bzw. Bedürfnisse definitionsgemäß zu einer bestimmten Handlung führen, hängt es von der konkreten Situation (z.B. von bestimmten übergeordneten Sachzwängen) ab, ob sich Individuen tatsächlich entsprechend ihren Wertvorstellungen verhalten. Motivation ist demnach **an Anreize und Situationen gebunden**, d.h. ähnliche Motive können sich in unterschiedlichem Verhalten von Menschen niederschlagen, während andererseits verschiedene Motive gleiches oder ähnliches Verhalten hervorrufen können. Werte werden zudem in jedem Fall durch Sozialisation und die Interaktion mit der Umwelt erlernt, während Motive und Bedürfnisse sowohl erlernt als auch angeboren sein können.

Es können zwei unterschiedliche **Formen der Motivation** unterschieden werden (vgl. Frey 1997):

- Die *extrinsische* Motivation bezeichnet die Reaktion auf externe Belohnungen materieller (Geld, Prämien etc.) oder immaterieller Art (Lob und Anerkennung, Beförderung etc.). Die extrinsische Motivation umfasst somit alle von einer Unternehmung geschaffenen und von den Mitarbeitern wahrgenommenen Anreize. Vor allem materielle Anreize dienen dabei als Mittel zum Zweck, Bedürfnisse außerhalb der Arbeit zu befriedigen.
- Als *intrinsische* Motivation wird die Verinnerlichung bestimmter Leistungsstandards bezeichnet, die dazu führt, dass sich Menschen selbst für Erfolge belohnen bzw. für Misserfolge bestrafen (Prinzip der Selbstverstärkung). Dabei können zwei Formen unterschieden werden:
  - Als *hedonische Präferenz* ist die intrinsische Motivation allein auf den eigenen Nutzen gerichtet. Im Sinne einer „vollzugsorientierten Selbstmotivation“ (Schiefele 1974) wird eine Handlung selbst als lustvoll oder anregend erlebt. Csikszentmihalyi (2010) hat dafür den Begriff der „*flow experience*“ geprägt, die etwa Bergsteiger, Tänzer, Schachspieler und Ärzte bei ihrer Tätigkeit erleben. Besonders ausgeprägt sind diese Flow-Erfahrungen bei autotelischen Persönlichkeiten, die sich selbst anspruchsvolle, aber erreichbar Ziele setzen, der Tätigkeit eine hohe Aufmerksamkeit widmen, schwierige Situationen in zu bewältigende Herausforderungen umdeuten und lernen, auch unter ungünstigen Umständen positive Emotionen zu entwickeln.
  - Die *prosoziale Präferenz* zielt dagegen auf das Wohlbefinden anderer Menschen ab. Die intrinsische Motivation ist dabei Ausdruck einer internalisierten sozialen Norm (Arbeit als Pflichterfüllung, Gehorsam, Loyalität etc.). Deren Erfüllung kann wiederum vom perzipierten bzw. vermuteten Verhalten der Interaktionspartner abhängen (*Reziprozität*) oder davon unabhängig sein (*Altruismus*).

Angesichts ihrer großen Bedeutung werden im Folgenden einige besonders wichtige motivationstheoretische Ansätze ausführlich dargestellt. Dabei wird in Inhaltstheorien und in Prozesstheorien der Motivation unterschieden. Während *Inhaltstheorien* Aussagen über die qualitative Ausprägung der Motivstruktur von Menschen machen (was bewirkt Verhalten?), gehen *Prozesstheorien* auf das *Zusammenwirken* der Faktoren ein, die Motivation hervorrufen (wie wird Verhalten bewirkt?). Während Inhaltstheorien somit Motivation als *black-box*-Modell auffassen, werden im Rahmen der Prozesstheorien auch die kognitiven und affektiven Prozesse untersucht, mit denen Menschen auf Anreize reagieren.

2.3.1 Inhaltstheorien der Motivation

2.3.1.1 Bedürfnispyramide von Maslow

Die Motivationstheorie von Maslow (1943, 1970) war ursprünglich nicht als Beitrag zur Theorie der Arbeitsmotivation gedacht. Sie entstand vielmehr auf der Basis langjähriger klinischer Erfahrungen des Psychologen Maslow mit seinen Patienten. Aufgrund der Anschaulichkeit und Eingängigkeit wurden seine allgemeinen motivationstheoretischen Überlegungen jedoch schnell auf die Arbeitsmotivation übertragen (vgl. McGregor 1960). Gegenwärtig stellt die Motivationstheorie von Maslow einen der in der wissenschaftlichen Literatur und der Unternehmungspraxis am weitesten verbreiteten Ansätze der Arbeitsmotivation dar.

Maslow geht von der Grundannahme aus, dass jeder Mensch durch das Streben nach Befriedigung spezifischer Bedürfnisse motiviert wird. Diese Bedürfnisse haben eine unterschiedliche Mächtigkeit und lassen sich deshalb in einer **Bedürfnishierarchie** anordnen (vgl. Abb. 2.3):

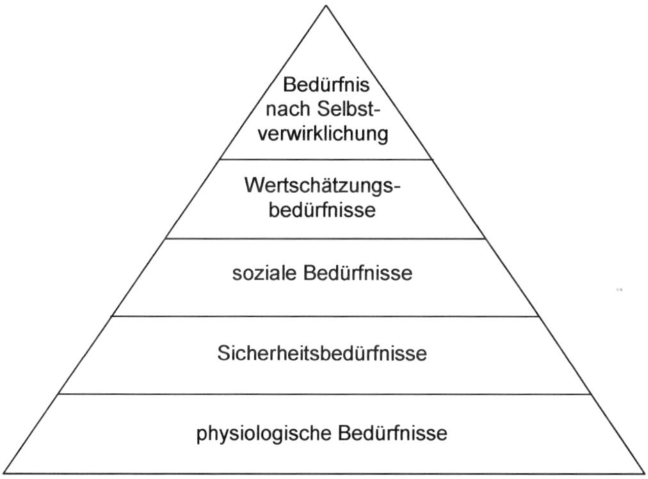

Abb. 2.3. Bedürfnispyramide von Maslow

- Die Basis der Bedürfnishierarchie bilden die *physiologischen Bedürfnisse bzw. Grundbedürfnisse*, deren Deckung das Überleben des Menschen sichert. Dazu zählen die Bedürfnisse nach Essen und Trinken, Schlaf, körperlicher Unversehrtheit, Sexualität, u.a. Übertragen auf die Arbeitswelt bedeutet dies, eine Arbeit zu verrichten, die die Möglichkeit bietet, ein Einkommen zu erzielen, mit dem die elementaren Lebensbedürfnisse gedeckt werden können.
- Die nächst höhere Ebene der Bedürfnishierarchie bilden die *Sicherheitsbedürfnisse*. Hierzu zählen die Bedürfnisse nach Schutz, Vorsorge und Angstfreiheit, die sich z.B. in einem sicheren Arbeitsplatz niederschlagen.

- Die *sozialen Bedürfnisse* kennzeichnen den Wunsch nach zwischenmenschlichen Kontakten, Zuwendung, Liebe, Intimität und Gemeinschaft. Diese äußern sich z.B. in der formellen und informellen Kommunikation und Interaktion mit anderen Mitarbeitern und dem Bedürfnis nach einem akzeptierten Platz innerhalb von Arbeitsgruppen.
- Die *Wertschätzungsbedürfnisse* beinhalten das Bedürfnis nach Anerkennung durch andere Personen (z.B. Führungskräfte oder Gruppenmitglieder) und durch sich selbst. Ausdruck dafür sind etwa die mit einer Tätigkeit verbundenen Kompetenzen, Titel, die Höhe des Entgelts oder Statussymbole wie Dienstwagen oder die Büroausstattung.
- Den Gipfel der Bedürfnispyramide bildet das Bedürfnis nach *Selbstverwirklichung*. Darunter versteht Maslow (1977, S. 89) die „Tendenz, das alles zu aktualisieren, was man an Möglichkeiten besitzt." Während die unteren vier Bedürfnisse der Pyramide als Defizitbedürfnisse bezeichnet werden, die bei entsprechenden Anreizen als befriedigt empfunden werden können, stellt die Selbstverwirklichung ein Wachstumsbedürfnis dar, das nie vollständig befriedigt werden kann.

Die hierarchische Anordnung von Bedürfnissen bewirkt nach Auffassung von Maslow, dass höherwertige Bedürfnisse erst dann verhaltenswirksam werden, wenn geringerwertige Bedürfnisse als weitgehend befriedigt empfunden werden. Für das Personalmanagement ergibt sich daraus die Implikation, zunächst zu ermitteln, welches konkrete Bedürfnis bei einem Mitarbeiter aktiv ist, und anschließend Anreize zu setzen, die dieses Bedürfnis befriedigen. Im Umkehrschluss bedeutet dies, dass Anreize, die sich nicht auf aktuell als relevant empfundene Bedürfnisse beziehen, keine Verhaltenswirkung besitzen. So besitzt etwa die Verbesserung der sozialen Beziehungen für einen Mitarbeiter, der seine Sicherheitsbedürfnisse noch nicht als weitgehend befriedigt ansieht, nur eine geringe Wertigkeit.

Trotz der weiten Verbreitung wird der Ansatz von Maslow teilweise scharf kritisiert (vgl. Staehle 1999, S. 170 f.; Weinert 2004, S. 191 ff.). Die Kritik richtet sich etwa gegen die „amöbenartigen Begrifflichkeiten" (Berthel/Becker 2013, S. 55) und die wenig trennscharfe Abgrenzung der einzelnen Bedürfnisklassen. So ist z.B. die Abgrenzung der sozialen Bedürfnisse von den Wertschätzungsbedürfnissen kaum nachvollziehbar. Auch der Begriff Selbstverwirklichung ist nur vage definiert.

Ein weiterer Kritikpunkt richtet sich dagegen, dass die Bedingungen, unter denen ein bestimmtes Bedürfnis vorliegt bzw. wann es verhaltensaktivierend wirkt, nicht angegeben werden. Situative Faktoren der Arbeitsmotivation wie z.B. Alter, Karrierephase, Geschlecht, Qualifikation oder Arbeitsmarktlage bleiben somit vernachlässigt. Dem Ansatz von Maslow wird deshalb vorgeworfen, implizit an den Idealen der amerikanischen Mittelschicht und einem bürgerlich-humanistischen Menschenbild orientiert zu sein, welches das individualistische Streben nach Selbstverwirklichung allen anderen Bedürfnissen überordnet.

Empirische Untersuchungen weisen zudem darauf hin, dass der Ansatz von Maslow nicht nur schichtspezifisch, sondern auch kulturabhängig ist (vgl. dazu ausführlich Kap. 4.2.2). So kommt etwa Hofstede (2001) zu dem Ergebnis, dass die Reihenfolge der Bedürfnisse interkulturell differiert. Während etwa Sicherheitsbedürfnisse in Kulturen mit einer ausgeprägten Tendenz zur Unsicherheitsvermeidung (wie z.B. Deutschland) bedeutsamer als soziale Bedürfnisse und Achtungsbedürfnisse sein können, kommt den sozialen Bedürfnissen in kollektivistisch geprägten Kulturen (wie z.B. Japan und China) eine höhere Relevanz als dem Bedürfnis nach Selbstverwirklichung zu. Im Rahmen der interkulturellen Managementforschung herrscht deshalb die Auffassung vor, dass die von Maslow entwickelten Bedürfniskategorien zwar weitgehend universell sind, deren Bedeutung und Reihenfolge sowie die Anreize, durch die diese aktiviert werden können, dagegen von Kultur zu Kultur unterschiedlich sein können (vgl. Holtbrügge/Welge 2015, S. 313 ff.).

Berücksichtigt man diese zentralen Kritikpunkte, ist der Informationsgehalt des Ansatzes eher bescheiden: Bevor die Grundbedürfnisse eines Menschen nicht befriedigt sind, können höherwertige Bedürfnisse nicht verhaltensdominant werden – oder, wie Brecht (1928) es ausdrückt: „Erst kommt das Fressen, dann die Moral."

2.3.1.2 Zwei-Faktoren-Theorie von Herzberg

Die Grundlage der Zwei-Faktoren-Theorie von Herzberg (1966) bildet die Pittsburgh-Studie, bei der ca. 200 Techniker und Buchhalter in teilstrukturierten Interviews mit Hilfe der Methode der kritischen Ereignisse über angenehme und unangenehme Arbeitssituationen befragt wurden. Dabei fand Herzberg heraus, dass nur ganz selten dieselben Ursachen (Faktoren) im Zusammenhang mit guten und schlechten Arbeitserlebnissen genannt werden (vgl. Abb. 2.4). Er interpretierte dieses Ergebnis so, dass Arbeitszufriedenheit und -unzufriedenheit nicht Extrempunkte eines Kontinuums, sondern zwei voneinander unabhängige Dimensionen darstellen. Analog dazu gibt es zwei unterschiedliche **Arten von Anreizen**, die Herzberg als Motivatoren und Hygienefaktoren bezeichnet:

- *Motivatoren* (Satisfaktoren, Kontentfaktoren, intrinsische Faktoren) sind Faktoren, mit denen Arbeitszufriedenheit erreicht werden kann. Hierzu zählen etwa die Arbeitsleistung, der Arbeitsinhalt oder die empfundene Verantwortung.
- *Hygienefaktoren* (Frustratoren, Kontextfaktoren, extrinsische Faktoren) stellen dagegen Faktoren dar, die lediglich Arbeitsunzufriedenheit verhindern können. Analog zur Medizin können diese Faktoren zwar nicht heilen, sie können jedoch vor einer Ausweitung der Krankheit schützen. Durch Hygienefaktoren wie z.B. die Unternehmungspolitik, die Arbeitsüberwachung oder den Arbeitslohn wird also allenfalls Nicht-Arbeits-Unzufriedenheit erreicht, jedoch keine positive Wirkung auf die Arbeitszufriedenheit (Motivation) erzielt.

Die Untersuchung von Herzberg hat wesentlich zu der Erkenntnis beigetragen, dass das Arbeitsentgelt keinen nachhaltigen Motivationsfaktor darstellt, und dadurch maßgeblich die Bemühungen zur **Humanisierung der Arbeit** unterstützt. Dazu zählen etwa Ansätze des *job enrichment*, durch die in Abgrenzung zum Taylorismus der Arbeitsinhalt erweitert und angeregt wird (vgl. dazu ausführlich Kap. 5.2.1.2).

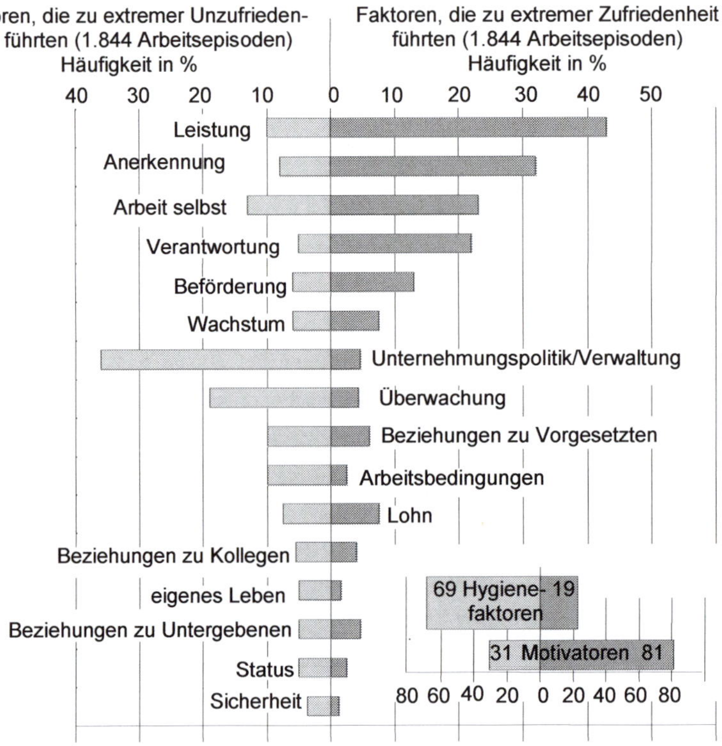

Abb. 2.4. Einflussfaktoren auf Arbeitseinstellungen nach Herzberg (1966, S. 57)

Wie bei der Motivationstheorie von Maslow muss auch bei Herzberg die **Vernachlässigung situativer Bedingungen** kritisiert werden. Ein weiterer Mangel ist, dass die von Herzberg angewandte Methode der kritischen Ereignisse die Differenzierung in zwei unterschiedliche Anreizarten in einem hohen Maße determiniert. Die Ergebnisse seiner Studie sind deshalb stark methodenabhängig. Ein weiterer Kritikpunkt richtet sich dagegen, dass kritische Arbeitserlebnisse besonders markante positive oder negative Erfahrungen hervorrufen können, die die Arbeitszufriedenheit insgesamt aber kaum nachhaltig beeinflussen. Schließlich zeigen empirische Untersuchungen, dass Individuen auf Maßnahmen zur Erweiterung bzw. Bereicherung des Arbeitsinhalts entgegen der Annahme von Herzberg individuell und situationsabhängig sehr unterschiedlich reagieren können.

2.3.2 Prozesstheorien der Motivation

2.3.2.1 Gerechtigkeitstheorie von Adams

Die Grundlage der Gerechtigkeitstheorie bildet die **Anreiz-Beitrags-Theorie** von March/Simon (1958). Danach stellen die Mitarbeiter ihre Beiträge (Ausbildung, Erfahrung, Arbeitsleistung, etc.) an eine Unternehmung den von dieser gewährten monetären und nicht-monetären Anreizen gegenüber. Dieses persönliche Kosten-Nutzen-Verhältnis bestimmt dann wiederum die Arbeitsleistung des Mitarbeiters sowie eventuell dessen Entscheidung, die Unternehmung zu verlassen und sich einen anderen Arbeitgeber zu suchen.

Adams (1963) hat diesen Ansatz modifiziert und um einen **sozialen Vergleich** erweitert. Das Gefühl der Gerechtigkeit bzw. Ungerechtigkeit ergibt sich danach nicht durch einen direkten Vergleich zwischen Anreizen und Beiträgen, sondern durch den Vergleich des eigenen Anreiz-Beitrags-Verhältnisses mit demjenigen einer Vergleichsperson. Dies kann ein Kollege der gleichen Abteilung, ein früherer Schul- oder Studienkollege oder ein Bekannter sein, der in einer anderen Unternehmung tätig ist. Ist der Vergleich ausgeglichen, entsteht ein Gefühl der **distributiven Gerechtigkeit**.

Neben dem von Adams thematisierten sozialen Vergleich ist für das Empfinden von Gerechtigkeit oder Ungerechtigkeit auch die Einschätzung des Individuums relevant, ob die von der Unternehmung gewährten Anreize durch ein legitimes Verfahren begründet sind (vgl. Thibaut/Walker 1975; Colquitt et al. 2001). Empirische Studien weisen darauf hin, dass diese **prozessuale Gerechtigkeit** voraussetzt, dass das Anreizsystem fehlerfrei und konsistent ist. Positiv wirkt sich zudem die Beteiligung des Individuums an dessen Entwicklung aus (vgl. Leventhal 1980).

Ein dritter Faktor des Gerechtigkeitsempfindens ist die **interaktionale Gerechtigkeit** (vgl. Greenberg 1987). Dazu zählt, dass sich das Individuum rechtzeitig, umfassend und an seine jeweiligen Bedürfnisse und Qualifikation angepasst informiert fühlt (*informatorische Gerechtigkeit*). Zudem ist die zwischenmenschliche Beziehung relevant, die jeder Anreiz-Beitrags-Relation zugrunde liegt (*interpersonale Gerechtigkeit*).

Entsteht bei dem Mitarbeiter ein Gefühl der sozialen, prozessualen oder interaktionalen Ungerechtigkeit, so versucht dieser die entstandene kognitive Dissonanz auszugleichen, wobei ihm zwei unterschiedliche Strategien offen stehen:

- *Verhaltenswirksame Strategien* wirken sich unmittelbar auf die Arbeitsleistung aus, die je nach Ergebnis des sozialen Vergleichs erhöht oder reduziert wird. Darüber hinaus kann es zu einer abnehmenden Bindung an die Unternehmung oder zu unternehmungsschädigendem Verhalten kommen.
- *Kognitive Strategien* beinhalten einen bewussten oder unbewussten Wechsel der gewählten Vergleichsperson oder eine Neubewertung der jeweiligen Anreize und Beiträge. Eine weitere Strategie zur Reduzierung der kognitiven Disso-

nanz ist die innere Kündigung und die Fokussierung der Bedürfnisbefriedigung auf Aktivitäten außerhalb des Arbeitskontextes.

Die Gerechtigkeitstheorie besitzt einen hohen Erklärungsgehalt, der durch zahlreiche experimentelle Untersuchungen bestätigt wird (vgl. den Überblick in Staehle 1999, S. 240). Besonders bedeutsam sind vor allem zwei Erkenntnisse:

- Das Gerechtigkeitsgefühl ist immer *relativ,* d.h. es hängt stets von der jeweils gewählten Vergleichsperson ab. Die Arbeitsmotivation wird somit nicht allein durch die von der Unternehmung gewährten absoluten Anreize bestimmt, sondern immer auch durch den Vergleich des eigenen Anreiz-Beitrags-Verhältnisses mit demjenigen anderer Personen.
- Das Gerechtigkeitsgefühl ist *subjektiv*, d.h. es kann bei jeder Person anders entwickelt sein. Dies wird u.a. durch ökonomische Experimente bestätigt.

Ein beliebtes ökonomisches Experiment zur Erforschung des subjektiven Gerechtigkeitsgefühls von Individuen ist das Ultimatumspiel. Dabei erhält ein Teilnehmer vom Leiter des Experiments einen kleinen Geldbetrag von 10 €, den er zwischen sich und einem zweiten Teilnehmer aufteilen soll. Nimmt dieser das Angebot an, können beide ihren Anteil an den 10 € behalten. Lehnt er das Angebot als ungerecht ab, werden die 10 € vom Leiter des Experiments wieder eingezogen.

Im Durchschnitt liegt der angebotene Betrag zwischen drei und vier € und der akzeptierte Betrag leicht darüber, wobei deutliche alters-, schicht-, einkommens- und kulturbedingte Unterschiede bestehen (vgl. Braun/Prüwer/von Nitzsch 2011). Geringere Beträge werden von den Empfängern dagegen zumeist als ungerecht empfunden und abgelehnt. Lieber bestrafen sie das als unfair empfundene Verhalten der Geber und verzichten auf den ihnen angebotenen Geldbetrag, als Ungerechtigkeit zu tolerieren. Dies gilt auch dann, wenn Geber und Nehmer anonym bleiben.

Für das Personalmanagement und insbesondere die Personalentlohnung ergeben sich daraus die folgenden Implikationen:

- Aufgrund der *Relativität* von Bewertungen sollte die Personalentlohnung transparent und regelgebunden sein. Dies gilt vor allem für die Kriterien der Entgeltdifferenzierung (vgl. Kap. 5.3.2).
- Die *Subjektivität* von Bewertungen erfordert die differenzierte Analyse der Mitarbeiterbedürfnisse. Dies kann entweder durch deren regelmäßige Befragung oder die Einführung eines Cafeteria-Systems erfolgen (vgl. dazu Kap. 5.3.3.3).

2.3.2.2 Valenz-Instrumentalitäts-Erwartungstheorie von Vroom

Die Grundannahme der Valenz-Instrumentalitäts-Erwartungstheorie (VIE-Theorie) von Vroom (1964) bildet die psychologisch orientierte ökonomische Entscheidungstheorie, wonach Menschen solche Alternativen wählen, die den subjektiv wahrgenommenen Nutzen maximieren. Diese basiert wiederum auf der Beobachtung, wonach Individuen nur dann eine Anstrengung auf sich nehmen, wenn damit ein angestrebtes Ziel erreicht werden kann (Weg-Ziel-Ansatz). Leistungsmotivation ist demnach im Gegensatz zu den Annahmen der Inhaltstheorien der Motivation nicht nur von Anlagen oder Sozialisation abhängig, sondern auch situativ von der Wahrnehmung der Wahrscheinlichkeit, mit einer Anstrengung auch eine bestimmte Leistung erreichen zu können, sowie des relativen Nutzens der Leistung für die individuelle Zielerreichung. Auf die Arbeitsmotivation wirken somit drei Faktoren ein (vgl. Abb. 2.5):

- Die *Valenz* (Wertigkeit) ist die subjektiv empfundene Bedeutung persönlicher Bedürfnisse für ein Individuum. Im Unterschied zu den Inhaltstheorien der Motivation geht Vroom davon aus, dass diese nicht konstant und personenunabhängig ist, sondern von Person zu Person und im Zeitablauf schwankt. So hängt die Valenz unterschiedlicher Bedürfnisse z.B. von der Karrierephase und den jeweiligen Umweltbedingungen (z.B. Arbeitsmarkt) ab.
- Die *Instrumentalität* bezeichnet die Erwartung, dass die Belohnung durch die Unternehmung dazu beiträgt, als bedeutsam erachtete Bedürfnisse zu befriedigen (Zweck-Mittel-Denken).
- Hinsichtlich der *Erwartung* können zwei Formen unterschieden werden:
  - Die *Handlungs-Ergebnis-Erwartung* ist die subjektive Wahrscheinlichkeit, dass mit einer bestimmten Handlung (Anstrengung) ein bestimmtes Ergebnis (Aufgabenziel) erreicht wird. Ihre Höhe hängt u.a. von der Qualifikation des Mitarbeiters zur Ausübung seiner Tätigkeit sowie der präzisen Formulierung von Leistungszielen und deren Realisierbarkeit ab.
  - Als *Ergebnis-Folge-Erwartung* wird die subjektive Wahrscheinlichkeit bezeichnet, dass die mit dem Erreichen des Aufgabenziels verknüpfte (versprochene) Belohnung von der Unternehmung auch tatsächlich gewährt wird. Sie wird insbesondere durch das zeitliche Auseinanderfallen zwischen Leistung und Belohnung beeinflusst.

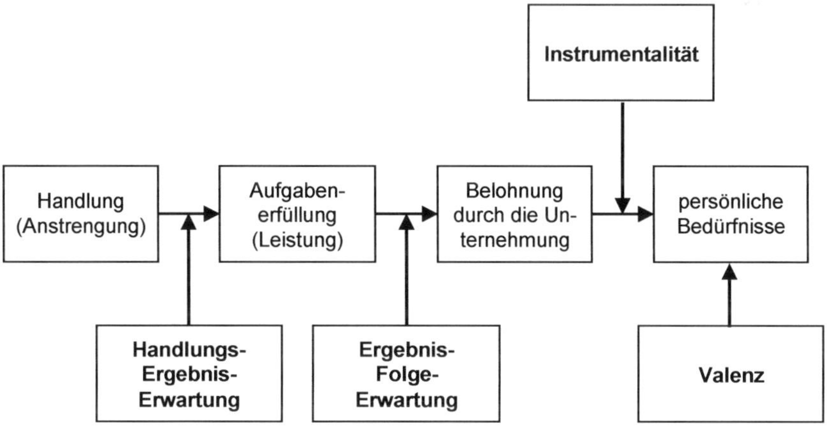

Abb. 2.5. Zusammenhang zwischen Valenz, Erwartungen und Instrumentalität in der VIE-Theorie

Das Zusammenwirken von Handlungs-Ergebnis-Erwartung und Ergebnis-Folge-Erwartung lässt sich anschaulich am Beispiel der Entsendung von Stammhausdelegierten in ausländische Tochtergesellschaften erläutern. Das Angebot, eine zeitlich befristete Tätigkeit in einer ausländischen Tochtergesellschaft aufzunehmen, ist häufig mit dem Versprechen verbunden, bei einer erfolgreichen Tätigkeit nach Rückkehr in der Muttergesellschaft hierarchisch aufzusteigen. Die Handlungs-Ergebnis-Erwartung wird in diesem Beispiel vor allem durch die oft nur vage definierte Aufgabe und die mangelnde Kenntnis der in der ausländischen Tochtergesellschaft vorherrschenden Bedingungen beeinflusst. Die Ergebnis-Folge-Erwartung hängt dagegen insbesondere von der subjektiv wahrgenommenen Wahrscheinlichkeit ab, dass die Unternehmung nach der Rückkehr des Entsandten ihr Belohnungsversprechen noch einhalten will und kann. Häufig haben sich während des einige Jahre währenden Auslandsaufenthalts des Mitarbeiters etwa strukturelle und personelle Veränderungen (z.B. Unternehmungsübernahmen, Reorganisationen, Wechsel der Geschäftsleitung oder des Vorgesetzten) ergeben, die sich negativ auf die Fähigkeit der Unternehmung auswirken, dem Auslandsrückkehrer eine attraktive Position anzubieten.

Die zentrale Aussage der VIE-Theorie besteht darin, dass sich die Arbeitsmotivation eines Mitarbeiters als *Produkt aus Valenz, Instrumentalität und Erwartungen* ergibt. Ist einer dieser Faktoren nicht gegeben, kann folglich keine Arbeitsmotivation bewirkt werden. Die Implikationen, die sich daraus für das Personalmanagement ergeben, sind in Tab. 2.1 dargestellt.

Tabelle 2.1. Implikationen der VIE-Theorie für das Personalmanagement

Theorie-Element	Mitarbeiter	Implikationen für das Personalmanagement
Valenz	• Wie wichtig sind die Ziele, die ich mit meinen Arbeitsergebnissen erreichen kann?	• Identifikation der Bedürfnisse der Mitarbeiter
Instrumentalität	• Welche meiner Ziele kann ich mit verschiedenen Leistungsgraden erreichen?	• Ausrichtung des Anreizsystems auf die Bedürfnisse der Mitarbeiter
Handlungs-Ergebnis-Erwartung	• Kann ich die gewünschte Leistung erreichen?	• Personalauswahl • Personalentwicklung • Klärung der Leistungsziele
Ergebnis-Folge-Erwartung	• Werde ich tatsächlich die versprochenen Belohnungen erhalten?	• Enge Kopplung von Leistung und Anreizen • strikte Einhaltung von Belohnungsversprechen

Quelle: erweitert nach Schermerhorn/Hunt/Osborn 1985, S. 149

Der VIE-Theorie wird häufig ein sehr rationales Zweck-Mittel-Denken vorgeworfen, das der Komplexität menschlicher Bewertungen und Entscheidungen nicht gerecht wird. Insbesondere bleiben die Erkenntnisse der verhaltenswissenschaftlichen Entscheidungstheorie unberücksichtigt, dass Menschen nur begrenzt rational handeln und nicht ein optimales, sondern ein zufrieden stellendes Ergebnis anstreben (vgl. March/Simon 1958; Cyert/March 1963). Ein weiterer Kritikpunkt ist, dass die praktische Anwendbarkeit der VIE-Theorie auf der Ebene ausführender Tätigkeiten sehr eingeschränkt ist, da den Mitarbeitern häufig keine Alternativen offen stehen, zwischen denen sie aufgrund unterschiedlicher Valenzen und Erwartungen entscheiden könnten. Zudem erscheint die von Vroom behauptete Unabhängigkeit der zentralen Variablen fragwürdig. Vielmehr dürfte etwa die subjektiv wahrgenommene Wahrscheinlichkeit einer Belohnung deren Valenz beeinflussen und umgekehrt die Valenz einer Belohnung (im Sinne eines Wunschdenkens) auch Einfluss auf deren wahrgenommene Wahrscheinlichkeit haben. Nicht zuletzt ist unklar, wie die verschiedenen positiven und negativen Ergebnisse des Handelns miteinander verrechnet werden (z.B. das Lob des Vorgesetzen mit dem Neid der Kollegen) und wie Individuen ihre verschiedenen Annahmen über Erwartungen und Instrumentalitäten erwerben (vgl. Gebert/von Rosenstiel 2002, S. 65). Trotz dieser Mängel hat die VIE-Theorie wesentlich zum besseren Verständnis der Arbeitsmotivation beigetragen. Eine große Relevanz besitzt vor allem das in den Inhaltstheorien völlig vernachlässigte Konzept der Erwartung.

2.3.2.3 Motivationsmodell von Porter/Lawler

Das Motivationsmodell von Porter/Lawler (1968) kann als Integration der bisher dargestellten Motivationstheorien aufgefasst werden, da es den Versuch macht, deren zentrale Aussagen in einem einzigen Modell zusammenzufassen. In dessen Mittelpunkt stehen vier Faktoren, deren Zusammenwirken durch weitere Einflüsse bestimmt wird (vgl. Abb. 2.6):

- Am Beginn des Motivationsprozesses steht die von einem Mitarbeiter erbrachte *Anstrengung*, d.h. das Ausmaß an Energie, das dieser zur Erfüllung einer Aufgabe aufwendet. Nach der VIE-Theorie ist dieses abhängig von der Wertigkeit der gewährten Belohnung (Valenz) und der wahrgenommenen Wahrscheinlichkeit, dass auf eine bestimmte Anstrengung auch die versprochene Belohnung folgt (Ergebnis-Folge-Erwartung).
- Die *Leistung* ist das von der Unternehmung bewertete Ergebnis der Anstrengung, das keineswegs mit der Anstrengung identisch sein muss. Dieses hängt vielmehr von den Fähigkeiten, Persönlichkeitsmerkmalen und Rollenwahrnehmungen des Mitarbeiters ab.
- Die von der Unternehmung gewährten *Belohnungen* können entweder intrinsischer Art (z.B. Erfolgserlebnis) oder extrinsischer Art (z.B. Bezahlung) sein. Wichtig für das Ausmaß der empfundenen Zufriedenheit ist die wahrgenommene Gerechtigkeit der Belohnung, d.h. i.S. der Anreiz-Beitrags-Theorie von March/Simon bzw. der Gerechtigkeitstheorie von Adams die Vorstellung des Mitarbeiters darüber, was ihm in Bezug auf die erbrachte Leistung als angemessen erscheint.

- *Zufriedenheit* als Ergebnis des Motivationsprozesses tritt schließlich ein, wenn die tatsächlichen Belohnungen den als angemessen empfundenen entsprechen oder sie übersteigen.

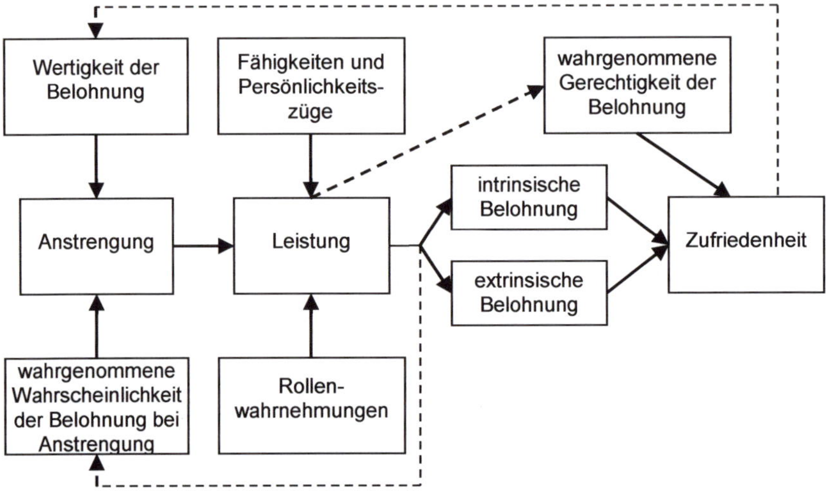

Abb. 2.6. Motivationsmodell von Porter/Lawler (1968, S. 165)

Vergleicht man das Motivationsmodell von Porter/Lawler mit dem Human Relations-Ansatz, so ergibt sich ein genau entgegen gesetzter Zusammenhang zwischen Arbeitsleistung und Arbeitszufriedenheit. Zufriedenheit ist bei Porter/Lawler nicht Voraussetzung von Leistung, sondern im Gegenteil deren Ergebnis. Diese zentrale Aussage wird von zahlreichen empirischen Studien gestützt (vgl. den Überblick in Weinert 2004, S. 210 f.). Mit der Einbeziehung einer Vielzahl von Wirkungsfaktoren stellt der Ansatz von Porter/Lawler zudem gegenwärtig eines der anspruchsvollsten Motivationsmodelle dar. Im Unterschied zu diesem hohen theoretischen Gehalt ist die praktische Bedeutung des Ansatzes – möglicherweise gerade aufgrund seiner hohen Komplexität – jedoch nur relativ gering.

2.3.3 Kritisches Fazit und Implikationen der motivationstheoretischen Ansätze für das Personalmanagement

Bewertet man die motivationstheoretischen Ansätze im Hinblick auf ihre Fähigkeit, konkrete Ansatzpunkte für das Personalmanagement zu liefern, so zeigt sich, dass die Inhaltstheorien der Motivation zwar Denkanstöße liefern können, welche Motive möglicherweise für ein bestimmtes Verhalten ursächlich sind. Sie können aber nicht erklären, welche kognitiven Prozesse in Individuen ablaufen, die zu einem bestimmten Verhalten führen.

Die Prozesstheorien der Motivation schwächen die von den Inhaltstheorien thematisierten rein emotionalen bzw. energetischen Aspekte (Motive, Bedürfnisse, etc.) ab und berücksichtigen darüber hinaus kognitive Prozesse, d.h. Erkenntnisleistungen von Individuen (z.B. Wahrnehmung, Gedächtnis, Denken, etc.), die der Orientierung in der Umwelt dienen. Aufgrund ihrer Komplexität kommt ihnen jedoch nur eine relativ geringe praktische Relevanz zu.

Seit Mitte der achtziger Jahre wird der Aussagegehalt motivationstheoretischer Ansätze zudem grundsätzlich immer stärker in Frage gestellt. Insbesondere wird kritisiert, dass materielle Anreize keine echte Arbeitszufriedenheit schaffen und daher nur bedingt Leistungsanreize bieten. Motivationssysteme, die eine permanente und gezielte Ausrichtung der Anreize auf die Bedürfnisse der Mitarbeiter beinhalten, können demnach zwar kurzfristig wirken, aber nur selten zu einer nachhaltigen Steigerung der Arbeitsleistung und -zufriedenheit führen. Langfristig können diese sogar das Gegenteil bewirken.

Vor allem Sprenger (1998) kritisiert unter dem Stichwort „Mythos Motivation" das den Motivationstheorien zugrunde liegende **pessimistische Menschenbild**, das Mitarbeiter als „Reiz-Reaktions-Maschinen" auffasst, die nicht nach dem Sinn ihres Handelns fragen. Nach seiner Auffassung ist deshalb ein klares Forderungsverhältnis zwischen Führungskräften und Mitarbeitern erheblich leistungs- und zufriedenheitsfördernder als Belohnungs-Bestrafungs-Systeme mit isolierten und interventionistischen Eingriffen. Zudem fordert Sprenger, weniger die Leistungsbereitschaft durch Anreize als vielmehr die Leistungsfähigkeit durch Personalentwicklung zu fördern.

Diese Kritik wird durch zahlreiche Feld- und Laborexperimente unterstützt (vgl. Fischbacher/Fehr/Gächter 2001; Andreoni/Miller 2002; Frey/Meier 2004). Danach weisen nur rund 30% der Teilnehmer ein egoistisches Verhalten auf, indem sie ihren eigenen Nutzen (auch zu Lasten anderer) maximieren. Etwa 50% sind dagegen durch eine reziproke prosoziale Motivation gekennzeichnet, d.h. sie beziehen das Wohlbefinden anderer in ihr Entscheidungsverhalten ein, wenn sie diesen ebenfalls eine prosoziale Präferenz unterstellen. Eine altruistische Motivation ist bei etwa 20% der Teilnehmer beobachtbar.

Darüber hinaus macht die psychologische Ökonomie auf den Verdrängungseffekt zwischen extrinsischer und intrinsischer Motivation aufmerksam (vgl. Frey/Osterloh 2002; Pink 2010). Von außen kommende, extrinsische Eingriffe bewirken demnach vielfach, dass Tätigkeiten, die ihrer selbst wegen (intrinsisch) ausgeübt worden wären, unterbleiben (*crowding out*). Erklärbar ist dieser Korrumpierungs- bzw. Verdrängungseffekt durch die **Theorie der kognitiven Selbstbestimmung** (vgl. Frey 1997). Danach haben Individuen ein Bedürfnis nach Autonomie. Wird diese reduziert, so verschiebt sich der perzipierte *locus of causality* einer Handlung von internal zu external, d.h. der eigene Antrieb bzw. die intrinsische Motivation des Individuums nimmt ab.

Aus einer eher interaktionalen Perspektive kann argumentiert werden, dass extrinsische Anreize aufgrund des ihnen zugrunde liegenden pessimistischen Menschenbilds zu einem **Vertrauensverlust des Individuums gegenüber der Unternehmung** führen und dadurch die prosoziale intrinsische Motivation senken (vgl. Falk/Kosfeld 2006). Zudem kann von extrinsischen Belohnungen ein **negati-**

ver Signaling-Effekt ausgehen, d.h. diese können als Indikator dafür angesehen werden, dass eine Aufgabe unangenehm ist und deshalb belohnt werden muss, was wiederum die hedonische Motivation reduziert (vgl. Bénabou/Tirole 2003).

> Als Beispiel für den Verdrängungseffekt zwischen extrinsischer und intrinsischer Motivation führen Frey/Osterloh (2002, S. 27 f.) die Erfahrung eines Kinderhorts an. Dieser war mit dem Problem konfrontiert, dass Eltern ihre Kinder zu spät abholten und damit die Mitarbeiter dazu zwangen, über die offizielle Schließzeit hinaus anwesend zu bleiben. Der Kinderhort hat daraufhin eine empfindliche monetäre Strafe eingeführt, die Eltern zahlen müssen, die ihre Kinder zu spät abholen. Entgegen der Erwartung stieg daraufhin die Zahl der Eltern, die dies tun, erheblich an.
>
> Als Erklärung für dieses zunächst paradox klingende Ergebnis führen Frey/Osterloh an, dass die Eltern vor der Einführung der Strafe ein Schuldgefühl hatten, wenn sie ihre Kinder zu spät abholten und sich deshalb bemühten, die Öffnungszeiten des Kinderhorts einzuhalten. Aufgrund ihrer beruflichen Belastungen gelang dies jedoch nicht immer. Nach Einführung der Strafe fassen die Eltern das Hinauszögern der Abholung nun als kommerzielle Transaktion auf, bei der sie die Kosten der Strafe gegen den aus ihrer Sicht offensichtlich höheren Nutzen abwiegen, ihre Kinder länger betreuen zu lassen. An die Stelle des Gewissens ist somit ein monetäres Nutzenkalkül getreten, das zu einem aus Sicht des Kinderhorts kontraproduktiven Ergebnis führt.

Empirische Studien (vgl. die Meta-Analyse von Deci/Koestner/Ryan 1999) weisen darauf hin, dass der Verdrängungseffekt zwischen extrinsischer und intrinsischer Motivation bei erwarteten Belohnungen stärker als bei unerwarteten ist. Dies gilt insbesondere dann, wenn die erwartete Belohnung nicht in vollem Umfang erfolgt, weil z.B. vereinbarte Ziele nur zu einem Teil erfüllt wurden. Der Verdrängungseffekt ist zudem bei komplexen Aufgaben größer als bei Routinetätigkeiten. Eine leistungs- bzw. erfolgsabhängige Entgeltgestaltung kann deshalb bei Führungskräften und hoch qualifizierten Fachkräften kontraproduktive Effekte verursachen und zu einem Absinken des Arbeitseinsatzes führen (vgl. Kap. 5.3.2).

2.4 Konfliktorientierter Ansatz

Der von Marr/Stitzel (1979) entwickelte konfliktorientierte Ansatz kann als **spezifische Ausprägung des Stakeholder-Ansatzes** (vgl. Freeman 1984) aufgefasst werden, der auf die aus Sicht des Personalmanagement wichtigsten Interessengruppen (Stakeholder) reduziert ist. Er basiert auf der Grundannahme, dass zwischen den betriebswirtschaftlichen Zielen, wie sie insbesondere von den Führungskräften als Vertreter der Eigentümerinteressen verfolgt werden, und den Zielen der Mitarbeiter permanente *Zielkonflikte* bestehen. So gehen etwa Lohnerhöhungen in kurzfristiger Perspektive zumeist unweigerlich mit Rentabilitätseinbußen einher, während die Verkürzung von Vorgabezeiten im Rahmen des Personaleinsatzes zu einer sinkenden Arbeitszufriedenheit führt.

Langfristig besteht zwischen Unternehmung und Mitarbeitern jedoch eine *wechselseitige Mittel-Zweck-Beziehung*. Während die Unternehmung ihre betriebswirtschaftlichen Ziele nur dann durchsetzen kann, wenn die sozialen Ziele der Mitarbeiter berücksichtigt werden (inhumane Arbeitsbedingungen führen zu Leistungsrestriktion und Kündigungen), sind die sozialen Ziele wiederum nur dann realisierbar, wenn die Unternehmung betriebswirtschaftlich erfolgreich ist (überproportionale Lohnerhöhungen verringern die Wettbewerbsfähigkeit und führen langfristig zu Illiquidität).

Die zentrale Aufgabe des Personalmanagement besteht nach Auffassung des konfliktorientierten Ansatzes deshalb darin, durch ein bewusstes und zielgerichtetes **Konfliktmanagement** einen befriedigenden Interessenausgleich zwischen diesen beiden Interessengruppen herzustellen (vgl. Jost 1999, S. 64 ff.). Hierzu ist zunächst die Identifikation typischer personalwirtschaftlicher *Konfliktfelder* (z.B. Stellenbesetzung, Arbeitsstrukturierung, Arbeitszeitgestaltung, Wertschöpfungsverteilung) erforderlich. Anschließend erfolgt die Analyse der beteiligten *Konfliktparteien*. Dabei ist von besonderer Bedeutung, ob diese ihre Interessen individuell oder kollektiv (z.B. durch den Betriebsrat) vertreten. Davon abhängig sind zumeist die verfolgten *Konfliktstrategien* sowie der *Konfliktverlauf*. Schließlich erfolgt eine Bewertung der unterschiedlichen Instrumente des Personalmanagement auf ihre Eignung zur funktionalen Handhabung dieser Konflikte, d.h. zur gleichzeitigen Erreichung betriebswirtschaftlicher und sozialer Ziele.

Dem konfliktorientierten Ansatz kommt das Verdienst zu, die einseitige, ausschließlich an betriebswirtschaftlichen Kriterien orientierte Sichtweise der Personalwirtschaft zu überwinden und auf die Bedeutung von Interessenkonflikten und Zieldivergenzen hinzuweisen. Er wird in besonderem Maße der im deutschen Mitbestimmungsrecht verankerten Vorstellung einer konsensorientierten Entscheidungsfindung gerecht. Dem steht jedoch entgegen, dass diese aufgrund der häufig bestehenden Machtasymmetrie in der betrieblichen Praxis nur selten anzutreffen ist und die Unternehmungsleitung ihre Ziele im Bereich des Personalmanagement zumeist in einem weitaus stärkeren Maße durchsetzen kann als die Mitarbeiter bzw. deren Vertreter.

2.5 Kontingenzansatz

Der Kontingenzansatz oder situative Ansatz, der in den siebziger und achtziger Jahren das dominierende Paradigma der empirischen Organisationsforschung darstellte (vgl. Kieser 2014), hat im Bereich des Personalmanagement vor allem in der Führungsforschung eine große Bedeutung erlangt (vgl. Kap. 5.4.2.3). Er basiert auf der *Kongruenz-Effizienz-Hypothese*, wonach es nicht den einen besten Weg gibt, sondern der Einsatz unterschiedlicher Personalmanagement-Instrumente in Abhängigkeit von den jeweiligen situativen Bedingungen sowohl effizient als auch ineffizient sein kann. Die zentrale Aufgabe des Personalmanagement besteht demnach in der Identifikation und rechtzeitigen Analyse der relevanten Umweltbedingungen und der entsprechenden Ausrichtung der Personalmanagement-Instrumente auf diese Bedingungen.

Kritisch gegen den Kontingenzansatz wird vielfach eingewandt, dass das diesem zugrunde liegende *Fit-Konzept*, das eine möglichst weitgehende **Anpassung einer Unternehmung an ihre Umwelt** impliziert, insbesondere in einer dynamischen, nach Innovationen strebenden Umwelt keine brauchbaren Handlungsempfehlungen für die Entwicklung effizienter personalpolitischer Strategien liefern kann (vgl. Wolf 2013, S. 218 ff.). Ein Grund dafür ist der ständige und immer schnellere Wandel der Umweltbedingungen, deren frühzeitige Prognose kaum noch möglich ist. Zudem liegt dem Kontingenzansatz ein sehr reaktives Unternehmungsverständnis zugrunde. Vor allem die internen Bedingungen des Personalmanagement wie Unternehmungsstrategie und Organisationsstruktur sind durch eigene strategische Entscheidungen bestimmt und deshalb im Prinzip selbst gestaltbar. Ein Beispiel dafür ist der *strategy follows people*-Ansatz, der im Gegensatz zur klassischen strategieabhängigen Personalbedarfsplanung eine personalabhängige Strategieplanung vorschlägt (vgl. Kap. 5.1.1.3). Aber auch externe Bedingungen des Personalmanagement wie etwa das Arbeitsrecht müssen nicht in jedem Fall als unabänderlich hingenommen werden, sondern sind langfristig vielfach durch die Unternehmung oder deren Interessenverbände selbst beeinflussbar. Kritiker des Kontingenzansatzes postulieren deshalb statt einer reaktiven Anpassung des Personalmanagement an die Umweltbedingungen deren proaktive Gestaltung und Beeinflussung zu eigenen Gunsten (vgl. Macharzina/Wolf 2015, S. 28 ff.).

2.6 Systemansatz

Der Systemansatz greift diese Kritik am Kontingenzansatz auf und stellt diesem eine *Konsistenz-Effizienz-Hypothese* entgegen. Dieser liegt die Annahme zugrunde, dass die Effizienz des Personalmanagement dann am höchsten ist, wenn die verschiedenen personalpolitischen Instrumente integrativ aufeinander abgestimmt und in übergeordnete Zusammenhänge der Unternehmung und der Umwelt eingeordnet werden. Die zentrale Aufgabe des Personalmanagement besteht deshalb darin, die **Harmonisierung** bzw. **interne Konsistenz der einzelnen personalpolitischen Instrumente** sicherzustellen (vgl. Maier 1998). Dies bedeutet auch, nicht auf jede Veränderung der internen und externen Bedingungen mit einer evolutionären und inkrementalen Veränderung der personalpolitischen Instrumente zu reagieren, sondern diese in *revolutionären Quantensprüngen* ganzheitlich anzupassen (vgl. Mintzberg 1992).

Die Grundlage dafür bildet die Erkenntnis der Systemtheorie, dass sich Systeme selbst erzeugen und erhalten, indem sie eine interne harmonische Geschlossenheit anstreben (Autopoiese) (vgl. Luhmann 2001). Der Systemansatz ist deshalb besonders gut dazu geeignet, die Zusammenhänge und Wechselwirkungen zwischen den unterschiedlichen Elementen des Personalmanagement deutlich zu machen. Dies ist vor allem für Großunternehmungen relevant, in denen personalpolitische Entscheidungen in unterschiedlichen Bereichen und häufig ohne genaue Kenntnis voneinander getroffen werden. Aufgrund seines *hohen Abstraktionsgrads* ist der präskriptive Gehalt des systemtheoretischen Ansatzes aber nur gering (vgl. Mayrhofer 1996, S. 108). Problematisch ist zudem, dass die Systemtheorie ursprünglich für biologische Systeme entwickelt wurde und sich deshalb nur mit erheblichen Modifikationen auf das Personalmanagement übertragen lässt, durch die die theoretische Geschlossenheit des Ansatzes stark leidet.

2.7 Ressourcenorientierter Ansatz

Dem auf Überlegungen im Bereich des strategischen Management basierenden ressourcenorientierten Ansatz des Personalmanagement liegt die Annahme zugrunde, dass die Wettbewerbsfähigkeit einer Unternehmung – entgegen der Aussage des Kontingenzansatzes – weniger auf der Ausnutzung umweltbedingter Gelegenheiten bzw. der Anpassung an umweltbedingte Zwänge als vielmehr auf dem Aufbau und der Nutzung unternehmungsspezifischer Ressourcen basiert. Unternehmungen werden demnach als **spezifisches Bündel materieller und immaterieller Ressourcen** verstanden, das die Grundlage des strategischen Verhaltens und der Erzielung von Wettbewerbsvorteilen bildet. Damit eine Ressource zur nachhaltigen Steigerung der Wettbewerbsfähigkeit einer Unternehmung beitragen kann, muss sie folgende **Eigenschaften** erfüllen (vgl. Barney 2007, S. 138 ff.):

- Ressourcen müssen eine hohe *Werthaltigkeit (value)* aufweisen, d.h. einen für die Kunden erkennbaren Nutzen bieten. Diese Voraussetzung ist dann erfüllt, wenn sie die Stärken der Unternehmung fördern und die Risiken der Umwelt verringern.
- Die *Knappheit (rareness)* von Ressourcen ist dann gegeben, wenn sie z.B. aufgrund von Marktunvollkommenheiten durch andere Unternehmungen nicht oder nur zu höheren Preisen erworben werden können. Im internationalen Kontext können dafür vor allem unterschiedliche Faktorausstattungen und Markteintrittsschranken verantwortlich sein.
- Die *Nicht-Imitierbarkeit (non-imitability)* einer Ressource schützt diese vor Nachahmungen durch Wettbewerber. Sie hängt insbesondere von der Pfadabhängigkeit der Ressourcenentwicklung, der Interdependenz der Ressourcen sowie der Ambiguität der zwischen den Ressourcen bestehenden Zusammenhänge ab.
- Die *organisatorische Umsetzung (organization)* ist schließlich die Voraussetzung dafür, dass werthaltige, rare und nicht-imitierbare Ressourcen von einer Unternehmung auch effizient eingesetzt und nachhaltig zur Erzielung von Wettbewerbsvorteilen genutzt werden können.

Klassifiziert man die einer Unternehmung zur Verfügung stehenden Ressourcen einerseits nach ihrer *Spezifität* (d.h. nach der Möglichkeit, sie unternehmungsintern unterschiedlichen Verwendungszwecken zuzuführen), und andererseits nach ihrer *Handelbarkeit* (d.h. nach der Möglichkeit ihres externen Transfers über den Markt), so zeigt sich, dass personelle Ressourcen besonders gut zur Erzielung nachhaltiger Wettbewerbsvorteile geeignet sind (vgl. Martin 2003; Ringlstetter/ Kaiser 2008, S. 41 ff.). Sie besitzen einerseits ein vielfältiges, aufgabenübergreifendes Einsatzspektrum (geringe *task-specificity*) und sind aufgrund ihrer **sozialen Einbettung** (*social embeddedness*) andererseits anderen Unternehmungen über den Markt nur schwer zugänglich (hohe *firm-specificity*) (vgl. Abb. 2.7). Sie stellen deshalb eine tief in der Unternehmung verwurzelte *intangible Ressource (intangible asset)* dar, die häufig nur durch diese effizient verwertet werden kann und durch andere Unternehmungen nicht oder nur unter großen Wertverlusten beschaffbar und vermarktbar ist. Gleichzeitig weisen Humanressourcen – bei entsprechenden Bildungsinvestitionen – nur eine geringe Abnutzung auf (vgl. Wright/McMahan/McWilliams 1994).

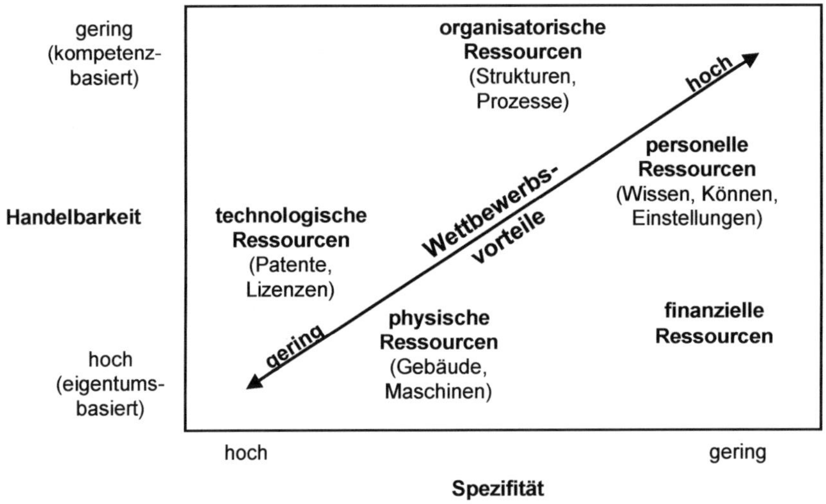

Abb. 2.7. Klassifikation unternehmerischer Ressourcen

Neben dem Humankapital einer Person, das deren Wissen, Können und Einstellungen umfasst, verfügen Mitarbeiter auch über **soziales Kapital**. Dieses beinhaltet den Zugang zu den Ressourcen anderer Personen und Institutionen durch Netzwerkbeziehungen (vgl. Adler/Kwon 2002). Soziales Kapital ist damit nicht im Individuum, sondern in der sozialen Struktur verankert, in die dieses eingebunden ist. Dabei kann zwischen starken und schwachen Verbindungen zu anderen Individuen unterschieden werden (vgl. Burt 1997):

- *Starke Verbindungen* (*strong ties*) bestehen aus einer Vielzahl von Beziehungen zu Personen, deren Herkunft, Bildungshintergrund, Interessen und Einstellungen zumeist große Ähnlichkeiten aufweisen. Sie beinhalten ein hohes Maß an Vertrauen, Sympathie und gegenseitiger Unterstützung. Während die

Zugehörigkeit zu einem auf starken Verbindungen basierenden Netzwerk für die Mitglieder deshalb sehr wertvoll ist, ist es für Außenstehende schwierig, Zugang zu einem solchen Netzwerk zu erhalten. Gleichzeitig beinhaltet das Ausscheiden eines Mitglieds für die Unternehmung aufgrund der Vielzahl redundanter Beziehungen keinen großen Verlust an sozialem Kapital (vgl. Tsai/Ghoshal 1998).

- *Schwache Verbindungen* (*weak ties*) bestehen zu Personen von anderen Beziehungsnetzwerken, in denen die Person selbst kein Mitglied ist. Die nichtredundante Beziehung zwischen zwei Kontakten wird als *strukturelles Loch* (*structural hole*) bezeichnet (vgl. Burt 1997). Je größer die Anzahl der schwachen Verbindungen ist, über die eine Person verfügt, desto größer ist ihr soziales Kapital und ihr Wert als personelle Ressource für die Unternehmung (vgl. Granovetter 1973). Das Ausscheiden eines solchen Mitarbeiters stellt deshalb einen besonders großen Wertverlust dar (vgl. Seibert/Kraimer/Liden 2001).

Für das Personalmanagement ergibt sich daraus die Implikation, Mitarbeiter mit umfangreichem sozialen Kapital zu rekrutieren und an die Unternehmung zu binden. Darüber hinaus gilt es, die Zahl struktureller Löcher zu verringern, um die negativen Folgen des Ausscheidens von Mitarbeitern zu reduzieren, die über viele schwache Verbindungen verfügen. Geeignete personalpolitische Instrumente dazu sind etwa systematische *job rotations* und unternehmungsspezifische Weiterbildungen (vgl. Kap. 5.1.3.2.1).

Eine weitere zentrale Aussage des ressourcenorientierten Ansatzes ist, dass Unternehmungen ein spezifisches organisatorisches Erbe besitzen und eigene, idiosynkratische Deutungsraster und Lernmethoden entwickeln, die Barrieren gegen die Übertragung von *best practices* darstellen (vgl. Ridder et al. 2001, S. 33). Die Effizienz von Instrumenten des Personalmanagement ist deshalb in einem hohen Maße von den in der Vergangenheit getroffenen Entscheidungen abhängig (vgl. Schreyögg/Sydow 2003). Angesichts dieser **Pfadabhängigkeit** argumentiert der ressourcenbasierte Ansatz, nicht erfolgreiche personalpolitische Strategien und Instrumente anderer Unternehmungen zu imitieren, sondern diese – vor dem Hintergrund des eigenen organisationalen Erbes und auf der Basis der eigenen Kernkompetenzen – selbst zu kreieren. So sollten z.B. Führungskräfte selbst entwickelt und nicht von anderen Unternehmungen abgeworben werden (vgl. Kap. 5.1.2.1). Zudem sollten die Instrumente des Personalmanagement – wie auch vom Systemansatz postuliert (vgl. Kap. 2.6) – nicht isoliert voneinander eingesetzt, sondern aufeinander abgestimmt und koordiniert eingesetzt werden. Die dadurch bewirkten Interdependenzen zwischen den einzelnen Instrumenten bilden einen besonders effizienten Schutz vor Imitationen durch andere Unternehmungen und erleichtern die organisatorische Umsetzung personalpolitischer Strategien (vgl. Barney/Clark 2007, S. 134 f.).

Einen Schwachpunkt des Ansatzes bildet die sehr allgemeine Definition des zentralen Ressourcenbegriffs. So wird etwa nicht hinreichend dargelegt, wie die Ressourcenpotenziale der Mitarbeiter in konkrete Erfolgspotenziale umgesetzt werden können (vgl. Chadwick/Dabu 2009). Der ressourcenorientierte Ansatz kann damit zwar *ex-post* Erklärungen für den Erfolg personalpolitischer Strategien liefern, sein präskriptiver Gehalt ist jedoch relativ begrenzt (vgl. Conrad 2003).

Ein anschauliches Beispiel für die geringe Handelbarkeit personeller Ressourcen ist der Transfer von Fußballspielern. Zwar können diese bei Zahlung einer Ablösesumme ihren Verein wechseln, ohne jedoch eine Garantie dafür bieten zu können, dort genauso erfolgreich tätig zu sein wie bei ihrem früheren Verein. Den Einfluss des sozialen Kontextes machen auch die teilweise erheblichen Leistungsschwankungen in Vereins- und Nationalmannschaften deutlich. Dies gilt vor allem dann, wenn sich deren taktische Ausrichtung und personelle Zusammensetzung stark unterscheiden. So war etwa Lukas Podolski in der deutschen Nationalmannschaft, in der er eine hohe Anerkennung genoss, zumeist weitaus erfolgreicher als in seinen Vereinsmannschaften. Lionel Messi, der Weltfußballer der Jahre 2009-2012, spielt dagegen im taktischen System des FC Barcelona eine zentrale Rolle, während er seine individuellen Stärken in der argentinischen Nationalmannschaft weniger gut zur Geltung bringen kann. In der Qualifikation zur Fußball-Weltmeisterschaft 2010 in Südafrika erzielte Messi durchschnittlich nur alle 4,5 Spiele ein Tor, während er beim FC Barcelona etwa alle 1,03 Spiele das Tor trifft.

Eine Studie von Groysberg/Sant/Abrahams (2008) unter American Football-Spielern belegt, dass deren Transferierbarkeit darüber hinaus von deren Position innerhalb der Mannschaft abhängt. So erzielen *Wide Receiver*, die als Passempfänger des *Quarterback* stark in das Gefüge einer Football-Mannschaft eingebunden sind, nach einem Vereinswechsel i.d.R. eine signifikant schlechtere Leistung. Diese erreicht erst nach etwa einem Jahr wieder ihre ursprüngliche Höhe. *Punter*, die den Ball über eine große Distanz schießen, müssen dagegen vor allem ein starkes Schussbein und eine gute Technik besitzen. Sie wechseln als Individualisten signifikant öfter den Verein und weisen danach kaum Leistungseinbußen auf. Die Effizienz personeller Ressourcen ist damit stark vom sozialen Kontext abhängig, in dem sie eingesetzt werden, während etwa eine Maschine unabhängig davon funktioniert, von welcher Unternehmung sie verwendet wird.

2.8 Personalökonomischer Ansatz

Der personalökonomische Ansatz greift eine seit den achtziger Jahren häufig formulierte Kritik an Ansätzen zum Personalmanagement auf, wonach sich darin „von Ökonomie nur Spurenelemente" finden lassen (Wunderer/Mittmann 1983). Insbesondere in Abgrenzung zu dem verhaltenswissenschaftlich ausgerichteten Human Relations-Ansatz zielt dieser aus der volkswirtschaftlichen Mikroökonomie entlehnte Ansatz deshalb darauf ab, personalpolitische Entscheidungen einem ökonomischen Kalkül zu unterziehen und vor dem Hintergrund von Marktbedingungen sowie von rechtlichen, tarifvertraglichen und sonstigen normenstiftenden institutionellen Rahmenbedingungen zu untersuchen (vgl. Backes-Gellner/Lazear/Wolff 2001; Wolff/Lazear 2001; Sadowski 2002; Grieger 2004).

Die Grundlage des personalökonomischen Ansatzes bilden drei fundamentale **Annahmen über das menschliche Verhalten**, nämlich die individuelle Nutzenmaximierung, Opportunismus und Rationalität. Die *Annahme der Nutzenmaximierung* geht davon aus, dass Menschen nach ihren individuellen Präferenzen ihren persönlichen Nutzen maximieren, indem sie die vorteilhafteste der sich ihnen jeweils bietenden Handlungsalternativen wählen. Die Aufgabe des Personalmanagement besteht demnach darin, institutionelle Rahmenbedingungen (Restriktionen) zu schaffen, die bewirken, dass die von den Mitarbeitern gewählten Alternativen den von der Unternehmung präferierten entsprechen.

Opportunismus bedeutet, dass die Verfolgung von Eigeninteressen auch so weit gehen kann, anderen bewusst zu schaden. Dazu zählt etwa die Anwendung von List und Tücke. Dem Personalmanagement fällt somit die Aufgabe zu, durch den Einsatz geeigneter Instrumente den Spielraum der Mitarbeiter für opportunistisches Verhalten zu reduzieren und dadurch einen Ausgleich zwischen den individuellen Interessen der Mitarbeiter und den Zielen der Unternehmung herbeizuführen.

Die *Rationalitätsannahme* besagt, dass kein Mensch sich willentlich so verhält, dass er sich aus eigener Sicht selbst schadet. Rationalität bedeutet somit nicht, dass Menschen immer die objektiv beste Entscheidung treffen, sondern diejenige, die ihnen aus ihrer subjektiven Sicht als die beste erscheint (*bounded rationality*). Begrenzt wird die Rationalität vor allem durch die Ungewissheit über zukünftige Entwicklungen und durch die eingeschränkte Fähigkeit, Informationen aufzunehmen, zu bewerten und zu verarbeiten. Die Aufgabe des Personalmanagement besteht demnach darin, ungewollte Rationalitätsverzerrungen zu vermeiden und z.B. die Sicherheit von Erwartungen durch die Schaffung von Transparenz zu erhöhen.

Nach Auffassung des amerikanischen Ökonomie-Nobelpreisträgers Gary S. Becker lässt sich das menschliche Verhalten in vielen Bereichen mit Hilfe des ökonomischen Ansatzes erklären. Dazu zählen nicht nur Entscheidungen in Unternehmungen, sondern etwa auch die Kriminalität und die Familienplanung. „Das beginnt mit der Entscheidung zu heiraten. Auch da steht die Frage nach dem Nutzen im Vordergrund, den ein Mensch sich von der Ehe erwartet – sowohl immateriell als auch materiell. Auf dem Heiratsmarkt wird jemand so lange suchen, bis er den Partner gefunden hat, der ihm den höchsten Wert verspricht – in Form von Liebe oder materieller Vorteile in Form eines höheren Einkommens. Anders ausgedrückt: Die weitere Suche nach einer Alternative würde keine spürbare Verbesserung mehr bringen – Zeit und Kosen dafür würden den Vorteil aufwiegen (...).

Sind Menschen verheiratet, müssen sie weitere Entscheidungen über die Ehe treffen: Sollen sie sich wieder trennen oder sich scheiden lassen, und wenn sie es tun oder wenn sie verwitwet sind, sollen sie wieder heiraten und wenn ja, wann? Übersteigt der potenzielle Nutzen des Alleinlebens oder einer Ehe mit einem anderen Partner den entgangenen Nutzen, der durch die Trennung entsteht? Diese Verluste entstehen etwa durch die räumliche Trennung von den eigenen Kindern, durch die Teilung gemeinsamen Besitzes, durch Anwaltsgebühren, aber auch durch die Mühe, sich daran gewöhnen zu müssen, allein oder mit einer neuen Person zu leben. Der Anreiz zur Trennung ist grundsätzlich umso geringer, je bedeutsamer die für eine bestimmte Ehe spezifischen Investitionen sind. Das Wissen um die Gewohnheiten und Einstellungen des Partners ist dabei von großer Bedeutung (…).

Doch das offenkundigste Beispiel für ehespezifische Investitionen sind Kinder. Ihre ‚Produktion' hängt von den Kosten für ihre Erziehung ebenso ab wie von ihrem erwarteten materiellen Nutzen für die Eltern, etwa in Form von zusätzlichem Familieneinkommen oder einer Versorgung im Alter. Eltern in Industrienationen geben heute meist mehr Geld dafür aus, Kinder aufzuziehen, als sie durch sie einnehmen, und sie betrachten Kinder, in der Terminologie der Ökonomie, als Konsumgüter. In vielen Gesellschaften sind Kinder dagegen auch heute noch für ihre alt gewordenen Eltern verantwortlich, etwa in Indien oder China. Dann werden Kinder auch mal zu Produktionsmitteln" (Becker 2004, S. 81 f.).

Um die Auswirkungen dieser Verhaltensannahmen auf die Akteure des Personalmanagement aufzuzeigen, greift der personalökonomische Ansatz auf zwei Organisationstheorien zurück, die beide der Neuen Institutionenökonomik zugerechnet werden. Im Mittelpunkt der **Principal-Agent-Theorie** stehen die Beziehungen zwischen der Unternehmungsleitung (*principal*) und den von dieser mit der Ausübung bestimmter Aufgaben betrauten Mitarbeitern (*agents*). Dabei entsteht das Problem, dass sich das zwischen diesen beiden Akteuren durch den Arbeitsvertrag begründete „nicht-justitiable Dauerschuldverhältnis" (Backes-Gellner 1993, S. 517) nicht allein vertraglich regeln lässt. Dafür sind vor allem drei Formen von Informationsasymmetrien verantwortlich (vgl. Picot et al. 2015, S. 92 ff.):

- *Hidden Characteristics* bezeichnen das Problem, dass die Unternehmungsleitung wichtige Eigenschaften von Mitarbeitern vor Abschluss des Arbeitsvertrags nicht kennt. Daraus resultiert das Risiko, im Rahmen der Personalbeschaffung nicht die geeignetsten Mitarbeiter auszuwählen (*adverse selection*).
- *Hidden Action* beschreibt das Problem, dass die Unternehmungsleitung die Leistungen ihrer Mitarbeiter z.B. aufgrund fehlender Sachkenntnisse oder Zeitmangels nicht umfassend beobachten und bewerten kann. Dies birgt die Gefahr, dass die Mitarbeiter ihre Leistungen reduzieren (*moral hazard*).
- *Hidden Intentions* liegen vor, wenn die Unternehmungsleitung opportunistisches Verhalten ihrer Mitarbeiter zwar beobachten und bewerten, jedoch nicht verhindern kann. Dadurch entsteht die Gefahr, dass die Unternehmungsleitung aufgrund spezifischer Investitionen in ihre Mitarbeiter von diesen abhängig wird, was diese wiederum zu Nachverhandlungen von Verträgen ausnutzen können (*hold up*). Ein Beispiel dafür sind zusätzliche Lohnforderungen von Schlüsselmitarbeitern bei für die Unternehmung bedeutsamen Großaufträgen.

Zur Reduzierung der durch diese drei Formen von Informationsasymmetrien entstehenden Probleme stehen der Unternehmungsleitung zwei unterschiedliche Strategien offen (vgl. Eisenhardt 1989). Die erste Möglichkeit ist die *direkte Kontrolle des Verhaltens* der Mitarbeiter im Rahmen der Personalführung (*monitoring and behavior control*). Diese kann durch personenorientierte Kontrolle (z.B. Beobachtung durch Vorgesetzte) oder technische Überwachung (z.B. Zeiterfassungssysteme, Kameras, Überwachung des Datenverkehrs) erfolgen (vgl. Kap. 5.4.1.4). Die zweite Möglichkeit ist die *indirekte Kontrolle von Leistungsergebnissen*. Hierbei wird ein Anreizsystem für den Agenten geschaffen, das unter Ausnutzung seines Eigeninteresses Entscheidungen sicherstellen soll, die sich möglichst weitgehend mit den Zielen des Prinzipals decken (*interest alignment*). Instrumente hierzu sind etwa Zielvorgaben und -kontrollen im Rahmen der Personalführung (*performance control*) oder eine leistungs- bzw. erfolgsabhängige Entgeltpolitik (*incentive compensation*).

Die zweite für den personalökonomischen Ansatz wichtige Organisationstheorie ist die **Transaktionskostentheorie** (vgl. Coase 1937; Williamson 1990). Diese basiert auf der Grundannahme, dass die Abwicklung von Transaktionen über den Markt nicht kostenlos ist, sondern *Transaktionskosten für die Anbahnung, Formulierung, Schließung, Überwachung, Durchsetzung und Anpassung von Verträgen* verursacht. Im Bereich des Personalmanagement entstehen diese etwa bei der Suche und Auswahl neuer Mitarbeiter, der Aushandlung des Arbeitsvertrags und der Kontrolle der darin vereinbarten Leistungen (vgl. Eigler 1996). Die Höhe der Transaktionskosten ist von drei Umweltbedingungen abhängig (vgl. Williamson 1990, S. 45 ff.):

- *Spezifität*: Mit zunehmender Spezifität einer Leistung erhöhen sich die gegenseitige Abhängigkeit (Idiosynkratie), die Gefahr opportunistischen Verhaltens sowie die *sunk costs* der Transaktionspartner, d.h. der Unterschied zwischen der besten und der zweitbesten Verwendungsmöglichkeit einer Leistung. Ein Beispiel dafür ist die Vermittlung unternehmungsspezifischer Qualifikationen im Rahmen der Personalentwicklung, die in anderen Unternehmungen nicht einsetzbar sind und dadurch die Bindung des Mitarbeiters an die Unternehmung erhöhen.
- *Unsicherheit*: Verträge sind immer unvollkommen und müssen im Verlauf des Transaktionsprozesses konkretisiert und angepasst werden: Je höher die Unsicherheit, d.h. je schwieriger es ist, die Komplexität möglicher zukünftiger Entwicklungen vertraglich zu erfassen, desto größer ist der Spielraum für opportunistisches Verhalten der Transaktionspartner. Dies gilt etwa für Führungskräfte, deren Leistung nur schwer messbar und deshalb nur schwer schriftlich fixierbar ist.
- *Häufigkeit*: Je häufiger gleichartige Transaktionen vorgenommen werden, desto geringer werden aufgrund von Lerneffekten und des entstehenden Vertrauensverhältnisses zwischen den Transaktionspartnern die Durchschnittskosten einer Transaktion. So können diese etwa auf bewährte Musterverträge zurückgreifen und die vertragliche Regelung der Transaktion auf ein Minimum begrenzen. Dadurch sinkt z.B. der Kontrollaufwand im Rahmen der Personalführung.

Vorteile einer ökonomischen Betrachtung des Personalmanagement sind die systematische Reduzierung von Komplexität und die Generierung gehaltvoller und empirisch überprüfbarer Aussagen (vgl. Backes-Gellner 1993; Alewell/Martin 2006). Zudem ermöglichen die personalökonomischen Ansätze die betriebswirtschaftliche Analyse personalpolitischer Handlungsoptionen, wie etwa Entscheidungen über die Einstellung von Mitarbeitern oder den Einsatz von Leiharbeitern, die interne oder externe Stellenbesetzung, die Wahl zwischen unternehmungsspezifischen oder -übergreifenden Weiterbildungsprogrammen und den Einsatz geeigneter Instrumente der Personalführung. Dadurch steigt wiederum der Stellenwert des Personalmanagement im Rahmen der Unternehmungsführung (vgl. Wunderer 1992, S. 214).

Nachteile des personalökonomischen Ansatzes sind dagegen die Abstraktion, Vereinfachung und Verfremdung der personalpolitischen Praxis sowie ein reduktionistisches Menschenbild, das altruistisches Verhalten, intrinsische Motivation oder die Orientierung an ethischen Normen nicht berücksichtigt (vgl. Steinmann/ Hennemann 1993, S. 55 ff.; Scherm 1998; Kabst 2004). Darüber hinaus lassen sich zentrale Begriffe wie Nutzen oder Transaktionskosten nur schwer operationalisieren und messen (vgl. Ghoshal/Moran 1996). Ghoshal (2005) wirft den personalökonomischen Ansätzen schließlich vor, erst das opportunistische Verhalten der Mitarbeiter hervorzurufen, das sie reduzieren wollen. Indem Führungskräfte ihren untergeordneten Mitarbeitern strikte Anweisungen erteilen, deren Einhaltung umfassend kontrollieren und Anreizsysteme zur Ausrichtung des Verhaltens auf die Unternehmungsziele implementieren, fördern sie das Misstrauen der Mitarbeiter. Als Folge davon sind die Mitarbeiter geneigt, den Führungskräften zwar oberflächlich und scheinbar zu folgen, gleichzeitig jedoch mikropolitische Strategien zu entwickeln, sich deren Kontrolle zu entziehen. "Combine agency theory with transaction costs economics, add in standard versions of game theory and negotiation analysis, and the picture of the manager that emerges is one that is now very familiar in practice: the ruthlessly hard-driving, strictly top-down, command-and-control focused, shareholder-value-obsessed, win-at-any-cost business leader" (S. 85).

Angesichts dieser Kritikpunkte ist es sinnvoll, die ökonomische Betrachtung von Arbeitsverhältnissen um eine psychologische Perspektive zu erweitern und neben dem juristischen Arbeitsvertrag auch den **psychologischen Vertrag** zwischen Arbeitnehmer und Arbeitgeber zu betrachten (vgl. Rousseau 1995). Da Arbeitsverträge immer unvollkommen sind und nur einen Teil der Arbeitnehmer-Arbeitgeber-Beziehung regeln, bilden sich auf beiden Seiten implizite und nicht einklagbare Erwartungen über die Gestaltung und Entwicklung des sozialen Austauschverhältnisses heraus. Die Erwartungen der Arbeitnehmer beruhen insbesondere auf den erlebten Instrumenten des Personalmanagement (z.B. Beförderungspolitik, Weiterbildungsmöglichkeiten, Führungsstil) sowie der Kommunikation der Führungskräfte und Mitarbeiter der Personalabteilung (z.B. Aussagen in Mitarbeitergesprächen und Unternehmungsbroschüren, Redebeiträge auf Betriebsversammlungen). Für den Arbeitgeber ist dagegen vor allem das arbeitsbezogene Verhalten der Mitarbeiter (z.B. Arbeitsengagement und -leistung, Umgang mit Vorgesetzten und Kollegen) relevant (vgl. Conway/Briner 2005). Kommt es zu subjektiv empfundenen Diskrepanzen zwischen den implizit versprochenen Leistungen und Gegenleistungen und damit zu einem Bruch des psychologischen Vertrags, so kann dies zu unterschiedlichen Verhaltensweisen von der offenen Kommunikation der Erwartungen über die stillschweigende Akzeptanz des empfundenen Vertragsbruchs bis zur inneren oder tatsächlichen Kündigung des Vertragsverhältnisses führen.

2.9 Integrierter Personalmanagement-Ansatz

Die Darstellung verschiedener theoretischer Ansätze des Personalmanagement von der Theorie der wissenschaftlichen Betriebsführung bis zum personalökonomischen Ansatz hat deutlich gemacht, dass diese jeweils auf bestimmte Aspekte des Personalmanagement beschränkt sind und personalpolitische Zusammenhänge nur partiell beschreiben und erklären können. Seit Mitte der achtziger Jahre wurden deshalb mehrere Ansätze wie etwa der *INSEAD-Ansatz* (vgl. Evans 1984, 1986), der *Michigan-Ansatz* (vgl. Fombrun/Tichy/Devanna 1984), und der *Harvard-Ansatz* (vgl. Beer et al. 1985; Walton/Lawrence 1985) entwickelt, die eine umfassende Sichtweise anstreben (für einen Überblick vgl. Staffelbach 1986; Elšik 1992). Zugleich unternehmen diese den Versuch, die durch den Bedeutungswandel und Bedeutungszuwachs des Personalmanagement in den Vordergrund rückenden strategischen Aspekte stärker zu betonen. Ein wesentlicher Mangel dieser Ansätze ist jedoch, dass diese keine theoretische Konzeption i.e.S. darstellen, sondern lediglich einen systematisierenden Ordnungs- und Analyserahmen des Personalmanagement bereitstellen.

Den folgenden Überlegungen wird deshalb ein integrierter Personalmanagement-Ansatz zugrunde gelegt, in den die Überlegungen unterschiedlicher Theorien des Personalmanagement einfließen (vgl. Abb. 2.8). Den Ausgangspunkt bilden die **Akteure** des Personalmanagement. Hierzu zählen die Mitarbeiter und die Führungskräfte als individuelle Akteure sowie die Mitarbeitervertreter und die Personalabteilung als kollektive Akteure. Im Sinne des konfliktorientierten Ansatzes wird angenommen, dass zwischen diesen Akteuren Zielkonflikte bestehen, über deren Durchsetzung in einem direkten oder indirekten Aushandlungsprozess entschieden wird.

Neben den Zielen der jeweils dominanten Akteure wird der Einsatz der personalpolitischen Instrumente durch die jeweiligen **Bedingungen** des Personalmanagement bestimmt. Hierzu zählen insbesondere das Arbeitsrecht und der Arbeitsmarkt sowie die Unternehmungsstrategie und der Internationalisierungsgrad. Im Sinne des Kontingenzansatzes müssen diese externen und internen Bedingungen berücksichtigt werden, um eine möglichst hohe Effizienz der eingesetzten Instrumente des Personalmanagement zu erzielen. Im Unterschied zum Kontingenzansatz wird jedoch angenommen, dass die Bedingungen nicht prinzipiell unabänderliche Daten darstellen, sondern vielfach durch die Akteure des Personalmanagement beeinflusst werden können. Dies gilt sowohl für die internen Bedingungen (z.B. im Rahmen des *strategy-follows-people*-Ansatzes, vgl. Kap. 5.2.1.4) als auch für die externen Bedingungen (z.B. durch das Lobbying politischer Entscheidungsträger).

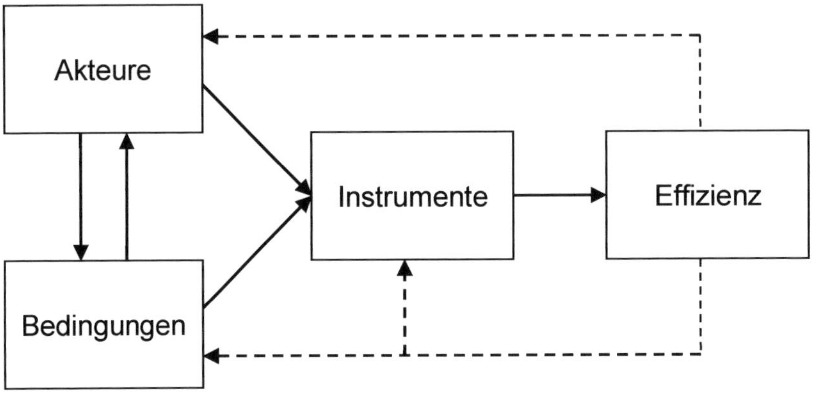

Abb. 2.8. Integrierter Personalmanagement-Ansatz

Im Mittelpunkt des integrierten Personalmanagement-Ansatzes stehen die **Instrumente** des Personalmanagement. Dazu zählen die Personalbedarfsplanung und -deckung, der Personaleinsatz, die Personalentlohnung sowie die Personalführung. Bei dem Einsatz dieser Instrumente sind insbesondere die Erkenntnisse der motivationstheoretischen Ansätze, des personalökonomischen Ansatzes sowie des ressourcenorientierten Ansatzes relevant. Darüber hinaus gilt es, die einzelnen Instrumente im Sinne des Systemansatzes effizient aufeinander abzustimmen.

Die **Effizienz** des Personalmanagement gibt die Auswirkungen der eingesetzten personalpolitischen Instrumente vor dem Hintergrund der jeweiligen externen und internen Bedingungen wieder. Bei der Effizienzmessung im Rahmen des Personalcontrolling kann entsprechend der beiden wichtigsten Gruppen personalpolitischer Akteure in eine unternehmungsbezogene und eine mitarbeiterbezogene Effizienz unterschieden werden. Im Sinne der Steuerungsfunktion des Personalcontrolling wirkt die Effizienz wiederum auf die Akteure, Bedingungen und Instrumente des Personalmanagement zurück. Der integrierte Personalmanagement-Ansatz beinhaltet somit einen geschlossenen Regelkreis, bei dem alle Systemelemente zu einander in Beziehung stehen.

Der integrierte Personalmanagement-Ansatz liegt auch der weiteren Gliederung dieses Lehrbuchs zugrunde. In Kapitel 3 werden zunächst die wichtigsten Akteure des Personalmanagement sowie deren Ziele und Einflussmöglichkeiten auf personalpolitische Entscheidungen dargestellt. Anschließend werden unterschiedliche Formen der Organisation thematisiert, die der arbeitsteiligen Durchführung und Koordination personalpolitischer Aktivitäten dienen. Kapitel 4 ist den internen und externen Bedingungen des Personalmanagement gewidmet, vor deren Hintergrund die handelnden Akteure die unterschiedlichen Instrumente des Personalmanagement einsetzen. Diese werden ausführlich in Kapitel 5 dargestellt, wobei zwischen vier Instrumenten unterschieden wird: Personalbedarfsplanung und Personalbedarfsdeckung, Personaleinsatz, Personalentlohnung und Personalführung. Im Mittelpunkt des abschließenden Kapitels 6 steht die Effizienz des Personalmanagement und dessen Messung im Rahmen des Personalcontrolling.

3 Akteure des Personalmanagement

Wie im vorangegangenen Kapitel erläutert, wird über den Einsatz der Instrumente des Personalmanagement in einem Aushandlungsprozess entschieden, an dem verschiedene Akteure mit unterschiedlichen Zielen und Einflussmöglichkeiten beteiligt sind. Diese können in individuelle und kollektive Akteure unterschieden werden. Zu den individuellen Akteuren zählen die Mitarbeiter und die Führungskräfte, während die Mitarbeitervertreter und die Personalabteilung die kollektiven Akteure des Personalmanagement bilden (vgl. Abb. 3.1).

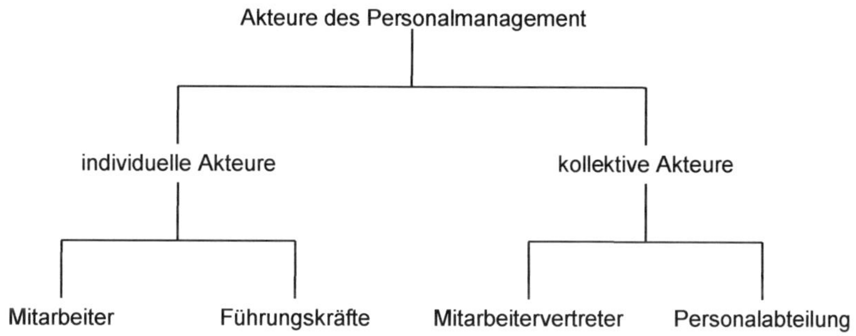

Abb. 3.1. Akteure des Personalmanagement

3.1 Individuelle Akteure

3.1.1 Mitarbeiter

Die erste Gruppe von individuellen Akteuren des Personalmanagement sind die Mitarbeiter. Diese können nach rechtlichen Kriterien in verschiedene Teilgruppen differenziert werden (vgl. Abb. 3.2). Aus der Zuordnung ergeben sich vielfältige *zivil-, arbeits- und sozialversicherungsrechtliche Konsequenzen.* Auch der *soziale Status* ist häufig davon abhängig.

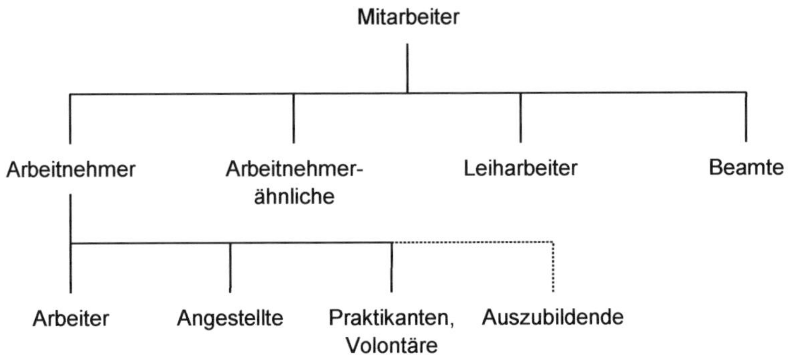

Abb. 3.2. Mitarbeitergruppen

3.1.1.1 Arbeitnehmer

Die größte Gruppe der Mitarbeiter bilden die Arbeitnehmer. Trotz ihrer zentralen Stellung im Rahmen des Personalmanagement ist der Begriff des Arbeitnehmers im deutschen Arbeitsrecht nicht generell definiert. Lediglich einzelne Gesetze legen für ihren jeweiligen Geltungsbereich gesondert fest, wer Arbeitnehmer ist (vgl. z.B. § 5 BetrVG, § 2 Abs. 2 ArbZG).

Allgemein wird als Arbeitnehmer angesehen, wer aufgrund eines privatrechtlichen Vertrags zur Leistung von Diensten **für einen anderen in persönlicher Abhängigkeit gegen Entgelt** arbeitet (vgl. Dütz/Thüsing 2017, S. 20 ff.):

- Grundvoraussetzung für die Arbeitnehmerstellung ist ein *privatrechtlicher Vertrag* (Arbeitsvertrag). Keine Arbeitnehmer sind somit Beamte, Richter, Soldaten und Zivildienstleistende, die aufgrund eines öffentlich-rechtlichen Verwaltungsaktes tätig werden (vgl. Kap. 3.1.1.4), Ordensleute und Diakonissen, deren Tätigkeit durch religiöse Motive bestimmt wird, sowie Selbständige und Organpersonen wie etwa Gesellschafter von Personengesellschaften und Vorstandsmitglieder juristischer Personen.
- Ein weiteres Merkmal ist, dass die *Leistung von Diensten für einen anderen*, nämlich den Arbeitgeber, geschuldet wird. Der Arbeitsvertrag ist somit ein Sonderfall des Dienstvertrags i.S. § 611 BGB. Während bei einem Werkvertrag der Unternehmer das Werk als Erfolg schuldet (§ 631 BGB), wird bei einem Dienstvertrag das bloße Wirken geschuldet.
- Kennzeichnend ist zudem die *persönliche Abhängigkeit*. Diese ergibt sich aus der für das Arbeitsverhältnis typischen, umfassenden rechtlichen *Weisungsgebundenheit des Arbeitnehmers* hinsichtlich Art, Umfang, Ausführung, Zeit und Ort sowie seiner *Eingliederung in den Betriebsablauf des Arbeitgebers*. Indizien für eine persönliche Abhängigkeit sind etwa umfassende Berichtspflichten, Anwendung tariflicher Bestimmungen, fehlende eigene Preis- und Werbungsgestaltung, kein selbständiges Anwerben von Kunden, keine Belastung mit Per-

sonal- und Sachkosten, Tätigkeit nur für einen Dienstherrn, Verpflichtung zur Übernahme aller Arbeitsaufträge sowie das Fehlen eigener Mitarbeiter.

Häufig werden Arbeitnehmer weiter unterschieden in

- *Arbeiter*, die überwiegend körperliche Arbeiten verrichten, und
- *Angestellte*, d.h. kaufmännische und technische Mitarbeiter, die vornehmlich geistige Tätigkeiten ausüben.

Im Zuge des technologischen Fortschritts und gesellschaftlichen Wandels ist diese Unterscheidung in vielen Fällen jedoch kaum noch möglich. Das Bundesverfassungsgericht hat in mehreren Entscheidungen zudem die Gleichbehandlung dieser beiden Arbeitnehmergruppen festgelegt.

Zu den Arbeitnehmern zählen auch *Praktikanten* und *Volontäre*, die sich regelmäßig gegen ein geringes Entgelt etwa in die Praxis eines kaufmännischen oder journalistischen Berufs einarbeiten. Einen Sonderstatus besitzen *Auszubildende* (bis 1971 als Lehrlinge bezeichnet), die zum Zweck der Berufsausbildung auf der Basis eines Ausbildungsvertrages einen geordneten Ausbildungsgang absolvieren. Während Auszubildende nach § 5 Abs. 1 BetrVG zu den Arbeitnehmern zählen und damit umfassende Mitbestimmungsrechte besitzen, sind sie nach § 23 KSchG bei der Berechnung der Zahl der Arbeitnehmer eines Betriebs nicht mitzurechnen. Auch in Tarifverträgen werden Auszubildende regelmäßig von Arbeitnehmern unterschieden und etwa von tariflichen Sonderzahlungen ausgeschlossen. Ein weiterer Unterschied zu Arbeitern und Angestellten ist, dass Auszubildende nach § 17 BBiG während ihrer Ausbildung kein Gehalt, sondern eine Ausbildungsvergütung erhalten, die nach dem Lebensalter der Auszubildenden mit fortschreitender Berufsausbildung ansteigt.

Aufgrund der wachsenden Zahl von Hochschulabsolventen, die keine feste Anstellung finden und als schlecht oder gar nicht bezahlte Praktikanten arbeiten, wird häufig bereits von einer „Generation Praktikum“ gesprochen (Stolz 2005). Empirische Untersuchungen vermitteln hierzu jedoch ein widersprüchliches Bild. Nach einer Studie von Hohendanner/Janik (2008) auf der Basis des IAB-Betriebspanels waren im Jahre 2006 etwa 600.000 Praktikanten in Deutschland tätig. Ihr Anteil ist vor allem in Kleinst- und Kleinbetrieben sowie in den Branchen Handel und Reparatur, Gesundheit und Sozialwesen sowie den unternehmungsnahen Dienstleistungen überproportional hoch. Eine Studie der Hans-Böckler-Stiftung kommt zu dem Ergebnis, dass Zahl und Dauer von Praktika nach dem Studium zugenommen haben. In vielen Fällen dienen diese nicht dem Erwerb weiterer Qualifikationen, sondern der Beschäftigung von qualifizierten Hilfskräften zu geringen Löhnen und ohne Kündigungsschutz. Rund 40% aller Praktika werden nicht vergütet, während der durchschnittliche Bruttolohn bei vergüteten Praktika bei lediglich 3,77 € pro Stunde liegt (vgl. Schmidt/Hecht 2011).

Demgegenüber zeigt eine Studie des Bundesministeriums für Bildung und Forschung, dass es sich bei Praktika nach dem Studium nicht um ein Massenphänomen handelt. Kettenpraktika und Praktikumskarrieren sind demnach selten. Vielmehr beurteilen viele Praktikanten ihr Praktikum positiv und sehen dieses als Möglichkeit an, anschließend eine feste Anstellung bei der jeweiligen Unternehmung zu finden (vgl. Briedis/Minks 2007).

3.1.1.2 Arbeitnehmerähnliche

Im Gegensatz zu Arbeitnehmern stehen arbeitnehmerähnliche Selbständige zu ihrem Vertragspartner in keinem persönlichen Abhängigkeitsverhältnis. Sie sind zudem nicht in den Betriebsablauf eingegliedert, sondern werden aufgrund eines *Dienstvertrags* tätig, in dem sie sich verpflichten, bestimmte Leistungen für eine Unternehmung zu erbringen. Dazu zählen etwa *Handelsvertreter* i.S. § 84 HGB, die als selbständige Gewerbetreibende für ihren Auftraggeber Geschäfte vermitteln oder in dessen Namen abschließen.

Eine weitere Gruppe bilden *freie Mitarbeiter (freelancer)* von Rechts- und Unternehmensberatungen, IT-Unternehmungen oder Presse, Rundfunk und Fernsehen (vgl. Kerschbaumer/Eischl/Kossens 2004). Nach einer Studie von Koch (2012) auf der Basis des IBA-Betriebspanels waren in Deutschland im Jahre 2011 rund 640.000 Menschen als freie Mitarbeiter auf der Basis von Dienstverträgen für Unternehmungen tätig. Ihre Zahl hat sich damit seit 2002 mehr als verdoppelt. Da freie Mitarbeiter zu ihrem Auftraggeber in keinem Arbeitsverhältnis stehen, kommen für sie auch viele Vorschriften des Arbeitsrechts wie das Kündigungsschutzgesetz, das Betriebsverfassungsgesetz, das Arbeitszeitgesetz nicht zum Tragen (vgl. Kap. 4.1.1). Zudem besteht keine Sozialversicherungspflicht. Freie Mitarbeiter verursachen deshalb zumeist niedrigere Kosten und sind flexibler einsetzbar als fest angestellte Mitarbeiter (vgl. Kaiser/Paust/Kampe 2007). Als Vorteile gegenüber einer Festanstellung werden häufig abwechslungsreiche Tätigkeiten sowie eine größere Autonomie empfunden. Dies gilt insbesondere für hoch qualifizierte freie Mitarbeiter wie etwa IT-Spezialisten (vgl. Süß/Kleiner 2007).

Ebenfalls keine Arbeitnehmer sind in der eigenen Wohnung tätige *Heimarbeiter*, da ihre Arbeitsstätte vom Auftraggeber unabhängig ist und sie nicht in dessen Betriebsablauf integriert werden. Zudem unterliegen sie nicht dem Weisungsrecht des Auftraggebers. Da sie aber in dessen Auftrag tätig werden und diesem die Verwertung der aus Roh- und Hilfsstoffen gefertigten Arbeitserzeugnisse überlassen, gehören sie zu seinen Mitarbeitern.

Wenn Arbeitnehmerähnliche im Wesentlichen nur für einen Auftraggeber tätig sind und das daraus erzielte Entgelt ihre entscheidende Existenzgrundlage darstellt, werden sie in bestimmten Fällen ebenfalls durch das Arbeitsrecht geschützt. Arbeits- und sozialversicherungsrechtlich ist zudem zu prüfen, ob es sich bei Arbeitnehmerähnlichen um Scheinselbständige handelt, d.h. um Arbeitnehmer, die wie Selbständige auftreten.

3.1.1.3 Leiharbeitnehmer

Leih- bzw. Zeitarbeitnehmer sind keine Arbeitnehmer der Unternehmung, der sie ihre Arbeitskraft zur Verfügung stellen, sondern einer Zeitarbeitsfirma (Verleiher).

Diese leiht ihre Mitarbeiter einer Unternehmung (Entleiher) gegen eine Leihgebühr zeitlich befristet aus und überträgt dieser das juristische Weisungsrecht (*Personalleasing*) (vgl. Böhm/Hennig/Popp 2017). Das Arbeitsentgelt sowie die Sozialabgaben werden von der Zeitarbeitsfirma gezahlt, und zwar auch dann, wenn für den Leiharbeitnehmer temporär keine Verleihmöglichkeit besteht (*Beschäftigungsrisiko*). Die rechtlichen und ökonomischen Beziehungen zwischen Zeitarbeitsfirma, Leiharbeitnehmer und Unternehmung sind in Abb. 3.3 dargestellt.

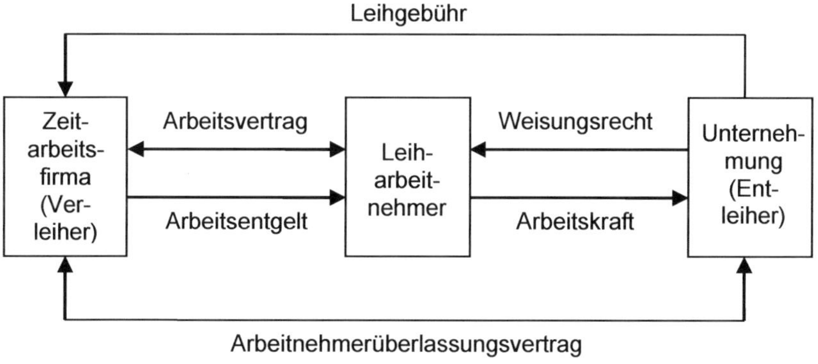

Abb. 3.3. Grundstruktur des Personalleasing

Da die praktische Bedeutung der Leih- bzw. Zeitarbeit in Deutschland im Vergleich etwa zu Großbritannien, den Niederlanden und den USA lange Zeit nur gering war (vgl. Waas 2003; Mitlacher 2004), wurden deren Möglichkeiten durch die Änderungen des Arbeitnehmerüberlassungsgesetzes (AÜG) zum 1. Januar 2003 erheblich ausgeweitet (vgl. Thüsing 2012). So wurden u.a. das Verbot der wiederholten Befristung von Leiharbeitsverhältnissen und der Beschränkung der Überlassungsdauer auf 24 Monate aufgehoben. Gleichzeitig wurde festgelegt, dass Leiharbeitnehmer während der Dauer ihrer Überlassung die gleichen Arbeitsbedingungen (Arbeitsentgelt, Arbeitszeit, u.a.) beanspruchen können wie vergleichbare Stammarbeitnehmer des Entleihers, sofern die Tarifparteien keine davon abweichende Regelung vereinbaren (*Gleichbehandlungsgebot*). Für Zeitarbeitsfirmen wurde das *Synchronisationsverbot* aufgehoben. Danach können sie Arbeitnehmer für nur eine einzelne Überlassung an einen Entleiher einstellen und nach Beendigung des Arbeitnehmerüberlassungsvertrags wieder entlassen. Durch Aufhebung der Wiedereinstellungssperre kann derselbe Arbeitnehmer später wieder eingestellt werden.

Nach einer sehr kontroversen Diskussion der Vor- und Nachteile der Zeitarbeit erfolgte zum 1. Dezember 2011 eine weitere maßgebliche Änderung des AÜG, durch die insbesondere die Rechte der Leiharbeitnehmer gestärkt wurden. So müssen diese durch die Entleiher über freie Arbeitsplätze in ihrer Unternehmung informiert werden. Dadurch soll der Übergang in die Stammbelegschaft der Einsatzbetriebe unterstützt werden. Außerdem ist den Leiharbeitnehmern der Zugang zu Gemeinschaftseinrichtungen und -diensten, wie z.B. Betriebskindergärten, Kantinen, Personenbeförderungen, zu gewähren wie vergleichbaren im Einsatzbetrieb beschäftigten Arbeitnehmern. Überlassungen dürfen grundsätzlich nur vorübergehend erfolgen und Verleiher dürfen von Leiharbeitnehmern keine Vermittlungsvergütung verlangen. Alle privaten und öffentlichen Arbeitgeber, die Arbeitnehmerüberlassung im Rahmen ihrer wirtschaftlichen Tätigkeit betreiben wollen, benötigen eine Erlaubnis der Bundesagentur für Arbeit.

Als Folge der Liberalisierung des AÜG hat sich die Zahl der Leiharbeitnehmer zwischen 2004 und 2008 von 399.789 auf 794.363 nahezu verdoppelt. Im Zuge der Wirtschafts- und Finanzkrise sank diese 2009 auf 609.720 ab, bevor sie wieder kontinuierlich anstieg. Im Juni 2016 gab es 1,006 Mio. Leiharbeitnehmer, die knapp 3,0% der versicherungspflichtig Beschäftigten in Deutschland ausmachen (vgl. Bundesagentur für Arbeit 2017).

„Zu den Vorreitern beim Aufbau einer Leiharbeitsreserve zählt in Deutschland (…) der Autohersteller BMW in Leipzig. ‚Wir wollen unser neues Werk in Leipzig langfristig und nachhaltig wirtschaftlich betreiben', sagt der dortige BMW-Personalchef Hans-Georg Cmiel. ‚Die heutige Produktion muss daher personell so abgedeckt werden, dass wir jederzeit die erforderliche Personalflexibilität sicherstellen können, um etwa auf Marktschwankungen reagieren zu können.' Um die Montage des 3er-BMW, wenn nötig, von maximal 140 Stunden in der Woche auf theoretisch bis zu 60 Stunden herunterfahren zu können, setzt Cmiel seit Werkseröffnung 2005 auf geborgte Kräfte. Von den insgesamt knapp 3.500 Beschäftigten, die bei BMW in Leipzig rund 650 Fahrzeuge pro Tag montieren, stehen nur 2.500 auf der Konzerngehaltsliste. Die anderen 1.000 gehören zu Leiharbeitsfirmen wie I.K. Hofmann, die für BMW an führender Stelle für den Nachschub an Flexikräften sorgt" (Böhmer 2007).

Im Zuge der Wirtschafts- und Finanzkrise und des resultierenden Absatzrückgangs wurden viele Leiharbeitnehmer entlassen. Insgesamt wurden 2008 5.500 Stellen für Leiharbeiter abgebaut, darunter fast alle am Standort Leipzig. „Im BMW-Werk Leipzig nannten sie ihn nur den ‚Sensenmann'. Er – das war der Personal-Mann von der Zeitarbeitsfirma I.K. Hofmann. Und die Nachricht, die er im Oktober 2008 seinen Leuten überbrachte, empfanden sie wie einen Todesstoß (…). ‚Wir wussten ja, dass wir Leiharbeiter die ersten sein würden, die in der Krise gehen müssen. Was ich schlimm fand war, dass es so schnell ging, dass es einfach hieß: ‚morgen brauchste nicht mehr kommen', das war hart, ich habe fast zwei Jahre bei BMW am Band gestanden'" (Schneyink 2009).

Der größte Vorteil der Zeitarbeit für Unternehmungen ist zumeist die *flexible Reaktion auf Auslastungsschwankungen* (vgl. Schwaab/Durian 2009; Gutmann/ Kilian 2011). Da es sich bei Leiharbeitnehmern nicht um Mitarbeiter der entleihenden Unternehmung handelt und etwa das KSchG nicht gilt, können diese flexibel eingestellt und entlassen werden. Leiharbeitnehmer zählen nach § 5 BetrVG nicht zu den Arbeitnehmern des Entleihers und besitzen damit in dessen Betrieb keine Mitbestimmungsrechte. Darüber hinaus sind die Kosten der Personalwerbung deutlich geringer. Da der Verleiher bei Ausfall des Leiharbeitnehmers (z.B. durch Krankheit) Ersatz stellen muss, ist zudem die Stetigkeit der Personalkapazität gewährleistet. Dafür ist die Leihgebühr in den meisten Fällen höher als die Personalkosten, die bei einer Einstellung des Mitarbeiters anfallen würden.

Für viele Leiharbeitnehmer ist die Zeitarbeit eine Möglichkeit, ihre *Arbeitslosigkeit zu beenden und Berufserfahrung zu sammeln*. Häufig ist damit die Hoffnung verbunden, von dem Entleiher nach einer gewissen Zeit als fest angestellte Mitarbeiter übernommen zu werden („Klebe-Effekt"). Nach § 9 Nr. 2 AÜG ist der Entleiher grundsätzlich verpflichtet, dem Leiharbeitnehmer die gleichen wesentlichen Arbeitsbedingungen einschließlich des Arbeitsentgelts zu gewähren, wie sie für einen vergleichbaren Arbeitnehmer des Entleihers gelten. Dieses Gleichbehandlungsgebot (*Equal Treatment-Prinzip*) kann jedoch durch einen Tarifvertrag abbedungen werden, was in Deutschland häufig geschieht. Leiharbeitnehmer beziehen deshalb überwiegend ein deutlich geringeres Entgelt als fest angestellte Mitarbeiter derselben Branche (vgl. Landmann/Thode 2012). Die häufig wechselnden Einsatzorte schränken zudem die Möglichkeit sozialer Beziehungen ein. Nicht zuletzt sind negative psychologische Effekte auf die Stammbelegschaft möglich, die durch den Einsatz von Leiharbeitnehmern häufig eine geringere Arbeitsplatzsicherheit wahrnehmen (vgl. Moser/Galais 2009; Siebenhüter 2011).

3.1.1.4 Beamte

Zu den Mitarbeitern staatlicher Unternehmungen zählen vielfach auch Beamte. Im Unterschied zu Arbeitnehmern werden diese nicht aufgrund eines Arbeitsvertrags tätig, sondern durch einen staatlichen Hoheitsakt ernannt (vgl. Art. 33 Abs. 5 GG). Beamte verrichten ihre Arbeit also nicht auf privatrechtlicher, sondern auf öffentlich-rechtlicher Grundlage, und ihr Arbeitsverhältnis entsteht nicht durch einen Arbeitsvertrag, sondern durch Ernennung. Ähnliches gilt für Richter, Soldaten und bis 2011 für Zivildienstleistende.

Die Tätigkeit von Beamten wird durch spezielle dienstrechtliche Vorschriften wie z.B. das Bundesbeamtengesetz (BBG) geregelt (vgl. Wichmann/Langer 2017). Danach sind diese prinzipiell nicht kündbar. Zudem haben Beamte kein Streikrecht und kein Tarifrecht. Die Höhe ihrer Besoldung richtet sich nach der Bundesbesoldungsordnung (BBesO). Als Träger eines öffentlichen Amtes muss das Verhalten von Beamten innerhalb und außerhalb des Dienstes der Achtung und dem Vertrauen gerecht werden, die ihr Beruf erfordert, um das Ansehen des Staates nicht zu gefährden. Dazu gehört insbesondere, „bei politischer Betätigung diejenige Mäßigung und Zurückhaltung zu wahren, die sich aus ihrer Stellung gegenüber der Allgemeinheit und aus der Rücksicht auf die Pflichten ihres Amtes ergeben" (§ 60 Abs. 2 BBG).

Entscheidend für mögliche arbeits- und beamtenrechtliche Konsequenzen des Verhaltens von Beamten außerhalb des Dienstes ist, inwieweit dieses in einem unmittelbaren Zusammenhang zu den Dienstaufgaben steht. So ist etwa die Mitgliedschaft in einer politischen Partei, die nicht als verfassungsfeindlich eingestuft wird, grundsätzlich irrelevant. Nach einem Urteil des Bundesarbeitsgerichts (BAG) vom 6.9.2012 (2 AZR 372/11) ist aber das für Beamte erforderliche Maß an Verfassungstreue nicht gegeben, wer dazu aufruft, den Staat oder die Verfassung und deren Organe zu beseitigen, zu beschimpfen oder verächtlich zu machen. In ähnlicher Weise entschied das Verwaltungsgericht Stuttgart am 27.7.2011 (DB 23 K 5319/10), dass die Dienstentfernung eines Polizisten wegen Beihilfe zur verbotenen Prostitution und Mitwirkung als Kleindarsteller in einem Pornofilm rechtmäßig ist, da das außerdienstliche Verhalten des Beamten zum Vertrauensverlust des Dienstherrn und der Allgemeinheit führt. Die von einem Polizeibeamten zu erwartende Gesetzestreue ist damit „unvereinbar, dass er sich aktiv durch Förderung der verbotenen Prostitution im Rotlichtmilieu betätige und strafrechtlich auffällt".

Für die unterschiedlichen Gruppen von Beamten gilt ein spezielles Dienstrecht. Professoren nehmen etwa ihre Primäraufgaben in Forschung und Lehre selbständig und grundsätzlich weisungsungebunden wahr. Regelungen des Arbeitszeitgesetzes finden regelmäßig keine Anwendung. So ist etwa der Erholungsurlaub von Professoren in Bayern nach dem Bayerischen Hochschulpersonalgesetz durch die unterrichtsfreie Zeit abgegolten (Art. 5 Abs. 3 Satz 2 BayHSchPG).

3.1.2 Führungskräfte

Zwar gehören auch die Führungskräfte zum Personal einer Unternehmung, aufgrund ihrer besonderen Stellung weisen diese jedoch einen fundamentalen Unterschied zu anderen individuellen Akteuren des Personalmanagement auf. Führungskräfte besitzen „das formale Recht (..), anderen Personen Weisungen zu erteilen, denen diese Personen zu folgen verpflichtet sind" (Ulrich/Fluri 1995, S. 37). Arbeitsrechtlich wird dieses Recht aus § 5 Abs. 3 BetrVG abgeleitet, das den Begriff des leitenden Angestellten definiert (vgl. Jopp 1994). **Leitender Angestellter** ist, wer nach Arbeitsvertrag und Stellung im Unternehmen oder Betrieb

- *zur selbständigen Einstellung oder Entlassung von Arbeitnehmern berechtigt* ist, oder
- *Generalvollmacht oder Prokura* besitzt und die Prokura auch im Verhältnis zum Arbeitgeber nicht unbedeutend ist, oder
- regelmäßig sonstige Aufgaben wahrnimmt, die für den Bestand und die Entwicklung des Unternehmens oder eines Betriebs von Bedeutung sind und deren Erfüllung besondere Erfahrungen und Kenntnisse voraussetzt, wenn er dabei entweder die *Entscheidungen im Wesentlichen frei von Weisungen trifft oder sie maßgeblich beeinflusst.*

Die besondere Stellung von Führungskräften als leitende Angestellte beinhaltet, dass für diese das BertrVG keine Anwendung findet. Insbesondere sind sie bei Betriebsratswahlen weder aktiv noch passiv wahlberechtigt. In Betrieben, die mehr als zehn leitende Angestellte haben, können sie vielmehr einen *Sprecherausschuss* wählen, der ihre Interessen gegenüber dem Arbeitgeber vertritt. Im Vergleich zum

Betriebsrat (vgl. Kap. 3.2.1.1) besitzt dieser nach dem Sprecherausschussgesetz (SprAuG) jedoch lediglich Informations-, Anhörungs- und Beratungsrechte, jedoch kein Mitbestimmungsrecht. Für leitende Angestellte ist darüber hinaus das Arbeitszeitgesetz nach § 18 Abs. 1 Nr. 1 gar nicht und das Kündigungsschutzgesetz nur eingeschränkt anwendbar. So leiten sich etwa aus deren ausgeprägterer Treuepflicht *wesentlich geringere Anforderungen bei personen- oder verhaltensbedingten Kündigungen* ab (vgl. Kap. 5.1.4.2.6). Arbeitgeber können z.B. die Auflösung des Arbeitsverhältnisses mit leitenden Angestellten gegen Zahlung einer Abfindung ohne Angabe von Gründen beantragen (§ 9 Abs. 1 Satz 2 KSchG).

Als Akteure des Personalmanagement kommt Führungskräften die Aufgabe zu, die Interessen der Anteilseigner bei allen personalpolitischen Entscheidungen zu vertreten und gegenüber den Mitarbeitern durchzusetzen (vgl. Oesterle 2004). Nach Auffassung der Principal-Agent-Theorie sind Führungskräfte somit einerseits Agenten, die Entscheidungen im Sinne der Anteilseigner (*principals*) zu treffen haben, und andererseits Prinzipale, die geeignete Maßnahmen treffen müssen, damit die ihnen unterstellten Mitarbeiter (*agents*) im Sinne der Eigentümerinteressen handeln. Durch die Ausübung dieser Arbeitgeberfunktion können Führungskräfte das Verhalten der ihnen unterstellten Mitarbeiter direkt und indirekt beeinflussen.

Besonders deutlich wird die Doppelfunktion von Führungskräften als Prinzipale und Agenten bei mittleren Managern. „Kaum eine Position in einem Unternehmen ist so ungemütlich wie die des Sandwich-Managers. Teamleiter, Abteilungsleiter, Bereichsleiter – sie alle sind nicht mehr ganz unten, aber auch (noch) nicht ganz oben. Das Positive an dieser Zwischenposition: Offenbar schätzt der Arbeitgeber die Leistungen des Mitarbeiters, sonst hätte er ihn schließlich nicht auf die Karrierespur gesetzt. Das Negative daran: Nach der Beförderung kommt Druck von allen Seiten – von oben, von unten und auch von all den anderen Team-, Abteilungs- und Bereichsleitern im Unternehmen.

Wer das auf Dauer durchhalten will, braucht ein dickes Fell. Der Vorstand setzt dem mittleren Management ehrgeizige Zielvorgaben, neben dem Berg an Routineaufgaben soll es auch noch die zündende Idee für den Umsatzbringer der Zukunft entwickeln. Gleichzeitig murrt die Mannschaft, die das alles umsetzen soll, fordert wahlweise spannendere Aufgaben oder die Einhaltung der 40-Stunden-Woche (…).

(2008 rückte der damalige) Siemens-Chef Peter Löscher das sonst weitgehend im Unsichtbaren agierende mittlere Management ins Licht der Öffentlichkeit (..). Der Zusammenhang jedoch war wenig schmeichelhaft. Es ging um Stellenstreichungen, von denen nicht nur die einfachen Arbeitnehmer betroffen sein sollten. ‚Es geht jetzt um die Lehmschicht', sagte Löscher – und meinte das mittlere Management, jene vermeintlich undurchdringliche Schicht zwischen dem Vorstand und der arbeitenden Bevölkerung. Erstarrt, verkrustet, überflüssig (…)?

Wie gut oder schlecht jemand mit der Position eines Sandwich-Managers auskommt, hängt maßgeblich davon ab, in welcher Karrierephase er sich gerade befindet (…). Wer Mitte dreißig ist und den Ehrgeiz hat, noch weiter aufzusteigen, dem macht die Situation weniger aus als dem Kollegen Mitte fünfzig, der auf dieser Stufe hängengeblieben ist und keine Perspektiven mehr sieht. Letztere fühlen sich dann vor allem von jüngeren Kollegen gehetzt. Doch weil schon rein statistisch nur ganz wenigen der Sprung in die meist sechs bis acht Mitglieder zählenden Vorstandsgremien gelingen kann, gilt es, sich im Mittelbau zu arrangieren. Zumal die Situation in anderen Abteilungen und Unternehmen meist ähnlich ist" (Löhr 2010).

Zu den Formen der *direkten Verhaltensbeeinflussung* zählt etwa die Erteilung einer Arbeitsanweisung im Rahmen der Personalführung. Im Zuge der Entwicklung von der Personalverwaltung zum Personalmanagement gewinnt aber auch die *indirekte Verhaltensbeeinflussung* der Mitarbeiter eine wachsende Bedeutung. So werden z.B. wichtige Aufgaben der Leistungsbeurteilung oder der Arbeitsorganisation zunehmend von der Personalabteilung an den direkten Vorgesetzten verlagert. Durch die Übernahme dieser personalpolitischen Aufgaben durch die Linienvorgesetzten nimmt häufig die Verbundenheit der Mitarbeiter mit der Unternehmung zu (vgl. Gilbert/De Winne/Sels 2011).

Nach Auffassung von Zander (1992, Sp. 1919) erweist sich die folgende **Arbeitsteilung zwischen Personal- und Fachabteilung** als zweckmäßig:

- Die Personalabteilung nimmt tendenziell eher *verwaltende* Aufgaben wie die Personalbetreuung und -verwaltung, die routinemäßige Lohn- und Gehaltsfestsetzung, -abrechnung und -auszahlung und die Personalwerbung wahr. Diese Aufgaben zeichnen sich durch eine hohe Standardisierbarkeit aus und können ohne detaillierte Kenntnis des konkreten Arbeitsplatzes bzw. Mitarbeiters ausgeübt werden. Dagegen erfordern diese Aufgaben umfangreiche personalwirtschaftliche und arbeitsrechtliche Kenntnisse, welche die Zuweisung zu spezialisierten Stellen sinnvoll machen.
- Die Führungskräfte in der jeweiligen Fachabteilung nehmen dagegen eher *gestaltende* Aufgaben wahr, die umfassende, detaillierte und aktuelle, nur durch häufige Interaktion erfahrbare Informationen über die Mitarbeiter und deren berufliches (sowie eventuell auch privates) Umfeld sowie spontanes Handeln erfordern. Dazu zählen z.B. die Personalführung, die fachliche und soziale Eingliederung neu eingestellter oder versetzter Mitarbeiter und die Arbeitsorganisation bei häufig wechselndem Arbeitsanfall.

Über den Einsatz der einzelnen personalpolitischen Instrumente entscheidet zumeist nicht die Personal- oder die Fachabteilung alleine, sondern es findet eine gegenseitige Konsultation oder sogar eine gemeinsame Entscheidung statt. Ein Beispiel für ein solches Kontinuum der Aufgaben- und Kompetenzverteilung zwischen Personal- und Fachabteilung gibt Abb. 3.4 wieder.

Zur **Abstimmung zwischen Personal- und Fachabteilung** eignen sich nach Auffassung von Sauder/Schmidt (1988, S. 94) *Arbeitskreise*, in denen sich regelmäßig die leitenden Führungskräfte der Personalabteilung mit Vertretern der Fachabteilungen treffen. Bei unregelmäßig oder einmalig anfallenden Aufgaben ist zudem die Einrichtung ähnlich strukturierter *Projektgruppen* sinnvoll. Noch weitgehender ist das Konzept der *virtuellen Personalabteilung*, das in Kap. 3.3.5 dargestellt wird.

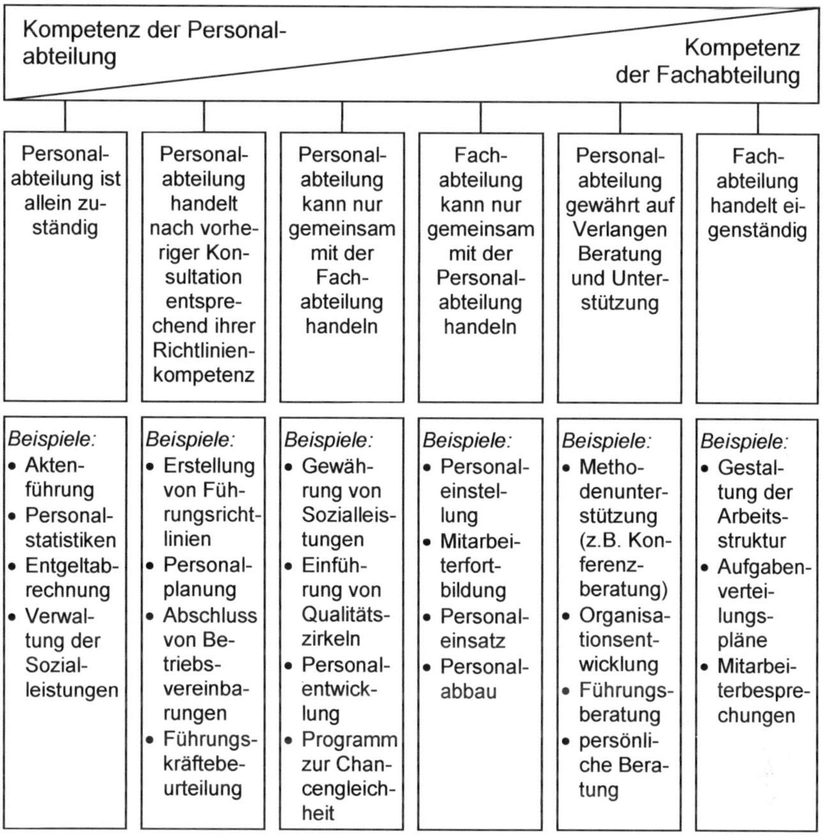

Abb. 3.4. Kontinuum der Aufgaben- und Kompetenzverteilung zwischen Personal- und Fachabteilung (Quelle: Sauder/Schmidt 1988, S. 92)

Die Voraussetzung für die **Übertragung personalpolitischer Aufgaben auf die Linienvorgesetzten** ist deren intensive *Vorbereitung* auf diese Aufgaben. Zudem muss berücksichtigt werden, dass qualifizierte Fachkräfte nicht zwangsläufig auch gute Führungskräfte sind. Viele Unternehmungen haben deshalb eine *Entkopplung von Fach- und Führungskarrieren* vorgenommen, um Fachkräften einen hierarchischen Aufstieg zu ermöglichen, der nicht mit der Übernahme von Führungs- und Personalaufgaben verbunden ist.

Eine besondere Gruppe von Führungskräften, die in vielen Unternehmungen an Bedeutung gewinnt, sind **Interimsmanager**. Interimsmanagement weist eine ähnliche ökonomische Struktur wie Leiharbeit auf (vgl. Kap. 3.1.1.3), ist in Deutschland jedoch institutionell unterschiedlich geregelt (vgl. Alewell 2006). Interimsmanager schließen zumeist keinen Arbeitsvertrag, sondern einen Dienstvertrag mit einer Vermittlungsagentur ab und bleiben dadurch selbständig. Zudem ist ihr Bruttojahresentgelt zumeist höher als bei angestellten Führungskräften auf einer ähnlichen Qualifikations- und Hierarchiestufe (vgl. Kabst/Thost/Isidor 2010). Nach einer Studie der Deutschen Dachgesellschaft für Interimsmanagement (2009) werden Interimsmanager vor allem zur *Restrukturierung* und *Prozessoptimierung* eingesetzt. Dementsprechend wird die *Überzeugungskraft gerade bei unbequemen Entscheidungen* als wichtigste Eigenschaft von Interimsmanagern genannt. Die Dauer der Tätigkeit bei einem Auftraggeber beträgt zumeist weniger als ein Jahr. Die überwiegende Mehrheit der Interimsmanager in Deutschland ist älter als 45 Jahre und besitzt bei der Entscheidung für die Tätigkeit mehr als 20 Jahre *Berufserfahrung*.

Eine Unternehmung, die Aufgaben des Personalmanagement in einem hohen Maße dezentralisiert und an die jeweiligen Linienvorgesetzten delegiert hat, ist die Bertelsmann AG. Verantwortlich für das Personalmanagement sind die Leiter der einzelnen Profit-Center, die im Rahmen der Unternehmungsverfassung und -konzeption sowie der Führungsleitsätze grundsätzlich selbständig agieren können. Mit der zentralen Personalabteilung müssen lediglich kollektive Regelungen sowie Maßnahmen mit unternehmungsübergreifenden Auswirkungen abgestimmt werden. Hierzu zählen etwa Sozialpläne, die Verlängerung oder Verkürzung von Arbeitszeiten, Auswahlrichtlinien zu Einstellung und Sozialauswahl bei Kündigungen, Konzepte zu Vorruhestand und Altersteilzeit sowie Ergänzungen oder Änderungen der Gehaltsordnung. Bei diesen Aufgaben übernimmt die Personalabteilung initiierende, unterstützende und koordinierende Aufgaben. Mehrere Koordinationsausschüsse sollen zudem eine strategisch übergreifende Gesamtausrichtung des Personalmanagement gewährleisten.

Durch die geschäftsbezogene Dezentralisierung und relative Unabhängigkeit des Personalmanagement in den verschiedenen Profit-Centern gegenüber der Zentrale sollen eine hohe Flexibilität, kurze und effektive Informations- und Entscheidungswege sowie kundenspezifische Problemlösungen sichergestellt werden. In der Personalabteilung zentralisiert sind lediglich die Funktionen Recht, Steuern, Versicherungen und Altersvorsorge, die sehr spezifische Kenntnisse erfordern und bei denen ein Mindestmaß an Standardisierung angestrebt wird (vgl. Haritz 1999).

3.2 Kollektive Akteure

3.2.1 Mitarbeitervertreter

In Deutschland nehmen die einzelnen Mitarbeiter zumeist nur in einem geringen Maße direkt an personalpolitischen Entscheidungsprozessen teil. Vielmehr werden deren Interessen überwiegend in institutionalisierter Weise von Mitarbeitervertretern wahrgenommen. Dazu zählen einerseits der Betriebsrat und andererseits die Mitwirkung der Arbeitnehmervertreter in den Leitungs- und Kontrollorganen im Rahmen der Unternehmensmitbestimmung.

3.2.1.1 Betriebsrat

Die **Rechte und Pflichten** des Betriebsrates sind im Betriebsverfassungsgesetz (BetrVG) geregelt, das 1952 in Kraft trat und 1972 sowie 2001 umfassend revidiert wurde (vgl. Fitting et al. 2016). Nach § 1 BetrVG muss die Einrichtung eines Betriebsrats in Betrieben mit mindestens fünf Arbeitnehmern unabhängig von der Rechtsform zugelassen werden. Ausgenommen davon sind Religionsgemeinschaften und ihre karitativen und erzieherischen Einrichtungen sowie Tendenzbetriebe (z.B. Sekretariate politischer Parteien, Geschäftsstellen der Gewerkschaften und Arbeitgeberverbände, Bibliotheken, Forschungsinstitute, Theater, Verlage). Im Öffentlichen Dienst gibt es einen ähnlich ausgerichteten Personalrat. Die Größe des Betriebsrats richtet sich nach der Zahl der Mitarbeiter des Betriebs (§ 9). Nach einem Urteil des Bundesarbeitsgerichts (BAG) vom 13.3.2013 sind Leiharbeitnehmer bei der für die Größe des Betriebsrats maßgeblichen Anzahl der Arbeitnehmer eines Betriebs grundsätzlich zu berücksichtigen. Derzeit gibt es in Deutschland rund 26.000 Betriebe mit einem Betriebsrat, die rund 43% aller Beschäftigten in der Privatwirtschaft in Westdeutschland bzw. 33% in Ostdeutschland repräsentieren (vgl. Hans-Böckler-Stiftung 2014).

SAP war lange Zeit die letzte große börsennotierte Unternehmung in Deutschland, in der es keinen Betriebsrat gab. Seit dem Börsengang im Jahre 1988 nahmen die Arbeitnehmervertreter im Aufsichtsrat diese Funktion wahr. Deren Mitbestimmungsrechte waren in einer vierseitigen schriftlichen Vereinbarung mit dem Vorstand geregelt und am BetrVG orientiert. Seit Bestehen dieser Mitbestimmungsregelung hat es bei SAP nie betriebsbedingte Kündigungen oder Zwangsversetzungen gegeben.

Im Frühjahr 2006 riefen drei SAP-Mitarbeiter mit Unterstützung der IG Metall zu einer Betriebsversammlung auf, auf der über die Gründung eines Betriebsrats abgestimmt werden sollte. Auf dieser Betriebsversammlung waren 5.632 der insgesamt 9.000 am Hauptsitz der Unternehmung in Walldorf beschäftigten Arbeitnehmer anwesend, von denen rund 91% gegen die Einrichtung eines Betriebsrats stimmten. Da § 17 Abs. 4 BetrVG vorsieht, dass die Einrichtung eines Betriebsrats ermöglicht werden muss, wenn diese von mindestens drei Arbeitnehmern verlangt wird, fand am 30. März 2006 eine weitere Betriebsversammlung statt, auf der ein Wahlvorstand gewählt wurde.

Der Vorstand von SAP sprach sich vehement gegen die Einrichtung eines Betriebsrats aus und argumentierte, dass dieser den besonderen Bedingungen bei SAP nicht entspreche. So äußerte sich etwa der SAP-Gründer Dietmar Hopp in einem Radiointerview: „Ein von der IG Metall gesteuerter Betriebsrat widerspräche jeder Vernunft und passt nicht zur SAP-Kultur“, während der damalige Vorstandsvorsitzende Henning Kagermann bemerkte: „Bisher dachte ich immer, dass in einer Demokratie eine Minderheit die Meinung einer Mehrheit akzeptiert." Nachdem man zunächst juristische Schritte bis zu einer Klage beim Bundesverfassungsgericht erwogen hatte, gab der Vorstand von SAP dann jedoch seinen Widerstand auf.

Die Wahlen zum Betriebsrat erfolgten am 21. Juni 2006. Mit 16 Mitgliedern stellt die Liste „Wir für Dich" die meisten Mitglieder des insgesamt 37 Mitglieder umfassenden Betriebsrats, darunter auch fünf der acht Arbeitnehmervertreter im Aufsichtsrat. Die Liste „Pro Mitbestimmung", die vorwiegend aus Mitgliedern der IG Metall und von ver.di besteht, stellt drei Mitglieder, und zwar die drei Mitglieder der IG Metall, die die Einrichtung des Betriebsrats initiiert hatten. 13 der 37 Betriebsratsmitglieder wurden vollständig für diese Tätigkeit von ihrer Arbeit freigestellt.

Rund ein Jahr nach Konstituierung des Betriebsrats beurteilt dessen Vorsitzende und frühere Vertreterin der Arbeitnehmer im Aufsichtsrat Helga Classen seine Tätigkeit eher skeptisch: „Es war schon ungewohnt, wie stark Politik, Formalismus und Ideologie die Betriebsratsarbeit bestimmen (...). Früher haben wir bei SAP Probleme individuell gelöst, da ging es um die Sache, nicht um Politik (...). Gar nicht so schlecht" empfindet sie jedoch, dass durch formale Vorgaben der Betriebsverfassung Prozesse klarer definiert werden. So lobt sie etwa die Vorschrift, dass neue Stellen auch hausintern auszuschreiben sind (vgl. Deckstein 2007).

Nachdem die Wahlbeteiligung bei den ersten Betriebsratswahlen 2006 noch bei 65% gelegen hatte, ging diese 2010 auf 58% und 2014 auf knapp 48% zurück. Dagegen stieg die Zahl der im Betriebsrat vertretenen Listen auf 15 an, zwischen denen zahlreiche Konflikte bestehen. Die Liste „Pro Mitbestimmung" konnte sechs der nunmehr 41 Betriebsratsplätze gewinnen. Zum neuen Vorsitzenden wurde Ralf Herzog gewählt, der seit 2007 Mitglied des Betriebsrats ist und dessen Liste von keiner Gewerkschaft unterstützt wird (vgl. Kros 2014).

Der Betriebsrat wird für eine Amtszeit von vier Jahren von der Belegschaft gewählt und kann während dieser Zeit nicht abgewählt werden (§ 21). Lediglich bei einer groben Verletzung seiner gesetzlichen Pflichten kann er auf Antrag mindestens eines Viertels der Arbeitnehmer, des Arbeitgebers und der Gewerkschaften durch das Arbeitsgericht amtsenthoben werden (§ 23 Abs. 1). Der Betriebsrat ist nicht an Weisungen der Arbeitnehmer gebunden. In Unternehmungen mit einer Betriebsgröße von mehr als 200 Arbeitnehmern muss eine festgesetzte Mindestzahl von Betriebsratsmitgliedern von der Arbeit freigestellt werden (§ 38). Mitgliedern des Betriebsrats kann nur aus einem Grund gekündigt werden, der eine fristlose Kündigung rechtfertigt (§ 15 KSchG).

Der Betriebsrat hat die Aufgabe, den sozialen Schutz der Arbeitnehmer sicherzustellen. Dazu werden ihm unterschiedliche Mitwirkungs- und Mitbestimmungsrechte eingeräumt (vgl. Tab. 3.1). Darüber hinaus überwacht er die Einhaltung der Tarifverträge im Betrieb. Der Betriebsrat ist dabei zur vertrauensvollen Zusammenarbeit mit den Arbeitgebern und ihren jeweiligen Verbänden angehalten. Er ist verpflichtet, auch das Betriebsinteresse zu berücksichtigen (§ 2 Abs. 1).

Tabelle 3.1. Mitwirkungs- und Mitbestimmungsrechte des Betriebsrats nach dem BetrVG

Mitwirkungsrechte	Mitbestimmungsrechte
Informationsrecht • Personalplanung (§ 92) • Stellenausschreibung (§ 93) • Einstellung, Ein- und Umgruppierung, Versetzung (§ 99 Abs.1*) • Wirtschaftliche Angelegenheiten (§ 106 Abs. 2) • Betriebsänderungen (§ 111*)	*Initiativrecht* • Stellenausschreibung (§ 93) • Auswahlrichtlinien (§ 95 Abs. 2**) • Berufsbildung (§ 98) • Sozialplan bei Betriebsänderungen (§ 112*) • Soziale Angelegenheiten (§ 87 Abs. 1)
Beratungsrecht • Personalplanung (§ 92 Abs. 1) • Berufsbildung (§§ 96 Abs. 1, 97) • Betriebsänderungen (§ 111*)	*Zustimmungs- oder Vetorecht* • Soziale Angelegenheiten (§ 87 Abs. 1) • Personalfragebogen/Beurteilungsrichtlinien (§ 94) • Auswahlrichtlinien (§ 95 Abs. 1)
Einsichtsrecht • Personalplanung (§ 92 Abs. 1) • Bewerbungsunterlagen (§ 99 Abs. 1*) *Anhörungsrecht* • Kündigungen (§ 102 Abs. 1)	*Widerspruchsrecht* • Personelle Einzelmaßnahmen (§ 99 Abs. 2*) • Berufung eines betrieblichen Ausbilders (§ 98 Abs. 2) • Verstoß gegen Auswahlrichtlinien (§ 103 Abs. 3)

* in Betrieben mit mehr als 20 Arbeitnehmern; ** in Betrieben mit mehr als 500 Arbeitnehmern

Der **faktische Einfluss** des Betriebsrats auf das Personalmanagement ist sehr unterschiedlich (vgl. Dentz 2003). Kotthoff (1981) hat in einer empirischen Untersuchung sechs verschiedene Typen der Einflussnahme identifiziert:

- Der *ignorierte Betriebsrat* ist in vielen Kleinbetrieben mit einem hohen Facharbeiteranteil anzutreffen, in denen der Inhaber selbst Leitungsaufgaben in der Produktion wahrnimmt.
- Der *isolierte Betriebsrat* ist vor allem für mittlere Unternehmungen typisch, deren Beschäftigte nur ein geringes Qualifikationsniveau aufweisen und in denen ein autoritäres Führungsverhalten der Unternehmungsleitung vorherrscht.
- Der *Betriebsrat als Organ der Geschäftsleitung* kommt ebenfalls vor allem in kleinen und mittleren Unternehmungen vor. Der Vorsitzende des Betriebsrats ist hier häufig ein Vertrauter des Unternehmungsleiters. Ihm werden von diesem wohlwollend wichtige Funktionen übertragen, ohne eine eigene Interessenvertretung ausüben zu können.
- Der *respektierte zwiespältige Betriebsrat als Ordnungsfaktor* ist häufig in Großunternehmungen anzutreffen. Der Betriebsrat wird von der Unternehmungsleitung umfassend informiert und an den Entscheidungsprozessen betei-

ligt. Zur Unternehmungsleitung besteht ein enges und wenig konfliktträchtiges Verhältnis. Er versteht sich als reagierende Betreuungsinstanz, ohne selbst aktiv Interessenfelder zu besetzen.

- Der *respektierte standfeste Betriebsrat* geht offensiv vor und versteht sich als Stellvertreter individueller Arbeitnehmerinteressen, ohne dabei Interessenfelder aktiv zu besetzen. Er geht davon aus, dass der Unternehmungsleitung Zugeständnisse abgerungen werden müssen, und beruft sich vor allem auf seine gesetzlich festgelegten Rechte.
- Der *Betriebsrat als kooperative Gegenmacht* kommt vor allem in Großunternehmungen vor. Aufgrund des interessenpolitischen Verständnisses seiner Rolle bringt er seine Vertretungsziele aktiv ein und übt einen großen Einfluss auf alle Entscheidungen aus. Er wird von der Unternehmungsleitung akzeptiert und arbeitet mit dieser vertrauensvoll und kooperativ zusammen.

Äußerst kontrovers werden die **Auswirkungen des Betriebsrats auf die Effizienz des Personalmanagement** diskutiert (vgl. z.B. Sadowski/Backes-Gellner/Frick 1995; Müller 2005). Kritiker wenden etwa ein, dass die Tätigkeit von Betriebsräten zu ineffizienten Entscheidungen führt, da diese *Marktmechanismen außer Kraft setzt* (vgl. FitzRoy/Kraft 1985). Darüber hinaus wird argumentiert, dass der große Einfluss des Betriebsrats auf unternehmungs- und personalpolitische Entscheidungen viele ausländische Unternehmungen vor einer Investition in Deutschland abschreckt und deshalb ein wichtiger *Standortnachteil* ist (vgl. z.B. Schröder 2002, S. 102 f.). Die Kosten der Tätigkeit von Betriebsräten werden nach einer Studie von Niedenhoff (2005, S. 311 ff.) im Jahr 2003/04 auf 337,95 € pro Mitarbeiter geschätzt.

Die Mitglieder des Betriebsrats führen ihr Amt unentgeltlich als Ehrenamt. Das Arbeitsentgelt von Mitgliedern des Betriebsrats, die von ihrer beruflichen Tätigkeit freigestellt sind, darf einschließlich eines Zeitraums von einem Jahr nach Beendigung der Amtszeit nicht geringer bemessen werden als das Arbeitsentgelt vergleichbarer Arbeitnehmer mit betriebsüblicher beruflicher Entwicklung (§ 37 BetrVG).

Da die Gruppe der Arbeitnehmer, an denen sich die Entwicklung des jeweiligen Betriebsratsmitglieds orientieren soll, nicht spezifiziert ist, liegt das Gehalt führender Betriebsräte in manchen großen Unternehmungen um ein Vielfaches über dem, mit dem sie freigestellt wurden. Nach Schätzungen von Rieble (2017) liegen die Jahresgehälter der Betriebsratsvorsitzenden von DAX-Unternehmungen zwischen 200.000 und 400.000 €. Dadurch besteht die Gefahr eines gegenseitigen Abhängigkeitsverhältnisses und mangelnder Unabhängigkeit bei unternehmungspolitischen Entscheidungen.

Als Vorteil von Betriebsräten wird dagegen die Möglichkeit einer *kollektiven Artikulation von Interessen* der Mitarbeiter (*voice*) angeführt, ohne dass diese bei Unzufriedenheit mit den Arbeitsbedingungen stillschweigend die Unternehmung verlassen würden (*exit*) (vgl. Hirschman 1970). Die von der Bundesregierung eingesetzte Kommission zur Modernisierung der deutschen Unternehmensmitbestimmung (Biedenkopf II-Kommission) (2006) bezeichnet die Mitbestimmung deshalb als „ein wirksames Instrumentarium zum Ausgleich unterschiedlicher Interessen zwischen Arbeitgeber und Arbeitnehmer“ und bescheinigt ihr positive Auswirkungen auf die Motivation und das Verantwortungsbewusstsein der Mitarbeiter. Eine empirische Untersuchung von Dilger (2002) zeigt zudem, dass sich die Stärke des Betriebsrats auf die meisten Kennzahlen des Personalmanagement wie etwa die Fluktuation, die Verbreitung flexibler Arbeitszeiten, die Innovationstätigkeit sowie die Lohnhöhe und Arbeitsproduktivität positiv auswirkt. Die Stärke des Betriebsrats hat jedoch häufig einen negativen Einfluss auf die Ertragslage von Unternehmungen (vgl. z.B. Addison/Schnabel/Wagner 2001). Einschränkend muss allerdings angeführt werden, dass die vorliegenden empirischen Untersuchungen zu den betriebswirtschaftlichen Auswirkungen von Betriebsräten auf relativ restriktiven Annahmen und einer begrenzten Datenbasis beruhen und sich deshalb nicht uneingeschränkt verallgemeinern lassen (vgl. Franz 2013, S. 265).

3.2.1.2 Unternehmensmitbestimmung

Unter Unternehmensmitbestimmung wird die institutionell verankerte Einflussnahme der Mitarbeitervertreter auf Inhalt, Verlauf und Ergebnis unternehmungspolitischer Entscheidungen verstanden. Im Unterschied zur direkten Entscheidungspartizipation der Mitarbeiter im Rahmen der Personalführung (vgl. Kap. 5.4.1.2) erfolgt die Mitbestimmung dabei durch unternehmungsinterne oder externe Repräsentanten in den Leitungs- und Kontrollorganen. Neben der Einbringung und Durchsetzung mitarbeiterspezifischer Interessen (*Inhalts-Ziel*) dient diese **Institutionalisierung der Arbeitgeber-Arbeitnehmer-Beziehungen** vor allem der Entwicklung und Pflege von offenen, vorurteilsfreien und konstruktiven Beziehungen zwischen der Unternehmungsleitung und den Mitarbeitern sowie deren inner- und überbetrieblichen Interessensvertretern (*Beziehungs-Ziel*).

Form und Grad der Mitbestimmung sind in Deutschland je nach Rechtsform, Unternehmungsgröße und Branche im Mitbestimmungsgesetz (MitbestG) von 1976, im Montanmitbestimmungsgesetz (MontanMitbestG) von 1951 sowie im BetrVG von 1952 geregelt. 2004 wurden die Regelungen zur Mitbestimmung aus dem BetrVG (§§ 76 ff.) in das Drittelbeteiligungsgesetz (DrittelbG) überführt. Die Zusammensetzung des Aufsichtsrats und der Anteil von Vertretern der Arbeitgeber (AG) und Arbeitnehmer (AN) in unterschiedlichen Unternehmensformen gibt Abb. 3.5 wieder. Ende 2016 unterlagen in Deutschland 641 Unternehmungen mit zusammen mehr als 5 Mio. Arbeitnehmern der partitätischen Unternehmensmitbestimmung nach dem MitbestG und rund 1.500 der Drittelbeteiligung nach dem DrittelbG (vgl. Bayer/Hoffmann 2015; Sick 2015b).

Besonders weitreichend sind die Rechte des Aufsichtsrats nach dem Aktiengesetz (AktG). Neben dem umfassenden Überwachungsauftrag zählen dazu die Festlegung zustimmungspflichtiger Geschäfte und die Prüfung des Konzern- und Jahresabschlusses (§ 111 AktG). Der Aufsichtsrat bestellt die Vorstandsmitglieder und kann diese etwa bei grober Pflichtverletzung, Unfähigkeit zur ordnungsmäßigen Geschäftsführung oder Vertrauensentzug durch die Hauptversammlung wieder abberufen (§ 84 AktG). Er legt zudem die Bezüge der Vorstandsmitglieder fest

(§ 87 AktG). Dabei hat er dafür zu sorgen, dass diese in einem angemessenen Verhältnis zu den Aufgaben und Leistungen des Vorstandsmitglieds sowie zur Lage der Gesellschaft stehen und die übliche Vergütung nicht ohne besondere Gründe übersteigen (vgl. Kap. 5.3.4).

Die Mitbestimmung der Arbeitnehmervertreter in den Leitungs- und Kontrollorganen von Unternehmungen wird vielfach kritisch beurteilt. Aus *rechtlicher Sicht* wurde lange Zeit der Einwand vorgebracht, dass diese gegen das Recht auf Eigentum (Art. 14 GG) verstößt. Das Bundesverfassungsgericht hat im Jahre 1979 jedoch festgestellt, dass die Zusammensetzung des Aufsichtsrats – außer in Unternehmungen der Montanindustrie – unterhalb der Parität liegt und die Eigentumsgarantie deshalb nicht verletzt. So stellen die Vertreter des Arbeitsgebers nach dem BetrVG zwei Drittel der Aufsichtsratsmitglieder. Nach dem MitbestG ist der Aufsichtsrat zwar paritätisch besetzt, in Pattsituationen hat der Vorsitzende, der immer Vertreter der Arbeitgeber ist, jedoch ein doppeltes Stimmrecht. Die Unternehmensmitbestimmung ist demnach als eine Form der Sozialbindung des Eigentums verfassungskonform (vgl. Wächter 1983, S. 40 ff.).

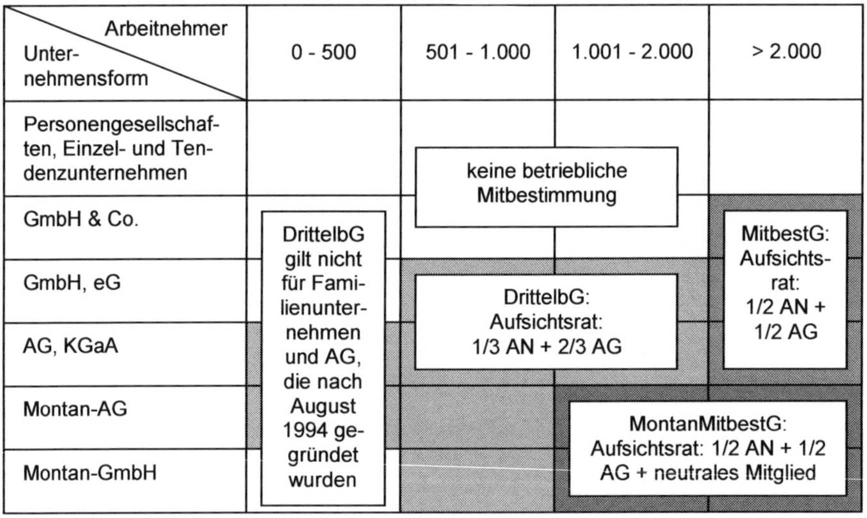

Abb. 3.5. Geltungsbereich der Gesetze zur Unternehmensmitbestimmung (Quelle: erweitert nach Oechsler/Paul 2015, S. 101)

Die Kritik an der Unternehmensmitbestimmung ist ein Grund dafür, dass immer mehr Unternehmungen in Deutschland eine ausländische Rechtsform (z.B. Ltd., PLC, B.V., Ltd & Co KG etc.) wählen. Dies ist nach der Rechtsprechung des Europäischen Gerichtshofs (EuGH) zur Niederlassungsfreiheit in der EU Auslandsgesellschaften mit Verwaltungssitz bzw. unselbständiger Niederlassung in Deutschland und deutschen Personengesellschaften möglich, in denen eine ausländische Kapitalgesellschaft persönlich haftende Gesellschafterin ist. Die Zahl dieser Unternehmungen mit mehr als 500 Mitarbeitern, die ansonsten dem DrittelbG bzw. MitbestG unterliegen würden, ist zwischen 2006 und Juni 2014 von 17 auf 94 angestiegen. Davon haben 69 wie etwa die Drogeriekette Müller Ltd. & Co. KG, die Spedition Kühne + Nagel AG (Luxemburg) & Co. KG, die Textilunternehmung Hennes & Mauritz B.V. & Co. KG oder die Fluggesellschaft Air Berlin PLC & Co. Luftverkehrs KG die Form einer Kommanditgesellschaft mit einem ausländischen Komplementär. Die übrigen 25 sind Niederlassungen ausländischer Unternehmen. Hierzu zählen etwa McDonald's Deutschland Inc. und McKinsey & Company Inc. (vgl. Sick 2015a).

„Wie Strategien zur Aushebelung von Mitbestimmungsrechten funktionieren, zeigt sich am Beispiel Aldi. Die rechtlich unabhängigen Unternehmungen Aldi Süd und Aldi Nord, die zusammen weltweit 170.000 und deutschlandweit 66.000 Menschen beschäftigen, werden durch zwei Familienstiftungen gesteuert. Den Stiftungen können die Arbeitnehmer nicht zugerechnet werden, weil diese vom Mitbestimmungsgesetz nicht erfasst werden. Daher kommen sie auch nicht als ‚herrschende Unternehmen' in Betracht, die einen mitbestimmten Aufsichtsrat bilden müssen. Unterhalb der Stiftungsebene operieren verschiedene Regionalgesellschaften, die gerade so groß sind, dass sie die Schwelle von 2.000 Mitarbeitern für die Anwendung des Mitbestimmungsgesetzes nicht überschreiten. Die gewählte Form der GmbH & Co. KG stellt zugleich sicher, dass es auch keine Drittelbeteiligung gibt, weil diese Unternehmensart vom Gesetz ausgenommen ist" (Kluge/Sick/Pütz 2016).

Aus *ökonomischer Sicht* wird – analog zur betrieblichen Mitbestimmung (vgl. Kap. 3.2.1.1) – kritisiert, dass die Unternehmensmitbestimmung zu ineffizienten Entscheidungen führt und Investoren abschreckt (vgl. McKinsey 2000). Vergleiche zwischen Ländern mit und ohne Unternehmensmitbestimmung liefern jedoch keinen Beleg dafür (vgl. McKinsey 2003). Zudem räumen viele Unternehmungen den Arbeitnehmervertretern im Aufsichtsrat größere Einflussmöglichkeiten ein (z.B. Kataloge zustimmungspflichtiger Gesetze, Berufung eines Gewerkschaftsmitglieds zum Arbeitsdirektor), als rechtlich erforderlich wären (vgl. Zugehör 2003). Dies wird u.a. als Grund für die im internationalen Vergleich geringe Zahl von Streiktagen angeführt (vgl. Höpner 2004).

Auch im Rahmen der *Corporate Governance-Debatte* werden Probleme der Mitbestimmung hervorgehoben (vgl. z.B. v. Werder 2004). Die Kritik richtet sich vor allem gegen die dadurch bewirkte Größe von Aufsichtsräten mit bis zu 20 Mitgliedern, die eine effiziente Überwachung erschwert, sowie gegen die mangelnde Berücksichtigung fachlicher Qualifikationen gegenüber Sympathie- und Machtaspekten. Ein weiteres Problem ist die Interessenkollision von externen Gewerkschaftsvertretern im Aufsichtsrat, die oft gleichzeitig Kontrolleure des Vorstands und deren Verhandlungspartner in Tarifverhandlungen sind. In internationalen Unternehmungen besteht zudem ein Legitimationsproblem, da nur die inländischen Arbeitnehmer zur Wahl ihrer Vertreter im Aufsichtsrat berechtigt sind.

Ein Beispiel für Interessenskonflikte von externen Gewerkschaftsvertretern im Aufsichtsrat ist der Vorsitzende der Dienstleistungsgewerkschaft ver.di und ehemalige stellvertretende Vorsitzende des Aufsichtsrats der Lufthansa Frank Bsirske. Ver.di hat im Dezember 2002 den Frankfurter Flughafen bestreikt. Weil dadurch zahlreiche Flüge ausfielen oder verschoben werden mussten, entstand der Lufthansa nach Angaben des damaligen Vorstandsvorsitzenden Jürgen Weber ein Schaden in zweistelliger Millionenhöhe. Auf der Hauptversammlung 2003 haben die Aktionäre Bsirske daraufhin die Entlastung verweigert. „Damit habe er in seiner Rolle als Gewerkschaftschef dem Unternehmen Schaden zugefügt, das er als Aufsichtsrat hätte schützen müssen, kritisieren die Aktionäre (...). Denn Bsirske hat seinen Rollenkonflikt ganz eindeutig zugunsten seines Berufs als Gewerkschaftschef gelöst. Damit offenbart er ein gravierendes Problem in der deutschen Mitbestimmung: Dieselben Arbeitnehmervertreter, die öffentlich zum Streik aufrufen oder die Höhe von Managergehältern kritisieren, heben in den Kontrollgremien brav die Hand, wenn die Vorstandsbezüge genehmigt werden“ (Weidenfeld 2003).

3.2.2 Personalabteilung

3.2.2.1 Aufgaben und Anforderungen

Die dritte wichtige Gruppe von Akteuren des Personalmanagement sind die in der Personalabteilung tätigen Personalmanger bzw. Personalreferenten. Personalabteilungen haben folgende **Aufgaben** (vgl. Bisani 1983, S. 61 ff.):

- Für *personalwirtschaftliche Kernaufgaben* hat die Personalabteilung die volle und ungeteilte Zuständigkeit und Verantwortung. Dazu zählen vor allem Maßnahmen der Personalverwaltung.
- *Konsultationsaufgaben* umfassen Maßnahmen, die die Personalabteilung in Abstimmung mit der jeweiligen Fachabteilung wahrnimmt.
- *Richtlinienaufgaben* beinhalten die Erstellung, Kontrolle und Anpassung von personalpolitischen Richtlinien, denen die Fachabteilungen zu genügen haben.
- *Dienstleistungsaufgaben* werden von der Personalabteilung im Auftrag von anderen Abteilungen wahrgenommen.

Nach einer empirischen Untersuchung von Metz (1995a, S. 122) sind branchenabhängig zwischen 0,6% und 1,6% der Mitarbeiter einer Unternehmung in der Personalabteilung tätig, wobei der **Anteil** i.d.R. mit steigender Unternehmungsgröße zunimmt. Demgegenüber kommt eine Studie von Brewster et al. (2006) auf der Basis der Daten des Cranfield Network on Comparative Human Resource Management (Cranet) zu dem Ergebnis, dass die Unternehmungsgröße und die Größe der Personalabteilung negativ miteinander korrelieren, d.h. Großunternehmungen *economies of scale* in der Personalabteilung realisieren können. Zudem wirkt sich das Herkunftsland auf die Größe der Personalabteilung aus, wobei Deutschland mit einem Anteil von 1,46% einen mittleren Wert einnimmt. Im Verhältnis zur Unternehmungsgröße relativ am größten sind Personalabteilungen in Irland (1,99%) und Japan (1,96%) und am kleinsten in den Transformationsländern Bulgarien (1,02%) und Slowenien (1,14%).

In zeitlicher Perspektive weist Krulis-Randa (1994, S. 189 f.) darauf hin, dass sich die relative Größe von Personalabteilungen – der wachsenden Bedeutung des Personalmanagement entsprechend – zwischen 1945 und 1994 etwa verdreifacht hat. Gegenwärtig ist jedoch ein starker Trend zur Übertragung von Personalaufgaben an die direkten Führungskräfte (vgl. Kap. 3.1.2) sowie zur Auslagerung an externe Unternehmungen (*outsourcing*) (vgl. Kap. 3.2.2.6) zu beobachten, so dass diese Quote in vielen Unternehmungen abnimmt.

Auch die **Anforderungen** an Personalmanager sind gegenwärtig im Wandel (vgl. Brandl 2005). Während früher vor allem Kenntnisse des Arbeits-, Sozial- und Tarifrechts im Vordergrund standen, gewinnen zunehmend Kenntnisse der Organisationssoziologie und -psychologie sowie betriebswirtschaftliche Kenntnisse an Bedeutung. Neben detaillierten Fachkenntnissen der einzelnen personalpolitischen Instrumente und Funktionen stellt zudem die Konflikt- und Kommunikationsfähigkeit ein wichtiges Anforderungsmerkmal dar. Dies ist darauf zurückzuführen, dass der Einsatz personalpolitischer Instrumente häufig die intensive Kommunikation mit der jeweiligen Fachabteilung und unterschiedlichen Mitarbeitergruppen sowie Auseinandersetzungen mit dem Betriebsrat beinhaltet (vgl. Hildisch 2012). Dieser *Wandel von den eher harten zu eher weichen Anforderungsmerkmalen* führt dazu, dass im Personalbereich vieler Unternehmungen ein überproportional hoher Anteil weiblicher Mitarbeiter beschäftigt ist, die dazu eher als kompetent angesehen werden.

3.2.2.2 Organisation der Personalabteilung (Innenstruktur)

Wie in anderen Bereichen stehen Unternehmungen auch im Bereich des Personalmanagement zwei prinzipielle Formen der organisatorischen Gestaltung, d.h. der Spezialisierung und Koordination von personalpolitischen Aufgaben offen (vgl. Domsch/Gerpott 1992, Sp. 1941 ff.; Metz 1995b, S. 131 ff.; Neuberger 1997, S. 155 ff.). Im Rahmen der **Funktionalorganisation** erfolgt eine funktionale Spezialisierung nach einzelnen Aufgaben bzw. Instrumenten, d.h. es werden Organisationseinheiten innerhalb der Personalabteilung gebildet, die jeweils für unterschiedliche Instrumente des Personalmanagement zuständig sind (vgl. Abb. 3.6). Dem liegt die Annahme zugrunde, dass die unterschiedlichen Instrumente auch unterschiedliche rechtliche, psychologische und betriebswirtschaftliche Qualifikationen der damit betrauten Mitarbeiter erfordern, d.h. sich etwa die Aufgaben der Personalplanung stark von denen der Personalbeschaffung und der Aus- und Weiterbildung unterscheiden.

Die Vorteile der Funktionalorganisation bestehen in der Gewährleistung vergleichbarer Regelungen für alle Mitarbeiter, wie sie insbesondere von der Gerechtigkeitstheorie gefordert wird (vgl. Kap. 2.3.2.1). Darüber hinaus bietet die fachliche Spezialisierung ein hohes Potenzial für die Realisierung von Qualitäts-, Produktivitäts- und Zeitvorteilen durch Lern- und Erfahrungseffekte. Als Nachteil erweist sich die Gefahr der Gleichmacherei, die im Widerspruch zum Postulat der Individualisierung steht. Die Funktionalorganisation erschwert zudem die Koordination der einzelnen Instrumente des Personalmanagement untereinander und steht damit den Anforderungen des Konsistenzansatzes entgegen. Sie führt darüber hinaus zu einer Zersplitterung der Betreuungsfunktion gegenüber Mitarbeitern sowie Linienvorgesetzten, die unterschiedliche Ansprechpartner für unterschiedliche personalpolitische Fragen haben. Die Funktionalorganisation ist deshalb vor allem für funktional gegliederte, relativ kleine und gering diversifizierte Unternehmungen geeignet, in denen die abteilungsinterne und -übergreifende Abstimmung kein zentrales Problem darstellt.

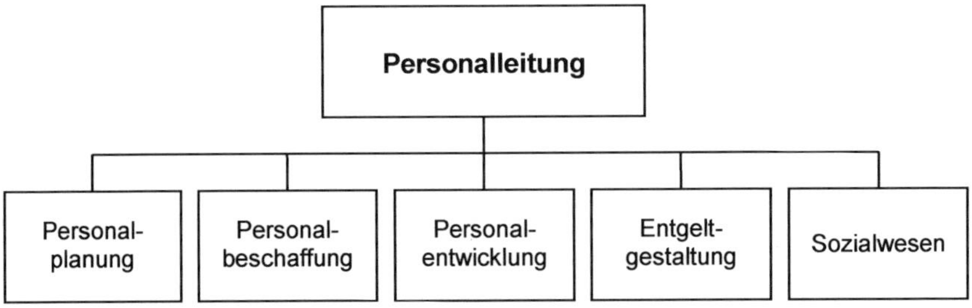

Abb. 3.6. Funktionalorganisation des Personalmanagement

Bei der **Objektorganisation** des Personalmanagement wird eine Spezialisierung der Personalabteilung nach unterschiedlichen Mitarbeitergruppen vorgenommen (vgl. Abb. 3.7). Dem liegt die Annahme zugrunde, dass sich der Einsatz der unterschiedlichen Instrumente des Personalmanagement bei einzelnen Mitarbeitergruppen wie Führungskräften, technischen und kaufmännischen Mitarbeitern stark unterscheidet. Wie bei der Funktionalorganisation kann dabei auf der dritten organisatorischen Ebene eine weitere Spezialisierung nach Funktionen oder Unternehmungsbereichen erfolgen.

Durch das der Objektorganisation zugrunde liegende Referentenprinzip soll erreicht werden, dass die Mitarbeiter und Fachabteilungen einen einzigen Ansprechpartner für personalpolitische Fragen haben. Die Objektorganisation zeichnet sich somit durch eine starke Kundenorientierung aus. Darüber hinaus sollen bereichsangemessene Lösungen durch die Nähe zu den unterschiedlichen Mitarbeitergruppen gefördert und dadurch dem Postulat der Individualisierung Rechnung getragen werden. Ein weiteres Ziel besteht darin, die Konsistenz des Personalmanagement für die einzelnen Mitarbeitergruppen sicherzustellen.

Damit verbunden ist jedoch die Gefahr der Inkonsistenz personalpolitischer Maßnahmen für unterschiedliche Mitarbeitergruppen. Darüber hinaus stellt die Objektorganisation sehr hohe Anforderungen an die Personalreferenten, die als Funktionsgeneralisten alle Personalaufgaben für eine Mitarbeitergruppe wahrnehmen müssen. Damit sind nicht nur Qualitätseinbußen, sondern auch die mangelnde Nutzung von Standardisierungspotenzialen verbunden.

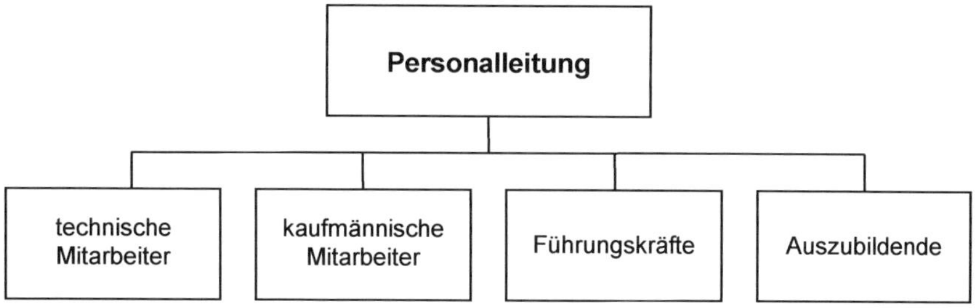

Abb. 3.7. Objektorganisation des Personalmanagement

In der Unternehmungspraxis finden sich häufig **Mischformen** der Funktional- und Objektorganisation, durch die die genannten Vor- und Nachteile ausgeglichen werden sollen (vgl. Abb. 3.8). Vielfach werden zudem *Stabsabteilungen für Querschnitts- oder Spezialaufgaben* eingerichtet. Die konkrete Ausgestaltung erfolgt dabei nach unternehmungsspezifischen Kriterien wie der Unternehmungsgröße, der Bedeutsamkeit der unterschiedlichen personalpolitischen Aufgaben und dem Grad der Differenzierung zwischen verschiedenen Mitarbeitergruppen.

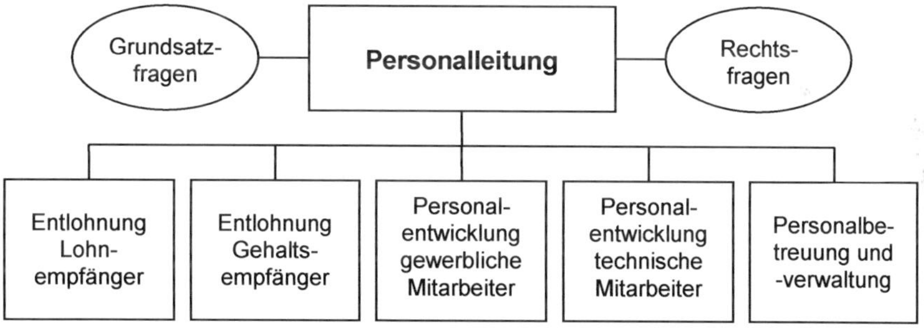

Abb. 3.8. Organisation des Personalmanagement nach funktionalen und objektbezogenen Kriterien

3.2.2.3 Hierarchische Einordnung der Personalabteilung in die Gesamtunternehmung (Außenstruktur)

Zur hierarchischen Einordnung der Personalabteilung in die Gesamtunternehmung stehen die folgenden Alternativen zur Verfügung, bei denen der hierarchische Rang des Personalbereichs jeweils abnimmt:

- Der Leiter der Personalabteilung ist Mitglied der Unternehmungsleitung (Personalvorstand).
- Die Personalleitung untersteht dem Vorsitzenden der Unternehmungsleitung.
- Die Personalleitung untersteht einem Mitglied der Unternehmungsleitung.
- Die Personalleitung untersteht der Unternehmungsleitung als Ganzes.
- Die Personalleitung untersteht einer Instanz unterhalb der Unternehmungsleitung.

Die Entscheidung zwischen diesen Alternativen hängt in der Unternehmungspraxis von mehreren **Einflussfaktoren** ab (vgl. Wagner 1991a, S. 221; Domsch/Gerpott 1992, Sp. 1939 f.). Dazu zählen etwa die Unternehmungsgröße, das Qualifikationsniveau der Mitarbeiter, der Umfang personalrelevanter gesetzlicher Regelungen, der Anteil der Personalkosten an den Gesamtkosten, die Einstellung des Top-Management zum Stellenwert der Humanressourcen sowie die Stärke des Betriebsrats bzw. der Arbeitnehmervertreter. In Unternehmungen mit mehr als 2.000 Beschäftigten muss dem Vorstand ein Arbeitsdirektor als gleichberechtigtes Mitglied angehören, der vom Aufsichtsrat gewählt wird (§ 33 MitbestG). In Unternehmungen der Montanindustrie kann dieser nicht gegen die Stimmen der Arbeitnehmervertreter im Aufsichtsrat gewählt werden (§ 13 MontanMitbestG).

3.2.2.4 Die Personalabteilung als Wertschöpfungscenter

Obwohl dem Personal*management* in der Unternehmungspraxis allgemein eine wachsende Bedeutung zugemessen wird, sind Image und Bedeutung der Personal*abteilung* in den meisten Unternehmungen nur gering. Dafür sind insbesondere folgende Ursachen verantwortlich (vgl. Scholz 1995, S. 398 ff.):

- Dominanz verwaltender Aufgaben und fehlende strategische Orientierung,
- geringe Kundenorientierung und Distanz zum wertschöpfenden Geschäft,
- fehlende unternehmerische Orientierung durch Umlegung der anfallenden Kosten als Verwaltungsgemeinkosten auf die Kostenträger, sowie
- geringe Neigung vor allem besonders qualifizierter Mitarbeiter, Positionen in der Personalabteilung zu übernehmen.

In vielen Unternehmungen hat die Personalfunktion in den letzten Jahren an Bedeutung verloren. Dies drückt sich etwa darin aus, dass die Aufgabe des Arbeitsdirektors und Personalvorstands von anderen Vorstandsmitgliedern mit übernommen wird. Im Jahr 2014 gab es nur in sieben DAX-Unternehmungen einen eigenständigen Personalvorstand. In den anderen Unternehmungen ist das Personalressort an andere Vorstandsposten gekoppelt.

Ein Grund für die geringe Präsenz von Personalmanagern in der Unternehmungsleitung ist, dass diese häufig Schwierigkeiten haben, den Wert ihrer Funktion für den Geschäftserfolg überzeugend darzustellen. „Personaler versagen oft schon kläglich, wenn sie ihre wichtigsten Kennzahlen definieren und belegen sollen“, so Claudia Harss, Eigentümerin der Twist Consulting Group (zit. nach Schwertfeger 2014).

Nach einer Studie von Kienbaum Consultants International (2014) wird Personalmanagern viel Know-how im Beziehungsaufbau, aber eine deutliche Schwäche in der strategischen und am Geschäft orientierten Beratung bescheinigt. Dies schmälert das Ansehen der Personalabteilung innerhalb und außerhalb der Unternehmung. Mehr als die Hälfte der befragten 180 Manager befürchtet sogar, dass eine Tätigkeit im Personalbereich karriereschädigend wirkt. Dazu kommt, dass diese Funktion besonders bei Frauen beliebt ist. Bei den befragten 425 Studierenden kommt ein Berufseinstieg im Personalmanagement für 60% der Frauen infrage, aber nur für 38% der Männer. „Es gibt Studien, die zeigen, dass eine Profession an betrieblicher Reputation verliert, je stärker sie von Frauen dominiert wird", so der ehemalige Personalvorstand der Deutschen Telekom Thomas Sattelberger (zit. nach Schwertfeger 2014).

Um die Rolle der Personalabteilung zu stärken, wird unter Bezug auf den personalökonomischen Ansatz deshalb zunehmend vorgeschlagen, dieser analog zu den wertschöpfenden Unternehmungsbereichen eine *eigene Kosten- und Ergebnisverantwortung* zuzuweisen (vgl. Havranek/Freudhofmeier/Schmidt 2010). Die Personalabteilung erhält eine markt- und kundengerechte Servicefunktion, deren Leistungen von internen und externen Kunden nachgefragt und gegen Zahlung kosten- oder marktorientierter Verrechnungspreise in Anspruch genommen werden können. Die Fachabteilungen haben wiederum das Recht, Leistungen auch bei externen Anbietern zu beziehen, wenn diese kostengünstiger sind oder eine höhere Qualität aufweisen.

Tabelle 3.2. Grundstruktur und Dimensionen des Wertschöpfungscenter-Konzepts

Management- und Service-Dimension (nicht-monetäre Nutzenbewertung)	**Business-Dimension (monetäre Nutzenbewertung)**
Management- und Servicebereitschaft	*Cost-Center:* Kosten(vergleichs)größen als Steuerungsinstrument
Management- und Serviceumfang	*Revenue-Center:* Leistungs(vergleichs)größen als Steuerungsinstrument
Management- und Servicequalität	*Profit-Center:* Erfolgs(vergleichs)größen als Steuerungsinstrument

Quelle: Wunderer 1992, S. 206

Besonders weit geht die Marktorientierung der Personalabteilung in dem von Wunderer entwickelten Konzept der **Personalabteilung als Wertschöpfungscenter** (vgl. Wunderer 1992; Wunderer/von Arx 2002). Diesem liegt die Zielsetzung zugrunde, die Eigenständigkeit und Selbstverantwortung der Personalabteilung zu stärken und diese zu einer stärkeren Erfolgsorientierung anzuregen (Intrapreneurorientierung). Das Wertschöpfungscenter Personalmanagement soll zu einer Unternehmung in der Unternehmung werden, die ihre Leistungsfähigkeit gegenüber den anderen Unternehmungsbereichen permanent nachweisen muss.

Zur **Erfolgsbeurteilung** der Personalabteilung schlagen Wunderer/von Arx 2002, S. 49 ff.) zwei unterschiedliche Dimensionen vor (vgl. Tab. 3.2). Die *Management- und Service-Dimension* beinhaltet diejenigen Aufgaben des Personalmanagement, deren Kosten und Nutzen sich nicht monetär, sondern nur qualitativ durch Befragungen ermitteln lassen. Das zentrale Nutzenkriterium stellt die bedarfsgerechte Unterstützung aller Bezugsgruppen bzw. Kunden der Personalabteilung (Mitarbeiter, Linienvorgesetzte, Geschäftsleitung, Arbeitnehmervertreter, Pensionisten, u.a.) dar. Zur Bewertung von Management- und Servicebereitschaft, -umfang und -qualität dienen detaillierte Kriterien (vgl. Tab. 3.3).

Tabelle 3.3. Kriterien der Service- und Management-Dimension des Wertschöpfungscenter-Konzepts

Kriterien der Service-Dimension	Kriterien der Management-Dimension
• Verlässlichkeit: Richtigkeit, Rechtzeitigkeit, Glaubwürdigkeit	• Innovation: neue Konzepte, Instrumente, Regeln
• Reagibilität: Schnelligkeit, Pünktlichkeit, Unmittelbarkeit	• Planung: Analysen, Prognosen, Strategien, Pläne
• Kompetenz: Fähigkeit, Fertigkeiten, Professionalität	• Koordination: Abstimmung, Integration, Strukturierung
• Kontakt: Bequemlichkeit, Erreichbarkeit, Wartezeiten	• Konflikthandhabung: Interessenausgleich und -vertretung
• Höflichkeit: Freundlichkeit, Aufmerksamkeit, Auftreten	• Implementation: beratende und aktive Mitwirkung bei der Umsetzung
• Kommunikation: Informationsbereitschaft, -fähigkeit	• Evaluation: strategisches und operatives Controlling
• Verständnis: für spezielle Bedürfnisse, Kundenorientierung	• Repräsentation: Unternehmungsvertretung, Industrial und Public Relations

Quelle: Wunderer 1992, S. 208

Die *Business-Dimension* umfasst dagegen alle Instrumente des Personalmanagement, deren Kosten und Nutzen sich monetär bewerten lassen. Abhängig davon, ob sich lediglich die Kosten personalpolitischer Maßnahmen ermitteln lassen, oder auch deren Leistung bzw. Ertrag messbar ist, werden diese als Cost-Center, Revenue-Center oder Profit-Center geführt (vgl. Tab. 3.4):

- Die Betrachtung als *Cost-Center* bietet sich bei Leistungen an, die von internen Kunden abgenommen werden müssen, ohne dass eine verursachungsgerechte Verrechnung möglich ist. Hierzu zählt etwa die Erarbeitung von Richtlinien für den Einsatz personalpolitischer Instrumente. Cost-Center erhalten ein periodenbezogenes Budget, das aus den erbrachten Leistungen oder zwischenbetrieblichen Vergleichen abgeleitet wird und das hinsichtlich Quantität und Qualität möglichst effizient ausgeschöpft werden muss.
- Bei einem *Revenue-Center* handelt es sich um eine selbständige Einheit, die prinzipiell marktfähige Leistungen erbringt und diese internen Kunden zu Ver-

rechnungspreisen anbietet. Es steht unter einem fiktiven Marktdruck und trägt Verantwortung für seine Kosten und Leistungen.

- Als *Profit-Center* bietet die Personalabteilung ihre Leistungen auch externen Kunden zu Marktbedingungen an. Von zentraler Bedeutung ist, dass die Personalabteilung ihre Kosten und Erlöse beeinflussen kann und die internen Kunden keine Abnahmeverpflichtung haben. Für die Führung als Profit-Center eignen sich insbesondere die Personalbeschaffung, -entwicklung und -betreuung sowie die Entgeltabrechnung, da diese auch auf dem externen Markt angeboten bzw. in Anspruch genommen werden können und deshalb Marktpreise vorliegen.

Tabelle 3.4. Merkmale von Cost-, Revenue- und Profit-Centern

	Cost-Center	**Revenue-Center**	**Profit-Center**
Autonomiegrad der Personalfunktion (Lieferant)	Gering: Zwingende „Herstellpflicht“ für unternehmenssichernde Leistungen. Jedoch Richtlinienkompetenz gegenüber internen Kunden.	Mittel: Angebot orientiert sich an der Nachfrage der internen Kunden. Externer Verkauf wird ausgeschlossen. Verrechnungspreise werden gemäß dem Transferpreismodell festgelegt.	Hoch: Angebot orientiert sich an der internen und externen Nachfrage. Preise müssen markt- und konkurrenzfähig sein. Marktpartner können frei gewählt werden.
Autonomiegrad der internen Kunden	Gering: Es bestehen zwingende Abnahmevorschriften für die unternehmenssichernden Leistungen.	Mittel: Zugang zu externem Markt kann für die internen Kunden durch Vorschriften eingeschränkt werden.	Hoch: Interne Kunden dürfen Dienstleistungen auf dem externen Markt beziehen, wenn intern kein konkurrenzfähiges Angebot vorliegt.
Verantwortungsumfang für die Bereichsleitung	Kosten- und Budgetverantwortung. Effizienz der Leistungserstellung bzw. Minimierung der Kosten. Vereinbarung eines bestimmten Outputs.	Kosten-, Umsatz- und Qualitätsverantwortung. Vereinbarter Prozentsatz der Bereichskosten muss durch die internen Einnahmen gedeckt werden. Vereinbartes Mengengerüst muss in der erforderlichen Qualität hergestellt werden.	Gewinn-/Deckungsbeitragsverantwortung. Erfolgreiche Marktpositionierung. Umsatz- und Absatzziele.
Erfolgsevaluation	Kostenabweichungen im Rahmen der Plankostenrechnung. Benchmarkingmöglichkeit mit gleichen Kostenstellen oder Business-Center anderer Unternehmen.	Umsatz bzw. Grad der Kostendeckung. Benchmarkingmöglichkeit mit gleichartigen externen Marktleistungen.	Differenz von Aufwand und Ertrag (Gewinn). Benchmarkingmöglichkeit mit gleichartigen Konkurrenzunternehmen der Branche.

Quelle: Wunderer/von Arx 2002, S. 260

Die Vorteile des Wertschöpfungscenter-Konzepts bestehen vor allem in der verursachungsgerechten Zuordnung von Kosten und Leistungen der Personalabteilung. Diese ermöglicht die stärkere Berücksichtigung der ökonomischen Aspekte personalpolitischer Aktivitäten, wie sie insbesondere vom *personalökonomischen Ansatz* gefordert wird. Durch die Erhöhung von Selbständigkeit und Transparenz soll zudem das unternehmerische Denken der Personalabteilung gefördert werden. Zudem sollen fundierte Entscheidungen darüber ermöglicht werden, welche Aufgaben des Personalmanagement selbst durchgeführt und welche an spezialisierte Anbieter (Personalberater, Weiterbildungsveranstalter, u.a.) ausgelagert werden sollen (*make-or-buy*-Entscheidungen).

Kritiker des Wertschöpfungscenter-Konzepts wenden demgegenüber ein, dass dadurch das strategische Denken gegenüber dem kurzfristigen Periodenerfolg in den Hintergrund rückt (vgl. Scherm 1992). Dies führt dazu, dass die Nachfrage nach notwendigen, aber aufwändigen personalpolitischen Leistungen zurückgeht. Die Anwendung des Wertschöpfungscenter-Konzepts fördert zudem den Abteilungsegoismus zu Lasten der Ausschöpfung abteilungsübergreifender Synergien. Darüber hinaus bestehen erhebliche Zurechnungsprobleme, die sich insbesondere bei ausgeprägten internen Leistungsverflechtungen ergeben.

Ein Beispiel für eine Unternehmung, die das Konzept der Personalabteilung als Wertschöpfungscenter weitgehend umgesetzt hat, ist Jenoptik. Zum Zeitpunkt der Umwandlung des ehemaligen volkseigenen Betriebs Carl Zeiss Jena in die Jenoptik AG im Jahre 1991 waren rund 300 der insgesamt 27.000 Mitarbeiter in der Personalabteilung beschäftigt. Im Zuge des Restrukturierungs- und Sanierungsprozesses, bei dem die Zahl der Mitarbeiter auf etwa 14.000 reduziert wurde, schrumpfte auch die Zentralabteilung Personal auf 30 Mitarbeiter. Diese wurde 1994 in ein Profit Center und 1997 in die Beratungsgesellschaft Jenoptik für Personalmanagement mbH (BGJ) als 100%ige Tochtergesellschaft von Jenoptik ausgegliedert. Die einzelnen Gesellschaften schlossen Dienstleistungsverträge für Komplett- und Teilbereiche des Personalmanagement, ohne jedoch eine Abnahmepflicht einzugehen. Gleichzeitig öffnete sich die BGJ für externe Kunden. Ende 1999 wurden rund 40% des Umsatzes mit konzernfremden Unternehmungen erzielt. Im Jahre 2000 wurde die BGJ von den beiden Geschäftsführern Udo Kempfer und Mihajlo Kolakovic übernommen und in Kempfer & Kolakovic Personalmanagement GmbH (K&K) umfirmiert. Seit 2008 erledigt K&K HR-Services nur noch administrative Aufgaben wie die Lohn- und Gehaltsabrechnung für Jenoptik. Daneben nutzt Jenoptik andere Personaldienstleister für die Personalbeschaffung und -entwicklung. Strategische Aktivitäten wie etwa die Führungskräfteentwicklung und das Personalmarketing wurden wieder ingesourced (vgl. http://www.kk-hr.de; Kolakovic/Kempfer 1998, 2000; Braun 2009, S. 190 ff.).

3.2.2.5 Virtualisierung der Personalabteilung

Während das Wertschöpfungcenter-Konzept auf eine Stärkung der Personalabteilung abzielt, wird beim Konzept der virtuellen Personalabteilung die räumliche und funktionale Zusammenfassung von Personalaufgaben zugunsten einer weitgehenden Dezentralisierung aufgehoben (vgl. Scholz 1995, 2002). Die Mitarbeiter der Personalabteilung werden auf andere Funktionsbereiche aufgeteilt und üben dort Aufgaben des Personalmanagement in Teilzeit aus (vgl. Abb. 3.9). Sie werden unterstützt von anderen Mitarbeitern der Fachabteilungen, die über ihre originären Aufgaben hinaus Personalaufgaben wahrnehmen, wenn sie dafür über spezifische Kompetenzen verfügen.

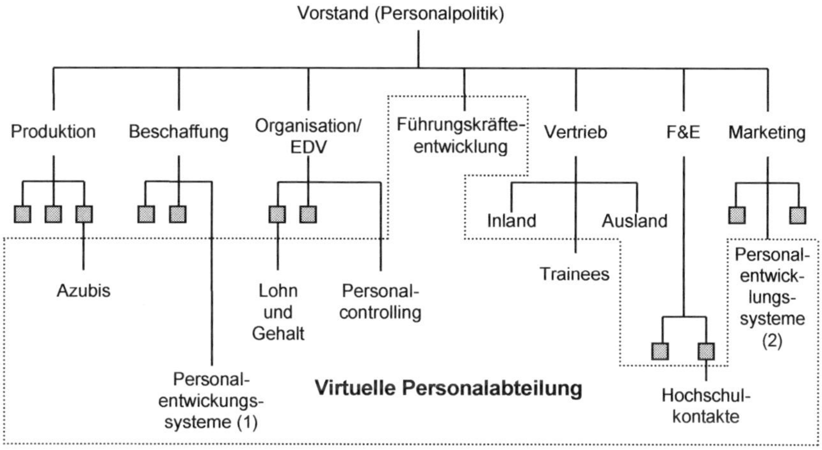

Abb. 3.9. Beispiel einer virtuellen Personalabteilung (Quelle: leicht modifiziert nach Scholz 1995, S. 402)

Als Beispiel führt Scholz (1995, S. 401) einen Mitarbeiter aus dem Bereich der Forschung & Entwicklung an, der aus der Zeit seiner Promotion über gute Kontakte zu Universitäten verfügt und deshalb die Hochschulkontakte im Rahmen des Personalmarketing übernimmt. Alle mit personalpolitischen Aufgaben betrauten Mitarbeiter sind matrixartig zugleich dem jeweiligen Linienvorgesetzten und dem Leiter der virtuellen Personalabteilung unterstellt. Ihre Koordination erfolgt durch den intensiven Einsatz multimedialer Informations- und Kommunikationstechnologien.

Erleichtert wird die Virtualisierung der Personalabteilung durch **mobile Personalinformationssysteme**, d.h. Anwendungen für Smartphones und Tablet-PCs, die den orts- und zeitunabhängigen Einsatz personalpolitischer Instrumente ermöglichen. Dazu zählen z.B. die Erfassung und Abrechnung von Belegen zu Reisekosten, die Arbeitszeiterfassung oder die Urlaubsbeantragung und -verwaltung. Über diese administrativen Aktivitäten hinaus unterstützen anspruchsvollere Programme auch die Personalwerbung und -auswahl, indem Zugriffe auf Stellenausschreibungen und Bewerberdaten ermöglicht werden sowie Termine für Bewerbungsgespräche vereinbart und Fortschrittskontrollen des Einstellungsprozesses von neuen Mitarbeitern durchgeführt werden können. Bei mobilen Anwendungen zur Unterstützung der Personalführung können etwa Mitarbeitergespräche und Personalbeurteilungen vorbereitet und nutzerfreundlich ausgewertet werden (vgl. Pilarski et al. 2012).

Die Vorteile dieses Organisationskonzepts, das im Unterschied zu Deutschland bereits in vielen französischen Unternehmungen praktiziert wird (vgl. Barmeyer/ Stein 1998), sieht Scholz (1995, S. 403) vor allem in der Reduktion der intra- und interorganisatorischen Abstimmungsprobleme sowie der Vergrößerung des Leistungspotenzials. Darüber hinaus ermöglicht die Virtualisierung der Personalabteilung eine größere Flexibilität und Anpassungsfähigkeit an wechselnde Aufgabenstellungen. Demgegenüber wendet Neuberger (1997, S. 167 f.) ein, dass die Doppelnatur der Träger des virtualisierten Personalmanagement diese entweder zur Selbstausbeutung treibt oder zu Spaltungen führt, „bei denen keiner der Anteile zu seinem Recht kommt. Teilzeit-PersonalerInnen haben es naturgemäß schwerer, professionell zu werden." Zudem bezweifelt er, ob jede Führungskraft zwangsläufig auch ein guter Personalmanager ist. „Oder gilt, dass jeder Mensch Personaler ist, weil er von Geburt an mit Menschen zu tun hatte? Dann wäre auch jeder Mensch Finanzierer, weil er mit Geld umzugehen gelernt hat, oder auch Produktionsspezialist, weil er schon mal Schraubenzieher, Schraubenschlüssel und Bohrmaschine in der Hand gehabt hat."

3.2.2.6 Outsourcing des Personalmanagement

Ähnlich wie in anderen Unternehmungsbereichen muss auch für das Personalmanagement geprüft werden, welche Aufgaben durch die Unternehmung selbst und welche durch externe Anbieter durchgeführt werden sollten. Beide Varianten haben spezifische Vor- und Nachteile, die in Tab. 3.5 gegenübergestellt sind.

Bei der Suche nach **Kriterien** für personalpolitische *make-or-buy*-Entscheidungen bietet sich der Rückgriff auf den *Transaktionskostenansatz* an (vgl. Matiaske/ Kabst 2002; Scholz 2003b, S. 114 f.; Vosberg 2003). Danach ist die Auslagerung von Personalaufgaben vor allem dann sinnvoll, wenn die *Spezifität* der Leistung gering ist, da ansonsten die Gefahr der einseitigen Abhängigkeit von externen Anbietern besteht. Eine hohe Spezifität ist z.B. dann gegeben, wenn es nur wenige Personaldienstleister gibt, die die nachgefragten Leistungen bereitstellen können. Eine weitere Bedingung der Auslagerung ist die *Häufigkeit* der Leistung. Je häufiger gleichartige Leistungen nachgefragt werden, desto geringer sind die Suchkosten nach geeigneten Anbietern und desto eher entsteht ein Vertrauensverhältnis zu diesen, was die Kosten für die gegenseitige Abstimmung reduziert. Leistungen mit einer hohen *Unsicherheit*, die sich nur schwer vertraglich spezifizieren lassen, sollten dagegen nicht ausgelagert werden. Je nach Ausprägung dieser Einflussfaktoren schätzt Wisskirchen (2003, S. 55), dass die Höhe der Transaktionskosten bei der Auslagerung von Personalaufgaben bis zu 10% des Vertragsvolumens ausmachen können.

Tabelle 3.5. Vor- und Nachteile des Outsourcing von Personalaufgaben

Vorteile	**Nachteile**
• Konzentration auf Kernkompetenzen • Variabilisierung fixer Kosten • Erhöhung der Leistungsqualität durch Spezialisierung • Vermeidung von Auslastungsschwankungen • Erhöhung der Flexibilität • Gewährleistung innovativer Leistungen durch Marktorientierung • Übertragung von Risiken	• hohe Transaktionskosten • Gefahr gegenseitiger Überschneidungen von Angeboten (vor allem bei der Auslagerung von Aufgaben an mehrere Unternehmungen) • häufig geringe Akzeptanz bei Mitarbeitern und Betriebsrat • Abhängigkeit bei spezifischen Leistungen • Gefahr des Know-how-Verlustes

Eine andere Perspektive ergibt sich durch den *ressourcenorientierten Ansatz* (vgl. Cooke/Shen/McBride 2005). Danach sollten diejenigen Aufgaben selbst ausgeübt werden, für die die Unternehmung herausragende Kompetenzen besitzt und die ihre Wettbewerbsfähigkeit erhöhen. Personalpolitische Aktivitäten, die keinen unmittelbaren Einfluss auf die Kernkompetenzen der Unternehmung haben, können dagegen spezialisierten Anbietern übertragen werden (vgl. Reichert 2005). Dadurch soll verhindert werden, dass die Unternehmungsspezifität des Personalmanagement bei wichtigen Aufgaben verloren geht und ein nicht-imitierbarer Wettbewerbsvorteil preisgegeben wird (vgl. Neuberger 1997, S. 169).

Neben den Vor- und Nachteilen für die Unternehmung muss bei der Auslagerung von Personalaufgaben auch die Perspektive der Mitarbeiter berücksichtigt werden. Eine experimentelle Untersuchung von Giardini/Kabst (2008) weist darauf hin, dass mit zunehmender Auslagerung von Aktivitäten der Personalbeschaffung die Bewertung des Bewerbungsprozesses, die Attraktivität der Unternehmung und die Intention, ein Stellenangebot von dieser anzunehmen, sinken. Besonders negativ fällt die Beurteilung aus, wenn über die Vorauswahl hinaus weitere Phasen des Auswahlprozesses ausgelagert werden. Dieses Ergebnis ist vor allem für Unternehmungen mit einem wenig positiven Arbeitgeberimage relevant, die durch das Outsourcing von Personalaufgaben ihre Fähigkeit zur Rekrutierung qualifizierter Mitarbeiter weiter reduzieren (vgl. Kap. 4.1.2.2).

Eine große **praktische Bedeutung** besitzt das Outsourcing vor allem in kleinen und mittleren Unternehmungen, die von der Übertragung von Personalaufgaben an spezialisierte Anbieter einen wesentlichen Qualitätsgewinn erwarten (vgl. Alewell et al. 2007, S. 238 f.). Zu den am häufigsten ausgelagerten Aufgaben des Personalmanagement zählen die Personalwerbung und -auswahl, die Personalentwicklung sowie die Lohn- und Gehaltsabrechnung (vgl. Meier/Stuker/Trabucco 1997). Nach Angaben von Wisskirchen (2003, S. 54) wurden im Jahre 2002 in Deutschland etwa 39% der knapp 592 Mio. Lohn- und Gehaltsabrechnungen durch externe Personaldienstleister durchgeführt. Einen Überblick über ausgewählte Personaldienstleister und deren Leistungsspektrum gibt Tab. 3.6.

Tabelle 3.6. Ausgewählte Personalberater und deren Leistungsspektrum

Unternehmung	Leistungsspektrum	Mitarbeiter
Michael Page	• Vermittlung von Fach- und Führungskräften • Interim Management • Gehaltsstudien	5.300
Korn/Ferry International	• Executive Search • Leadership- & Talent-Beratung • Vergütung und Funktionsbewertung • Organisationsberatung • Recruitment Process Outsourcing	7.000
Heidrick & Struggles	• Executive Search • Executive Leadership Consulting • Culture Shaping	1.500
Kienbaum Consultants International	• Executive Search • Management Consulting • Kommunikation	680
Egon Zehnder International	• Executive Search • Besetzung und Beurteilung von Aufsichtsräten • Talent Management/Management Appraisal	420
Gemini Executive Search	• Executive Search • Selection Services • Management Assessment	100
hr Factory	• HR Beratung • Rekrutierung • Personalentwicklung • Personaladministration • Talent-Management • HR Komplett	50
Delphi HR-Consulting	• Executive Search • Karrieregespräche/Coaching • Nachfolgeregelung • Personalmarketing	20
Pape Consulting Group	• Executive Search/Direktsuche • Mediengestützte Personalsuche • Active Sourcing und Datenbankrecherche • Outplacement, Newplacement & Audits • Training, Management-Coaching • Recruitment Process Oursourcing • Personalmarketing, Employer Branding	k.A.

Ein Beispiel einer Unternehmung, die bereits seit längerer Zeit Teile ihrer Personalbeschaffung und -entwicklung ausgelagert hat, ist die Microsoft Deutschland GmbH. Der wichtigste Grund für das Outsourcing der administrativen Bearbeitung aller Bewerbungen an die hr Factory GmbH war die Reduzierung der durchschnittlichen Durchlaufzeit auf weniger als zehn Tage. Dadurch gelangte die Unternehmung in die Lage, geeignete Kandidaten sehr schnell zu identifizieren und Wettbewerbsvorteile auf dem Personalbeschaffungsmarkt zu realisieren. Die hr Factory GmbH wickelt darüber hinaus die gesamte Personalentwicklung der Unternehmung ab. Dazu zählen die Kommunikation mit den Teilnehmern (Einladungen, Anreisebeschreibungen, u.a.), die Buchung passender Veranstaltungsorte sowie das Briefing der Trainer und die Rechnungsprüfung. Die Vorteile des Outsourcing dieser Personalaufgaben sieht Microsoft Deutschland vor allem in der Möglichkeit, sich auf die strategischen Aspekte des Personalmanagement zu konzentrieren sowie die Qualität der Personalbeschaffung und -entwicklung zu verbessern. Darüber hinaus konnte die Unternehmung dadurch die Fixkosten in ihrer Personalabteilung reduzieren und die Flexibilität bei schwankender Nachfrage erhöhen (vgl. Ambros 2002).

3.2.2.7 Offshoring des Personalmanagement

Neben dem Outsourcing an externe Dienstleister ist in vielen Unternehmungen die Verlagerung von Personalaufgaben ins Ausland (*Offshoring*) zu beobachten (vgl. Eichenberg/Bursy 2017). Dies gilt vor allem für administrative Aufgaben wie die Lohn- und Gehaltsabrechnung und Personalbetreuung. Durch deren Verlagerung in Länder mit niedrigeren Arbeitskosten können häufig erhebliche Kosteneinsparungen erzielt werden. Beim Offshoring in asiatische Länder wie China und Indien besteht zudem die Möglichkeit, Zeitunterschiede auszunutzen und Aufgaben über Nacht zu erledigen. Darüber hinaus können die Mitarbeiter in der heimischen Personalabteilung von wenig wertschaffenden operativen Tätigkeiten entlastet und Kapazitäten für strategische Aufgaben geschaffen werden. Dem steht das Risiko eines unzureichenden Datenschutzes gegenüber. Das Offshoring von Personalaufgaben beinhaltet zudem einen hohen länderübergreifenden Koordinationsaufwand durch die geographische Distanz sowie Sprach- und Kulturunterschiede (vgl. Holtbrügge/Holzmüller/v. Wangenheim 2009).

SAP hat 2004 damit begonnen, administrative Personalaufgaben in ein Shared Service Center nach Prag zu verlagern. Dieses übernimmt für ca. 70 Landesgesellschaften Prozesse aus den Bereichen Entgeltgestaltung, Personalbeschaffung und internationale Mitarbeitertransfers. Zunehmend werden dort auch Tätigkeiten im Zusammenhang mit Zielvereinbarungen wie Zielerfassung und -anpassung, Soll-Ist-Vergleiche und Leistungsbeurteilungen durchgeführt. Neben der Ausschöpfung von Lohnkostenunterschieden hat SAP durch die Konzentration der weltweiten Personalaufgaben und deren länderübergreifende Standardisierung die Prozesseffizienz deutlich erhöht (vgl. Stephan 2007; Schuster/Holtbrügge/Heidenreich 2009).

4 Bedingungen des Personalmanagement

Der Einsatz unterschiedlicher Instrumente des Personalmanagement sowie deren Effizienz werden durch verschiedene externe und interne Bedingungen beeinflusst. Zu den externen Bedingungen zählen das Arbeitsrecht und der Arbeitsmarkt, während die Unternehmungsstrategie und der Internationalisierungsgrad die wichtigsten internen Bedingungen darstellen.

4.1 Externe Bedingungen

4.1.1 Arbeitsrecht

Aufgrund der hohen gesetzlichen Regulierungsdichte wird das Personalmanagement in Deutschland in einem erheblichen Maße durch das Arbeitsrecht beeinflusst. Als gesetzlicher Rahmen regelt es die Beziehungen zwischen Arbeitnehmern und Arbeitgebern sowie den Einsatz der verschiedenen personalpolitischen Instrumente (vgl. Ring 2012; Dütz/Thüsing 2017; Löwisch/Caspers/Klumpp 2017).

Die **Rechtsgrundlagen** des Arbeitsrechts sind in Deutschland nicht in einem oder wenigen Gesetzen zusammengefasst, sondern in einer Vielzahl von Gesetzen des Privatrechts und des öffentlichen Rechts zu finden. Darüber hinaus bestehen Gewohnheitsrechte durch regelmäßige betriebliche Übung, internationale und supranationale Normen sowie zahlreiche Verordnungen, Tarifverträge und Betriebsvereinbarungen, denen eine unterschiedliche Bindungswirkung zukommt.

Allgemein können zwei **Bereiche** des Arbeitsrechts differenziert werden (vgl. Abb. 4.1):

- Das *individuelle Arbeitsrecht* bildet den Rechtsrahmen für die Gestaltung des einzelnen Arbeitsverhältnisses (vgl. Hromadka/Maschmann 2015). Den Ausgangspunkt des *Arbeitsvertragsrechts* bildet das Dienstvertragsrecht des BGB (§§ 611-630), dessen allgemeine Vertrags- und Abschlussfreiheit jedoch zugunsten des Arbeitnehmers eingeschränkt wird, um seiner i.d.R. wirtschaftlich schwächeren Position Rechnung zu tragen. Daneben trägt das *Arbeitsschutzrecht* der Eigenart des Produktionsfaktors Arbeit Rechnung: Im Unterschied zu anderen Produktionsfaktoren stellt Arbeit die „nicht erneuerbare Grundlage der Existenz eines Arbeitnehmers“ dar (Dütz/Thüsing 2017, S. 1).

- Das *kollektive Arbeitsrecht* regelt die Beziehungen zwischen den Arbeitgebern (bzw. den Arbeitgeberverbänden als deren kollektiven Interessenvertretern), den Arbeitnehmern (bzw. den Gewerkschaften) und dem (sozialpolitisch tätigen) Staat (industrielle Beziehungen). Es gliedert sich weiter in das *Tarifvertragsrecht* und das *Mitbestimmungsrecht* (vgl. Hromadka/Maschmann 2017).

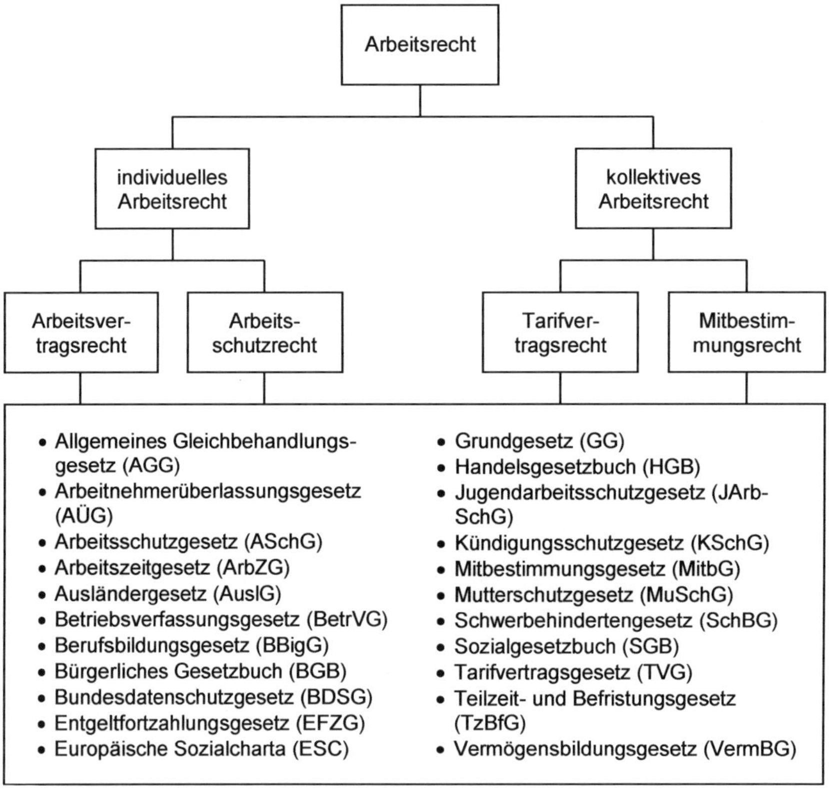

Abb. 4.1. Bereiche und wichtige Rechtsquellen des Arbeitsrechts

4.1.1.1 Individuelles Arbeitsrecht

4.1.1.1.1 Arbeitsvertragsrecht

Das Rechtsverhältnis zwischen Arbeitgeber und Arbeitnehmer wird durch den **Arbeitsvertrag** begründet. Mit Ausnahme von Ausbildungsverträgen gelten für Arbeitsverträge keine Formvorschriften, sofern keine tarifvertraglichen Regelungen dafür bestehen. Auch die inhaltliche Gestaltung unterliegt grundsätzlich der Vertragsfreiheit. Die folgenden *Vertragsbestandteile* sind in den meisten Arbeitsverträgen zu finden (vgl. Göbbels 2016):

- Eintrittsdatum, Probezeit, Arbeitszeit, Kündigungsfristen, Urlaubsanspruch, Freistellungen.
- Art der Tätigkeit, Einstufung in Position und Tarifgruppe, Vollmachten, Mehrarbeitsverpflichtungen, Versetzungs- und Beurlaubungsvorbehalte.
- Grundlohn, Zusatzlohn, Soziallohn, Erfolgsbeteiligung, Vermögensbeteiligung, Altersversorgung, Reise- und Umzugskostenerstattung, Vergütung und Behandlung von Erfindungen.
- Nebentätigkeiten, Wettbewerbsverbote, Schweigepflichten.

Unabhängig von der konkreten Ausgestaltung ergeben sich aus dem Arbeitsvertrag für beide Vertragsparteien verschiedene **Rechte und Pflichten**, die in §§ 611-630 BGB sowie zahlreichen weiterführenden Gesetzen geregelt sind (vgl. Tab. 4.1). Die *Hauptpflicht* des Arbeitnehmers ist die persönliche Arbeitsleistung, der auf Seiten des Arbeitgebers die Pflicht zur Zahlung des vereinbarten Arbeitsentgelts gegenübersteht. Zu den *Nebenpflichten* des Arbeitnehmers gehören die Treuepflicht, Auskunfts- und Anzeigepflichten, Schadensersatz- und Haftungspflichten, Verschwiegenheitspflichten sowie das Wettbewerbsverbot, während des Arbeitsverhältnisses als Selbständiger oder Angestellter eines anderen Arbeitgebers in Wettbewerb mit dem Arbeitgeber zu treten. Dem Arbeitgeber obliegen dagegen verschiedene Fürsorge- und Schutzpflichten wie die Pflicht zum Schutz von Leben und Gesundheit des Arbeitnehmers, zum Schutz seiner Persönlichkeit und zum Schutz der von ihm eingebrachten Sachen. Bei verschuldeten oder unverschuldeten Verstößen gegen diese Haupt- und Nebenpflichten sieht das Arbeitsrecht verschiedene Rechtsfolgen vor.

Tabelle 4.1. Rechte und Pflichten aus dem Arbeitsvertrag

	Arbeitnehmer	Arbeitgeber
Hauptpflichten	• persönliche Arbeitsleistung	• Entgeltzahlung
Nebenpflichten	• Gehorsamspflicht • Treuepflicht • Auskunfts- und Anzeigepflichten • Schadensabwendungs- und Haftungspflichten • Verschwiegenheitspflicht • Unbestechlichkeit • Wettbewerbsverbot	• Weisungsrecht • Fürsorgepflicht • Eigentums- und Persönlichkeitsschutz
Rechtsfolgen bei Pflichtverletzungen	• Kündigung • Schadensersatz	• Zurückhaltung der Arbeitsleistung • Kündigung • Schadensersatz • Entgeltfortzahlung trotz Nichtannahme der Arbeitsleistung

Quelle: zusammengestellt nach Bährle 1997, S. 45 ff.; Dütz/Thüsing 2017, S. 64 ff.

4.1.1.1.2 Arbeitsschutzrecht

Wie das Arbeitsvertragsrecht basiert auch das Arbeitsschutzrecht als zweiter Teilbereich des individuellen Arbeitsrechts auf der Annahme, dass der Arbeitnehmer der wirtschaftlich und sozial schwächere Partner des Arbeitsvertrags ist. Ausdruck dafür sind etwa umfangreiche Regelungen zur Vermeidung ungerechtfertigter Kündigungen im Rahmen des **Kündigungsschutzgesetzes** (KSchG). Das 1951 in Kraft getretene KSchG gilt seit dem 1.1.2004 für alle Betriebe mit mehr als 10 Arbeitnehmern (§ 23). Es sieht vor, dass Arbeitnehmern, die länger als sechs Monate in dem Betrieb tätig sind, nur bei Vorliegen personen-, verhaltens- oder betriebsbedingter Gründe gekündigt werden kann (vgl. ausführlich Kap. 5.1.4.1). Bei betriebsbedingten Kündigungen haben Arbeitnehmer einen Abfindungsanspruch in Höhe von 0,5 Monatsgehältern für jedes Jahr des Bestehens des Arbeitsverhältnisses (§ 1a). Die Kündigung von Mitgliedern des Betriebsrats ist nur aus Gründen zulässig, die eine außerordentliche Kündigung rechtfertigen (§ 15). Durch das KSchG sollen Arbeitnehmer insbesondere vor willkürlichen oder sachlich unbegründeten Kündigungen geschützt werden.

Inwieweit die hohe Regulierungsdichte in Deutschland dem Ziel gerecht wird, die im Vergleich zu den Arbeitgebern schwächere Position der Arbeitnehmer zu stärken und tatsächlich deren Interessen dient, ist umstritten. So wird etwa argumentiert, dass das KSchG weniger dazu beiträgt, Mitarbeiter vor ungerechtfertigten Kündigungen zu schützen, als vielmehr dazu führt, dass Arbeitgeber weniger Mitarbeiter einstellen, als nach der Personalbedarfsplanung sinnvoll wären, da diese bei sinkendem Bedarf nur schwer wieder freigesetzt werden können. Vielfach wird zudem angeführt, dass das KSchG älteren Arbeitsuchenden, Schwerbehinderten und Frauen das Finden einer Arbeitsstelle erschwert.

Vertreter der Arbeitgeber fordern deshalb, den Kündigungsschutz zu lockern oder sogar ganz abzuschaffen. So wird etwa diskutiert, die Probezeit, in der das KSchG nicht greift, von derzeit 6 auf 12 oder sogar 24 Monate auszudehnen. Zugleich solle die Betriebsgröße, ab der das KSchG gilt, von 10 auf 20 Arbeitnehmer heraufgesetzt werden. Der Sachverständigenrat zur Beurteilung der gesamtwirtschaftlichen Entwicklung (2006) schlägt zudem vor, den Schutz betriebsbedingter Kündigungen generell aus dem KSchG zu streichen und stattdessen einen von der Dauer der Betriebszugehörigkeit abhängigen verbindlichen Abfindungsanspruch zu gewähren. Eine andere Reformoption ist, dass der Arbeitnehmer im Einvernehmen mit dem Arbeitgeber zum Zeitpunkt der Einstellung freiwillig auf den Kündigungsschutz verzichtet und stattdessen eine höhere Entlohnung vereinbaren kann.

Eine empirische Studie des gewerkschaftlichen Forschungsinstituts WSI auf der Basis des IAB-Betriebspanels kommt dagegen zu dem Ergebnis, dass „das so häufig in der politischen Diskussion gezeichnete Bild, der Kündigungsschutz verursache Kosten, die Unternehmen von Einstellungen abhielten, und trage zur Verkrustung des Arbeitsmarkts bei (…), nicht bestätigt werden (kann)“ (Pfarr et al. 2005, S. 90).

Neben dem Kündigungsschutz umfasst das Arbeitsschutzrecht Regelungen zur **Arbeitssicherheit**, die nicht nur den Arbeitnehmer, sondern auch die Öffentlichkeit vor Gefahren schützen sollen. Diese beinhalten sowohl allgemeine Vorschriften für alle Mitarbeiter (z.B. Verhütung von Arbeitsunfällen und arbeitsbedingten Gesundheitsgefahren) als auch Sondervorschriften für bestimmte Mitarbeitergruppen (vgl. Tab. 4.2).

Tabelle 4.2. Wichtige Arbeitsschutzrechte für besondere Mitarbeitergruppen

Jugendliche	• Beschäftigungsverbot an Samstagen und Sonntagen (§§16-17 JArbSchG): Ausnahmen, z.B. Alten-, Pflege- und Kinderheime, ärztlicher Notdienst • Verbot der Übernahme gefährlicher Arbeiten (§§ 23-24 JArbSchG)
Schwerbehinderte	• Anspruch auf behinderungsgerechte Beschäftigung (§ 81 SGB IX) • Anspruch auf Zusatzurlaub im Umfang von fünf Arbeitstagen im Urlaubsjahr (§ 125 SGB IX) • besonderer Kündigungsschutz (§§ 85-92 SGB IX): vorherige Zustimmung des Integrationsamtes erforderlich
Werdende und stillende Mütter	• Beschäftigungsverbot (§§ 3, 6 MuSchG): sechs Wochen vor der Entbindung (außer bei ausdrücklicher Bereiterklärung) und acht Wochen danach • Beschäftigungsverbot für gesundheitsgefährdende Arbeiten (§§ 4 MuSchG) • Gewährung von Stillzeiten (§ 7 MuSchG): zweimal täglich eine halbe Stunde oder einmal täglich eine Stunde

Quelle: zusammengestellt nach Bährle 1997, S. 45 ff.; Dütz/Thüsing 2017, S. 64 ff.

Das Arbeitsschutzrecht ist nur mit wenigen Ausnahmen abdingbar, d.h. der Arbeitnehmer kann nicht auf dessen Einhaltung verzichten. Bei Verstößen gegen Normen des Arbeitsschutzrechts sind sowohl privatrechtliche Folgen (Recht des Arbeitnehmers auf Zurückhaltung seiner Arbeitsleistung bei Fortbestehen seines Vergütungsanspruchs sowie Schadensersatzansprüche) als auch öffentlich-rechtliche Folgen (Einleitung von Ordnungswidrigkeits- und Strafverfahren) möglich.

4.1.1.2 Kollektives Arbeitsrecht

4.1.1.2.1 Tarifvertragsrecht

Das Tarifvertragsrecht beruht auf der in Deutschland geltenden Tarifautonomie. Als **Tarifautonomie** wird das Recht bezeichnet, die Bedingungen von Arbeitsverträgen unbeeinflusst von Dritten (insbesondere vom Staat) zu vereinbaren. Sie leitet sich aus der in Art. 9 Abs. 33 GG verankerten Koalitionsfreiheit ab, nach der jedermann das Recht hat, „zur Wahrung und Förderung der Arbeits- und Wirtschaftsbedingungen Vereinigungen zu bilden." Umfassend geregelt wird das Zusammenwirken der Betriebs- und Sozialpartner im Rahmen der Tarifautonomie durch das Tarifvertragsgesetz (TVG) (vgl. Löwisch/Rieble 2016).

Tarifparteien sind in Deutschland nicht einzelne Arbeitnehmer, sondern Gewerkschaften und Arbeitgebervereinigungen sowie einzelne Arbeitgeber. Voraussetzungen für die Tariffähigkeit sind, dass die Vereinigungen freiwillig gebildet, von der Gegenseite, dem Staat und politischen Parteien unabhängig sowie demokratisch und überbetrieblich organisiert sind (vgl. Niedenhoff 2005, S. 31 ff.). Eine weitere Voraussetzung der Tariffähigkeit ist die Sozialmächtigkeit, die sich u.a. aus der Mitgliederzahl und der Durchsetzungskraft gegenüber der tariflichen Gegenseite ergibt.

Da die Anforderungen an die Tariffähigkeit gesetzlich nicht genau geregelt sind, gibt es hierzu immer wieder gerichtliche Auseinandersetzungen. So wurde der DHV – Die Berufsgewerkschaft, die Mitglied im Christlichen Gewerkschaftsbund ist, vom Arbeitsgericht Hamburg am 19.6.2015 zunächst die Tariffähigkeit aberkannt. Mehrere Mitgliedsgewerkschaften des Deutschen Gewerkschaftsbunds hatten geklagt, dass die DHV Gefälligkeitstarifverträge abschließe und es ihr an der notwendigen Durchsetzungsfähigkeit fehle. In zweiter Instanz bestätigte das Landesarbeitsgericht Hamburg am 4.5.2016 dagegen die Gewerkschaftseigenschaft und Tariffähigkeit der DHV. Begründet wurde diese Entscheidung u.a. mit der großen Zahl von ca. 24.000 Tarifverträgen, die die DHV seit 1950 abgeschlossen hat.

In Deutschland herrschen im Unterschied zu anderen Ländern wie Großbritannien, Japan und den USA, in denen Berufsgewerkschaften oder Firmengewerkschaften verbreitet sind (vgl. Holtbrügge/Welge 2015, S. 463 ff.), **Industriegewerkschaften** vor. Nach mehreren Fusionen gibt es gegenwärtig acht große Einzelgewerkschaften, die im Deutschen Gewerkschaftsbund (DGB) zusammengeschlossen sind (vgl. Tab. 4.3). Ein zweiter großer Dachverband ist der Deutsche Beamtenbund (DBB) mit 38 Mitgliedsgewerkschaften. Daneben existieren rund 100 weitere **Spartengewerkschaften** wie der Deutsche Richterbund (DRB), die Vereinigung Cockpit als Verband der Verkehrsflugzeugführer und Flugingenieure oder der Marburger Bund, der die Interessen der beamteten und angestellten Ärzte vertritt (vgl. Keller 2017).

Traditionell wurde in Deutschland das Prinzip der **Tarifeinheit** verfolgt. Danach schließt ein Betrieb nur mit einer Gewerkschaft einen Tarifvertrag ab, der für alle Arbeitnehmer dieses Betriebs gilt, und zwar auch dann, wenn diese mehreren Gewerkschaften angehören. Dieses durch Arbeitsgerichte seit den fünfziger Jahren oft bestätigte Gewohnheitsrecht wurde durch ein Urteil des Bundesarbeitsgerichts (BAG) vom 23.6.2010 aufgehoben. Mit Bezug auf die Koalitionsfreiheit wurde auf das Fehlen eines übergeordneten Grundsatzes verwiesen, dass für verschiedene Arbeitsverhältnisse derselben Art in einem Betrieb nur einheitliche Tarifregelungen zur Anwendung kommen können. Das BAG legalisierte dadurch eine Praxis, die bereits in mehreren Unternehmungen wie der Lufthansa, der Deutschen Bahn und verschiedenen Krankenhäusern vorherrschte (vgl. Dribbusch 2010).

Tabelle 4.3. Mitgliederzahlen des DGB und seiner Einzelgewerkschaften

	2001	2014	2015	2016
IG Bauen-Agrar-Umwelt (IG Bau)	509.690	280.926	273.392	263.818
IG Bergbau, Chemie, Energie (IG BCE)	862.364	657.752	651.181	644.944
Eisenbahn- und Verkehrsgewerkschaft (EVG)	306.002	203.875	197.094	192.807
Gewerkschaft Erziehung und Wissenschaft (GEW)	268.012	272.309	280.678	278.306
IG Metall	2.710.226	2.269.281	2.273.743	2.274.033
Gewerkschaft Nahrung-Genuss-Gaststätten (IG NGG)	250.839	205.908	203.857	201.623
Gewerkschaft der Polizei (GdP)	185.380	174.869	176.930	180.022
Vereinte Dienstleistungsgewerkschaft e. V. (ver.di)	2.806.496	2.039.931	2.038.638	2.011.950
DGB Insgesamt	7.899.009	6.104.851	6.095.513	6.047.503

Quelle: www.dgb.de/uber-uns/dgb-heute/mitgliederzahlen

Nachdem sowohl die Arbeitgeberverbände als auch der DGB vor einer Zersplitterung der Tariflandschaft und einer Spaltung der Belegschaften gewarnt hatten, hat der Bundestag am 22.5.2015 das Gesetz zur Tarifeinheit beschlossen, durch das **Tarifkollisionen** vermieden werden sollen . Dieses sieht eine Ergänzung von § 4 des TVG vor, wodurch bei mehreren nicht inhaltsgleichen Tarifverträgen in einem Betrieb „nur die Rechtsnormen des Tarifvertrags derjenigen Gewerkschaft anwendbar (sind), die zum Zeitpunkt des Abschlusses des zuletzt abgeschlossenen kollidierenden Tarifvertrags im Betrieb die meisten in einem Arbeitsverhältnis stehenden Mitglieder hat.“ Eine Verfassungsbeschwerde gegen das Gesetz durch mehrere kleinere Spartengewerkschaften, die durch das Tarifeinheitsgesetz eine Einschränkung des im Grundgesetz verankerten Rechts auf Koalitionsfreiheit und des Streikrechts befürchten (vgl. Lesch/Hellmich 2015), wurde im Juli 2017 durch das BVerfG abgewiesen.

Auf der Seite der Arbeitgeber sind sowohl einzelne Unternehmungen als auch **Arbeitgeberverbände** tariffähig. Deren Dachverband ist die Bundesvereinigung der Deutschen Arbeitgeberverbände (BDA), in der 51 Bundesfachspitzenverbände aus Industrie, Handel, Finanzwirtschaft, Verkehr, Handwerk, Dienstleistungen und Landwirtschaft zusammengeschlossen sind. Der BDA ist in 14 Landesvereinigungen gegliedert (http://www.arbeitgeber.de).

In den letzten Jahren haben sowohl die Gewerkschaften als auch die Arbeitgeberverbände einen starken Mitgliederschwund zu verzeichnen. Die Mitgliederzahl der Gewerkschaften sank zwischen 2000 und 2016 von 7,72 auf 6,05 Millionen und lag damit 44,5 % unter dem Höchstwert von 11,0

Millionen nach der deutschen Einheit im Jahr 1990. Nach einer Studie auf der Basis des Sozio-ökonomischen Panels (SOEP) waren 2015 lediglich 18,9% aller abhängig Beschäftigten Mitglied einer Gewerkschaft. Besonders gering ist der gewerkschaftliche Organisationsgrad in der Altersgruppe der 18- bis 30-jährigen mit 12,1%, während er bei den über 51-jährigen 25,9% beträgt. Neben Jüngeren sind auch Frauen, Angestellte und Hochqualifizierte in den Gewerkschaften unterrepräsentiert, während der Anteil dieser Gruppen an den Beschäftigten ansteigt. Gründe für den Mitgliederrückgang sind die starke Zunahme von Mitarbeitern in Dienstleistungsbranchen, von Angestellten sowie von Arbeitnehmern mit atypischen Beschäftigungsverhältnissen, die nur zu einem sehr geringen Teil Mitglied einer Gewerkschaft sind. Darüber hinaus spielt die Individualisierung der Mitarbeiter eine große Rolle, die von den Gewerkschaften bei tarifpolitischen Strategien oft nicht angemessen berücksichtigt werden (vgl. Schnabel 2016).

Auch der Organisationsgrad der Arbeitgeberverbände geht kontinuierlich zurück. Waren etwa bis Ende der achtziger Jahre rund drei Viertel der Beschäftigten in der westdeutschen Metall- und Elektroindustrie in einem Betrieb beschäftigt, der Mitglied im Arbeitgeberverband Gesamtmetall war, ist der Organisationsgrad im Jahre 2003 auf rund 59% in Westdeutschland und 21% in Ostdeutschland gesunken. Besonders gering ist der Organisationsgrad in neu gegründeten Betrieben und Betrieben der New Economy. Der wichtigste Grund für diese Verbandsflucht bzw. Verbandsabstinenz ist die Unzufriedenheit mit branchenweit gültigen Verbandstarifen, die den Besonderheiten der einzelnen Betriebe nicht gerecht werden (vgl. Müller-Jentsch 2007).

Der **Geltungsbereich** von Tarifverträgen umfasst zunächst nur die Mitglieder der Tarifparteien, d.h. die Arbeitgeber, die dem tarifschließenden Verband angehören, und die Arbeitnehmer, die Mitglied der entsprechenden Gewerkschaft sind. In vielen Arbeitsverträgen wird jedoch auf Tarifverträge Bezug genommen, so dass diese auch auf die nicht organisierten Arbeitgeber und Arbeitnehmer Anwendung finden.

In Deutschland sind überbetriebliche **Branchen- bzw. Flächentarifverträge** üblich. Sie werden zumeist von einem Arbeitgeberverband für eine Branche und Region ausgehandelt und führen dort zu einheitlichen Tarifbedingungen. Nach einer auf den Daten des IAB-Betriebspanels basierenden Studie von Ellguth/Kohaut (2014) bestand im Jahre 2013 für 52% der Beschäftigten in der Privatwirtschaft in Westdeutschland und für 35% in Ostdeutschland ein Branchentarifvertrag. Im Vergleich zu 1996 bedeutet dies einen Rückgang um 17 bzw. 20 Prozentpunkte.

Dieser Erosion des Flächentarifvertrags steht die Zunahme von **Haus- bzw. Firmentarifverträgen** gegenüber, die 2013 für acht bzw. 12% der Beschäftigten galten. Zu den größten Unternehmungen, die üblicherweise Hausverträge mit den Gewerkschaften abschließen, zählen Lufthansa und Volkswagen. 44 bzw. 42% der Unternehmungen, für die kein Tarifvertrag gilt, geben an, sich am jeweiligen Branchentarif zu orientieren. Die durchschnittliche Entgelthöhe liegt in diesen Unternehmungen jedoch deutlich unter denjenigen mit Tarifbindung, d.h. die Orientierung bedeutet in vielen Fällen de facto eine Unterschreitung bestehender Tarifregelungen (vgl. Addison et al. 2012).

Die **Wahrscheinlichkeit der Tarifbindung** nimmt mit der Betriebsgröße und dem Anteil qualifizierter Arbeitnehmer zu. Auch neu gegründete Betriebe sind seltener tarifgebunden. Am 1.1.2015 waren im Tarifregister des Bundesministeriums für Arbeit und Soziales insgesamt 502 allgemeinverbindliche Flächentarifverträge registriert (www.bmas.bund.de).

Der **Inhalt** von Tarifverträgen besteht aus einem normativen und einem schuldrechtlichen Teil. Der *normative Teil* enthält Rechtsnormen über den Inhalt (z.B. Arbeitslohn, Arbeitszeit, Urlaub), den Abschluss und die Beendigung von Arbeitsverhältnissen sowie betriebliche und betriebsverfassungsrechtliche Fragen. Diese Rechtsnormen stellen Mindeststandards dar, von denen einzelne Unternehmungen in Betriebsvereinbarungen i.S. des Günstigkeitsprinzips zwar zugunsten, nicht aber zulasten des Arbeitnehmers abweichen können (§ 4 Abs. 3 TVG).

In der Praxis wird dieser Grundsatz durch tarifvertragliche Öffnungsklauseln zunehmend außer Kraft gesetzt. Diese sind nach § 77 Abs. 3 Satz 2 BetrVG möglich, „wenn ein Tarifvertrag den Abschluss ergänzender Betriebsvereinbarungen ausdrücklich zulässt.“ So sind nach einer Studie des gewerkschaftlichen Forschungsinstituts WSI in rund einem Drittel der befragten Unternehmungen mit Betriebsrat betriebliche **Bündnisse für Arbeit** wirksam (vgl. Gehrmann/Tenbrock 2003). Vor allem Unternehmungen mit schlechter Ertragslage schließen mit dem Betriebsrat häufig Betriebsvereinbarungen ab, in denen die Mitarbeiter gegen Beschäftigungsgarantien der Unternehmungsleitung Lohnverzichte oder längere Arbeitszeiten akzeptieren (vgl. Schwarzbach 2006; Haipeter 2009).

Der *schuldrechtliche Teil* von Tarifverträgen regelt die Rechte und Pflichten der Vertragsparteien. Unabhängig von den konkreten Regelungen beinhalten Tarifverträge stillschweigend die folgenden Verpflichtungen:

- Die *Durchführungspflicht* verpflichtet die Parteien dazu, für die Erfüllung des Vertrags zu sorgen und alles zu vermeiden, was dessen Abwicklung behindern könnte. Dazu zählt u.a. die Information ihrer Mitglieder über den Vertragsinhalt und die Einwirkung auf die Mitglieder zu tarifgemäßem Verhalten.
- Die *Friedenspflicht* verpflichtet die Tarifparteien dazu, alle Kampfmaßnahmen wie Streiks und Aussperrungen für die Dauer des Tarifvertrags zu unterlassen. Solange zwischen den Tarifparteien nichts anderes vereinbart wurde, besteht bei laufenden Tarifverträgen eine relative Friedenspflicht, die nur einen Arbeitskampf verbietet, der sich gegen den Bestand des Tarifvertrages oder gegen einzelne seiner Bestimmungen richtet. Nach Ablauf des Tarifvertrags sind Kampfmaßnahmen nur zulässig, nachdem Verhandlungen über den Abschluss eines neuen Vertrags gescheitert sind.
- Die *Nachwirkungspflicht* bestimmt, dass ein Tarifvertrag nach seinem Ablauf gültig bleibt, bis eine neue Regelung erfolgt ist.

Der **Ablauf von Tarifverhandlungen** und insbesondere die Voraussetzungen eines Arbeitskampfes sind gesetzlich nicht geregelt (vgl. Kissel 2002). Neben der Rechtsprechung des BAG sind deshalb vor allem die jeweiligen Satzungen der

Gewerkschaft bzw. des Arbeitgeberverbands relevant. Idealtypisch verlaufen Tarifverhandlungen nach folgendem Phasenschema (vgl. Abb. 4.2):

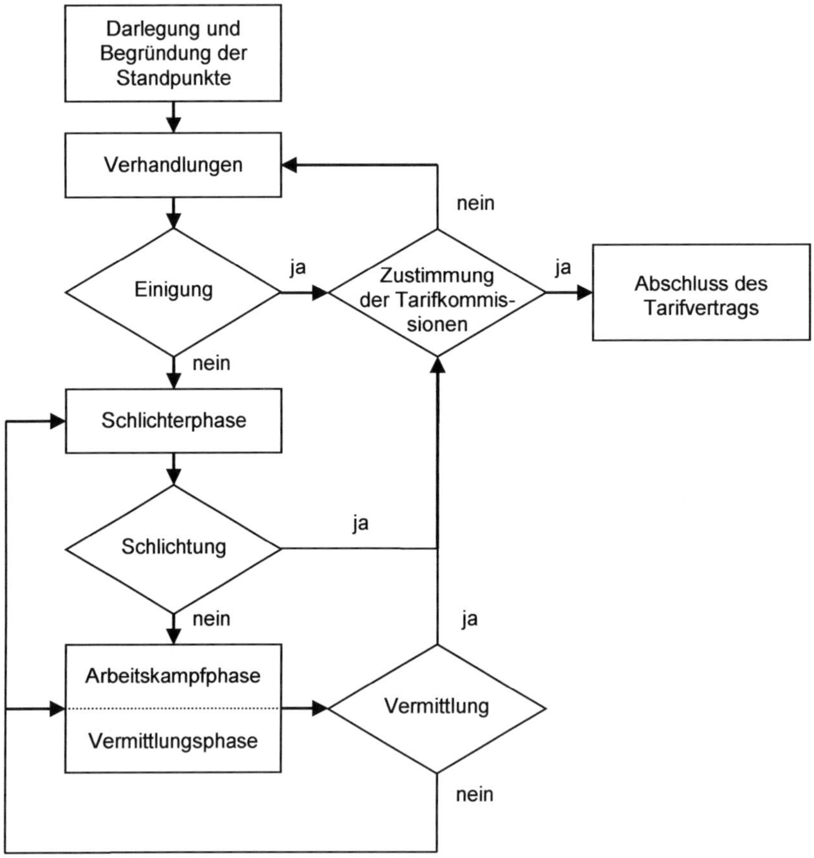

Abb. 4.2. Ablauf von Tarifverhandlungen

- Vier Wochen vor Auslaufen des bestehenden Tarifvertrags übermitteln die Gewerkschaften dem Arbeitgeberverband ihre Forderungen. Anschließend legen diese ihr Angebot dar. Zwei Wochen vor Ablauf des Tarifvertrages werden *Verhandlungen* zwischen den Tarifparteien aufgenommen.
- Erreichen die Tarifvertragsparteien ein Verhandlungsergebnis, wird dieses den *Tarifkommissionen* vorgestellt. Nehmen diese das Verhandlungsergebnis an, wird ein neuer Tarifvertrag abgeschlossen. Dieser muss innerhalb eines Monats dem Bundesministerium für Arbeit und Soziales übersandt werden, der den Tarifvertrag im Tarifregister einträgt.
- Erklärt eine oder beide Tarifparteien das Scheitern der Verhandlungen, können diese einen neutralen *Schlichter* (z.B. ehemalige Minister für Arbeit und Soziales) einsetzen. Der Schlichter versucht, eine Einigung zwischen den Tarifpartei-

en zu erzielen. Stimmen diese dem Schlichterspruch zu, wird dieser wiederum den Tarifkommissionen zur Abstimmung vorgelegt.

- Scheitert die Schlichtung, beginnt zumeist ein *Arbeitskampf*. Dazu stellt die Tarifkommission der Gewerkschaft dem Vorstand einen Antrag auf Streik. Der Vorstand führt eine Urabstimmung durch. Stimmen – je nach Satzung der Gewerkschaft – zwischen 50 und 75% der aufgerufenen Gewerkschaftsmitglieder dafür, legt der Vorstand der Gewerkschaft den Beginn sowie die Art des Streiks fest (vgl. Tab. 4.4).
- Ein *Streik* muss ein tariflich regelbares Ziel verfolgen. Er darf nicht während der Friedenspflicht vorgenommen werden und nicht gegen Schlichtungsregeln oder andere Rechtsnormen verstoßen. Ein Streik muss das letzte Mittel der Konfliktlösung sein und dem Gebot der Verhältnismäßigkeit folgen. Während eines Streiks besteht das Arbeitsverhältnis weiter. Der streikende Arbeitnehmer ist allerdings von der Arbeitspflicht und der Arbeitgeber von der Entgeltzahlungspflicht befreit. Nicht streikende Arbeitnehmer sind zur Arbeitsleistung verpflichtet, nicht jedoch zu solchen Arbeiten, die vorher von Streikenden erledigt wurden. Die gewerkschaftlich organisierten Streikenden erhalten von der Gewerkschaft ein Streikgeld, das i.d.R. drei Monatsbeiträge pro Streiktag beträgt. Streikende, die nicht Mitglied der Gewerkschaft sind, erhalten keine finanzielle Unterstützung.

Tabelle 4.4. Streikarten

Streikarten	**Merkmale**
Warnstreik	Befristeter und i.d.R. regional begrenzter Streik zur Demonstration der Streikbereitschaft, z.B. vor einem Flächenstreik
Schwerpunktstreik	Bestreikt werden bestimmte ausgewählte Betriebe einer Tarifzone
Flächenstreik	Arbeitnehmer einer Tarifzone einer Branche werden zum Streik aufgerufen
Sympathiestreik	Arbeitnehmer anderer Branchen und/oder Tarifzonen werden zum Streik aus Sympathie für eigene Ziele aufgerufen
Generalstreik	Sämtliche Arbeitnehmer eines Staates sind zum Streik aufgerufen
Wilder Streik	Wird nicht durch die Gewerkschaft organisiert, sondern durch einzelne Arbeitnehmer spontan (i.d.R. unrechtmäßig) durchgeführt
Politischer Streik	Wird zur Durchführung politischer Ziele gegen Staatsorgane durchgeführt (unrechtmäßig)

Quelle: Becker (2002, S. 528 f.)

Zur Bekräftigung ihrer Forderungen in Tarifkonflikten greifen Gewerkschaften zunehmend auf neue Formen des Arbeitskampfes wie Flashmobs zurück. Dabei werden Sympathisanten durch SMS dazu aufgefordert, die Tätigkeit von Unternehmungen systematisch zu stören. Beispiele dafür sind etwa das Füllen von Einkaufswagen ohne Kaufabsicht und anschließendes Stehenlassen, der massenhafte Kauf von Pfennigartikeln mit der Folge langer Schlangen an den Kassen oder die Einbindung von Verkäufern in Beratungsgespräche über hochwertige Waren oder Anproben von Bekleidung ohne Kaufabsicht, wodurch Kunden vertrieben werden.

Nach einem Urteil des BAG vom 22.9.2009 (1 AZR 972/08) sind Flashmobs als „streikbegleitende Aktion, mit der eine Gewerkschaft in einem öffentlich zugänglichen Betrieb kurzfristig und überraschend eine Störung betrieblicher Abläufe hervorrufen will, um zur Durchsetzung tariflicher Ziele Druck auf die Arbeitgeberseite auszuüben (..), nicht generell unzulässig. Der damit verbundene Eingriff in den eingerichteten und ausgeübten Gewerbebetrieb des betroffenen Arbeitgebers kann aus Gründen des Arbeitskampfrechts gerechtfertigt sein, wenn dem Arbeitgeber wirksame Verteidigungsmöglichkeiten zur Verfügung stehen (…). Dabei ist von wesentlicher Bedeutung, ob für den Arbeitgeber Verteidigungsmöglichkeiten bestehen. Solche können sich u.a. aus seinem Hausrecht und der Möglichkeit zur suspendierenden Betriebsschließung ergeben“ (für eine abweichende Auffassung vgl. Rieble 2008).

- Die Arbeitgeber können als Gegenmittel zum Streik die *Aussperrung*, d.h. die Verweigerung von Beschäftigung und Lohnzahlung der Belegschaft oder von deren Teilen ergreifen. Neben der heißen Aussperrung in bestreikten Betrieben ist auch die kalte Aussperrung in Betrieben möglich, die von einem Streik mittelbar betroffen sind (z.B. Zuliefer- oder Abnehmerbetriebe). Die von der kalten Aussperrung betroffenen Arbeitnehmer erhalten keine finanzielle Unterstützung von der Gewerkschaft oder dem Arbeitsamt, was zumeist den Druck auf die Gewerkschaften erhöht, zu einer Einigung mit den Arbeitgebern zu gelangen. Dem Umfang der Aussperrung sind enge Grenzen gesetzt. So sind z.B. selektive Aussperrungen von Gewerkschaftsmitgliedern unzulässig.
- Arbeitskämpfe werden i.d.R. durch Schlichtung oder Vermittlung beendet. Nach Zustimmung der Tarifkommission kommt es zum Abschluss eines neuen Tarifvertrags. Im Unterschied zu anderen Ländern wie etwa Norwegen sind in Deutschland Zwangsschlichtungen unzulässig, d.h. der Staat kann die Tarifpartner nicht dazu zwingen, im Schlichtungsverfahren zu einer Einigung zu gelangen oder einen neutralen Einigungsvorschlag zu akzeptieren.

In Deutschland werden die meisten Tarifverhandlungen ohne Arbeitskämpfe beendet, wobei Spartengewerkschaften eine höhere Streikneigung als Branchengewerkschaften aufweisen (vgl. Lesch 2017). Nach einer Studie von Busshoff/ Lesch (2017) betrug der Arbeitsausfall pro 1.000 Arbeitnehmer durch Streiks zwischen 2006 und 2015 durchschnittlich sieben Tage. Deutschland weist damit im internationalen Vergleich eine sehr niedrige Streikintensität auf und liegt etwa weiter hinter Dänemark mit 120 Tagen und Frankreich mit 117 Tagen.

Einen besonders kontroversen Arbeitskampf führte im Jahre 2007/08 die Gewerkschaft Deutscher Lokomotivführer (GDL) durch. Zu diesem Zeitpunkt waren nach eigenen Angaben rund 15.500 der 19.611 Triebfahrzeugführer der Deutschen Bahn (DB) (79%) und 3.900 der 11.844 Mitarbeiter im Zugbegleitdienst (33%) in der GDL organisiert. Daneben existierte die

Gewerkschaft Transnet (seit November 2010 mit der Verkehrsgewerkschaft GDBA zur Eisenbahn- und Verkehrsgewerkschaft fusioniert), die im Oktober 2007 rund 250.000 Mitglieder hatte. Davon waren rund 120.000 Mitarbeiter der DB.

Im Mai 2006 beschloss die GDL die Forderung nach einem eigenständigen Fahrpersonaltarifvertrag für Lokführer, Zugbegleiter und Mitarbeiter der Bordgastronomie. Dieser sah bessere Arbeitsbedingungen und eine Erhöhung des Grundentgeltes um bis zu 40% vor. Transnet hatte kurz zuvor mit der DB eine Lohnerhöhung von 4,5% vereinbart.

Nachdem die Deutsche Bahn nicht bereit war, über einen solchen Spartentarifvertrag zu verhandeln, erfolgten am 3. und 10. Juli 2007 flächendeckende Warnstreiks des in der GDL organisierten Fahrpersonals. Ende Juli fand eine Urabstimmung statt, bei der 95,8% der Gewerkschaftsmitglieder für einen Streik stimmten. Die GDL kündigte daraufhin für den 9. August 2007 erste bundesweite Streikaktionen an. Diese wurden durch eine Einstweilige Verfügung des Arbeitsgerichts Nürnberg zunächst untersagt. Gleichzeitig einigten sich DB und GDL auf eine Schlichtung durch Kurt Biedenkopf und Heiner Geißler, die jedoch scheiterte.

Nachdem das Landesarbeitsgericht Chemnitz am 2. November 2007 die Einstweilige Verfügung aufhob, führte die GDL zahlreiche mehrstündige Streiks im Güter- und Personenverkehr durch. Durch Zugausfälle entstand der DB nach eigenen Angaben ein Schaden in dreistelliger Millionenhöhe.

Nach massiven Protesten von Bahnkunden und zahlreichen Plädoyers von Politikern einigten sich GDL und DB am 13. Januar 2008 auf die Eckpunkte eines neuen, eigenständigen Tarifvertrages. Dieser sieht eine durchschnittliche Tariferhöhung um 11% sowie eine Einmalzahlung von 800 € vor. Im April 2008 stimmten in einer Urabstimmung 85,5% der GDL-Mitglieder dem Tarifvertrag zu. Der neue Vertrag gilt für alle Triebfahrzeugführer, mit Ausnahme von Rangierlokführern, die zu diesem Zeitpunkt noch nicht mehrheitlich in der GDL organisiert waren. Damit ging der längste Tarifkonflikt in der Geschichte der DB zu Ende.

Nach Angaben der Transnet wechselten im Rahmen der Tarifauseinandersetzung bis Mitte August 2007 nahezu 1.000 Gewerkschaftsmitglieder zur GDL. Ferner traten allein in Berlin rund 700 Mitglieder, zumeist Bus- und Straßenbahnfahrer, von ver.di zur GDL über, nachdem diese einen niedrigen Tarifvertrag ausgehandelt hatte. Ähnliche Übertritte fanden auch in Nürnberg und München statt (vgl. Doll 2008).

4.1.1.2.2 Mitbestimmungsrecht

Den zweiten Teilbereich des kollektiven Arbeitsrechts bildet das Mitbestimmungsrecht. Es umfasst einerseits die betriebliche Mitbestimmung der Mitarbeitervertreter im Rahmen des Betriebsrats und andererseits deren Mitwirkung in den Leitungs- und Kontrollorganen der Unternehmung. Im Unterschied zu den drei zuvor dargestellten Bereichen des individuellen und kollektiven Arbeitsrechts stehen im Rahmen des Mitbestimmungsrechts weniger inhaltliche als organisatorische Normen im Vordergrund, die durch Arbeitnehmer und Arbeitgeber unterschiedlich ausgefüllt werden können. Die wichtigsten Regelungen zur Mitbestimmung wurden deshalb bereits bei der Darstellung der Akteure des Personalmanagement thematisiert (vgl. Kap. 3.2.1).

4.1.2 Arbeitsmarkt

4.1.2.1 Dimensionen und Segmente des Arbeitsmarktes

Neben dem Arbeitsrecht stellt der Arbeitsmarkt eine zweite wichtige externe Bedingung des Personalmanagement dar. Folgende **Dimensionen** des Arbeitsmarktes sind für personalpolitische Entscheidungen besonders relevant (vgl. Tab. 4.5):

Tabelle 4.5. Einflüsse des Arbeitsmarktes auf das Personalmanagement

Dimensionen des Arbeitsmarktes	Indikatoren	Auswirkungen auf das Personalmanagement
Gesellschaftliche Trends	• Wertewandel (z.B. Berufsorientierungen, Geschlechterrollen) • Globalisierung	• Erwartungen der Mitarbeiter an das Personalmanagement
Arbeitsmarkt- und Sozialpolitik	• Aktuelle Politikfelder (z.B. Konjunkturprogramme; Anti-Diskriminierung) • Einfluss von Parteien und Verbänden	• Restriktivität des Arbeitsrechts • Stärke der Tarifparteien und des Betriebsrats
Demographische und konjunkturelle Entwicklung	• Zahl/Struktur der Gesamtbevölkerung • Zahl der Erwerbstätigen (nach Alter/ Geschlecht) • Zahl der Arbeitslosen und Arbeitssuchenden • Zu-/Abwanderungen in der Region	• Personalbeschaffung • Entgeltgestaltung
Qualifikations- und Bildungsstruktur	• Entwicklung einzelner Berufsgruppen (z.B. Zahl der Lehrlinge, Akademiker) • Inhalte und Qualität der Berufsausbildung	• Personalentwicklung • Gestaltung des Arbeitsinhalts
Arbeitsmarkt-infrastruktur	• Vermittlungsquote der Arbeitsämter	• Personalbeschaffung

Quelle: erweitert nach Kienbaum 1989, Sp. 2037

- *Gesellschaftliche Trends* wirken sich oft mittelbar und mittelfristig, dafür aber umso weitreichender auf das Personalmanagement aus. Beispiele dafür sind veränderte Berufsorientierungen und Geschlechterrollen oder die Globalisierung der Gesellschaft, die etwa einen Einfluss auf die Erwartungen an die Gestaltung des Arbeitsinhalts und der Arbeitszeit sowie die Personalführung haben.
- Die *Arbeitsmarkt- und Sozialpolitik* hat einen unmittelbaren Einfluss auf das Arbeitsrecht und damit den personalpolitischen Entscheidungsspielraum einer Unternehmung. Darüber hinaus wirkt sich diese häufig auf die Stärke der Tarifparteien und des Betriebsrats aus.
- Die *demographische und konjunkturelle Entwicklung* wirkt sich vor allem auf die Zahl der Erwerbstätigen und Arbeitslosen und damit auf die Fähigkeit einer Unternehmung aus, ihren Personalbedarf auf dem externen Arbeitsmarkt zu decken. Daneben hat diese einen Einfluss auf die Entgeltpolitik. Im Sinne des *personalökonomischen Ansatzes* müssen die Anreize für die aktuellen und potenziellen Mitarbeiter einer Unternehmung umso höher sein, je geringer die Zahl der Arbeitslosen und je größer deshalb die alternativen Beschäftigungsmöglichkeiten von Arbeitssuchenden sind.
- Die *Qualifikations- und Bildungsstruktur* stellt eine zentrale Rahmenbedingung für die Personalentwicklung dar. Je weniger das Qualifikations- und Bildungsprofil von Arbeitssuchenden den Anforderungen von Unternehmungen entspricht, desto mehr müssen diese in die Personalentwicklung investieren, um diese Qualifikationslücke zu schließen. Im Sinne des *ressourcenorientierten Ansatzes* stellt das Qualifikations- und Bildungsniveau zudem eine wichtige Voraussetzung dafür dar, anspruchsvolle Tätigkeiten auszuüben und damit langfristige und nachhaltige Wettbewerbsvorteile zu schaffen.
- Die *Arbeitsmarktinfrastruktur* wirkt sich vor allem auf die Personalbeschaffung einer Unternehmung aus. Je höher die Vermittlungsquote und die Serviceorientierung von Arbeitsagenturen sind, desto geringer ist die Notwendigkeit für Unternehmungen, eigene Wege der Personalbeschaffung zu erschließen. Die Arbeitsmarktinfrastruktur gewinnt insbesondere durch die Dynamik der Beschäftigungsverhältnisse an Bedeutung. Waren in Deutschland bis in die achtziger Jahre lebenslange Beschäftigungen die Regel, so müssen Berufseinsteiger heute mit mehreren Arbeitgeberwechseln während ihres Berufslebens rechnen.

Wichtige Informationsquellen zur Analyse des Arbeitsmarktes sind die Bundesagentur für Arbeit (BA) und die Arbeitsagenturen (www.arbeitsamt.de) sowie das der BA angegliederte Institut für Arbeitsmarkt- und Berufsforschung (IAB) (www.iab.de). Bei der Auswertung der von diesen und anderen Institutionen zur Verfügung gestellten Daten ist jedoch zu berücksichtigen, dass aus Sicht einer Unternehmung nicht der gesamte externe Arbeitsmarkt relevant ist, sondern lediglich bestimmte **Arbeitsmarktsegmente**, welche sich anhand der folgenden Dimensionen unterscheiden lassen (vgl. Scherm 1990):

- Die *funktionale Dimension* beinhaltet die von einer Unternehmung nachgefragten qualifikatorischen und berufsfachlichen Anforderungen an Stellensuchende.

Diese können aufgrund von branchen- oder unternehmungsspezifischen Besonderheiten erheblich von den durchschnittlichen Anforderungen auf dem Arbeitsmarkt abweichen. So wird etwa als Folge der demographischen Entwicklung für die nächsten Jahre vor allem im Handwerk und der Bauindustrie sowie in technischen Bereichen ein beträchtlicher Fachkräftemangel prognostiziert (vgl. Ristau-Winkler 2015).

- Die *räumliche Dimension* wird vor allem durch die Attraktivität der Region, in der die Unternehmung ihren Sitz hat, sowie die Mobilität von Stellensuchenden bestimmt. Zudem besteht ein enger Bezug zur funktionalen Dimension des Arbeitsmarktes. Während sich der räumliche Personalbeschaffungsmarkt für Tätigkeiten mit geringen Anforderungen zumeist auf den Tagespendlerbereich reduziert, kann für Tätigkeiten mit hohen Qualifikationsanforderungen der überregionale, nationale oder sogar internationale Arbeitsmarkt relevant sein.

> Um die Beschäftigung qualifizierter ausländischer Arbeitnehmer aus Nicht-EU-Staaten zu erleichtern, wurde zum 1. August 2012 das Gesetz zur Umsetzung der Hochqualifizierten-Richtlinie der Europäischen Union verabschiedet und dadurch das Ausländergesetz (AuslG) geändert. Danach können Hochschulabsolventen nach zwei Jahren eine unbegrenzte Aufenthaltsgenehmigung (Blue Card EU) erlangen, wenn sie ein Arbeitsverhältnis ausüben, mit dem ein Bruttojahresgehalt von mindestens 44.000 € erzielt wird. Zuvor lag die Verdienstschwelle bei 66.000 €. Für Hochqualifizierte in Mangelberufen gilt eine Gehaltsgrenze von 33.000 €. Absolventen deutscher Hochschulen haben künftig 18 statt bislang 12 Monate Zeit, einen angemessenen Arbeitsplatz zu suchen. Absolventen von Berufsausbildungen erhalten dafür ein Jahr Zeit. Beide Gruppen dürfen in dieser Zeit uneingeschränkt arbeiten.

- Die *zeitliche Dimension* umfasst die Berücksichtigung von spezifischen Kündigungs-, Entlassung- und Urlaubsterminen sowie saisonalen, konjunkturellen und strukturellen Schwankungen von Arbeitskräfteangebot und -nachfrage. Auch hier besteht ein enger Bezug zur funktionalen Dimension, d.h. je stärker die verfügbaren von den nachgefragten Qualifikationen abweichen, desto länger muss der zeitliche Horizont der Personalbedarfsplanung und -deckung sein.

4.1.2.2 Arbeitgeberimage

Neben den objektiven Bedingungen auf dem Arbeitsmarkt stellt das subjektive Arbeitgeberimage der Unternehmung eine wichtige Bedingung des Personalmanagement dar. Das Arbeitgeberimage spiegelt die Meinung über eine Unternehmung als Arbeitgeber wider, die sich Personen auf dem internen und externen Arbeitsmarkt bilden (vgl. Gatewood/Gowan/Lautenschlager 1993; Teufer 1999). Je besser dieses ist, desto leichter gelingt es einer Unternehmung, auch unter restriktiven Arbeitsmarktbedingungen ihren Bedarf an Mitarbeitern zu decken. Ein Ranking der beliebtesten Arbeitgeber von Wirtschaftswissenschaftlern in Deutschland gibt Tab. 4.6. wieder.

Tabelle 4.6. Die 50 beliebtesten Arbeitgeber in Deutschland von abschlussnahen Studierenden der Wirtschaftswissenschaften 2017

Rang	Unternehmung	Imagewert*	Rang	Unternehmung	Imagewert*
1	BMW	13,1	26	Bayer	2,5
2	Audi	10,5		Drogerie Markt	2,5
3	Daimler	10,3		Unilever	2,5
4	Porsche	8,0	29	AIDA Cruises	2,4
5	Google	7,5		Europ. Kommission	2,4
6	Adidas	7,3	31	Continental	2,2
7	Lufthansa	7,3		Europ. Zentralbank	2,2
8	Bosch	6,1		Goldman Sachs	2,2
9	PwC	5,6		ProSiebenSat.1	2,2
10	McKinsey	5,1	35	IKEA	2,1
11	Apple	5,0		TUI	2,1
12	EY	4,9	37	Ferrero	2,0
13	Boston Consulting Group	4,4	38	Allianz	1,9
14	Auswärtiges Amt	4,2		Beiersdorf	1,9
	Volkswagen	4,2		Deutsche Bahn	1,9
16	KPMG	4,1		Fraport	1,9
17	Siemens	3,8		Microsoft	1,9
18	Amazon	3,6	43	Accenture	1,8
19	L'Oréal	3,2		Coca-Cola	1,8
20	Nike	3,1		Deutsche Bank	1,8
21	Airbus	2,9		Dr. Oetker	1,8
	Deloitte	2,9		Procter & Gamble	1,8
	SAP	2,9	47	ZF Friedrichshafen	1,7
24	BASF	2,7	49	Bain & Company	1,7
25	Red Bull	2,6		GIZ	1,6

* Anteil der Befragten, die die jeweilige Unternehmung besonders attraktiv finden. Bis zu drei Nennungen möglich. Umfrage unter rund 14.000 abschlussnahen Studierenden der Wirtschaftswissenschaften zwischen September 2016 und Februar 2017.

Quelle: https://www.deutschlands100.de/top-arbeitgeber/top-arbeitgeber-ranking/ranking-business.html

Eine empirische Untersuchung der Bedeutung unterschiedlicher **Faktoren des Arbeitgeberimages** von Holtbrügge/Rygl (2002) zeigt, dass der Markterfolg mit Abstand das wichtigste Kriterium darstellt. Dementsprechend ist das Arbeitgeberimage von Banken und Versicherungen, die lange Spitzenpositionen eingenommen haben, im Zuge der Finanz- und Wirtschaftskrise 2007/08 stark gesunken (vgl. Werle 2009). Eine etwas geringere Bedeutung besitzen der Standort, das Entgeltniveau, Sozialleistungen, die Unternehmungskultur sowie die erwarteten Karrieremöglichkeiten. Eine durchschnittliche Relevanz hat die Branche, während die Internationalität, das Umweltverhalten und der Bekanntheitsgrad als deutlich weniger wichtig eingestuft werden. Für die Wahl des Arbeitgebers ist somit vor allem das Bestreben maßgeblich, bei einer erfolgreichen Unternehmung tätig zu sein, was sowohl mit Sicherheitsmotiven als auch mit der hohen Reputation erklärt werden kann.

Die relative Bedeutung von Faktoren des Arbeitgeberimages hängt von verschiedenen moderierenden Einflüssen ab. So messen etwa Wirtschaftswissenschaftler einer interessanten und herausfordernden Tätigkeit eine große Bedeutung zu, während für Ingenieure die Innovationsstärke ein wichtiges Kriterium darstellt. Darüber hinaus bestehen geschlechtsspezifische Unterschiede. Frauen legen großen Wert auf die Unternehmungskultur und die Möglichkeit eigenständigen Arbeitens. Darüber hinaus hat für sie das Umweltverhalten der Unternehmung und die Gewährleistung der Work-Life-Balance eine höhere Relevanz (vgl. Luce/Barber/Hillman 2001; Dögl/Holtbrügge 2013). Für Männer sind dagegen Entgelthöhe und Karrierechancen wichtiger (vgl. Lentz/Kahlen 2006; Mohnen/Falk 2014). Einen großen Einfluss haben zudem das Alter und die Berufserfahrung. Während Universitätsabsolventen vor allem das Entgelt und die Entwicklungsmöglichkeiten betrachten, legen Berufserfahrene größeres Gewicht auf die Unternehmungskultur, den individuellen Entscheidungs- und Handlungsspielraum sowie den Führungsstil (vgl. Boswell et al. 2003).

Zur Verbesserung des Arbeitgeberimages stehen Unternehmungen verschiedene Maßnahmen des **Employer Branding** zur Verfügung (vgl. Stritzke 2010; DGFP 2012; Trost 2013). Für kleine und mittelständische Unternehmungen steht zumeist die Steigerung des Bekanntheitsgrades im Vordergrund. Dies kann z.B. durch die Stärkung der allgemeinen Öffentlichkeitsarbeit oder durch die Beteiligung an Rekrutierungsmessen erfolgen. Dabei sind diese insbesondere mit der Herausforderung konfrontiert, dass ihre spezifischen Vorteile gegenüber Großunternehmungen wie eine familiäre Arbeitsatmosphäre, einen zumeist größeren Entscheidungs- und Handlungsspielraum sowie einen persönlichen Führungsstil herauszustellen oft schwer zu kommunizieren sind (vgl. Mohnen/Falk 2014).

Großunternehmungen stehen dagegen eher vor der Aufgabe, ein konsistentes Imageprofil zu entwickeln und sich gegenüber Konkurrenten in ähnlichen Bewerbungssegmenten zu positionieren. So zeigt etwa eine multidimensionale Skalierung des Bewerberverhaltens von Mueller-Oerlinghausen/Schaefer (2005), dass Unternehmungen derselben Branchen häufig um dieselben Bewerber konkurrieren. Demgegenüber bewerben sich z.B. Interessenten an einer Tätigkeit im Banken- und Versicherungssektor nur selten auch bei Unternehmungen aus der Pharmazie- oder Automobilbranche.

Eine besondere Herausforderung stellt das Employer Branding für ausländische Unternehmungen dar, die auf dem deutschen Arbeitsmarkt mit negativen *country-of-origin-Effekten* konfrontiert sind. Eine empirische Studie von Holtbrügge/Kreppel (2015) zeigt, dass etwa chinesische, indische und russische Unternehmungen eine geringe Arbeitgeberattraktivität in Deutschland besitzen. Dies gilt insbesondere für die Automobilindustrie, Unternehmungsberatungen sowie Banken und Versicherungen, d.h. für Branchen, in denen das Arbeitgeberimage deutscher Unternehmungen besonders positiv ist. Zur Verbesserung des Arbeitgeberimages ist nach dieser Studie insbesondere ein ausgeprägtes **Employer Signaling** geeignet, das die Entgeltpolitik und die Arbeitsplatzsicherheit in der Unternehmung betont.

4.2 Interne Bedingungen

Neben dem Arbeitsrecht und dem Arbeitsmarkt wirken sich auch verschiedene interne Bedingungen auf das Personalmanagement aus. Dazu zählen insbesondere die Unternehmungsstrategie und der Internationalisierungsgrad.

4.2.1 Unternehmungsstrategie

Die wichtigste interne Bedingung des Personalmanagement stellt die verfolgte Unternehmungsstrategie dar. Differenziert man die von einer Unternehmung verfolgten **Geschäftsbereichsstrategien nach Porter** (1999), so ergeben sich für das Personalmanagement folgende Implikationen (vgl. Tab. 4.7):

Tabelle 4.7. Einfluss der Geschäftsbereichsstrategie auf unterschiedliche Instrumente des Personalmanagement

	Kostenführerschaftsstrategie	**Differenzierungsstrategie**	**Nischenstrategie**
Personalbedarfsplanung und -deckung	• häufige Personalfreisetzungen	• umfassende und systematische Personalentwicklung	• differenzierte Personalauswahl und -entwicklung
Personaleinsatz	• hoher Spezialisierungsgrad	• flexibler Personaleinsatz	• sehr unternehmungsspezifisch
Personalentlohnung	• leistungsorientierte Entlohnung • niedriges Entgeltniveau	• erfolgs- und qualifikationsorientierte Entlohnung • hohes Entgeltniveau	• anforderungs- und erfolgsorientierte Entlohnung • mittleres Entgeltniveau
Personalführung	• aufgabenorientierter Führungsstil	• mitarbeiterorientierter Führungsstil	• aufgabenorientierter Führungsstil

- Die *Strategie der Kostenführerschaft* ist durch das Bestreben einer Unternehmung gekennzeichnet, durch das Angebot standardisierter Produkte bzw. Dienstleistungen zu niedrigen Preisen eine dominierende Marktstellung zu erreichen. Für das Personalmanagement ergibt sich daraus die Notwendigkeit, systematisch Kostensenkungspotenziale aufzudecken und auszuschöpfen. Dies betrifft etwa die konsequente Nutzung von Kostendegressionseffekten bei der Gestaltung des Personaleinsatzes sowie die Einführung leistungsorientierter Anreizsysteme im Rahmen der Personalentlohnung. Verbunden damit sind ein aufgabenorientierter Führungsstil und die weitgehende Standardisierung des Personalmanagement insgesamt.

- Demgegenüber steht bei der *Differenzierungsstrategie* das Angebot qualitativ hochwertiger Produkte und Dienstleistungen im Vordergrund, die sich gegenüber der Konkurrenz durch einen hohen Zusatznutzen auszeichnen. Für das Personalmanagement folgt daraus die Notwendigkeit einer differenzierten Personalbeschaffung und ausgeprägten Personalentwicklung. Die hohen Anforderungen an die Mitarbeiter haben zudem einen flexiblen Personaleinsatz, eine erfolgs- und qualifikationsorientierte Personalentlohnung und einen mitarbeiterorientierten Führungsstil zur Folge.
- Bei der *Nischenstrategie* erfolgt eine Fokussierung auf ein einziges Marktsegment. Zur erfolgreichen Durchführung dieser Strategie bedarf es einer Mitarbeiterstruktur, die quantitativ und qualitativ exakt auf die Anforderungen dieser Marktnische zugeschnitten ist. Die Folge davon ist ein hoher Individualisierungsgrad und eine hohe Unternehmungsspezifität des Personalmanagement.

Differenziert man weniger nach dem Inhalt als nach der **Entwicklungsrichtung** der verfolgten Strategie, so liefert das *Lebenszykluskonzept* wichtige Anhaltspunkte für die Gestaltung des Personalmanagement (vgl. Tab. 4.8):

Tabelle 4.8. Einfluss der Lebenszyklusphase auf unterschiedliche Instrumente des Personalmanagement

	Innovationsphase	**Wachstumsphase**	**Reifephase**	**Schrumpfungsphase**
Personalbedarfsplanung und -deckung	• Gewinnung von Mitarbeitern mit unternehmerischer Einstellung	• schnelle Personalbeschaffung und -einführung	• systematische und langfristige Personalentwicklung	• Personalfreisetzung • Training *out-of-the-job*
Personaleinsatz	• hohe Flexibilität	• zunehmende Standardisierung	• hoher Anteil von Routinetätigkeiten	• gleitender Übergang in den Ruhestand
Personalentlohnung	• am zukünftigen Erfolg orientierte Gewährung von Anteilsrechten	• an der Realisierung von Wachstumszielen orientiert	• an der Realisierung von Marktanteilszielen orientiert	• am Abbau von Kapazitäten orientiert
Personalführung	• aufgabenorientierter Führungsstil	• Bedeutung der Selbststeuerung	• Bedeutung der Entscheidungskontrolle	• zahlreiche Konflikte zwischen Führungskräften und Mitarbeitern

- In der *Innovationsphase* beruht der Erfolg eines Geschäftsbereichs vor allem auf der Kreativität der Mitarbeiter. Da die Arbeitsaufgaben noch kaum bekannt und nur gering standardisiert sind, steht bei der Personalbeschaffung die Gewinnung von Mitarbeitern mit einer ausgeprägten unternehmerischen Einstellung im Vordergrund. Die Personalentlohnung ist am zukünftigen Unternehmungserfolg orientiert und basiert vor allem auf der Gewährung von Anteilsrechten (*stock options*). Der Führungsstil ist stark aufgabenorientiert.
- In der *Wachstumsphase* ist insbesondere die Fähigkeit von Bedeutung, die erforderliche Zahl von Mitarbeitern und Führungskräften mit den gewünschten Qualifikationen schnell und kostengünstig zu beschaffen (vgl. Hutzschenreuter 2001, S. 112 ff.). Wichtig ist zudem, neue Mitarbeiter im Rahmen der Personaleinführung schnell mit ihren Arbeitsaufgaben vertraut zu machen und in das soziale Gefüge der Unternehmung zu integrieren. Die Personalentlohnung ist primär auf die Realisierung von Wachstumszielen ausgerichtet. Aufgrund der Vielzahl neuer Mitarbeiter und des nur schwach ausgeprägten strukturellen Gefüges erfolgt die Personalführung vor allem durch Selbstabstimmung.
- Die *Reifephase* ist durch die zunehmende Verfestigung der Personalstruktur und einen hohen Standardisierungsgrad des Personalmanagement gekennzeichnet. Den Schwerpunkt der Personalbedarfsplanung und -deckung bildet die systematische und langfristige Weiterbildung der Mitarbeiter. Da Beförderungen nur noch selten vorkommen, beruht die Arbeitsmotivation vor allem auf einer sehr differenzierten Personalentlohnung. Eine große Bedeutung besitzt dabei die Realisierung von Marktanteilszielen. Die Arbeitsinhalte sind stark standardisiert und weisen einen hohen Anteil an Routinetätigkeiten auf. Im Rahmen der Personalführung steht die systematische und weitgehend entpersonalisierte Entscheidungskontrolle im Vordergrund.
- Die *Schrumpfungsphase* ist schließlich durch die große Bedeutung der Personalfreisetzung gekennzeichnet. Damit die in den ersten drei Phasen aufgebauten personellen Ressourcen kostengünstig abgebaut werden können, müssen den Führungskräften Anreize zur Reduzierung von Überkapazitäten gegeben werden (vgl. Hüttemann 1993). Die Personalentwicklung ist auf Umschulungen und Trainings *out-of-the-job* reduziert. Im Rahmen der Arbeitszeitgestaltung kommt dem gleitenden Übergang in den Ruhestand eine große Bedeutung zu. Die Personalführung ist durch zahlreiche Konflikte zwischen Führungskräften und Mitarbeitern geprägt.

Die Unternehmungsstrategie stellt nicht in jedem Fall eine unabänderliche Bedingung des Personalmanagement dar. Vielmehr ist auch denkbar, dass Unternehmungs- und Personalstrategie simultan geplant werden oder die Unternehmungsstrategie sogar von der Personalstrategie abhängt.

Exemplarisch lässt sich dies anhand der Personalbedarfsplanung und -deckung illustrieren. Traditionelle Verfahren gehen von der Annahme aus, dass der Personalbedarf von Entscheidungen in anderen Unternehmungsbereichen (insbesondere der Produktions- und Absatzplanung) abhängig ist (vgl. Kap. 5.1.1). Die Aufgabe der Personalbedarfsplanung besteht deshalb darin, den Personalbedarf im Rahmen der Strategieimplementierung zu bestimmen und mögliche quantitative und qualitative Über- bzw. Unterdeckungen aufzuzeigen. Darüber hinaus wird implizit davon ausgegangen, dass die zur erfolgreichen Strategieimplementierung benötigten Mitarbeiter jederzeit kurzfristig beschaff- bzw. entwickelbar sind (vgl. Mag 1998, S. 215 ff.).

In einer immer dynamischeren Wettbewerbsumwelt sind diese Annahmen jedoch immer seltener erfüllt. Die Personalbedarfsplanung und -deckung weist deshalb vielfach eine chronische Verspätung im Hinblick auf marktliche, technologische oder organisatorische Veränderungen auf. Die Folge davon sind häufig kurzfristige und krisenhafte Anpassungsmaßnahmen, die hohe Kosten verursachen und zur Frustration der Mitarbeiter führen (vgl. Riedl 1995).

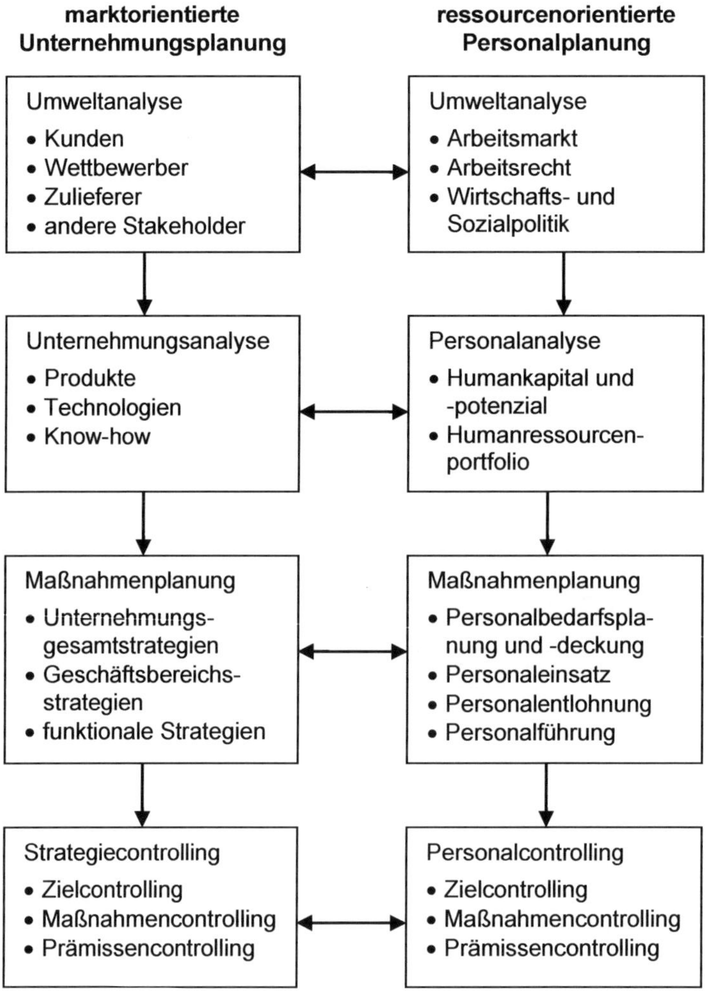

Abb. 4.3. Interaktives Personalmanagement

Von Vertretern des ressourcenorientierten Ansatzes des Personalmanagement wird deshalb gefordert, statt eines strategiederivaten ein **strategieinduziertes Personalmanagement** zu betreiben. Dessen Aufgabe besteht darin, zunächst hoch qualifizierte Mitarbeiter (*high potentials*) zu rekrutieren und anschließend Aufgaben für diese Mitarbeiter zu definieren bzw. durch diese selbst definieren zu lassen (vgl. Remer 1997). Im Unterschied zur *structure follows strategy*-Hypothese von Chandler (1962) lässt sich dieses ressourcenbasierte Vorgehen damit als *strategy follows people*-Ansatz bezeichnen (vgl. Staehle 1999, S. 796 ff.). Seinen Niederschlag findet dieser Ansatz im *Konzept der idiosynkratischen Stellenbildung*, das in Kap. 5.2.1.4 ausführlich erläutert wird.

Ein Kompromiss zwischen den beiden Extremformen eines strategiederivaten und eines strategieinduzierten Personalmanagement stellt das **interaktive Personalmanagement** dar (vgl. Abb. 4.3). Deren Grundidee besteht darin, die marktorientierte Unternehmungsplanung mit der ressourcenorientierten Personalplanung zu integrieren und erste strategische Vorüberlegungen bereits unmittelbar mit den vorhandenen personellen Ressourcen zu konfrontieren und auf ihre personellen Konsequenzen zu überprüfen. Dadurch soll sichergestellt werden, dass die Mitarbeiter rechtzeitig auf technologisch-organisatorische Innovationen vorbereitet werden, deren Widerstand gegen Veränderungen reduziert wird und keine unrealistischen Strategien entwickelt werden, deren Implementierung aussichtslos erscheint.

4.2.2 Internationalisierungsgrad

Neben der Unternehmungsstrategie stellt der Internationalisierungsgrad eine zweite wichtige interne Bedingung des Personalmanagement dar. Dessen Bedeutung ist vor allem darauf zurückzuführen, dass die Wirkung von Instrumenten des Personalmanagement in einem hohen Maße *von der kulturellen Prägung der Mitarbeiter abhängig* ist. Empirische Untersuchungen weisen z.B. nahezu übereinstimmend darauf hin, dass die von Maslow unterstellte Bedürfnishierarchie, die vielfach die Gestaltung des Anreizsystems stark prägt, interkulturell nicht übertragbar ist (vgl. den Überblick in von Keller 1982, S. 374 ff.). „Human needs may well include fundamental or universal aspects, but their importance and the ways in which they express themselves differ across cultures" (Adler/Gundersen 2008, S. 186).

Der Zusammenhang zwischen der kulturellen Prägung von Mitarbeitern und ihrem Arbeitsverhalten wurde insbesondere in der Studie von Hofstede (1980; 2001) untersucht. Hofstede legte 1968 und 1972 116.000 Mitarbeitern von Tochtergesellschaften des IBM-Konzerns in 72 Ländern standardisierte Fragebögen vor, mit denen der Einfluss kulturell bedingter Normen und Werte auf die Unternehmungsführung untersucht werden sollte. Eine erste Auswertung der Daten erfolgte für die 40 größten Tochtergesellschaften, die jeweils mindestens 50 Mitarbeiter hatten. Die Anzahl der Länder wurde später um 10 erweitert, während 14 weitere Länder zu drei Ländergruppen zusammengefasst wurden, so dass Daten zu 53 Ländern und Regionen der Welt vorliegen. Auf der Grundlage dieser Befragung wurden zunächst vier Dimensionen ermittelt, die in einer späteren Studie asiatischer Kulturen um eine weitere Dimension ergänzt wurden (vgl. Hofstede/Bond 1988). Auf der Grundlage der *World Values Survey* haben Hofstede/Hofstede/Minkov (2010) das Konzept nochmals ergänzt, sodass insgesamt sechs **Dimensionen der Kultur** unterschieden werden können (vgl. Tab. 4.9):

Tabelle 4.9. Kulturdimensionen und deren Ausprägungen nach Hofstede

Dimensionen / Länder	Machtdistanz	Unsicherheitsvermeidung	Individualismus	Maskulinität	langfristige Orientierung	Nachgiebigkeit
Arabische Länder	80	68	38	53	23	34
Argentinien	49	86	46	56	20	62
Australien	38	51	90	61	21	71
Belgien	65	94	75	54	82	57
Brasilien	69	76	38	49	44	59
Chile	63	86	23	28	31	68
China	80	30	20	66	87	24
Costa Rica	35	86	15	21	-	-
Dänemark	18	23	74	16	35	70
Deutschland	35	65	67	66	83	40
Ecuador	78	67	8	63	–	-
El Salvador	66	94	19	40	20	89
Finnland	33	59	63	26	38	57
Frankreich	68	86	71	43	63	48
Griechenland	60	112	35	57	45	50
Großbritannien	35	35	89	66	51	69
Guatemala	95	101	6	37	–	-
Hongkong	68	29	25	57	61	17
Indien	77	40	48	56	51	26
Indonesien	78	48	14	46	62	38
Iran	58	59	41	43	14	40
Irland	28	35	70	68	24	65
Israel	13	81	54	47	38	-
Italien	50	75	76	70	61	30
Jamaika	45	13	39	68	–	-
Japan	54	92	46	95	88	42
Kanada	39	48	80	52	36	68
Kolumbien	67	80	13	64	13	83
Luxemburg	40	70	60	50	64	56
Malaysia	104	36	26	50	41	57

Tabelle 4.9. Fortsetzung

Mexiko	81	82	30	69	24	97
Neuseeland	22	49	79	58	33	75
Niederlande	38	53	80	14	67	68
Norwegen	31	50	69	8	35	55
Ostafrika	64	52	27	41	32	40
Österreich	11	70	55	79	60	63
Pakistan	55	70	14	50	50	0
Panama	95	86	11	44	–	-
Peru	64	87	16	42	25	46
Philippinen	94	44	32	64	27	42
Polen	68	93	60	64	38	29
Portugal	63	104	27	31	28	33
Russland	93	95	39	36	81	20
Schweden	31	29	71	5	53	78
Schweiz	34	58	68	70	74	66
Singapur	74	8	20	48	72	46
Slowakei	104	51	52	110	77	28
Spanien	57	86	51	42	48	44
Südafrika	49	49	65	63	-	-
Südkorea	60	85	18	39	100	29
Taiwan	58	69	17	45	93	49
Thailand	64	64	20	34	32	45
Tschechien	57	74	58	57	70	29
Türkei	66	85	37	45	46	49
Uruguay	61	100	36	38	26	53
USA	40	46	91	62	26	68
Venezuela	81	76	12	73	16	100
Vietnam	70	30	20	40	57	35
Westafrika	77	54	20	46	9	78

Quellen: Hofstede 2001; Hofstede/Hofstede/Minkov 2010

- Die *Machtdistanz* bezeichnet das Ausmaß, in dem eine Gesellschaft die Tatsache akzeptiert, dass Macht in Organisationen ungleich verteilt ist. Während Führungskräfte in Kulturen mit niedriger Machtdistanz etwa ihre Mitarbeiter bei wichtigen Entscheidungen konsultieren und diese auffordern, ihre eigenen Ansichten zu äußern, werden hierarchische Ordnungen in Kulturen mit hoher Machtdistanz ungefragt akzeptiert. Zwischen den Angehörigen unterschiedlicher Hierarchieebenen herrscht eine ausgeprägte Differenzierung des beruflichen und privaten Status vor.
- Als *Unsicherheitsvermeidung* wird das Ausmaß bezeichnet, in dem eine Gesellschaft sich durch unsichere, mehrdeutige Situationen bedroht fühlt, und wie sie versucht, solche Situationen durch formale Regeln und Vorschriften zu vermeiden. Kulturen mit einer starken Tendenz zur Unsicherheitsvermeidung zeichnen sich etwa durch starre Glaubens- und Verhaltensrichtlinien und ein ausgepräg-

tes emotionales Bedürfnis nach formalen Vorschriften aus. Weitere Kennzeichen sind langfristige Karriereplanungen und eine vielfach lebenslange Beschäftigung bei einem einzigen Arbeitgeber. In Gesellschaften mit einer schwachen Tendenz zur Unsicherheitsvermeidung herrscht dagegen eine höhere Toleranz gegenüber Abweichungen vor. Der Umgang mit Problemen ist durch Gelassenheit und Bequemlichkeit sowie eine geringe Stressneigung gekennzeichnet.

- *Individualismus* kennzeichnet das Ausmaß, in dem in einer Gesellschaft Eigeninteressen und das Bedürfnis nach Selbstverwirklichung betont werden. Soziale Beziehungen sind zweckorientiert und am Ideal der Chancengleichheit orientiert. Kollektivistische Kulturen zeichnen sich dagegen durch ein ausgeprägtes „Wir-Bewusstsein" und unterschiedliche Wertvorstellungen für Gruppenmitglieder und Außenstehende aus. Zwischenmenschliche Beziehungen und die Fürsorge für Gruppenmitglieder sind wichtiger als die möglichst rationale Erfüllung von Aufgaben. Verstöße gegen gesellschaftliche Regeln werden moralisch (Scham) und weniger juristisch (Schuld) sanktioniert.
- Als *Maskulinität* wird das Ausmaß bezeichnet, in dem in einer Gesellschaft materielle Werte verfolgt und das Leistungsprinzip betont werden. Konflikte werden offen angesprochen und ausgetragen. Feminine Kulturen sind dagegen durch die Betonung einer hohen Lebensqualität und große Bedeutung zwischenmenschlicher Beziehungen geprägt. Zusammenarbeit und Solidarität besitzen einen höheren Stellenwert als beruflicher Aufstieg und Konkurrenz.
- Die *langfristige Orientierung (long-term orientation)*, die vielfach auch als konfuzianische Dimension bezeichnet wird, drückt das Ausmaß aus, in dem in einer Gesellschaft langfristige Planungen angestellt werden. Langfristig orientierte Kulturen zeichnen sich durch Ausdauer und Beharrlichkeit bei der Verfolgung von Zielen sowie eine große Bedeutung von Traditionen aus. Demgegenüber herrscht in kurzfristig orientierten Kulturen die Erwartung kurzfristiger Gewinne vor. Entsprechend ist die Konsumneigung hoch und die Spartätigkeit gering. Traditionen werden flexibel an neue Gegebenheiten angepasst.
- Die Dimension *Nachgiebigkeit vs. Beherrschung (indulgence vs. restraint)* misst die Fähigkeit einer Kultur, die unmittelbaren Bedürfnisse und persönlichen Wünsche ihrer Mitglieder zu befriedigen. Kulturen, die großen Wert auf Beherrschung legen, haben strenge soziale Regeln, die die Befriedigung von Bedürfnissen regulieren. Nachgiebigkeit betont dagegen die Bedeutung von Selbstverwirklichung sowie von Muße und Genuss.

Legt man die von Hofstede ermittelten fünf Kulturdimensionen zugrunde, so lassen sich stark vereinfacht folgende **Einflüsse der Kultur auf die Arbeitsmotivation** identifizieren (vgl. Holtbrügge/Welge 2015, S. 315 ff.):

- In *kollektivistisch* orientierten Ländern kommt den sozialen Bedürfnissen und den Wertschätzungsbedürfnissen vielfach eine größere Bedeutung zu als dem Bedürfnis nach Selbstverwirklichung (vgl. Dülfer 1992, Sp. 1886). Entsprechend wird dort der Mitarbeit in Arbeitsgruppen und gruppenorientierten Beurteilungskriterien eine hohe Wertigkeit zugesprochen, während in individualistisch orientierten Ländern die betrieblichen Aufstiegsmöglichkeiten eine hohe Leistungs- und Zufriedenheitswirkung besitzen.

- In Kulturen mit einem starken Bedürfnis nach *Unsicherheitsvermeidung* kommt vor allem Arbeitsplatzgarantien und der stressreduzierenden Mitarbeit in Arbeitsgruppen eine hohe Anreizfunktion zu, während in Kulturen, in denen dieses Bedürfnis nur schwach ausgeprägt ist, individuelle Gestaltungsspielräume eine hohe Wertigkeit besitzen (vgl. Scherm 1999, S. 283).
- Die relativen Einkommensunterschiede zwischen einzelnen hierarchischen Ebenen sind empirischen Untersuchungen zufolge vor allem auf Unterschiede in der *Machtdistanz* zurückzuführen. Während in Ländern mit einer hohen Machtdistanz wie z.B. Frankreich oder Russland relativ große Einkommensunterschiede zu beobachten sind, sind diese Unterschiede in Ländern mit einer geringen Machtdistanz wie z.B. Schweden relativ gering (vgl. Logger/Vinke/Kluytmans 1995, S. 151).
- Der in einer Kultur vorherrschende Grad an *Maskulinität* wirkt sich vor allem auf die präferierte Anreizform aus. Während in maskulinen Kulturen Leistungslöhne und betriebliche Statussymbole (Dienstwagen, Größe des Büros, Spesenkonto, u.a.) eine hohe Wertigkeit besitzen, werden in femininen Kulturen eher Sozialleistungen, flexible Arbeitszeiten oder ein anregender Arbeitsinhalt präferiert (vgl. Scherm 1999, S. 282 ff.).
- In Kulturen, in denen eine *langfristige Orientierung* vorherrscht, kommt der Personalentwicklung und einer an langfristigen Kriterien orientierten Entgeltpolitik eine hohe Leistungs- und Zufriedenheitswirkung zu, während kurzfristige und in einem hohen Maß flexible Leistungsanreize nur eine geringe Effizienz aufweisen.
- In Kulturen mit einem hohen Ausmaß an *Nachgiebigkeit* wird schließlich der persönlichen Entfaltung, den sozialen Beziehungen am Arbeitsplatz sowie der Work-Life-Balance eine große Bedeutung zugemessen. Kulturen, die großen Wert auf Beherrschung legen, präferieren dagegen klar definierte organisatorische Regeln und Abläufe. Individuelle Entscheidungs- und Handlungsspielräume haben dagegen nur eine geringe Wertigkeit.

> Ein Beispiel für den Einfluss der Kultur auf das Personalmanagement ist der Umgang mit chinesischen Mitarbeitern. China zeichnet sich im Vergleich zu Deutschland vor allem durch höhere Werte bei den Kulturdimensionen Kollektivismus, Machtdistanz und langfristige Orientierung aus. Als Folge davon präferieren chinesische Mitarbeiter einen hierarchischen Führungsstil und haben nur geringe Partizipationserwartungen. Darüber hinaus spielen die sozialen Beziehungen zwischen den Mitarbeitern sowie langfristige Anreize eine sehr große Rolle. Eine hohe Leistungs- und Zufriedenheitswirkung besitzen etwa die Personalentwicklung und senioritätsorientierte Entgeltsysteme (vgl. Holtbrügge/Puck 2008).

Neben der Arbeitsmotivation wirkt sich die kulturelle Prägung von Mitarbeitern auch auf die **Personalführung** aus (vgl. Abb. 4.4). Quantitative Untersuchungen des Zusammenhangs zwischen Kultur und Führungsstil zeigen, dass sich Mitarbeiter aus den meisten protestantisch geprägten westlichen Industrieländern, in denen ein starker Glaube an die Selbstbestimmtheit der menschlichen Existenz vorherrscht, durch hohe Partizipationserwartungen auszeichnen. In *traditionellen Gesellschaften*, die durch den Glauben an die Schicksalsbedingtheit des persönlichen Daseins geprägt sind, überwiegen dagegen autoritäre Führungsstilpräferenzen (vgl. z.B. Holtbrügge/Friedmann 2011, S. 186 ff.). Von Keller (1995, Sp. 1402) begründet diese geringe Partizipationserwartung damit, dass durch traditionelle Werte geprägte Mitarbeiter eigene Entscheidungen häufig als Last empfinden, die ihnen durch eine autoritäre Führung abgenommen wird.

partizipativ ↑

Länder	Führungsstilmerkmale
Kanada, Brasilien, Österreich Schweiz, USA, Finnland, Frankreich, Argentinien Dänemark, Niederlande, Australien, Deutschland	• Führung durch gemeinsame Entscheidungsvorbereitung • Entscheidungs- und Führungsinstanzen durch formelle Normen am Machtmissbrauch weitgehend gehindert • geringe Sicherheitsbedürfnisse bei den Unterstellten
Irland, Südafrika, Großbritannien, Schweden, Portugal, Italien Philippinen, Singapur, Thailand Nigeria, Malaysia, Türkei, Japan, China, Polen	• Führung überwiegend am Rat und der Meinung der Mitarbeiter interessiert/orientiert • mittlerer Delegationsgrad • Unterstellte erwarten keinen hohen Grad an Entscheidungsautonomie
Indien, Iran Südkorea, Venezuela, Hongkong Taiwan Ägypten, Russland, Mexiko, Indonesien	• sehr geringer Delegationsgrad, zentralistische Entscheidungen • Statussymbole und Privilegien für Führungskräfte sichtbar und legitim • Autorität wird nicht hinterfragt, sondern akzeptiert • kaum Informationen zwischen den Ebenen

↓ autoritär

Abb. 4.4. Führungsstilpräferenzen in unterschiedlichen Kulturen (Quellen: Dorfman/Hanges/Brodbeck 2004, S. 713 ff. in Anlehnung an von Keller 1987, Sp. 1287 f.)

Stärker qualitativ orientierte Untersuchungen deuten jedoch darauf hin, dass die Autoritätserwartung unterstellter Mitarbeiter weniger durch deren kulturelle Prägung als vielmehr durch Gewöhnung, mangelnde Qualifikation und das Menschenbild der Führungskräfte bedingt ist. Vor allem Führungskräfte aus westlichen Industrieländern, die Leitungspositionen in ausländischen Tochtergesellschaften in Entwicklungs- und Transformationsländern einnehmen, schätzen das Qualifikationsniveau ihrer inländischen Mitarbeiter häufig als gering ein. Sie gewähren diesen deshalb auch nur einen sehr geringen Handlungsspielraum und beteiligen diese nicht oder nur in einem geringen Ausmaß an betrieblichen Entscheidungen. Dadurch wird den inländischen Mitarbeitern jedoch die Möglichkeit zur Nutzung und Entwicklung ihrer Qualifikationen weitgehend genommen, so dass sich das pessimistische Menschenbild ihrer Vorgesetzten als *self-fulfilling prophecy* weiter verfestigt (vgl. Holtbrügge 1995a, S. 239 f.).

Auch die **Beförderungs- und Karriereplanung** weist zahlreiche kulturspezifische Besonderheiten auf. Evans/Lank/Farquhar (1989, S. 123 ff.) haben vier idealtypische Karrieremuster identifiziert, die jeweils sehr unterschiedliche Entwicklungswege von Führungskräften kennzeichnen (vgl. Abb. 4.5). Diese Idealtypen müssen nicht zwangsläufig für alle Unternehmungen der jeweiligen Ländergruppe charakteristisch sein. So weisen Evans/Lank/Farquhar (1989, S. 124) darauf hin, dass viele amerikanische Unternehmungen dem romanischen Modell folgen, während in vielen europäischen Unternehmungen das japanische Modell anzutreffen ist (vgl. auch Holtbrügge/Welge 2015, S. 324 f.):

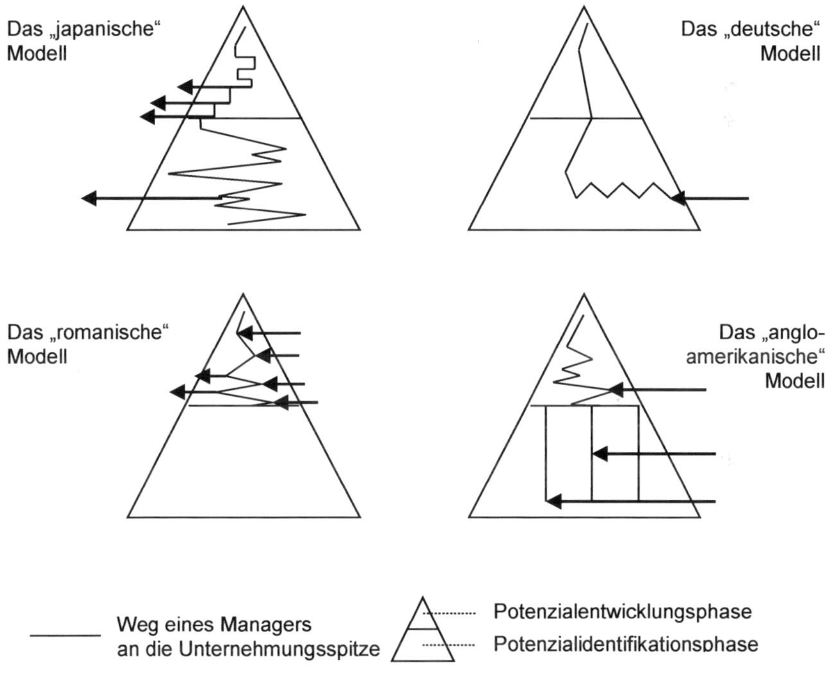

Abb. 4.5. Idealtypische Karrieremuster im internationalen Vergleich (Quelle: nach Evans/Lank/Farquhar 1989, S. 126 f.)

- Im *deutschen Modell* haben Studienfach und Studienort nur einen geringen Einfluss auf die berufliche Einstiegsposition. Die Potenzialidentifikation findet häufig während eines ein bis zwei Jahre dauernden Traineeprogramms statt. Während für diese Phase ein funktionsübergreifender Einsatz typisch ist, basiert der Aufstieg in die obersten Führungsebenen vor allem auf der Entwicklung von Expertenwissen in einem eng abgegrenzten Funktionsbereich.

- Im *japanischen Modell* werden potenzielle Manager aus den besten Hochschulabsolventen eines Geburtsjahrgangs rekrutiert und während einer bis zu acht Jahre andauernden intensiven Trainings- und Betreuungsphase regelmäßig beurteilt. Von diesen Beurteilungen hängt ab, ob die Führungsnachwuchskraft eine Hierarchieebene aufsteigt oder die Unternehmung verlassen muss (*up or out*). Sowohl während der Potenzialidentifikationsphase als auch während der Potenzialentwicklungsphase findet ein systematischer Einsatz in fast allen Funktionsbereichen statt.
- Im Gegensatz zum japanischen Modell, in dem potenzielle Führungskräfte zunächst in unteren Hierarchieebenen eingesetzt werden, erfolgt der Einstieg im *romanischen Modell* bereits auf einer mittleren bis hohen Hierarchieebene. Die Potenzialidentifikation findet z.B. in Frankreich nach der Personalauswahl an den Elitehochschulen (*grandes écoles*) direkt während der Einstiegsphase in der Unternehmung statt. Der weitere berufliche Aufstieg hängt neben der Bewährung in unterschiedlichen Funktionen insbesondere von der erfolgreichen Nutzung der zumeist bereits während des Studiums geknüpften Beziehungen ab. Darüber hinaus spielt das Selbstmarketing eine große Rolle (vgl. Lück 1992).
- Im *anglo-amerikanischen Modell* hängt die berufliche Einstiegsposition in einem hohen Maße vom Renommee der Hochschule ab, an der berufsqualifizierende Studienabschluss erworben wurde. Führungsnachwuchskräfte werden zwar für spezielle Funktionen ausgewählt, deren funktionsübergreifende Einsatzfähigkeit wird jedoch im Rahmen interner Assessment Center beurteilt. Der nach einer systematischen Test- und Entwicklungsphase von etwa sechs Jahren beginnende berufliche Aufstieg ist dann mit häufigen funktionsübergreifenden Positionswechseln verbunden.

Die Bedeutung kultureller Normen und Werte für das Personalmanagement nimmt vor allem durch die Globalisierung der Wirtschaft gegenwärtig stark zu (vgl. Holtbrügge/Welge 2015, S. 28 ff.). So sind etwa in länderübergreifenden Unternehmungskooperationen und -fusionen Mitarbeiter unterschiedlicher Nationalität und kultureller Prägung tätig, deren Zusammenarbeit zahlreiche Konflikte verursacht (vgl. Festing et al. 2011, S. 173 ff.). Aber auch viele rein national tätige Unternehmungen zeichnen sich durch eine hohe Internationalisierung ihrer Belegschaft aus. Dies gilt nicht nur für die ausführenden Ebenen, sondern zunehmend auch für höhere hierarchische Positionen.

Eine in vielen Unternehmungen zu beobachtende Entwicklung ist etwa die Einsetzung multikultureller Teams. Diese sind z.B. zunehmend in der Forschung & Entwicklung, der industriellen Produktion oder in Hochtechnologiebranchen anzutreffen. Mit multikulturellen Teams streben Unternehmungen vor allem die Förderung von Kreativität und Innovationen, die bessere Befriedigung heterogener Kundenbedürfnisse sowie die effizientere Koordination arbeitsteiliger Wertschöpfungsprozesse an (vgl. Berg 2006b). Zur Realisierung dieser Ziele sind verschiedene Herausforderungen des

Personalmanagement zu bewältigen. Dazu zählen insbesondere Sprach- und Kommunikationsprobleme sowie Probleme der Motivation und Führung (vgl. Berg 2006a). Erschwert werden diese Probleme, wenn die Zusammenarbeit überwiegend virtuell und mit Hilfe elektronischer Kommunikationsmedien erfolgt (vgl. Holtbrügge/Schillo 2007; Holtbrügge/Weldon/Rogers 2013). Besonders gut geeignet zur Führung multikultureller Teams sind Bikulturelle, die eine ausgeprägte Kompetenz zur Vermittlung zwischen verschiedenen Kulturen besitzen (vgl. Holtbrügge/Engelhard 2014; Engelhard/Holtbrügge 2017).

5 Instrumente des Personalmanagement

Im Mittelpunkt des folgenden Kapitels stehen die Instrumente des Personalmanagement, welche die Akteure vor dem Hintergrund der jeweiligen Bedingungen einsetzen. Dabei wird in die Personalbedarfsplanung und -bedarfsdeckung, den Personaleinsatz, die Personalentlohnung und die Personalführung unterschieden.

5.1 Personalbedarfsplanung und Personalbedarfsdeckung

Die Personalbedarfsplanung und -deckung als erstes Instrument des Personalmanagement ist durch vier aufeinander folgende Phasen gekennzeichnet (vgl. Abb. 5.1). Den Ausgangspunkt bildet die Personalbedarfsplanung, d.h. die Ermittlung des erforderlichen Personal-Sollbestands. Ergibt dessen Vergleich mit dem prognostizierten Istbestand einen quantitativen Netto-Personalbedarf, schließt sich daran die Personalbeschaffung an. Bei einem qualitativen Personalbedarf, d.h. einer Differenz zwischen Anforderungs- und Eignungsprofilen der Mitarbeiter, sind dagegen vor allem Maßnahmen der Personalentwicklung erforderlich. Eine quantitative Überdeckung macht schließlich Maßnahmen der Personalfreisetzung notwendig.

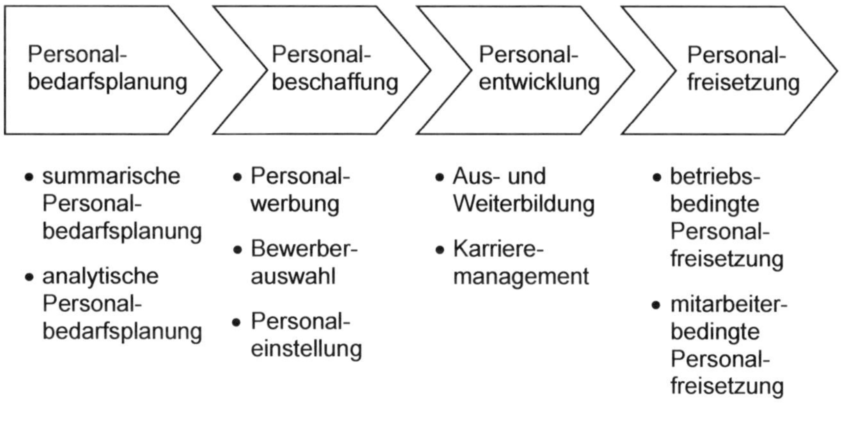

Abb. 5.1. Phasen der Personalbedarfsplanung und Personalbedarfsdeckung

5.1.1 Personalbedarfsplanung

5.1.1.1 Gegenstand und Ziele

Die Personalbedarfsplanung beinhaltet die Ermittlung des gegenwärtigen und zukünftigen Personal-Sollbestands, der zur Realisierung der Unternehmungsziele erforderlich ist. Sie bildet den Ausgangspunkt für die Personalbeschaffung, -entwicklung und -freisetzung.

Es können vier Dimensionen des Personalbedarfs unterschieden werden, und zwar

- die Anzahl der benötigten Mitarbeiter (*quantitative* Dimension),
- die Qualifikationen der benötigten Mitarbeiter (*qualitative* Dimension),
- der Zeitpunkt, zu dem diese Mitarbeiter benötigt werden (*zeitliche* Dimension), sowie
- der Ort, an dem diese Mitarbeiter benötigt werden (*räumliche* Dimension).

Die Personalbedarfsplanung verfolgt mehrere, zum Teil konfliktäre Ziele (vgl. Holtbrügge 1995b, S. 42 f.):

- Das wichtigste Ziel der Personalbedarfsplanung ist zumeist die Erhöhung der *Wirtschaftlichkeit*. Dies bedeutet, den niedrigsten Personalbestand auszuweisen, mit dem die bestehenden Aufgaben realisiert werden können.
- Dem entgegen steht das Ziel der *Leistungssicherung*, das zur Vermeidung von Kapazitätsengpässen in konjunkturellen oder saisonalen Spitzenzeiten einen möglichst hohen Personalbestand impliziert.
- Gleiches gilt für die *Anpassungsfähigkeit* an veränderte Umweltbedingungen (z.B. Gesetzesänderungen) sowie die Verbesserung der *Innovationsfähigkeit* von Unternehmungen.
- Ein weiteres Ziel der Personalbedarfsplanung stellt die Gewährleistung einer *angemessenen und gleichmäßigen Arbeitsbelastung* der Mitarbeiter dar. Dadurch sollen vor allem deren Überbeanspruchung entgegengewirkt und die Voraussetzungen für eine anregende Arbeitsgestaltung geschaffen werden.

Zur Ermittlung des Personalbedarfs stehen mehrere analytische und summarische Methoden zur Verfügung, bei denen jeweils unterschiedliche Ziele im Vordergrund stehen (vgl. ausführlich Kossbiel 1992; Wittlage 1995).

5.1.1.2 Methoden

5.1.1.2.1 Summarische Methoden

Bei der Anwendung **konzeptioneller Schlüsselzahlen** erfolgt die Personalbemessung auf der Grundlage politisch-programmatischer Vorstellungen externer Entscheidungsträger. Konzeptionelle Schlüsselzahlen werden insbesondere für diejenigen personenbezogenen Dienstleistungen vorgegeben, für die bestimmte Leistungs- und Betreuungsintensitäten angestrebt werden. Beispiele dafür sind das Schul- und Hochschulwesen, die Sozialarbeit und die Krankenpflege. Da der Vorgabe konzeptioneller Schlüsselzahlen, wie z.B. eines bestimmten Verhältnisses zwischen Professoren und Studierenden an einer Hochschule, zumeist politische Zielsetzungen zugrunde liegen, entzieht sich dieses Verfahren weitgehend einer betriebswirtschaftlichen Beurteilung.

Die **Leitungsspannenmethode** geht von der Annahme aus, dass es eine bestimmte Zahl von Mitarbeitern gibt, die eine Führungskraft maximal bzw. optimal leiten kann. In Abhängigkeit der Aufgabenart, Führungsphilosophie und Mitarbeiterqualifikation wird eine Leitungsspanne von drei bis zehn Mitarbeitern als optimal angesehen, die durch den Einsatz moderner Informations- und Kommunikationstechnologien auf bis zu 80 steigen kann (vgl. Schreyögg/Geiger 2016, S. 71). Mit Hilfe der Leitungsspannenmethode kann die optimale Zahl der ausführenden Mitarbeiter geplant werden, wenn zuvor die Zahl der Führungskräfte z.B. mit Hilfe konzeptioneller Schlüsselzahlen festgelegt wurde. Umgekehrt lässt sich die Leitungsspannenmethode zur Bestimmung des Bedarfs an Führungskräften anwenden, wenn der Bedarf an ausführenden Mitarbeitern der untersten hierarchischen Ebene z.B. mit Hilfe analytischer Verfahren ermittelt wurde.

Kritisch muss gegenüber der Leitungsspannenmethode angemerkt werden, dass die Grundannahme einer optimalen Leitungsspanne auf traditionellen Prinzipien hierarchischer Organisationsformen beruht und insbesondere durch neuere Konzepte der Gruppen- bzw. Teamarbeit massiv in Frage gestellt wird. Diese gehen davon aus, dass die Effizienz des Personaleinsatzes weniger von der vertikalen Beziehung zwischen Führungskräften und Mitarbeitern als vielmehr von der horizontalen Beziehung zwischen den Mitarbeitern abhängt. Im Zuge des verstärkten Einsatzes von Gruppen- bzw. Teamkonzepten und des Abbaus der mittleren Führungskräfteebenen wird die Gliederungstiefe vieler Organisationen gegenwärtig zudem vielfach verringert und damit die Leitungsspanne erweitert. Die Brauchbarkeit der Leitungsspannenmethode zur Personalbedarfsplanung wird dadurch stark eingeschränkt.

Statistische Methoden der Personalbedarfsplanung gehen von der Annahme aus, dass der Personalbedarf von bestimmten Leistungsgrößen abhängig ist. Dies können z.B. der Absatz, der Umsatz, das Produktionsvolumen oder die Zahl der Kundenkontakte sein. Dabei besteht das Problem, geeignete Leistungsgrößen zu finden, die valide Prädiktoren des Personalbedarfs darstellen. Zudem besteht lediglich zwischen einzelnen Leistungsgrößen und dem Personalbedarf derjenigen Organisationseinheiten ein funktionaler Zusammenhang, die für die Erstellung dieser Leistung verantwortlich sind.

Zur Lösung dieses Problems bietet sich der Einsatz von Regressionsverfahren an, mit deren Hilfe ein zumindest statistischer Zusammenhang zwischen unabhängigen Prädiktorvariablen und der abhängigen Kriteriumsvariable Personalbedarf ermittelt werden kann. Als problematisch erweist sich jedoch vielfach, dass entsprechende Leistungsgrößen nur sehr schwer operationalisierbar und quantifizierbar sind. Zwischen den als relevant identifizierten Leistungsgrößen und dem Personalbedarf muss zudem nicht zwangsläufig ein linearer Zusammenhang bestehen, sondern es sind auch progressive oder degressive Verläufe denkbar. Schließlich wird der Personalbedarf in den meisten Fällen durch mehr als eine Leistungsgröße bestimmt. In diesen Fällen bietet sich der Einsatz multipler und non-linearer statistischer Verfahren an. Auch diese basieren jedoch auf Vergangenheitsdaten und setzen eine weitgehende Zeitstabilität zwischen Prädiktorvariablen und Kriteriumsvariablen voraus. Statistische Verfahren sind damit nicht in der Lage, technische Innovationen wie z.B. den Einsatz neuer Informations- und Kommunikationstechnologien sowie Veränderungen der Aufbau- und Ablauforganisation zu berücksichtigen.

Eine relativ einfache Methode der summarischen Personalbedarfsplanung stellt die **Analogieschlussmethode** dar, bei der aus dem Personalbestand einer vergleichbaren Unternehmung oder Organisationseinheit auf den eigenen Personalbedarf geschlossen wird (Benchmarking). Neben der Gefahr des „Vergleichs des Schlendrians mit dem Schlendrian" (Schmalenbach 1934, S. 263) ergibt sich dabei das Problem, eine vergleichbare Organisationseinheit zu finden, die ähnliche Aufgaben erfüllt und unter ähnlichen internen Bedingungen (z.B. Aufbau- und Ablauforganisation, Produktions- und Kommunikationstechnologien) und externen Bedingungen (z.B. Arbeits- und Absatzmarkt) tätig ist. Zur Lösung dieses Problems bietet es sich an, durch den Einsatz mathematisch-statistischer Verfahren zunächst Cluster gleichartiger Organisationseinheiten hinsichtlich der in Regressionsanalysen ermittelten Einflussfaktoren auf den Personalbedarf zu bilden und dann die jeweils in einem Cluster zusammengefassten Organisationseinheiten miteinander zu vergleichen.

5.1.1.2.2 Analytische Methoden

Im Unterschied zu den summarischen Verfahren, bei denen der Personalbedarf auf der Grundlage globaler und relativ einfacher Schätzzahlen geplant wird, findet im Rahmen der analytischen Personalbedarfsplanung eine stellenbezogene Personalbemessung statt. Deren Grundlage bilden detaillierte **Aufgaben- und Zeitstudien**, die zumeist nach folgendem Phasenschema ablaufen:

In einem ersten Schritt werden die regelmäßig in einer Organisationseinheit durchgeführten Arbeitsprozesse analysiert und in typische und gleichartige Tätigkeiten gruppiert. Anschließend wird der durchschnittliche Zeitbedarf für die Ausübung der regelmäßig anfallenden Tätigkeiten gemessen. Diese Messung der durchschnittlichen Bearbeitungszeit kann durch *direkte Zeitmessung* der auszuübenden Tätigkeit oder mit Hilfe des *Elementarzeitverfahrens* erfolgen. Dabei wird eine Arbeitsaufgabe in mehrere Teilaufgaben zerlegt, deren Zeitbedarf branchenspezifischen Tabellen entnommen werden kann. Im Bereich der industriellen Produktion ist etwa das *Methods Time Measurement-Verfahren* weit verbreitet, das elf Grundbewegungen unterscheidet (vgl. Pfeiffer/Dörrie/Stoll 1977, S. 228):

- Hinlangen, Reichen.
- Mitnehmen, Bewegen, Bringen.
- Drehen.
- Kurbelbewegung.

- Greifen.
- Drücken.
- In Position bringen.
- Loslassen.
- Trennen, Lösen.
- Augenrichtungszeit (Prüfen), Augenbewegungszeit.
- Körper-, Bein- und Fußbewegungen.

Bei der Messung der durchschnittlichen Bearbeitungszeit ergibt sich das Problem, dass diese sowohl von dem eingesetzten Messverfahren als auch von externen Faktoren abhängig ist und individuelle Unterschiede, Lerneffekte, Leistungsschwankungen sowie unterschiedliche Arbeitsqualitäten nicht oder nur sehr eingeschränkt berücksichtigt werden können. Zudem fehlt ein objektives Kriterium für die Berechnung von Durchschnittswerten aus mehreren Zeitaufnahmen.

In einem dritten Schritt wird die durchschnittliche Häufigkeit der regelmäßig anfallenden Tätigkeiten in einem bestimmten Erhebungszeitraum ermittelt. Dies geschieht zumeist anhand von Akten, Statistiken, Beobachtungen oder Selbstaufschreibungen der Mitarbeiter. Durch die aktive Einbeziehung der Mitarbeiter sind Selbstaufschreibungen zumeist die am meisten akzeptierte Methode der Arbeitsanalyse, sie beinhalten jedoch die Gefahr der Manipulation durch die Mitarbeiter und stellen häufig eine nicht zu unterschätzende Mehrbelastung für diese dar, wodurch wiederum die Ergebnisse der Selbstaufschreibung verfälscht werden.

In einem letzten Schritt wird der Zeitbedarf für nicht regelmäßig anfallende und damit durch Aufgaben- und Zeitstudien nicht oder nur unter unvertretbar großem Kosten- und Zeitaufwand erfassbare Tätigkeiten geschätzt und in einem Zuschlagsfaktor zusammengefasst.

In der Literatur liegen zahlreiche Formeln vor, mit denen auf der Grundlage dieser Daten der Personalbedarf geplant werden kann (vgl. Kossbiel 1992; Wittlage 1995). Eine anspruchsvolle und in der Praxis weit verbreitete Methode ist von Rosenkranz (1968) für Bürotätigkeiten entwickelt worden. Das Grundprinzip der **Rosenkranz-Formel** lautet wie folgt:

$$PB = \frac{\sum_{i=1}^{n}(m_i * t_i)}{T} * f_{NV} + \frac{t_v}{T} * \frac{f_{NV}}{f_{TV}}$$

PB = Personalbedarf

m_i = durchschnittlicher Anfall der Aufgabe der Kategorie i pro Monat (Multimomentaufnahme)

t_i = Zeitbedarf laut Zeitaufnahme für die Aufgabe der Kategorie i (Netto-Soll-Bearbeitungszeit laut Zeitaufnahme)

T = tarifliche bzw. arbeitsvertraglich festgelegte (Brutto-)Arbeitszeit eines Mitarbeiters im Monat

t_v = Zeit für die Erledigung von Aufgaben ohne Zeitaufnahme („Verschiedenes“)

f_{NV} = notwendiger Verteilzeitfaktor als Produkt aus
- vergessenen Arbeiten und Neben-Arbeiten: $f_{NAZ} = 1,3$
- Ermüdung und Erholung: $f_{EZ} = 1,12$
- Ausfallstunden: $f_{AQ} = 1,1$

f_{NV} = $f_{NAZ} * f_{EZ} * f_{AQ}$

f_{TV} = tatsächlicher Verteilzeitfaktor (Quotient aus Ist- und Soll-Bearbeitungszeit laut Zeitaufnahme)

Die Rosenkranz-Formel verknüpft zwei Formen der Personalbedarfsplanung. Im linken Term der Formel wird der Personalbedarf analytisch, d.h aufgrund des unterstellten Arbeitsanfalls bestimmt. Im rechten Term der Formel wird dagegen eine summarisch ermittelte Korrekturgröße eingefügt, die sich aus der im tatsächlichen Verteilzeitfaktor enthaltenen Produktivität der Mitarbeiter bestimmt. Ein Quotient, der über dem Wert 1 liegt, bedeutet dabei, dass die Arbeitsproduktivität der Mitarbeiter geringer als die geplante Arbeitsproduktivität laut Aufgaben- und Zeitstudie ist. Das Verfahren eignet sich damit vor allem dazu, den aktuellen Personalbestand einer Organisationseinheit auf seine Angemessenheit zu überprüfen.

Zur Berechnung des im rechten Term der Formel enthaltenen *notwendigen Verteilzeitfaktors* wird zunächst ein Zuschlagsfaktor für vergessene Arbeiten und Neben-Arbeiten gebildet. Deren Anteil an der gesamten Arbeitszeit hängt von einer Vielzahl von Faktoren wie etwa dem Telefon- und Besuchsverkehr ab, wobei Rosenkranz je nach Intensität Zuschlagsfaktoren zwischen 20 und 40% vorschlägt. Im Mittel ergibt sich daraus für den Faktor f_{NAZ} ein Wert von 1,3.

Anschließend wird der Zeitbedarf für Ermüdung und Erholung festgesetzt. Dieser Wert hängt insbesondere von der Konzentration, die für eine Tätigkeit aufgewendet werden muss, ab. Rosenkranz geht von einem durchschnittlichen Zuschlag von 12% aus, so dass sich für den Faktor f_{EZ} ein Wert von 1,12 ergibt.

Da Rosenkranz nicht von der (Netto-)Normalarbeitszeit eines Mitarbeiters, sondern von der tariflich bzw. arbeitsvertraglich festgelegten (Brutto-)Arbeitszeit ausgeht, muss schließlich noch ein Zuschlagsfaktor für Ausfallzeiten gebildet werden. Die Höhe der Ausfallzeiten ist stark vom Alter und Geschlecht der Mitarbeiter, dem Belastungsgrad der Aufgabe, dem Führungsstil und anderen Einflussfaktoren abhängig, wobei von einer durchschnittlichen Höhe von 10% ausgegangen wird. Der Faktor f_{AQ} erhält damit einen Wert von 1,1. Unter Berücksichtigung dieser Überlegungen ergibt sich damit ein notwendiger Verteilzeitfaktor von 1,3 * 1,12 * 1,1 = 1,6.

Die Vorgehensweise im Rahmen der analytischen Personalbedarfsplanung lässt sich an folgendem Beispiel illustrieren:

In einer Organisationseinheit fallen im Wesentlichen fünf Tätigkeiten mit unterschiedlicher Häufigkeit an. Mittels Zeitaufnahme wurden für diese Tätigkeiten folgende durchschnittliche Bearbeitungszeiten ermittelt:

- Tätigkeit 1: 4.650 Mal/Monat, Bearbeitungszeit: 10 Minuten
- Tätigkeit 2: 2.000 Mal/Monat, Bearbeitungszeit: 15 Minuten
- Tätigkeit 3: 1.800 Mal/Monat, Bearbeitungszeit: 30 Minuten
- Tätigkeit 4: 400 Mal/Monat, Bearbeitungszeit: 3 Stunden
- Tätigkeit 5: 50 Mal/Monat, Bearbeitungszeit: 5 Stunden

Dazu kommen verschiedene nicht aufgenommene Tätigkeiten im Umfang von monatlich 200 Stunden. Die durchschnittliche Arbeitszeit je Mitarbeiter beträgt monatlich 170 Stunden. In der Abteilung sind gegenwärtig 37 Mitarbeiter beschäftigt.

Nach der Rosenkranz-Formel ergibt sich folgender Personalbedarf:

$$\sum_{i=1}^{n} m_i * t_i = 4650 * \frac{1}{6} + 2000 * \frac{1}{4} + 1800 * \frac{1}{2} + 400 * 3 + 50 * 5$$

$$= 3625$$

$$f_{NV} = f_{NAZ} * f_{EZ} * f_{AQ} = 1{,}3 * 1{,}12 * 1{,}1 = 1{,}60$$

$$f_{TV} = \frac{37 * 170}{3625} = 1{,}74$$

$$PB = \frac{3625}{170} * 1{,}60 + \frac{200}{170} * \frac{1{,}6}{1{,}74}$$

$PB = 34{,}12 + (1{,}18 * 0{,}92) = 35{,}20 = 36$ Mitarbeiter

Nach der Rosenkranz-Formel ist die Abteilung mit einem Mitarbeiter überbesetzt.

5.1.1.3 Praktische Bedeutung und Effizienz

Die Darstellung der verschiedenen Verfahren hat deutlich gemacht, dass sich der Personalbedarf vor dem Hintergrund der zu Beginn dargestellten divergierenden Ziele nicht objektiv und exakt ermitteln lässt. Das Ergebnis der Personalbemessung ist vielmehr vom eingesetzten Verfahren und den diesem zugrunde liegenden Annahmen abhängig.

Die summarischen Verfahren arbeiten mit relativ allgemeinen Erfahrungs- und Richtwerten und nehmen keine analytische Bemessung der einzelnen Stellen vor. Im Gegensatz zu den analytischen Verfahren setzen sie zumeist nicht auf der Tätigkeitsebene an, sondern bei den Stellen der betrachteten Organisationseinheit. Summarische Verfahren basieren zudem überwiegend auf vergangenheitsorientierten Daten und unterstellen damit eine in der Praxis relativ unrealistische weitgehende Zeitkontinuität der technologisch-organisatorischen Bedingungen.

Im Vergleich dazu sind die analytischen Verfahren der Personalbedarfsplanung zwar exakter, jedoch sehr zeit- und kostenaufwändig. Sie besitzen zudem häufig nur eine geringe Akzeptanz bei den Mitarbeitern. Ein weiterer gravierender Nachteil der analytischen Personalbemessung besteht darin, dass diese weitgehend auf Routinetätigkeiten begrenzt ist. Da sich geistig-schöpferische und dispositive Tätigkeiten einer exakten Bemessung entziehen und die Bewertung einer Tätigkeit nach qualitativen Gesichtspunkten sehr schwierig ist, nimmt die Zuverlässigkeit und Exaktheit der analytischen Personalbedarfsplanung mit steigender hierarchischer Ebene ab.

Die analytische Personalbedarfsplanung weist insbesondere in solchen Abteilungen eine hohe Planungsqualität auf, in denen der Anteil gleichförmiger Aufgaben mit einem annähernd gleichen Arbeitsablauf, gleichartigen Aufgabeninhalten und routinemäßigen, d.h. regelmäßig zu vollziehenden Aufgaben relativ hoch ist. Je größer dagegen der Anteil der nicht durch Aufgaben- und Zeitstudien erfassbaren, unregelmäßig anfallenden oder nur schwer systematisierbaren Tätigkeiten ist, desto größer ist der Zuschlagsfaktor, d.h. der analytisch nicht erfasste Anteil des Personalbedarfs. Zudem ist eine objektive Begründung für die Bemessung der sachlich wie persönlich bedingten Ausfallzeiten (z.B. Erholungszeiten, ablaufbedingte Störungen, Rüstzeiten, etc.) zumeist nicht möglich. Die etwa von Rosenkranz hierzu vorgeschlagenen Werte sind in den sechziger Jahren ermittelt worden und damit stark veraltet.

Ein weiterer Nachteil der analytischen Personalbedarfsplanung besteht darin, dass der Reservebedarf für Stoßzeiten und schwankende Anwesenheitszeiten der Mitarbeiter durch Urlaub, Krankheit, u.a. sowie zur Durchsetzung von Innovationen und Anpassungsmaßnahmen nur unzureichend berücksichtigt wird. Die Kompensation schwankenden Arbeitsanfalls und schwankender Anwesenheitszeiten durch arbeitsorganisatorische Maßnahmen (z.B. die zeitliche Verlagerung von Arbeiten, Überstunden, Aushilfen aus anderen Abteilungen, Springer-Gruppen oder gleitende Arbeitszeiten), wie sie etwa von Rosenkranz vorgeschlagen wird, stellt dabei lediglich eine Problemverlagerung dar und ist darüber hinaus von einer sehr kurzfristigen und tayloristischen Sichtweise geprägt. Schließlich bleiben organisatorische und rechtliche Bedingungen wie z.B. maßgebliche Vorgaben zur Arbeitsplatz- und Stellenbewertung durch die Addition von Einzeltätigkeiten zu Aufgabenbereichen (Arbeitsplätzen) unberücksichtigt.

Die primäre Zielsetzung der analytischen Personalbedarfsplanung besteht deshalb eindeutig in der Erzielung einer möglichst hohen Wirtschaftlichkeit, während sich die anderen Ziele der Personalbedarfsplanung wie die Leistungssicherung oder die Gewährleistung einer angemessenen, gleichmäßigen und anregenden Arbeitsbelastung der Mitarbeiter durch den Einsatz analytischer Verfahren nur sehr eingeschränkt realisieren lassen. Ein eher impliziter Vorteil analytischer Verfahren besteht jedoch darin, dass für deren Anwendung zunächst umfangreiche Aufgaben- und Zeitstudien durchgeführt werden müssen, die nicht selten zu einer Verbesserung der Aufbau- und Ablauforganisation in Unternehmungen führen.

5.1.2 Personalbeschaffung

Der durch die Personalbedarfsplanung ermittelte Netto-Personalbedarf in quantitativer, qualitativer, zeitlicher und räumlicher Hinsicht bildet den Ausgangspunkt der Personalbeschaffung, die alle diejenigen Aktivitäten umfasst, die der bedarfsgerechten Gewinnung von Mitarbeitern dienen. Dabei können zunächst die Personalwerbung und die Bewerberauswahl als zwei miteinander verbundene Teilaufgaben bzw. -phasen unterschieden werden. Während im Rahmen der *Personal-*

werbung entschieden werden muss, wie und wo ein benötigter Mitarbeiter beschafft werden soll, steht bei der *Bewerberauswahl* die Identifikation der *right potentials* im Vordergrund. Die Bedeutung dieser beiden Teilaufgaben hängt insbesondere von der jeweiligen Arbeitsmarktlage ab. Während der Schwerpunkt der Personalbeschaffung in Zeiten eines Arbeitskräftemangels auf der Personalwerbung liegt, besitzt bei einem Arbeitskräfteüberangebot die Bewerberauswahl die größte Bedeutung. Eine dritte Teilaufgabe bzw. -phase der Personalbeschaffung bildet die *Personaleinstellung*.

5.1.2.1 Personalwerbung

5.1.2.1.1 Gegenstand und Ziele

Die erste Phase der Personalbeschaffung bildet die Personalwerbung, die häufig auch als Personalmarketing bezeichnet wird (vgl. Moser/Stehle/Schuler 1993; Felser 2010; Lippold 2011). Sie hat das Ziel, potenzielle Bewerber über die Unternehmung und die zu besetzende Stelle zu informieren (*Informationsfunktion*) und eine ausreichende Zahl von Personen zu einer Bewerbung zu veranlassen (*Aktionsfunktion*), die über die erforderliche Qualifikation und Motivation zur Ausübung der zu besetzenden Stelle verfügen (*Selektionsfunktion*). Die Informationsfunktion und die Aktionsfunktion sind insbesondere für solche Unternehmungen von Bedeutung, die entweder ein relativ schlechtes Arbeitgeberimage oder einen geringen Bekanntheitsgrad haben. Dabei gilt es, Arbeitssuchenden vor allem solche Faktoren wie die Unternehmungskultur, den Abwechslungsreichtum und die Flexibilität des Arbeitsinhalts sowie die Aufstiegsmöglichkeiten zu vermitteln, die nicht oder nur schwer beobachtbar sind (*Signaling*) (vgl. Schmidtke 2002). Die Selektionsfunktion ist dagegen für Unternehmungen mit einem positiven Arbeitgeberimage besonders relevant, um den Aufwand der Bewerberauswahl bereits in dieser Phase der Personalbeschaffung zu reduzieren. Zur Realisierung dieser drei Ziele stehen Unternehmungen mehrere Wege der internen und der externen Personalwerbung zur Verfügung, die jeweils spezifische Vor- und Nachteile aufweisen (vgl. Tab. 5.1). Im Folgenden werden diese ausführlich dargestellt und analysiert.

Tabelle 5.1. Vorteile der internen und externen Personalwerbung

Interne Personalwerbung	Externe Personalwerbung
• geringes Auswahlrisiko	• größere Auswahlmöglichkeiten
• geringer Kosten- und Zeitaufwand	• oft geringerer Weiterbildungsaufwand
• bessere Betriebskenntnis der Bewerber	• fehlende Betriebsblindheit der Bewerber
• Erhalt unternehmungsspezifischer Qualifikationen	• Gewinnung von Informationen über andere Unternehmungen
• Motivationswirkung und Senkung der Fluktuation durch Angebot von Karriereperspektiven	• Förderung des Wettbewerbs durch Verhinderung von Beförderungsautomatismus und Bildung von Seilschaften
• Stabilisierung der Personalstruktur	• Flexibilisierung der Personalstruktur

5.1.2.1.2 Wege und Methoden

5.1.2.1.2.1 Innerbetriebliche Stellenausschreibungen

Die bedeutendste Form der internen Personalwerbung stellen innerbetriebliche Stellenausschreibungen dar. Diese können z.B. durch Aushänge an Schwarzen Brettern, Stellenanzeigen in der Mitarbeiterzeitung, Meldungen im Intranet oder Emails an spezifische Adressatengruppen erfolgen. Nach § 93 BetrVG kann der Betriebsrat verlangen, „dass Arbeitsplätze, die besetzt werden sollen, allgemein oder für bestimmte Arten von Tätigkeiten vor ihrer Besetzung innerhalb des Betriebs ausgeschrieben werden". Ausgenommen davon sind Positionen leitender Angestellter nach § 5 BetrVG, die nicht ausgeschrieben werden müssen. Zur Stabilisierung der Personalstruktur akzeptieren viele Unternehmungen nur Bewerbungen von Mitarbeitern, die bereits eine bestimmte Zeit (z.B. mindestens ein Jahr) auf ihrer gegenwärtigen Position tätig sind. Es sollte zudem geregelt werden, innerhalb welcher Frist ein erfolgreicher interner Bewerber seine bisherige Stelle verlassen kann, um zu vermeiden, dass Vorgesetzte die Versetzung von leistungsstarken Mitarbeitern hinauszögern.

Innerbetriebliche Stellenausschreibungen beinhalten ein geringeres Auswahlrisiko und einen geringeren Kosten- und Zeitaufwand. Dies gilt sowohl für die Auswahl- als auch für die anschließende Einarbeitungsphase. Darüber hinaus können dadurch i.S. des ressourcenorientierten Ansatzes unternehmungsspezifische Qualifikationen gesichert und die Motivation der Mitarbeiter gesteigert werden. Diese Vorteile lassen sich vor allem dann realisieren, wenn innerbetriebliche Stellenausschreibungen und -besetzungen in die langfristige Karriereplanung integriert werden und die Unternehmung einen funktionierenden internen Arbeitsmarkt besitzt (vgl. Kap. 5.1.3.3). Nach dem ressourcenbasierten Ansatz sollten Stellen vor allem dann intern ausgeschrieben werden, wenn die Unternehmung sehr erfolgreich ist. In diesem Fall wirkt sich die soziale Einbettung (*social embeddedness*) der Stelleninhaber in die Unternehmung positiv auf die Ausübung der zukünftigen Aufgabe aus. Zudem wird dadurch die Kontinuität der Unternehmungsführung sichergestellt. Bei einem geringen Unternehmungserfolg, einem starken Unternehmungswachstum und einer hohen Umweltdynamik weist dagegen die externe Stellenbesetzung eine höhere Effizienz auf (vgl. Zimmermann 2009).

5.1.2.1.2.2 Empfehlungen von Mitarbeitern

Neben der internen Stellenausschreibung greifen viele Unternehmungen bei der Personalwerbung auf Kontakte und Empfehlungen von Mitarbeitern zurück. Von Mitarbeitern empfohlene Bewerber verfügen häufig über detailliertere Informationen über die Unternehmung und können deshalb besser als andere Bewerber beurteilen, ob die offene Position ihren Erwartungen entspricht (vgl. Bretz/Judge 1998, S. 330). Durch diesen Selbstselektionseffekt steigt die Wahrscheinlichkeit, dass der empfohlene Kandidat das Stellenangebot annimmt und sich schnell in die Unternehmung integriert. Umgekehrt nimmt die Gefahr der Frühfluktuation ab (vgl.

Saks 1994, S. 288). Ein weiterer Vorteil besteht darin, dass Mitarbeiter i.d.R. nur Personen empfehlen werden, die sie für geeignet halten, um negative Rückwirkungen auf ihre eigene Reputation in der Unternehmung zu vermeiden (vgl. Yakubovich/Lup 2006, S. 710 f.). Unternehmungen können auf diesem Wege zudem geeignete Personen erreichen, die bei einem anderen Arbeitgeber beschäftigt sind und (noch) nicht aktiv nach einer neuen Anstellung suchen. Diesen Vorteilen der Nutzung des sozialen Kapitals ihrer Mitarbeiter steht die Gefahr der Günstlingswirtschaft gegenüber (vgl. Simon/Warner 1992). Da Mitarbeiter zudem oft Personen mit ähnlichen demographischen Merkmalen und Werthaltungen empfehlen, besteht die Gefahr der Überhomogenisierung der Belegschaft (vgl. Mencken/Winfield 1998, S. 139).

Nach einer empirischen Studie von Klinger/Rebien (2009) nutzen 49% der befragten Unternehmungen in Deutschland Empfehlungen von Mitarbeitern zur Personalwerbung. 29% der Neueinstellungen werden auf diesem Wege realisiert. Die Nutzung von Mitarbeiterempfehlungen ist vor allem bei kleinen und mittelständischen Unternehmungen ausgeprägt. Es werden vor allem Stellen mit geringen Qualifikationsanforderungen und schwierigen Arbeitsbedingungen (wie z.B. unregelmäßige Arbeitszeiten, Schichtarbeit, Lärm- und Hitzebelastung) über Netzwerke besetzt. Darüber hinaus besitzen Empfehlungen von Mitarbeitern bei einem knappen Arbeitskräfteangebot und einer ineffizienten Arbeitsmarktinfrastruktur eine große Bedeutung. So zahlen etwa ausländische Unternehmungen in Indien ihren Mitarbeitern Prämien für die erfolgreiche Personalvermittlung (vgl. Holtbrügge/Friedmann/Puck 2010).

5.1.2.1.2.3 Stellenanzeigen in Zeitungen und Zeitschriften

Eine weit verbreitete Methode der externen Personalwerbung sind Stellenanzeigen in Zeitungen und Zeitschriften. Deren Effizienz ist insbesondere von folgenden Faktoren abhängig:

- *Inhaltliche Gestaltung*: Um eine möglichst große Informations- und Aktionswirkung zu erzielen, ist die exakte Beschreibung der Unternehmung (z.B. Branche, Größe, wirtschaftliche Lage) sowie der vakanten Position (z.B. Aufgabenstellung, Einkommen, Entwicklungsmöglichkeiten, Verantwortung) von großer Bedeutung. Die Selbstselektionsfunktion wird zudem unterstützt, wenn die erwarteten Voraussetzungen an den Bewerber (z.B. Ausbildung, Erfahrungen, persönliche Voraussetzungen) detailliert dargestellt werden. Gleiches gilt für die Bewerbungsprozedur (z.B. Bewerbungsfrist, erwartete Bewerbungsunterlagen).
- *Formale Gestaltung*: Die Aufmerksamkeitswirkung von Stellenanzeigen hängt darüber hinaus auch von Größe, Schrifttyp und -größe und anderen graphischen Gestaltungsmerkmalen ab. Eine Studie von Moser/Grabarkiewicz (1999) weist zudem darauf hin, dass durch die Verwendung visueller Elemente auch ansonsten nur schwer erfassbare Merkmale von Unternehmungen wie z.B. die Organisationskultur vermittelt werden können.

- *Zielgruppenorientierte Medienauswahl*: In Abhängigkeit von der Zielgruppe können Stellenanzeigen in regionalen und überregionalen Tages- und Wochenzeitschriften sowie in Fachzeitschriften für bestimmte Branchen oder Berufsgruppen geschaltet werden. Die größte Zahl von Stellenanzeigen in Deutschland wird wöchentlich im Stellenmarkt der Frankfurter Allgemeinen Zeitung veröffentlicht.
- *Zeitpunkt*: Bei der Wahl des Anzeigentermins sind insbesondere mögliche Kündigungsfristen sowie Urlaubszeiten zu berücksichtigen, in denen die Zahl der Bewerbungen auf Stellenanzeigen zumeist deutlich geringer als im Jahresdurchschnitt ist.

Viele „Stellenanzeigen (..) sind nicht nur total langweilig, sondern auch total austauschbar! Wenn nicht die Unternehmen mit ihrem Namen und ihrer Adresse in den jeweiligen Anzeigen stehen würden, könnte der Leser oft noch nicht einmal die Branche erraten.“ Durchgängig werden Kandidaten mit ‚überzeugendem und sympathischem Auftreten‘ gesucht, die ‚Flexibilität‘ und ein ‚hohes Maß‘ an ‚Selbstständigkeit‘, ‚Eigeninitiative‘ und ‚Zuverlässigkeit‘ mitbringen. Geboten werden durchweg ein ‚kollegiales Arbeitsklima‘, eine ‚leistungsgerechte Vergütung‘ und ‚ständige berufliche Weiterbildung‘. „Wer soll sich da angesprochen fühlen?“ (Gaedt 2014, S. 97).

Nicht nur der Inhalt, sondern auch die Form von Stellenanzeigen ist häufig wenig ansprechend. Nach einer Studie von Jobware dominieren Textwüsten mit den gängigen Bausteinen Unternehmungsbeschreibung, Anforderungs- und Bewerberprofil. Innovative gestalterische und bildliche Elemente werden dagegen nur selten genutzt. Zudem sind Stellenanzeigen oft nicht zielgruppenspezifisch gestaltet. Mit Hilfe eines Eye Tracking-Verfahrens wurde in dieser Studie festgestellt, dass Wirtschaftswissenschaftler eher Fließtext lesen, während Informatiker häufig im Text hin und her springen und quer lesen. Frauen verweilen länger beim Anforderungsprofil als Männer und achten stärker auf Soft Skills und Arbeitszeitmodelle. Zudem wird empfohlen, den wenig geübten Blick von Absolventen durch eine starke Bildersprache zu lenken, während es für Berufserfahrene wichtig ist, die Kernbotschaft innerhalb weniger Sekunden zu erfassen (vgl. Zils 2014).

Vorteile von Stellenanzeigen sind die Möglichkeit einer zielgruppenspezifischen Gestaltung, deren große Verbreitung und die Ansprache von Personen, die nicht aktiv auf Stellensuche sind. Stellenanzeigen verursachen jedoch relativ hohe Kosten (vor allem in überregionalen Zeitungen und Fachzeitschriften). Darüber hinaus sind diese nur für kurze Zeit publik. Insbesondere im Vergleich zum Electronic Recruiting ist die Suche nach geeigneten Stellen für potenzielle Bewerber zudem relativ aufwändig, da komfortable Suchfunktionen fehlen (vgl. Jetter 2008, S. 54 f.).

5.1.2.1.2.4 Bundesagentur für Arbeit

Die Bundesagentur für Arbeit (BA) in Nürnberg und die ihr untergeordneten lokalen Arbeitsagenturen unterstützen Unternehmungen bei der Personalwerbung, indem sie diesen Arbeitsmarktberatung sowie Ausbildungs- und Arbeitsvermittlung anbieten. Die gesetzliche Grundlage dafür bildet § 3 des Dritten Sozialgesetzbuchs (SGB III). Dazu sammeln diese systematisch Stellenangebote von Unternehmungen und Stellengesuche von Arbeitssuchenden und leiten diese weiter. Zu den Dienstleistungen der BA zählt auch die Veröffentlichung von Stellenangeboten (Stellen-Informations-Service) und Stellengesuchen (Arbeitgeber-Informations-Service) im Internet (www.arbeitsagentur.de). Sowohl die Beratung als auch die Stellenvermittlung sind kostenlos.

Um der zunehmenden Differenzierung des Arbeitsmarktes Rechnung zu tragen, führt die BA besondere Dienste für spezielle Berufsgruppen durch. Dazu zählen etwa der Fachvermittlungsdienst für Hochschulabsolventen, Vermittlungsbörsen für IT-Fachkräfte und Ingenieure und die JOB-Vermittlungsbörse für Nebenbeschäftigungen. Die BA will sich in Zukunft verstärkt von einer Behörde zu einer Dienstleistungsunternehmung wandeln, um die Effizienz der Stellenvermittlung zu erhöhen.

5.1.2.1.2.5 Initiativbewerbung

Vor allem Unternehmungen mit einem sehr positiven Arbeitgeberimage und einem hohen Bekanntheitsgrad erhalten zahlreiche unaufgeforderte Initiativbewerbungen von Stellensuchenden. So gehen etwa bei Siemens jährlich rund 70.000 Initiativbewerbungen ein, das sind rund ein Drittel aller eingehenden Bewerbungen (vgl. Kürn 2004).

Initiativbewerbungen werden vor allem von Bewerbern verfasst, die nach ihrer Schul- oder Hochschulausbildung erstmals eine Stelle suchen. Die Zahl der Initiativbewerbungen kann deshalb u.a. durch intensives Hochschulmarketing gesteigert werden.

5.1.2.1.2.6 Hochschulmarketing (Campus-Recruiting)

Die Werbung der (zukünftigen) Absolventen von Universitäten, Fachhochschulen, Berufsakademien, u.a. hat in den USA seit vielen Jahren eine sehr große Bedeutung. Auch in Deutschland findet diese Form der Personalwerbung eine zunehmende Verbreitung (vgl. Fuchs/Westerwelle/Buchberger 1999). Maßnahmen des Hochschulmarketing sind z.B. (vgl. Kienbaum Consultants International 2003a):

- Fachvorträge in Seminaren und Vorlesungen,
- Unterstützung von Seminar-, Bachelor- und Masterarbeiten sowie Dissertationen,
- Besichtigungen,
- Praktika und Tätigkeiten als Werkstudent,
- Beteiligung an speziellen Absolventenmessen.

Die Vorteile des Hochschulmarketing bestehen darin, geeignete Kandidaten relativ frühzeitig kennen zu lernen und deren Verhalten in unternehmungsnahen Situationen beurteilen zu können. Potenzielle Bewerber lernen die Unternehmung und deren Organisationskultur kennen und können ihr weiteres Studium an den konkreten Anforderungen ihres Wunscharbeitgebers ausrichten (vgl. Holtbrügge/Platz 2016). Dies ist besonders für die Gewinnung hochqualifizierter Absolventen relevant (vgl. von der Oelsnitz/Stein/Hahmann 2007). Ein Nachteil dieser Form der Personalwerbung ist der relativ hohe finanzielle und personelle Aufwand.

> Ein sehr intensives und systematisches College Recruiting betreibt SAP. Im Rahmen ihres University Alliances-Programms kooperiert die Unternehmung weltweit mit mehr als 900 Hochschulen. Über 170.000 Studierende erhalten Zugang zu den neusten SAP-Technologien und können an Projekten und Wettbewerben teilnehmen. Studierende wirtschaftlicher und technischer Studiengänge haben die Möglichkeit, während ihres Studiums an SAP-Schulungen teilzunehmen und dafür Zertifikate zu erwerben. Besonders gute Studierende werden zu dem jährlichen Bildungskongress nach St. Leon-Rot eingeladen. Dadurch kann SAP frühzeitig Studierende an die Unternehmung binden und diese über einen längeren Zeitraum im Rahmen von Trainings und Projekten beobachten (vgl. https://www.sap.com/germany/training-certification/university-alliances.html).

5.1.2.1.2.7 Personalvermittler

Die Möglichkeiten der Betätigung von Personalvermittlern wurden 1994 durch die Änderung des Arbeitsförderungsgesetzes (seit 1998 SGB III) erheblich ausgeweitet. Zuvor durften diese aufgrund des Vermittlungsmonopols der Bundesagentur für Arbeit keine eigenen Datenbanken mit Stellensuchenden und Stellenangeboten aufbauen, sondern lediglich beratend und nur bei konkreten Aufträgen von Stellenanbietern oder Stellensuchenden tätig werden.

> Ein Beispiel einer Unternehmung, die im Bereich der Personalberatung und -vermittlung tätig ist, ist die Gemini Executive Search. Im Dezember 2000 aus einem Geschäftsbereich der Capgemini ausgegründet, ist die Unternehmung derzeit in Deutschland, Tschechien und der Schweiz tätig. Gemini Executive Search greift bei der Suche nach qualifizierten Führungs- und Fachkräften ausschließlich auf die Direktansprache potenzieller Kandidaten zurück. Diese erfolgt gegenwärtig durch 30 Berater, die jeweils für einzelne Branchen und Geschäftsfelder zuständig sind. Darüber hinaus prüft die Unternehmung die Wechselbereitschaft von Kandidaten und führt auf Wunsch des Auftraggebers eine Vorauswahl durch (vgl. http://www.gemini-exs.com).

Personalvermittler (Headhunter) werden aufgrund der hohen Kosten zumeist nur bei der **Besetzung von gehobenen Führungspositionen** eingeschaltet. Die Vorteile dieser Rekrutierungsform bestehen vor allem darin, dass die suchende

Unternehmung zunächst anonym bleiben und auf das Netzwerk des mit der Personalsuche beauftragten Personalvermittlers zurückgreifen kann (vgl. Hofmann/ Steppan 2010; Füchtner/Wegerich 2011). Personalvermittler können wiederum geeignet erscheinende Kandidaten direkt ansprechen. Der gezielten Abwerbung von Mitarbeitern anderer Unternehmungen sind jedoch wettbewerbs- und arbeitsrechtliche Grenzen gesetzt (vgl. Bettin 1999). So ist etwa die Ansprache von potenziell wechselwilligen Mitarbeitern unter einem Vorwand verboten. Unzulässig ist im Unterschied zur Personalvermittlung auch die Arbeitsvermittlung, bei der Personalvermittler unabhängig von einem konkreten Auftrag etwa in Anzeigen suchen oder anbieten oder von Bewerbern Gebühren oder Erfolgshonorare verlangen oder annehmen.

5.1.2.1.2.8 Personalhomepage

Die Nutzung des Internet als Weg der Personalwerbung hat seit Mitte der neunziger Jahre eine große Bedeutung erlangt. Die Einrichtung einer eigenen Personalhomepage als spezifische Form des Electronic Recruiting bietet Unternehmungen den Vorteil einer umfassenden Darstellung ihrer Corporate Identity (*employer branding*). Nach einer empirischen Studie von Williamson et al. (2010) wirken sich der Informationsgehalt und die ansprechende Gestaltung von Personalhomepages positiv auf die Personalwerbung aus. Dies gilt insbesondere für Unternehmungen mit einem positiven Arbeitgeberimage (vgl. Abb. 5.2).

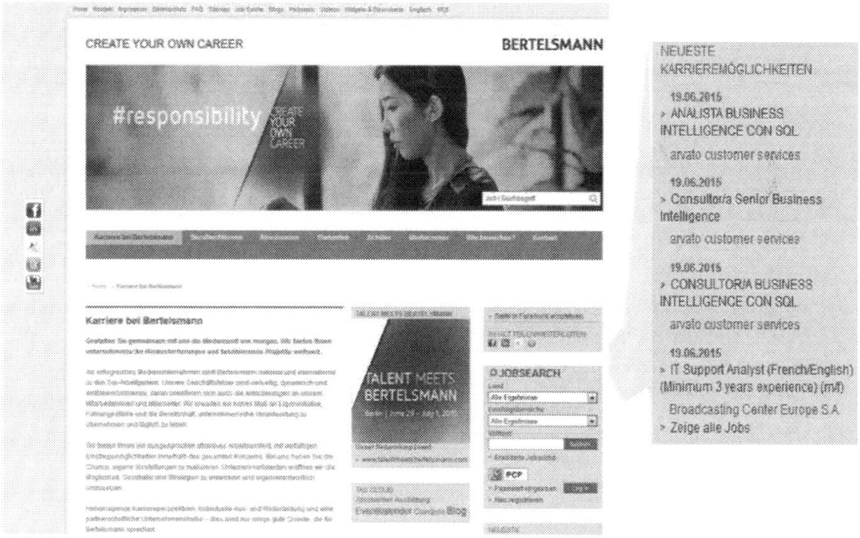

Abb. 5.2. Karriereseite der Bertelsmann AG (Quelle: http://createyourowncareer.de/Karriere-bei-Bertelsmann.html)

Über die Personalhomepage können Bewerbungen entweder per Email oder mit Hilfe eines standardisierten Formulars eingereicht werden. Während *Email-Bewerbungen* den Fokus auf die individuell ausgestaltete Bewerbung legen, steht bei

Formularbewerbungen die standardisierte Bearbeitung der Bewerbung im Vordergrund. Dadurch können die Datenqualität erhöht und die Durchlaufzeiten und Kosten je Bewerbung reduziert werden. Diese Vorteile sind vor allem für Unternehmungen mit einem sehr positiven Arbeitgeberimage und hohem Bekanntheitsgrad relevant, die eine große Zahl von Bewerbungen erhalten. Ein Nachteil ist jedoch, dass dadurch individuelle Merkmale von Bewerbern kaum berücksichtigt werden können (vgl. Puck et al. 2004; Puck/Mohr/Holtbrügge 2006).

Neben der Personalwerbung kann die Personalhomepage auch zur **Vorauswahl** von Bewerbungen genutzt werden. Dazu sind etwa *Online-Spiele* und *Web-Assessments* geeignet, die Bewerbern die Möglichkeit einer frühzeitigen Eignungsdiagnose bzw. Selbstselektion ermöglichen (vgl. Jetter 2008, S. 66 ff.; Steiner 2009). Nach einer empirischen Studie von Hell et al. (2006) ist die Validität von Online-Tests allerdings nur gering. Sie sind deshalb vor allem zur Vorauswahl bei größeren Bewerberzahlen oder zur Selbstselektion geeignet. Nach einer Untersuchung von Laumer/Eckhardt/Weitzel (2012) sind für die Bereitschaft von Stellensuchenden, sich an Online-Tests zu beteiligen, vor allem die wahrgenommene Einfachheit, die Nützlichkeit und der Spaß der Nutzung sowie die wahrgenommene Fairness des Selektionsmechanismus relevant.

Ein innovatives Electronic Recruiting-System hat im Oktober 2000 die Bertelsmann AG eingeführt. Im Vergleich zu vielen anderen Unternehmungen zeichnet sich dieses durch die vollständige Digitalisierung des Bewerbungsprozesses und die Integration von vier Systemelementen aus, die enge Schnittstellen zueinander aufweisen.

Über die Jobbörse der Recruiting-Website www.createyourowncareer.de lassen sich alle extern ausgeschriebenen offenen Stellen nach spezifischen Kriterien durchsuchen. Interessenten haben die Möglichkeit, sich entweder online auf eine ausgeschriebene Stelle zu bewerben oder eine Online-Initiativbewerbung zu verfassen. Eine Besonderheit ist dabei der Personal-Career-Planner, der auf Wunsch von Interessierten permanent nach offenen Stellen mit dem gewünschten Profil sucht und diese darüber per SMS oder Email informiert.

Ein zweites Element stellt das Bewerbermanagementsystem Becruiter dar, das die vollständig elektronische Bearbeitung von Bewerbungen ermöglicht. Dazu zählen etwa die Möglichkeit des Einscannens von Papierdokumenten (z.B. Zeugnisse) und die elektronische Weiterleitung von Bewerberdaten an die Fachabteilungen per Webdialog. Dadurch entfällt insbesondere die wiederholte Eingabe von Stellenanzeigen und Bewerberdaten in unterschiedlichen Abteilungen.

Interne Bewerber haben die Möglichkeit, im Intranet alle extern und intern ausgeschriebenen Stellen zu durchsuchen und sich auf Wunsch anonymisiert zu bewerben. Dies gilt ebenfalls sowohl für ausgeschriebene Stellen als auch für Initiativbewerbungen.

Das letzte Element bilden Rahmenverträge mit verschiedenen externen Jobbörsen, die direkt mit dem Electronic Recruiting-System verbunden sind. Seit 2008 erfolgt auch die schrittweise Integration von Social-Media-

Plattformen wie XING, LinkedIn, Facebook und Twitter. Online-Bewerbungen werden dadurch automatisch im Becruiter gespeichert und dem ausschreibenden Bereich zugeordnet.

Die Vorteile des Electronic Recruitings sieht Bertelsmann vor allem in der um bis zu 60% gesteigerten Geschwindigkeit des Personalbeschaffungsprozesses. Offene Stellen und Bewerbungen können schneller erfasst und abgeglichen werden. Zudem konnte die Produktivität (gemessen an der Zahl der bearbeiteten Bewerbungen pro Zeiteinheit) um bis zu 65% erhöht werden. Die elektronische Personalbeschaffung weist dadurch erhebliche Kostenvorteile auf (vgl. Hesse 2002; Bernauer et al. 2011, S. 90 ff.).

5.1.2.1.2.9 Elektronische Jobbörsen

Neben der Einrichtung einer Personalhomepage besteht eine zweite Möglichkeit des Electronic Recruiting in der Nutzung von Online-Jobbörsen. Anbieter sind z.B. die Bundesagentur für Arbeit, verschiedene Tages- und Wochenzeitungen sowie zahlreiche spezialisierte Internet-Portale. Eine Übersicht über ausgewählte Jobbörsen gibt Tabelle 5.2.

Tabelle 5.2. Kennzahlen der größten zehn Jobbörsen in Deutschland (Stand: Januar 2013)

Homepage	Stellenangebote	Rang unter den meistbesuchten Links in Deutschland (Alexa-Traffic-Rank)	Preis pro Stellenanzeige	Nutzerzufriedenheit (Schulnoten)
www.meinestadt.de	346.105	75	490 €	1,8
www.arbeitsagentur.de	336.890	82	k.A.	2,2
www.jobscout24.de	> 250.000	1.198	ab 395 €	1,9
www.gigajob.de	173.880	9.077	kostenfrei	1,9
www.experteer.de	> 80.000	1.897	k.A.	2,0
www.stepstone.de	49.304	175	ab 725 €	1,8
www.monster.de	32.487	350	ab 645 €	2,0
www.xing.com/jobs	8.231	25	ab 395 €	2,0
www.kalaydo.de/jobboerse	7.344	7.602	ab 590 €	1,7
www.stellenanzeigen.de	5.654	1.179	ab 450 €	1,9

Quelle: Mattscheck (2013)

Vorteile der Nutzung von elektronischen Jobbörsen sind vor allem die hohe Aktualität, Verbreitung und Schnelligkeit des Internet sowie die komfortablen Navigations- und Suchfunktionen. Stellenanzeigen im Internet können von Unternehmungen relativ kostengünstig, zielgruppenspezifisch und zum gewünschten Zeitpunkt geschaltet und von Bewerbern orts- und zeitunabhängig angesehen werden (vgl. Grund 2006). Empirische Untersuchungen weisen zudem darauf hin, dass auch latent wechselwillige Personen angesprochen werden, indem Jobbörsen die Möglichkeit eröffnen, das eigene Profil anonymisiert zu hinterlegen (vgl. Kienbaum/Zimmer 2003, S. 22 ff.).

5.1.2.1.2.10 Soziale Netzwerke

Eine dritte Möglichkeit des Electronic Recruiting sind Unternehmungspräsentationen in sozialen Netzwerken. Vor allem jüngere Menschen nutzen regelmäßig *Social Media* wie Facebook, LinkedIn, Twitter oder XING und informieren sich darüber zunehmend über Stellenangebote (vgl. Bernauer et al. 2011; Steinmetz/Scheel 2012; Arnold 2014). Die Etablierung von Karriereseiten in diesen und anderen sozialen Netzwerken ermöglicht Unternehmungen deshalb vor allem eine zielgruppenspezifische und authentische Ansprache von Schul- und Hochschulabsolventen. Darüber hinaus kann mit Interessierten direkt und schnell kommuniziert werden. Ein Nachteil der Nutzung sozialer Netzwerke zur Personalwerbung ist, dass Aussagen von Nutzern kaum kontrolliert werden und dadurch einen erheblichen Einfluss auf die öffentliche Wahrnehmung der jeweiligen Unternehmung ausüben können. Dies gilt in besonderem Maße für Netzwerke wie Glassdoor oder Kununu, in denen Arbeitnehmer, Bewerber und Auszubildende Unternehmungen bewerten können (vgl. Abb. 5.3).

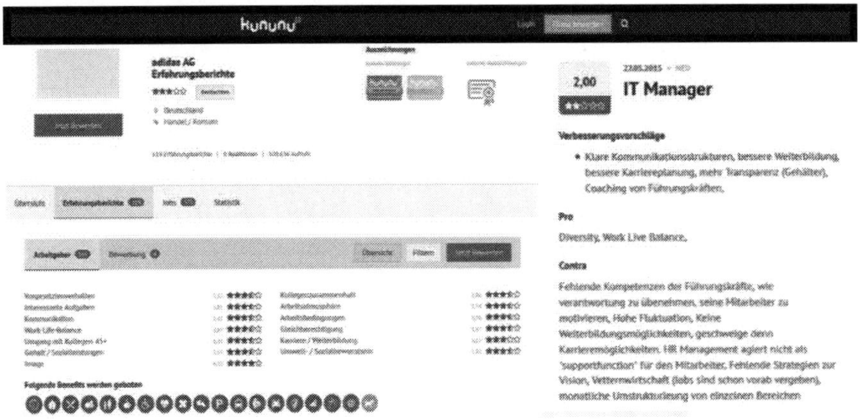

Abb. 5.3. Bewertung der Adidas AG auf Kununu (Quelle: http://www.kununu.com/de/all/de/hg/adidas/kommentare)

5.1.2.1.3 Praktische Bedeutung und Effizienz

Zur *praktischen Bedeutung* unterschiedlicher Wege der Personalwerbung kommt eine in Zusammenarbeit mit der Online-Jobbörse Monster durchgeführte Studie von Weitzel et al. (2015) unter den größten 1.000 Unternehmungen in Deutschland zu dem Ergebnis, dass das Electronic Recruiting und hier wiederum vor allem die Nutzung von Social Media in den letzten Jahren stark an Bedeutung gewonnen hat. Während 90,4% der offenen Stellen auf der Unternehmungs-Website, 70,1% in Internet-Stellenbörsen und 28,1% in sozialen Netzwerken ausgeschrieben werden, geschieht dies in Zeitungen und Zeitschriften nur in 11,9% der Fälle. 30,5% aller offenen Stellen werden der BA gemeldet. Ein weiterer Weg der Personalwerbung sind Mitarbeiterempfehlungen mit 22,7%. Die größte Bedeutung im Rahmen von Social Media besitzt das Karrierenetzwerk XING, bei dem 25,3% der befragten Unternehmungen regelmäßig Stellenanzeigen schalten. LinkedIn (8,5%), Twitter (6,3%) und Facebook (5,2%) und werden dagegen deutlich seltener genutzt. Darüber hinaus gewinnen unternehmensinterne soziale Netzwerke (z.B. Yammer, IBM Connections u.a.) für die Personalwerbung an Bedeutung.

Obwohl deutlich mehr offene Stellen auf der eigenen Unternehmungs-Webseite als in Internet-Stellenbörsen veröffentlicht werden, ist die Zahl der Stellenbesetzungen über diese beiden Beschaffungswege mit jeweils 37,3% gleich groß. 8,0% aller Stellenbesetzungen erfolgen über Mitarbeiterempfehlungen und 5,1% über Social Media. Auf Printmedien entfallen 4,0%, auf die BA 2,7% und auf sonstige Wege der Personalbeschaffung 5,6%.

Auch die *Effizienz* von unterschiedlichen Wegen der Personalwerbung, d.h. deren Einfluss auf die Arbeitsleistung bzw. -zufriedenheit eines Mitarbeiters sowie den Unternehmungserfolg ist vielfach empirisch untersucht worden, ohne dabei allerdings ein eindeutiges Bild zu vermitteln. Während etwa die Studien von Chung et al. (1987) und Guthrie/Datta (1998) einen positiven Einfluss der externen Personalwerbung von Führungskräften auf den kurzfristigen Unternehmungserfolg nachweisen, kommt Zajac (1990) zu dem genau entgegengesetzten Ergebnis. Auch eine auf dem ressourcenorientierten Ansatz basierende Studie von Groysberg/Nanda/Nohria (2005) bei US-amerikanischen Investmentbanken zeigt, dass extern rekrutierte Führungskräfte aufgrund ihrer fehlenden *social embeddedness* eine geringere Leistung als intern entwickelte Manager aufweisen. Gmür/Klimecki/Litz (2003) weisen zudem darauf hin, dass nicht nur die Form der Personalwerbung den Unternehmungserfolg, sondern umgekehrt der Unternehmungserfolg auch die Form der Personalwerbung beeinflusst. Ihre Befragung von Personalleitern mittelgroßer Unternehmungen aus den Branchen Finanzdienstleistungen und Softwareentwicklung belegt, dass unterdurchschnittlich erfolgreiche Unternehmungen frei werdende Positionen eher extern besetzen, während erfolgreiche Unternehmungen eher auf die interne Personalwerbung zurückgreifen.

5.1.2.2 Bewerberauswahl

5.1.2.2.1 Gegenstand und Ziele

Den Gegenstand der Bewerberauswahl als zweite Teilaufgabe bzw. -phase der Personalbeschaffung bildet die Identifikation desjenigen Bewerbers, dessen Eignungsprofil die höchste Übereinstimmung mit den Anforderungsmerkmalen der zu besetzenden Stelle aufweist. In dieser zumeist zeit- und kostenaufwändigsten Phase der Personalbeschaffung stehen einer Unternehmung mehrere Verfahren der

Eignungsdiagnose von Bewerbern zur Verfügung (vgl. ausführlich Schuler et al. 1995; Jetter 2008; Schuler 2014). Mit der Entscheidung für ein bestimmtes Auswahlverfahren sind vor allem die folgenden Ziele verbunden (vgl. Tab. 5.3):

Tabelle 5.3. Gütekriterien von Verfahren der Bewerberauswahl

Kriterium	**Ausprägung**
Validität (Gültigkeit)	Zusammenhang zwischen Verfahren bzw. Kriterium (z.B. Zeugnisnote) und induziertem Merkmal (z.B. Leistungsfähigkeit)
Reliabilität (Zuverlässigkeit)	Zuverlässigkeit im Zeitablauf und bei verschiedenen Beurteilern
Komplexität	einfache Handhabung sowie geringer Zeit- und Kostenaufwand
Fairness	Berücksichtigung von Einschränkungen des Bewerbers, die für die Ausübung der Tätigkeit nicht relevant sind
soziale Qualität	Akzeptanz und Entscheidungsunterstützung der Bewerber
Legalität	Beachtung der gesetzlich garantierten Rechte und Interessen der Bewerber

- Das wichtigste Ziel besteht zumeist darin, mit Hilfe geeigneter Verfahren bzw. Kriterien die Eignung eines Bewerbers für die ausgeschriebene Stelle möglichst exakt zu prognostizieren. Dies setzt eine hohe *Prognosevalidität* des Auswahlverfahrens voraus, d.h. das Verfahren muss diejenigen Kriterien messen, die für die Ausübung der zukünftigen Aufgaben tatsächlich relevant sind.
- Weiterhin soll sichergestellt werden, dass die Auswahlentscheidung von dem angewandten Verfahren und nicht von subjektiven Eindrücken der Beurteilenden abhängt. Hierzu ist eine hohe *Reliabilität*, d.h. eine hohe Zuverlässigkeit des Verfahrens im Zeitablauf und bei verschiedenen Beurteilern erforderlich.
- Unter ökonomischen Aspekten soll das gewählte Verfahren eine geringe *Komplexität* aufweisen, d.h. einfach handhabbar sein und einen geringen Zeit- und Kostenaufwand verursachen.
- Die *Fairness* des Verfahrens stellt sicher, dass das Ergebnis des Auswahlverfahrens nicht durch Eigenschaften des Bewerbers (z.B. Legasthenie, Beeinträchtigungen in der visuellen Informationsverarbeitung, motorische Einschränkungen) verzerrt wird, die für die Ausübung der Tätigkeit nicht relevant sind.
- Das Verfahren muss eine hohe *soziale Qualität* besitzen. So hängen etwa die Zahl der Bewerbungen und Zusagen von der Akzeptanz des Auswahlverfahrens ab (vgl. Hülsheger/Anderson 2009; Truxillo/Bauer/McCarthy 2015). Vor dem Hintergrund des wachsenden Fachkräftemangels wird es zudem immer wichtiger, sich dem Bewerber als attraktiver Arbeitgeber zu präsentieren und dessen Interesse an einer Tätigkeit in der Unternehmung zu wecken bzw. zu festigen (vgl. Eberz/Baum/Kabst 2012).

- Schließlich muss das Verfahren *legal* sein, d.h. die Rechte von Bewerbern nicht missachten. Hierzu zählt etwa die Gewährleistung der Chancengleichheit nach Art. 33, Abs. 2 GG. Bei der Festlegung von Auswahlrichtlinien muss zudem der Betriebsrat beteiligt werden (§ 95 BetrVG).

Eine besondere Bedeutung für die legale Bewerberauswahl besitzt das am 14.8.2006 verabschiedete **Allgemeine Gleichbehandlungsgesetz** (AGG), durch das die europäische Antidiskriminierungsrichtlinie in deutsches Recht umgesetzt wurde. Das AGG verfolgt das Ziel, „Benachteiligungen aus Gründen der Rasse oder wegen der ethnischen Herkunft, des Geschlechts, der Religion oder Weltanschauung, einer Behinderung, des Alters oder der sexuellen Identität zu verhindern oder zu beseitigen" (§ 1). Dazu wird der Arbeitgeber u.a. zur diskriminierungsfreien Ausschreibung von Stellen verpflichtet (§ 11). Dies bedeutet etwa, dass geschlechtsspezifische Ausschreibungen von Stellen oder die Angabe von Altersgrenzen verboten sind. Selbst die optische Gestaltung von Stellenanzeigen muss *diskriminierungsfrei* erfolgen. So könnte z.B. ein Bild, auf dem nur Frauen oder nur Männer abgebildet sind, als diskriminierend empfunden werden. Verstößt der Arbeitgeber dagegen, können benachteiligte Bewerber Entschädigung und Schadensersatz im Umfang von bis zu drei Monatsgehältern fordern (§ 15). Problematisch für Unternehmungen ist insbesondere, dass diese die Beweislast dafür tragen, dass kein Verstoß gegen die Bestimmungen zum Schutz vor Benachteiligung vorgelegen hat, wenn Bewerber Indizien beweisen, die eine Benachteiligung vermuten lassen (§ 22).

In der Praxis hat das AGG zu einer Vielzahl von *Scheinbewerbungen* geführt, bei der abgelehnte Bewerber mit dem Hinweis auf diskriminierende Auswahlkriterien Schadensersatz fordern (vgl. Röpke 2007; Wilke 2007; Rühl/Hoffmann 2008). Dieses „AGG-Hoppping" wurde durch eine Entscheidung des EuGH vom 28.7.2016 (C-423/15) unterbunden. Danach lösen Bewerbungen keinen Diskriminierungsschutz aus, wenn eine Person mit ihrer Stellenbewerbung nicht die betreffende Stelle erhalten, sondern nur den formalen Status als Bewerber erlangen möchte, um dadurch einen Entschädigung geltend zu machen

5.1.2.2.2 Kriterien und Verfahren

5.1.2.2.2.1 Bewerbungsunterlagen

Die Eignungsdiagnose der Bewerber beginnt zumeist mit der Analyse der schriftlichen Bewerbungsunterlagen. Diese umfassen i.d.R. das *Anschreiben*, einen *Lebenslauf*, ein *Lichtbild*, eine Zusammenstellung aller *Schul-, Ausbildungs- und Arbeitszeugnisse* sowie möglicherweise *Referenzen*. Dabei sind zahlreiche internationale Unterschiede feststellbar. Während etwa in Deutschland und den USA Motivationsschreiben üblich sind, fehlen diese in Osteuropa. In Deutschland und Frankreich erfolgt der Lebenslauf in chronologischer, in Großbritannien und den USA dagegen in umgekehrt chronologischer Reihenfolge. Auch werden dort in Lebensläufen häufig Hobbys aufgeführt, das Alter bzw. Geburtsdatum zum Schutz vor Diskriminierung jedoch nicht angegeben. Aus dem gleichen Grund fügen Bewerber kein Foto bei. Nach der Verabschiedung des AGG wird auch in Deutschland auf persönliche Angaben, die in keinem direkten Zusammenhang zu der ausgeschriebenen Stelle stehen, zunehmend verzichtet. Ein Pilotprojekt des Bundesministeriums für Familie, Senioren, Frauen und Jugend zu *anonymisierten Bewerbungsverfahren* wurde jedoch wieder eingestellt (vgl. Krause et al. 2012).

Den Einfluss des Aussehens von Bewerbern auf die Wahrscheinlichkeit, zu Vorstellungsgesprächen eingeladen zu werden, verdeutlicht eine Studie von Ruffle/Shtudiner (2014). Die Autoren versandten 5.312 Bewerbungen auf 2.656 Stellenausschreibungen in Israel, und zwar einmal mit und einmal ohne Foto. Die Hälfte der Fotos zeigte attraktive Gesichter, die andere durchschnittliche.

„Und tatsächlich wurden die gut aussehenden Männer doppelt so oft angefragt wie ihre optisch neutralen Geschlechtsgenossen und auch öfter als die, deren Bewerbung ohne Foto eingereicht wurde. Bei Frauen aber war das Gegenteil der Fall. Bevorzugt wurden Bewerbungen, die das Aussehen nicht erkennen ließen. Und die attraktiven Frauen hatten das Nachsehen – vor allem dann, wenn nicht externe Agenturen, sondern firmeneigene Personalabteilungen die Auswahl trafen (…). Fällt hier die Hypothese vom blonden Dummchen ins Gewicht, die besagt, dass schönen Frauen nicht zugetraut wird, gescheit zu sein? (…)

Als Ruffle und Shtudiner den Resultaten ihrer Studie auf den Grund gingen, stießen sie auf einen unterschätzten Faktor: In firmeneigenen Personalabteilungen sitzen bis zu 85% Frauen. Ihr Neid wurde den Geschlechtsgenossinnen zum Verhängnis. Indem sie hässliche Entlein bevorzugten, folgerten die Forscher, versuchten sie die Schönheitskonkurrenz in der Firma zu verhindern.

Zu dieser Interpretation passt, dass externe Personalagenturen (mit einem Frauenanteil von 96%) keinen Unterschied zwischen gut und weniger gut aussehenden Frauen machten. Den Agentinnen war die Optik der Kandidatinnen offensichtlich egal – sie würden ja nicht mit ihnen zusammenarbeiten. Dafür baten sie hübsche Männer auffällig oft zum Interview. Die wollten sie sich unbedingt mal ansehen“ (Kutter 2012).

Neben Schul- und Abschlusszeugnissen von Berufsschulen bzw. Hochschulen kommt Arbeitszeugnissen bei der Bewerberauswahl eine große Bedeutung zu (vgl. Schleßmann 1998; Hesse/Schrader 2011). Nach § 630 BGB ist ein Arbeitgeber zur Ausstellung eines Arbeitszeugnisses verpflichtet, wenn der Arbeitnehmer dies verlangt. Das Arbeitszeugnis muss in angemessener äußerer Form verfasst sein und die in Tab. 5.4 aufgeführten Bestandteile beinhalten.

Bei der Interpretation von Arbeitszeugnissen entsteht das Problem, dass Arbeitgeber einerseits zu wahrheitsgemäßen Aussagen verpflichtet sind, der Wortlaut aber andererseits von „verständigem Wohlwollen“ (Schleßmann 1998, S. 18) geleitet sein muss. Es haben sich deshalb zahlreiche Zeugnis-Codes herausgebildet, die in verschlüsselter Form die Beurteilung des Arbeitsgebers ausdrücken. Besonders deutlich wird dies bei der *Zufriedenheitsformel*, die von Formulierungen wie „Er hat seine Aufgaben im großen und ganzen zu unserer Zufriedenheit erledigt“ (mangelhaft) bis zu „Er hat seine Aufgaben stets zu unserer vollsten Zufriedenheit erfüllt“ (sehr gut) reichen kann (vgl. Weuster/Scheer 2015).

Tabelle 5.4. Bestandteile von Arbeitszeugnissen

- Überschrift „Zeugnis“ oder „Arbeitszeugnis“
- Name, Vorname, Geburtsdatum und eventuell Anschrift des Arbeitnehmers
- Dauer der Unternehmungszugehörigkeit mit zeitlichen Unterabschnitten bei Versetzungen oder Beförderungen
- Funktionsbezeichnungen und Beschreibungen der Tätigkeitsinhalte
- Beurteilung von Fachwissen, Leistungen, besonderen Erfolgen, Einsatzbereitschaft, Weiterbildungsaktivitäten
- Beurteilung des Verhaltens zu Vorgesetzten und Kollegen
- Gesamtbeurteilung (Zufriedenheitsformel)
- Schlussabsatz (Dankes-Bedauern-Formel und Zukunftswünsche)
- Datum und Unterschrift einer für verbindliche Erklärungen des Arbeitgebers zuständigen Person

Auch andere (grammatikalisch nicht immer korrekte) Formulierungen können dazu dienen, den Konflikt zwischen Wahrheitsmäßigkeit und Wohlwollen zu umgehen (vgl. Tab. 5.5). Problematisch ist diese Praxis dann, wenn der Verfasser und der Leser eines Zeugnisses nicht die gleichen Codes verwenden oder wenn der Leser bestimmte Bestandteile des Zeugnisses (z.B. Tippfehler) in einer Weise interpretiert, die von dem Verfasser nicht beabsichtigt wurde (vgl. Huesmann 2008).

Tabelle 5.5. Formulierungen in Arbeitszeugnissen und deren Interpretation

Formulierung	Interpretation
• Er hat alle Arbeiten ordnungsgemäß erledigt	• Er ist ein Bürokrat, der keine Eigeninitiative aufbringt
• Er zeigte großen Fleiß und Interesse an der Arbeit	• Er war eifrig, aber ohne Erfolg
• Mit seinen Vorgesetzten ist er gut zurechtgekommen	• Er ist ein Mitläufer, der sich gut zu verkaufen weiß
• Durch seine Geselligkeit trug er stets zur Verbesserung des Betriebsklimas bei	• Er neigte zu übertriebenem bis exzessivem Alkoholgenuss
• Er zeigte ein hohes Einfühlungsvermögen für die Belange der Belegschaft	• Er suchte sexuelle Kontakte zu Betriebsangehörigen
• Er galt im Kollegenkreis als toleranter Mitarbeiter	• Er war für seine Vorgesetzten ein schwerer Brocken
• Wir haben uns in gegenseitigem Einverständnis/Einvernehmen getrennt	• Wir haben ihm gekündigt bzw. ihm nahe gelegt, selbst zu kündigen

Quelle: zusammengestellt aus Lucas (2001)

Zur Vorauswahl von Bewerbungen werden zunehmend elektronische Applicant Tracking Systeme eingesetzt. Mit Hilfe von Algorithmen werden die Bewerbungsunterlagen mit den Anforderungen der zu besetzenden Stelle verglichen. Dieser Abgleich dient insbesondere der Negativselektion, d.h. der frühzeitigen Eliminierung von Bewerbungen aus dem weiteren Auswahlprozess, die die Stellenanforderungen mit hoher Wahrscheinlichkeit nicht erfüllen (vgl. Laumer/Maier/Eckhardt 2015).

5.1.2.2.2.2 Selbstpräsentationen in sozialen Netzwerken

Neben den von Bewerbern eingereichten Unterlagen nutzen Arbeitgeber zunehmend Selbstpräsentationen in sozialen Netzwerken zur Gewinnung von Informationen über Bewerber (vgl. Roth et al. 2016). So gaben 60% der in einer Studie von Schwierz et al. (2009) befragten Personalexperten an, sich gelegentlich in sozialen Netzwerken über potenzielle Mitarbeiter zu informieren. Neben beruflichen Stationen gilt dies vor allem für Hobbys, Freunde, Fotos und Mitgliedschaften in Gruppen. Eine experimentelle Studie von Brecht-Heitzmann/Groels/Reichmuth (2010) zeigt, dass die Selbstpräsentation in sozialen Netzwerken einen erheblichen Einfluss auf die Vorselektion von Bewerbern haben kann. Danach wurden Bewerber, die aus Sicht von Arbeitgebern negative Eigenschaften in sozialen Netzwerken offenbart haben (z.B. politische Ansichten, Zugehörigkeit zu bestimmten Gruppen), signifikant seltener zu Bewerbungsgesprächen eingeladen als Bewerber ohne entsprechende Hinweise.

Die Zulässigkeit des *Social Media Screening* durch Arbeitgeber ist rechtlich umstritten. So erlaubt § 32 Abs. 1 des BDSG die Verarbeitung und Nutzung personenbezogener Daten nur dann, wenn dies „für die Entscheidung über die Begründung eines Beschäftigungsverhältnisses (...) erforderlich ist." Zulässig ist dies auch, wenn der Bewerber dieser zustimmt oder z.B. in seinen Bewerbungsunterlagen explizit auf seine Einträge in sozialen Netzwerken hinweist.

Die amerikanische Unternehmung Klout (www.klout.com) hat einen Index entwickelt, der das soziale Kapital einer Person in Form der Präsenz in sozialen Netzwerken wie Facebook, Twitter, Google+ und LinkedIn misst. In die Berechnung des Klout-Scores, der Werte zwischen 0 und 100 annehmen kann, fließen Daten aus drei Kategorien ein: Erstens, die Quantität, d.h. die Anzahl der Facebook-Freunde, Twitter-Follower oder YouTube-Abonnenten einer Person und die Intensität, mit der sie über diese Kanäle kommuniziert. Zweitens, die Mobilisierungsfähigkeit, die misst, wie viele Tweets oder Facebook-Einträge einer Person von anderen Nutzern kommentiert, gemocht oder weiterverbreitet werden. Drittens, die Güte des eigenen Netzwerks, d.h. der Einfluss der eigenen digitalen Freunde bzw. Follower.

In Nordamerika wird der auf der Basis dieser drei Faktoren ermittelte Klout-Score bereits häufig bei der Personalauswahl eingesetzt. Besonders viel Aufsehen erregte ein Artikel über den PR-Manager Sam Fiorella, der bei einem Bewerbungsgespräch in Toronto nach seinem Klout-Score gefragt wurde. „Er hatte keine Ahnung, was diese ominöse Score überhaupt sein sollte. Der Personalchef tippte daraufhin ein paarmal in seinen Computer und drehte den Bildschirm zu Fiorella. ‚34', stand da in weißer Schrift auf orangefarbenem Hintergrund. Sein Klout-Score. Trotz seiner 15 Jahre Berufserfahrung mit Großkunden wie AOL oder Ford beendeten die Interviewer danach ziemlich schnell das Gespräch. Den Job bekam ein Konkurrent mit einem Score von 67" (Souza Soares 2012).

5.1.2.2.2.3 Personalfragebogen

Vor allem Unternehmungen mit einer großen Zahl von Bewerbungen senden an aussichtsreich erscheinende Bewerber Fragebögen, um offene Fragen zu beantworten und die wichtigsten Daten in eine standardisierte Form zu bringen. Im Rahmen des Electronic Recruiting sind Personalfragebögen häufig als Download auf der Personalhomepage verfügbar. Sowohl die Einführung als auch die Aufnahme einzelner Fragen bedarf nach § 94 BetrVG der Zustimmung des Betriebsrats.

Eine Sonderform sind *biographische Fragebögen*, in denen nicht nur objektive Daten des Lebenslaufs und des Berufswegs, sondern auch subjektive und nicht unmittelbar berufsbezogene Daten wie z.B. Hobbys, Ämter, Berufe der Eltern, das Verhalten in erlebten Konfliktsituationen oder Einstellungen zu bestimmten Themen abgefragt werden. Dem liegt die Annahme zugrunde, dass der biographische Hintergrund eines Bewerbers eine hohe Prognosevalidität für sein zukünftiges Arbeitsverhalten besitzt. Zur Erhöhung der Validität werden darüber hinaus häufig zukunftsbezogene Fragen wie z.B. nach den Zukunftsplänen oder angestrebten Positionen gestellt (vgl. Schuler/Stehle 1986; Bliesener 1992).

5.1.2.2.2.4 Vorstellungsgespräche

Nach der Analyse der Bewerbungsunterlagen und eventuell weiterer Informationen findet zumeist eine Vorauswahl einer kleineren Zahl von potenziell geeigneten Bewerbern statt, mit denen eine direkte Kontaktaufnahme erfolgt und Vorstellungsgespräche geführt werden. Diese dienen dazu, einen persönlichen Eindruck des Bewerbers zu gewinnen, die in den Bewerbungsunterlagen gemachten Aussagen zu überprüfen und fehlende Daten zu ermitteln. Dies gilt sowohl für *biographische Daten* als auch für *Persönlichkeitsmerkmale* der Bewerber und deren *Verhalten in Gesprächssituationen* (vgl. Weuster 2012a).

Im Hinblick auf den **Freiheitsgrad** von Einstellungsgesprächen können mehrere Formen unterschieden werden:

- Bei *strukturierten Interviews* werden allen Bewerbern die gleichen Fragen mit gleichem Wortlaut und in der gleichen Reihenfolge gestellt.
- Bei *freien Interviews* können die Interviewer ihre Fragen frei formulieren und beliebige Themen ansprechen.
- Eine Mischform bilden *halbstrukturierte Interviews*, denen ein Interviewleitfaden mit zuvor festgelegten Themengebieten zugrunde liegt.

Je strukturierter und standardisierter Einstellungsgespräche sind, desto höher ist die Vergleichbarkeit der Bewerber. Strukturierte Interviews weisen deshalb nach einer Meta-Analyse von McDaniel et al. (1994) eine höhere Prognosevalidität auf. Freie Interviews erlauben es dagegen eher, auf individuelle Besonderheiten von Bewerbern einzugehen und z.B. spontan auf deren Antworten zu reagieren. Die Gefahr von Beobachtungs- und Beurteilungsfehlern (vgl. Tab. 5.6) nimmt jedoch zu (vgl. Wick 2005), weshalb mit zunehmendem Freiheitsgrad die Anzahl der am Einstellungsgespräch Beteiligten steigen sollte. Sonderformen von Einstellungsgesprächen sind Gruppeninterviews, Stressinterviews und Tiefeninterviews:

- In *Gruppeninterviews* werden mehrere Bewerber gleichzeitig befragt.
- *Stressinterviews* dienen dazu, die psychische Belastungsfähigkeit von Bewerbern mit Hilfe von provozierenden Fragen zu überprüfen.
- *Tiefeninterviews* bedienen sich psychoanalytischer Konzepte, um unbewusste Einstellungen, Werte und Motive von Bewerbern offen zu legen.

Tabelle 5.6. Beobachtungs- und Beurteilungsprobleme in Interviews

Phänomen	**Beschreibung**
Ähnlichkeitsphänomen	Tendenz, Bewerber besser zu bewerten, die dem Verhalten und der Herkunft des Beurteilenden ähneln
Halo-Effekt	Beurteilung von Persönlichkeitseigenschaften wird von einer einzigen positiven oder negativen Eigenschaft dominiert
Primacy-Effekt	Neigung, Bewerber nach dem ersten Eindruck zu bewerten und Folgewertungen selektiv als Bestätigung der bereits getroffenen Bewertung zu treffen
Kontrast-Effekt	Beurteilung eines Kandidaten wird durch das Auftreten des unmittelbar zuvor erschienenen Kandidaten beeinflusst
Realnormierte Messung	Derselbe Bewerber kann in einer „schwachen" Gruppe als stark und in einer „stärkeren" Gruppe als durchschnittlich eingestuft werden
Ermüdungs-Effekt	Beurteiler neigen dazu, Bewerber am Morgen positiver einzuschätzen als am Abend (vgl. Simonsohn/Gino 2013)
Matrjoschka-Effekt	Weniger kompetente Beurteiler neigen dazu, weniger kompetente Bewerber solchen mit überdurchschnittlichen Fähigkeiten vorzuziehen („A's hire A's, and B's hire C's") (vgl. Bishop 2009)
Dunning-Kruger-Effekt	Weniger kompetente Beurteiler neigen dazu, ihre eigene Beurteilungsfähigkeit zu überschätzen und überlegene Fähigkeiten bei Bewerbern zu unterschätzen (vgl. Kruger/Dunning 1999)

Bei Einstellungsgesprächen sind nicht alle Fragen zulässig. Bewerber können eine Antwort auf bestimmte Fragen verweigern oder dürfen diese nicht wahrheitsgemäß beantworten, ohne dass ihnen daraus später Nachteile entstehen dürfen. Dem stehen bestimmte Offenbarungspflichten des Bewerbers gegenüber (vgl. Tab. 5.7). Machen Bewerber in Einstellungsgesprächen falsche Aussagen oder kommen sie ihren Offenbarungspflichten nicht nach, kann der Arbeitgeber den Arbeitsvertrag wegen arglistiger Täuschung anfechten (§ 123 BGB).

Tabelle 5.7. Offenbarungspflichten und Fragerechte in Vorstellungsgesprächen

	Offenbarungspflicht (von sich aus)	**zulässige Frage und wahrheitsgemäße Beantwortung**
Wettbewerbsverbot	ja	ja
Schwerbehinderung, chronische Krankheiten	wenn der Bewerber wegen der Behinderung bzw. Krankheit die vorgesehene Arbeit nicht leisten kann, oder deswegen beschränkte Leistungsfähigkeit für die vorgesehene Stelle von ausschlaggebender Bedeutung ist	soweit für die Stelle von Bedeutung
beruflicher Werdegang (einschließlich Wehr-/ Zivildienst)	nein	ja
Schwangerschaft	nein	nur weibliche Bewerberinnen, soweit für die Stelle von Bedeutung
letztes Einkommen		wenn dieses Schlüsse auf die Eignung für die angestrebte Position zulässt
Vorstrafen	bei höherer Stellung, z.B. Lehrer mit Sittlichkeitsvorstrafen	soweit für die Stelle von Bedeutung, z.B. Eigentumsdelikt bei Kassierer, Verkehrsdelikt bei Fahrer
Vermögensverhältnisse		bei leitenden Angestellten, Bankkassierern und ähnlichen Vertrauensstellungen
Religions- und Parteizugehörigkeit	Nein	bei konfessionellen Krankenhäusern, Kindergärten sowie religions- oder parteigebundenen Verlagen (Tendenzbetrieben)
Gewerkschaftszugehörigkeit		allenfalls wegen Tarifbindung oder Beitragseinzug
Heiratsabsicht insbesondere bei Frauen		nein

Quelle: leicht verändert nach Scholz 2014, S. 573

„Mit welcher Frage erfährt man *wirklich* etwas über seinen Gesprächspartner? ‚Wo sehen Sie sich in fünf Jahren?‘ gilt zwar als Klassiker des Bewerbungsgesprächs, führt aber oft nicht weiter: Die Frage ist völlig erwartbar und steht in jedem Bewerbungsratgeber. Kandidaten wissen, was die andere Seite hören möchte: ‚In einer Position, wo ich – gemeinsam mit meinem engagierten Team – etwas für Ihre Firma bewegen kann!‘ Gähn.

Wer würde den Kampf zwischen Spiderman und Batman gewinnen? Schätzen Sie die Gesamtzahl der Autos in Großbritannien! Wie würden Sie den Eiffelturm bauen? Können Sie berechnen, wie viele Tennisbälle im Verlauf des Wimbledon-Turniers genutzt werden? Was kann der Grund dafür sein, dass beim Pizzadienst ‚Prima Pizza‘ der Umsatz einbricht, obwohl das Konzept gar nicht verändert worden ist? Das sind schon andere Kaliber. Sie kommen unerwartet und sind selbst mit gutem Allgemeinwissen schwer zu beantworten, manchmal auch gar nicht (…).

Aber was soll man sagen, wenn der Personaler mit solchen Fragen um die Ecke biegt? Der beste Tipp: gelassen reagieren, auch wenn das Problem auf den ersten Blick unlösbar erscheint. Und laut denken. Denn darum geht es den Chefs in diesem Spiel. Sie erwarten keine perfekte oder nahezu korrekte Lösung. Sie wollen sich also keine richtige oder falsche Antwort abholen, sondern sehen, wie der Bewerber eine Antwort herleitet und begründet. Wer schlagfertig improvisieren kann, wer bei einem solchen ‚Brainteaser‘ analytisch und kreativ vorgeht, ist im Vorteil“ (Kaufmann 2015).

5.1.2.2.2.5 Testverfahren

Testverfahren zur Bewerberauswahl basieren auf der Annahme, dass zwischen bestimmten, nicht durch formale Kriterien (z.B. biographische Daten, Zeugnisse) beschreibbaren Eigenschaften von Bewerbern und deren zukünftiger Leistungsfähigkeit ein Zusammenhang besteht, der durch die Wahl geeigneter Methoden aufgedeckt werden kann. Aufgrund ihrer hohen Kosten werden Testverfahren vor allem in Großunternehmungen, die regelmäßig einen umfangreichen Personalbedarf decken müssen, sowie bei der Besetzung von Führungspositionen eingesetzt. Folgende **Testtypen** lassen sich unterscheiden (für einen ausführlichen Überblick vgl. Brickenkamp/Brähler/Holling 2001; Grubitzsch 1999; Hesse/Schrader 2001a):

- Durch *Fähigkeitstests* sollen u.a. die Leistung, Konzentrationsfähigkeit, Aufmerksamkeit und Intelligenz von Bewerbern ermittelt werden. Neben allgemeinen Fähigkeitstests, die z.B. die Gedächtnisleistungen, Problemlösungsfähigkeiten oder logisches Denkvermögen von Bewerbern messen sollen, werden Bewerber in speziellen bzw. situativen Fähigkeitstests mit realistischen Situationen aus dem Arbeitsleben konfrontiert. Beispiele dafür sind Fallstudien, Plan- und Rollenspiele oder Gruppendiskussionen, die neben der Diagnose der fachlichen Fähigkeiten auch der Beobachtung des sozialen Verhaltens dienen.
- Die häufig sehr zeit- und kostenintensiven *Persönlichkeitstests* dienen vor allem der Erfassung weitgehend konstanter und situationsunabhängiger Persön-

lichkeitsmerkmale wie Interessen, Werte und Einstellungen (vgl. Hossiep/Paschen/Mühlhaus 2000; Hesse/Schrader 2013). Dabei sind unterschiedliche Formen denkbar:

- Bei *subjektiven Tests* (z.B. Interessens- und Neigungstests) ist das Testprinzip für die Bewerber durchschaubar, d.h. die gestellten Fragen lassen erkennen, auf welche Persönlichkeitseigenschaften geschlossen werden soll.
- Bei *objektiven Tests* werden die bewerteten Merkmale und die Beurteilungskriterien dagegen nicht offen gelegt. Das Ergebnis kann deshalb durch den Bewerber nicht willentlich beeinflusst werden. Ein Beispiel dafür ist die Aufforderung, die Länge von Linien zu schätzten. Die Rückmeldung darüber ist unabhängig von der tatsächlichen Richtigkeit. Dadurch sollen z.B. Frustrationstoleranz oder Risikobereitschaft gemessen werden.
- *Projektive Tests* dienen der Aufdeckung der tiefer liegenden, dem Bewerber häufig unbewussten Persönlichkeitsstruktur. Dazu wird den Probanden zumeist schwach strukturiertes Reizmaterial präsentiert, das von diesen gedeutet werden soll. Beispiele dafür sind der Rorschach-Test, der Assoziationen zu Tintenklecksen bewertet (vgl. Bohm 1996; Wood et al. 2003), und der Lüscher-Test, bei dem mit Hilfe verschiedener Farben auf Persönlichkeitsmerkmale geschlossen wird (vgl. Lüscher 1991).
- *Psychometrische Tests* basieren zumeist auf Fragebögen, deren Beantwortung durch einen Probanden mit den durchschnittlichen Werten einer Normstichprobe verglichen wird. Ein weit verbreitetes psychometrisches Testverfahren ist das *NEO-Fünf-Faktoren-Inventar* (NEO-FFI), das auf dem **Big Five-Modell** basiert (vgl. Tab. 5.8). Das in etwa 10 Minuten zu bearbeitende multidimensionale Persönlichkeitsinventar erhebt die Ausprägung von fünf grundlegenden Faktoren der Persönlichkeitsstruktur, die durch umfangreiche faktorenanalytische Studien validiert wurden. Während die Faktoren Neurotizismus, Offenheit und Gewissenhaftigkeit vor allem intrapersonelle Merkmale beinhalten, beschreiben die Faktoren Extraversion und Verträglichkeit insbesondere interpersonelles Verhalten.

Tabelle 5.8. Big Five-Modell der Persönlichkeitsstruktur

Faktor	**Dimensionen**
Neurotizismus (vs. emotionale Stabilität)	Ängstlichkeit, Reizbarkeit, Depression, Soziale Befangenheit, Impulsivität, Verletzlichkeit
Extraversion	Herzlichkeit, Geselligkeit, Durchsetzungsfähigkeit, Aktivität, Erlebnishunger, Frohsinn
Offenheit	Offenheit für Fantasie, Ästhetik, Gefühle, Handlungen, Ideen, bezüglich des Normen- und Wertesystems
Gewissenhaftigkeit	Kompetenz, Ordentlichkeit, Pflichtbewusstsein, Leistungsstreben, Selbstdisziplin, Besonnenheit
Verträglichkeit	Vertrauen, Freimütigkeit, Altruismus, Entgegenkommen, Bescheidenheit, Gutherzigkeit

Quelle: zusammengestellt nach McCrae/Costa 2006

Eine spezifische Kombination unterschiedlicher Testverfahren stellen **Assessment Center** dar (vgl. Paschen et al. 2003; Kleinmann 2013; Obermann 2013). Diese sind durch folgende Merkmale gekennzeichnet:

- Gleichzeitige Beurteilung *mehrerer Bewerber*
- durch *mehrere Beurteiler* (Personalspezialisten, zukünftige Vorgesetzte, externe Experten, u.a.)
- mit Hilfe *mehrerer eignungsdiagnostischer Verfahren*
- in Hinblick auf *mehrere Prädiktoren* der zukünftigen Leistungsfähigkeit
- während eines Workshops mit einer *Dauer* von ein bis drei Tagen.

Zu den gebräuchlichsten Methoden, die im Rahmen von Assessment Centern eingesetzt werden, zählen:

- *Analytisch-konzeptionelle Übungen*, mit denen das Analyse-, Entscheidungs- und Delegationsverhalten unter Zeitdruck einzuschätzen versucht wird. Dazu zählt etwa die *Postkorb-Übung*, bei der dem Bewerber zahlreiche Dokumente (Briefe, Telefon-Mitteilungen, Notizen, Emails, etc.) ausgehändigt werden, die nach ihrer Dringlichkeit geordnet werden sollen. Erschwert werden kann diese Übung noch durch Telefonate und Gespräche, die den Zeitdruck erhöhen und die Konzentration erschweren. Eine andere Variante sind simulierte Zielkonflikte zwischen Unternehmungszielen und persönlichen Zielen (z.B. durch fiktive Anrufe, dass die Kinder des Bewerbers vom Kindergarten abgeholt werden müssen). Nach Ansicht von Brandt (1989, S. 30) findet dadurch eine versteckte Gesinnungs- bzw. Loyalitätsprüfung statt, durch die festgestellt werden soll, ob „fiktive wichtige persönliche Interessen zugunsten der Interessen der Organisation zurückgestellt (werden)".
- *Präsentation*, bei denen die Bewerber spontan oder nach einer kurzen Vorbereitung zu vorgegebenen oder selbst gewählten Themen Stellung beziehen müssen. Analysiert werden sollen dadurch vor allem die verbale und non-verbale Ausdrucksfähigkeit von Bewerbern, deren Fachwissen sowie deren Fähigkeit zum analytischen Denken.
- *Gruppendiskussionen*, bei denen sich die Bewerber in die Rolle von Führungskräften, Kunden, Banken oder anderen Interessengruppen hineinversetzen und deren Position gegenüber anderen Bewerbern vertreten müssen. Dadurch sollen vor allem das Einfühlungs- und Überzeugungsvermögen sowie die soziale Kompetenz beurteilt werden.
- *Rollenspiele*, bei denen ebenfalls die Rolle eines bestimmten Aufgabenträgers eingenommen werden muss. Im Unterschied zu Gruppendiskussionen findet jedoch auch eine Simulation unternehmungsbezogener Probleme statt. Beispiele dafür sind etwa Gehaltsverhandlungen, Trennungsgespräche oder Kundenreklamationen.
- *Unternehmungsplanspiele*, bei denen mehrere Bewerber zusammen eine fiktive Unternehmung bilden und mit anderen Unternehmungen auf einem simulierten Markt miteinander konkurrieren. Neben dem Problemlösungs- und Entscheidungsverhalten soll dadurch vor allem die Teamfähigkeit von Bewerbern ermittelt werden. Da Unternehmungsplanspiele zumeist mehrere Entscheidungs- und

Bewertungsperioden umfassen, sollen diese zudem Auskunft über die Lernfähigkeit von Bewerbern geben.

Da Assessment Center durch eine hohe Systematik, standardisierte Beobachtungsinstrumente und die mehrfache Erfassung einer Vielzahl von Bewerbermerkmalen gekennzeichnet sind, ist ihre Prognosevalidität empirischen Studien zufolge hoch (vgl. Hermelin/Lievens/Robertson 2007; Becker et al. 2011). Dennoch verbleibt nach Ansicht von Kompa (2004, S. 78) „ein großer Spielraum für Wahrnehmungsstereotype, implizite Persönlichkeitsmodelle und latente Urteilskriterien im Prozess der Kandidatenbeobachtung (...), Urteilsbildung und Gutachterformulierung." Darüber hinaus verweist Kompa darauf, dass das Verfahren tendenziell zu einer Machtverlagerung von der Fach- zur Personalabteilung führt, indem die Personalauswahl als Problem definiert wird, das nur von Experten mit entsprechenden Qualifikationen gelöst werden kann.

Vor allem Unternehmungen mit einer großen Zahl von Bewerbern greifen zunehmend auf elektronische Testverfahren zur Bewerberauswahl zurück. So setzt etwa die Lufthansa ein Online-Assessment zur Vorauswahl von Bewerbern auf Führungsnachwuchsstellen ein. In einem ersten Schritt müssen die Bewerber zunächst ihre fachlichen Qualifikationen eingeben, die anschließend bewertet werden. Daran schließen sich verschiedene Tests zur Überprüfung der fachlichen und überfachlichen Kompetenzen wie z.B. des analytischen, logischen und numerischen Denkens, der Konzentrationsfähigkeit sowie der Entscheidungs- und Risikobereitschaft an. Nach der Aktivierung eines Testverfahrens erhält der Bewerber zunächst eine allgemeine Einführung, Hinweise zur Durchführung und 1-2 Beispielaufgaben. Auch das Zeitbudget für die Aufgaben wird mitgeteilt. Zwischen den einzelnen Tests können die Bewerber Pausen einlegen. Insgesamt dürfen jedoch 30 Tage zur Beendigung aller Tests nicht überschritten werden. Das Ziel des Online-Assessment besteht darin, nur diejenigen Bewerber aus dem weiteren Auswahlprozess zu selektieren, die den Anforderungen der zu besetzenden Positionen eindeutig nicht entsprechen. Alle durch das Online-Assessment überprüften Kenntnisse und Fähigkeiten werden im Falle einer Einladung zu einem Inhouse-Assessment erneut überprüft (vgl. Wiedmann 2009).

5.1.2.2.3 Praktische Bedeutung und Effizienz

Empirische Untersuchungen zeigen, dass die dargestellten Verfahren der Bewerberauswahl im internationalen Vergleich eine unterschiedlich hohe praktische Bedeutung besitzen (vgl. Tab. 5.9). In deutschen Unternehmungen werden strukturierte Interviews mit Abstand am häufigsten eingesetzt. Danach folgen biographische Fragebögen und Assessment Center, während die Bedeutung der anderen Auswahlverfahren nur sehr gering ist. Dabei sind große internationale Unterschiede feststellbar (vgl. Weuster 2012b). Auffallend ist etwa die sehr große Bedeutung graphologischer Gutachten in Frankreich und Spanien. In Spanien, den Benelux-

Staaten und Großbritannien werden zudem verschiedene Testverfahren und biographische Fragebögen deutlich häufiger als in Deutschland eingesetzt. Assessment Center werden am häufigsten in Großbritannien verwendet. Kontrovers wird die Frage diskutiert, ob diese Unterschiede in der Nutzung verschiedener Auswahlverfahren auf *kulturelle Unterschiede* zurückgeführt werden können. So zeigt etwa eine empirische Untersuchung von Ryan et al. (1999), dass Unternehmungen aus Kulturen mit einer höheren Unsicherheitsvermeidung Testverfahren und persönliche Interviews häufiger einsetzen, insgesamt jedoch eine geringere Zahl von Verfahren nutzen.

Tabelle 5.9. Praktische Bedeutung unterschiedlicher Verfahren der Bewerberauswahl (mittlere Führungskräfte) in ausgewählten Ländern (in %)

Verfahren	Deutschland	Frankreich	Spanien	Benelux	Großbritannien
strukturiertes Interview	58	75	74	88	94
Persönlichkeitstest	8	35	79	71	71
Leistungstest	3	25	42	53	29
Intelligenztest	2	25	63	47	35
biographischer Fragebogen	15	40	58	41	18
Assessment Center	15	5	10	12	37
graphologisches Gutachten	7	100	68	18	6

Quelle: Schuler/Frier/Kauffmann 1993

Zur Prognosevalidität der dargestellten Verfahren, d.h. zu deren Eignung, diejenigen Bewerber zu identifizieren, deren Eignungsprofil die größte Übereinstimmung mit dem Anforderungsprofil aufweist, liegen nur wenige empirische Untersuchungen vor. Die Schwierigkeit besteht darin, dass dazu Bewerber eingestellt werden müssten, die nach Anwendung des jeweiligen Verfahrens eigentlich abgelehnt worden wären (Testgruppe), um deren Arbeitsleistung anschließend mit denjenigen Bewerbern zu vergleichen, die nach dessen Anwendung tatsächlich ausgewählt wurden (Kontrollgruppe).

Die vorliegenden empirischen Studien weisen darauf hin, dass das Assessment Center-Verfahren die höchste Prognosevalidität besitzt (vgl. Tab. 5.10). Gründe dafür sind die Kombination mehrerer Auswahlmethoden und die Einbeziehung mehrerer Beobachter (vgl. Obermann 2013, S. 291 ff.). Reduziert wird die Prognosevalidität jedoch dadurch, dass sich Bewerber durch Testtrainings gezielt vorbereiten und dadurch die eigentliche Testprozedur unterlaufen können (vgl. Siewert 2000; Hesse/Schrader 2001b). Aufgrund der Methodenvielfalt ist diese Gefahr beim Assessment Center allerdings geringer als bei einfachen Testverfahren.

Tabelle 5.10. Prognosevalidität unterschiedlicher Verfahren der Bewerberauswahl in empirischen Untersuchungen

Verfahren	Stehle (1980)	Reilly/Chao (1982)	Hunter/ Hunter (1984)	Cascio (1998)
Einstellungsinterview	0,00 - 0,25	0,19	0,14	
biographischer Fragebogen	0,20 - 0,50	0,35	0,44	0,33 - 0,37
Intelligenztest	0,20 - 0,30			0,30 - 0,53
Leistungstest	0,10 - 0,20	0,35	0,53	
Persönlichkeitstest	0,20 - 0,40			
situative Tests	0,20 - 0,30			0,39
Assessment Center	0,40 - 0,70		0,43	0,44 - 0,71

Angesichts der geringen Prognosevalidität vieler Auswahlverfahren wurde im Jahre 2002 auf Initiative des Berufsverbands deutscher Psychologen die DIN 33430 verabschiedet, die Anforderungen an die Personalauswahl formuliert. Danach sollen nur solche Verfahren eingesetzt werden, *die nachweislich einen Bezug zu den Anforderungen* haben. Zudem sollen alle Aspekte der Durchführung und Auswertung der Verfahren sowie der Interpretation der Ergebnisse *vorab detailliert festgelegt und dokumentiert* werden. Der gesamte Prozess der Eignungsbeurteilung ist so zu dokumentieren, dass das Ergebnis nachvollzogen werden kann. Dadurch soll nicht nur die *Qualität der Bewerberauswahl* erhöht, sondern auch der Nachweis deren *Rechtmäßigkeit* erleichtert werden (vgl. Hornke/Winterfeld 2004; Kersting/Püttner 2006).

5.1.2.3 Personaleinstellung

Die dritte und letzte Teilphase der Personalbeschaffung bildet die Personaleinstellung. Hierunter fallen der Abschluss des Arbeitsvertrags sowie die fachliche und soziale Eingliederung des neuen Mitarbeiters. Zudem muss den nicht ausgewählten Bewerbern abgesagt werden.

Durch die Unterzeichnung des **Arbeitsvertrags** zwischen der Unternehmung und dem Bewerber wird der Prozess der Personalbeschaffung abgeschlossen und der Bewerber zu einem Mitarbeiter der Unternehmung (vgl. Kap. 4.1.1). Es besteht jedoch die Möglichkeit, eine *Probezeit* von zumeist drei bis sechs Monaten zu vereinbaren. Während der Probezeit sind die Regelungen des Kündigungsschutzes außer Kraft gesetzt, so dass die Unternehmung mit einer Frist von zwei Wochen ohne Angabe von Gründen Kündigungen aussprechen kann (§ 622 BGB). Dies eröffnet der Unternehmung die Möglichkeit, das Verhalten des neuen Mitarbeiters ausführlich zu beobachten.

Einen zweiten wichtigen Aspekt der Personaleinstellung bildet die **Eingliederung neuer Mitarbeiter** (Onboarding). Dabei können mehrere Maßnahmen unterschieden werden (vgl. Kieser/Nagel/Krüger 1990; Dierkes 2017):

- Die *fachliche Einarbeitung* soll es neu eingestellten Mitarbeitern ermöglichen, ihre Arbeitsaufgaben sowie die damit verbundenen Anforderungen systematisch und umfassend kennen zu lernen. Dabei kommt dem intensiven Kontakt zum Vorgesetzten sowie zu den Fachkollegen eine große Bedeutung zu.
- Begleitet wird die fachliche Einarbeitung zumeist durch detaillierte *Informationen über die Unternehmung*, d.h. über deren Produkte, Strukturen, Prozesse und Kultur. In Großunternehmungen geschieht dies zumeist in Form von Handbüchern für neue Mitarbeiter. Dabei ist jedoch zu berücksichtigen, dass wichtige Elemente der Unternehmungskultur impliziter Natur sind (vgl. Kap. 5.4.3) und deshalb nur durch persönliche Erfahrungen vermittelt werden können.
- Die *soziale Integration* soll dazu beitragen, dass sich neue Mitarbeiter möglichst schnell in ihrer neuen Unternehmung wohlfühlen. Dazu können u.a. Mentoren beitragen, die Nachwuchskräften frühzeitig Karrieremöglichkeiten aufzeigen. Insbesondere dann, wenn mit dem Stellenwechsel auch ein Wohnortwechsel verbunden ist, trägt darüber hinaus die Unterstützung bei der privaten Integration des Mitarbeiters und seiner Familie maßgeblich zu dessen Zufriedenheit bei.

Die große Bedeutung der Eingliederung resultiert aus der hohen Zahl von Mitarbeitern, die in den ersten Wochen nach Beginn des Arbeitsverhältnisses bereits wieder kündigen. Empirische Untersuchungen belegen, dass die *Frühfluktuation* innerhalb des ersten Arbeitsjahres zwischen 30 und 60% betragen kann (vgl. Weller 2007; Weller et al. 2009). Die wichtigsten Gründe dafür sind enttäuschte Erwartungen, Über- und Unterforderungen, Rollenunklarheiten sowie fehlendes Feedback des Vorgesetzten. Eine Studie von Towers Perrin (2003, S. 23) weist zudem darauf hin, dass sich die Gründe für die Wahl eines Arbeitgebers deutlich von den Gründen unterscheiden, bei diesem zu bleiben bzw. diesen zu verlassen. Neben den Aufstiegs- und Karrierechancen sind dafür vor allem weiche Faktoren wie die Work-Life-Balance sowie das Verhältnis zu Kollegen und Vorgesetzten relevant, die sich nur schwer vor Beginn der Tätigkeit vermitteln lassen.

Den Abschluss der Personalbeschaffung bildet die **Absage der nicht ausgewählten Bewerber**. Mit Ausnahme schwerbehinderter Bewerber besteht dabei keine Verpflichtung zur Auskunft über die Gründe, die zur Ablehnung einer Bewerbung geführt haben (Urteil des BAG v. 25.4.2013, Az. 8 AZR 287/08). Das AGG legt zudem nahe, abgelehnten Bewerbern die Gründe für die Nichtberücksichtigung nicht mitzuteilen, da dies das Risiko einer Klage wegen Diskriminierung reduziert. Um bei den abgelehnten Bewerbern ein positives Arbeitgeberimage zu hinterlassen, kann dies dennoch sinnvoll sein. Dazu zählt etwa, auf standardisierte Absageschreiben zu verzichten und diese persönlich und individuell zu gestalten. Zudem sollten Ablehnungsschreiben freundlich und wertschätzend formuliert werden. Einige Unternehmungen geben zudem nicht nur nachvollziehbare Gründe für die Absage an, sondern bieten darüber hinaus Hilfestellungen für weitere Bewerbungen an. Dadurch steigt die Wahrscheinlichkeit, dass der abgelehnte Bewerber die Unternehmung in sozialen Netzwerken wie Glassdoor oder Kununu positiv bewertet und sich bei einer weiteren Gelegenheit erneut bei dieser bewirbt (vgl. Engels 2014).

5.1.3 Personalentwicklung

5.1.3.1 Gegenstand und Ziele

Den Gegenstand der Personalentwicklung bilden alle planmäßigen und zielgerichteten Maßnahmen der Aus- und Weiterbildung sowie des Karrieremanagement, die der individuellen beruflichen Entwicklung und Förderung der Mitarbeiter dienen und diesen unter Beachtung ihrer persönlichen Interessen und Bedürfnisse die zur Wahrnehmung ihrer gegenwärtigen und zukünftigen Aufgaben notwendigen Qualifikationen vermitteln (vgl. ausführlich Neuberger 1994, S. 1 ff.). Die Personalentwicklung beinhaltet sowohl die Vermittlung, Erweiterung und Vertiefung von Fachwissen, Fähigkeiten und Einstellungen als auch deren Umsetzung in Verhalten (vgl. ausführlich Holtbrügge/Berg 2005). Im Gegensatz zum Management Development ist die Personalentwicklung nicht auf Führungskräfte beschränkt, sondern umfasst die Mitarbeiter aller betrieblichen Hierarchieebenen (vgl. Becker 2013, S. 4).

Mit der Personalentwicklung werden folgende Ziele verfolgt (vgl. Mentzel 2001, S. 9 ff.; Becker/Schwertner 2002, S. 89 ff.):

- Verbesserung der Leistungs- und Wettbewerbsfähigkeit der Unternehmung.
- Anpassung der Qualifikation der Mitarbeiter an veränderte Arbeitsanforderungen.
- Erhöhung der Flexibilität der Mitarbeiter.
- Steigerung der Mitarbeiterzufriedenheit und -loyalität.
- Verbesserung des Unternehmungsimages.
- Sicherung eines qualifizierten Mitarbeiterstammes.
- Befriedigung individueller Bedürfnisse und bildungspolitischer Ansprüche.

Die **Anreizwirkung** der Personalentwicklung beruht einerseits auf ihrer Finalfunktion der Aktivierung und Entwicklung latent vorhandener Fähigkeiten (Selbstverwirklichung), die nach Maslow das wichtigste Bedürfnis des Menschen und damit die bedeutsamste Quelle der Arbeitszufriedenheit ist (vgl. Kap. 2.3.1.1). Andererseits besitzt sie eine Instrumentalfunktion für eine mögliche Beförderung. Die Wertigkeit der Personalentwicklung hängt stark von der Karrierephase des Mitarbeiters ab. Während die Wertigkeit vor allem bei jüngeren Mitarbeitern hoch ist, liegt sie ansonsten im unteren bis mittleren Bereich (vgl. Tab. 5.11). Darüber hinaus sind große internationale Unterschiede zwischen Karrieremustern zu beobachten (vgl. Kap. 4.2.2).

Der Final- und Instrumentalfunktion entsprechend lassen sich mit der Aus- und Weiterbildung und dem Karrieremanagement zwei Bereiche der Personalentwicklung unterscheiden. Diese werden im Folgenden dargestellt und kritisch diskutiert.

Tabelle 5.11. Phasen der beruflichen Entwicklung

Stadium	Rollen	Aufgaben
1. Wachstum Fantasien Erkundigung (0-21 Jahre)	• Schüler/Student • Auszubildender • Berufsanwärter	• eigene Interessen und Bedürfnisse entdecken und entwickeln • Fantasien in realistische Berufsvorstellungen verwandeln • Wissen, Fähigkeiten und Fertigkeiten für die Arbeitswelt erwerben
2. Eintritt in die Arbeitswelt (16-25 Jahre)	• Bewerber • Berufsanwärter	• Betreten des Arbeitsmarktes • Schließen eines tragbaren Kompromisses zwischen eigenen Vorstellungen und denen des Arbeitgebers • die erste Arbeitsstelle auswählen und erhalten
3. Grundausbildung (16-25 Jahre)	• Trainee • Auszubildender	• Realitätsschock überwinden • möglichst schnell ein effektives und akzeptiertes Mitglied der Organisation werden
4. volle Mitgliedschaft zu Beginn der Laufbahn (17-30 Jahre)	• neues, aber volles Mitglied	• Verantwortung übernehmen • erste Erfahrungen als Basis für die weitere Laufbahn sammeln • entscheiden, ob das Berufsfeld und die Organisation die eigenen Ansprüche gut genug erfüllt
5. volle Mitgliedschaft in der Mitte der Laufbahn (> 25 Jahre)	• vollwertiges Mitglied • Mitarbeiter • Vorgesetzter • Manager	• entscheiden zwischen Spezialisten- und Generalistentum und/oder Übernahme von Führungsverantwortung • sich fort- und weiterbilden • produktive Person im eigenen Berufsfeld werden • seine beruflichen Laufbahnpläne entwickeln
6. Krise in der Mitte der Laufbahn (35-45 Jahre)		• mit der Diskrepanz zwischen eigenen Hoffnungen und dem Erreichten umgehen lernen • Stellenwert der beruflichen Tätigkeit im gesamten eigenen Leben bestimmen • dem beruflichen Leben wieder neuen Sinn geben • Mentorenfunktion übernehmen
7. Ende der Laufbahn (in Tätigkeiten ohne Führungsverantwortung)	• Stabs- oder Linientätigkeit • wertvoller oder wertloser Mitarbeiter	• Mentorenfunktion übernehmen • Interessen und Fähigkeiten, die auf Erfahrung beruhen, ausweiten • Fähigkeiten, die zur Realisierung der in Phase 6 getroffenen Entscheidungen nötig sind, erwerben (Spezialist, Führungsverantwortung, Rückzug ins Private)
Ende der Laufbahn (in Tätigkeiten mit Führungsverantwortung)	• Mitglied der Geschäftsleitung bzw. des Vorstands/Führungsstabs • Hauptteilhaber	• eigene Fähigkeiten und Begabungen für das Wohl der Organisation einsetzen • Anstrengungen anderer integrieren • wichtige Mitarbeiter auswählen und entwickeln

Tabelle 5.11. Fortsetzung

8. Nachlassen und Rückzug	• geringer werdenden Einfluss und abnehmende Verantwortung akzeptieren lernen • neue Rollen, die durch abnehmende Kompetenz und Motivation geprägt sind, für sich finden • ein Leben führen lernen, das weniger durch die berufliche Tätigkeit beherrscht wird
9. Pensionierung/Ruhestand	• drastische Veränderungen in Lebensstil, Rolle und Lebensstandard akzeptieren • angesammelte Erfahrungen und angehäuftes Wissen für andere einsetzen lernen, um sich selbst aktiv zu halten

Quellen: zusammengestellt nach Schein 1978, S. 29 ff.; Neuberger 1985, S. 45 f.

5.1.3.2 Aus- und Weiterbildung

5.1.3.2.1 Inhalte

Aus- und Weiterbildung ist immer dann erforderlich, wenn bestehende oder zukünftige Diskrepanzen zwischen den Arbeitsanforderungen und dem Eignungsprofil der Mitarbeiter nicht durch die Personalbeschaffung ausgeglichen werden können oder sollen. Hinsichtlich der Inhalte lassen sich drei Ebenen unterscheiden (vgl. Tab. 5.12):

- Im Vordergrund steht traditionell die *Vermittlung von Fachwissen.* Dieses umfasst Wissen über die Unternehmung und deren Umwelt sowie über bestimmte betriebswirtschaftliche und technische Funktionen, Prozesse und Methoden. Beispiele dafür sind etwa Kenntnisse des Rechnungswesens oder bestimmter EDV-Programme.
- Anspruchsvoller als die Vermittlung von Fachwissen ist die *Erweiterung von Fähigkeiten.* Diese beinhalten nicht nur die Kenntnis bestimmter Zusammenhänge, sondern auch deren praktische Anwendung. Beispiel dafür sind Fremdsprachenkenntnisse oder Moderations- und Präsentationstechniken.
- Am schwierigsten ist die *Bildung neuer Einstellungen.* Hierzu zählen etwa die Entwicklung von Toleranz gegenüber abweichenden Meinungen und Offenheit gegenüber neuen Technologien, wissenschaftlichen Erkenntnissen und sozialen Veränderungen.

Während sich Fachwissen relativ kurzfristig vermitteln lässt, erfordert die Erweiterung von Fähigkeiten zumeist einen längeren Zeitraum. Am schwierigsten ist die Bildung neuer Einstellungen, da diese tief in der Persönlichkeit eines Individuums verankert sind. Dies gilt insbesondere für ältere und erfahrene Führungskräfte, die bereits stabile Einstellungen herausgebildet haben. Umgekehrt besitzen die Einstellungen der Mitarbeiter den größten Imitationsschutz gegenüber Konkurrenten und können deshalb im Sinne des ressourcenorientierten Ansatzes in besonderer Weise zur Entwicklung und Sicherung nachhaltiger Wettbewerbsvorteile beitragen.

Tabelle 5.12. Inhalte der Aus- und Weiterbildung

Vermittlung von Fachwissen (*knowledge*)	• Wissen über die Unternehmung (z.B. Produkte, Prozesse) und ihre Umwelt (z.B. Zulieferer, Wettbewerber, Kunden) • Kenntnisse betriebswirtschaftlicher und technischer Funktionen, Prozesse und Methoden
Erweiterung von Fähigkeiten (*skills*)	• methodische Fähigkeiten, d.h. Anwendung von Methoden und Techniken auf praktische Probleme • analytische Fähigkeiten (z.B. konzeptionelles Denken, Organisationsfähigkeit, Auffassungsvermögen, Kritikfähigkeit) • soziale Fähigkeiten, d.h. Fähigkeit, Ideen und Gefühle zu kommunizieren, effizient in Gruppen zu arbeiten sowie Mitarbeiter zu motivieren und zu führen • interkulturelle Kompetenz, d.h. die Fähigkeit zur effizienten Kommunikation und Interaktion mit Angehörigen anderer Kulturen
Bildung von neuen Einstellungen (*attitudes*)	• abweichende Meinungen und Ansichten respektieren, Toleranz, permanentes Lernen, in größeren zeitlichen und räumlichen Dimensionen denken, Offenheit gegenüber neuen Erkenntnissen und sozialem Wandel

Auf allen drei Ebenen kann unterschieden werden, ob durch die Aus- und Weiterbildung primär aufgabenspezifische, unternehmungsspezifische oder generelle Qualifikationen vermittelt werden. Während *aufgabenspezifische Qualifikationen* nicht auf den Einsatz in einer bestimmten Unternehmung beschränkt sind, sind *unternehmungsspezifische Qualifikationen* nicht oder nur in einem sehr geringen Maße auf andere Unternehmungen übertragbar. Dadurch wird die Abhängigkeit des Mitarbeiters von der Unternehmung erhöht (vgl. Cantor 1990). *Generelle Qualifikationen* sind weder an spezifische Aufgaben, noch an eine bestimmte Unternehmung gebunden, sondern übergreifend einsetzbar. Vielfach werden diese deshalb auch als *Schlüsselqualifikationen* bezeichnet. Aus Sicht des ressourcenorientierten Ansatzes des Personalmanagement ist vor allem die Vermittlung unternehmungsspezifischer Qualifikationen von Bedeutung, da diese ein vielfältiges, aufgabenübergreifendes Einsatzspektrum besitzen (geringe *task-specificity*), anderen Unternehmungen über den Markt aber nur schwer zugänglich sind (hohe *firm-specificity*). Deren Vermittlung stellt damit eine Quelle nachhaltiger Wettbewerbsvorteile dar.

5.1.3.2.2 Methoden

Zur Vermittlung der unterschiedlichen Inhalte der Aus- und Weiterbildung stehen Unternehmungen zahlreiche Methoden zur Verfügung, die nach ihrer Nähe zur eigentlichen Arbeitsaufgabe klassifiziert werden können (vgl. Abb. 5.4).

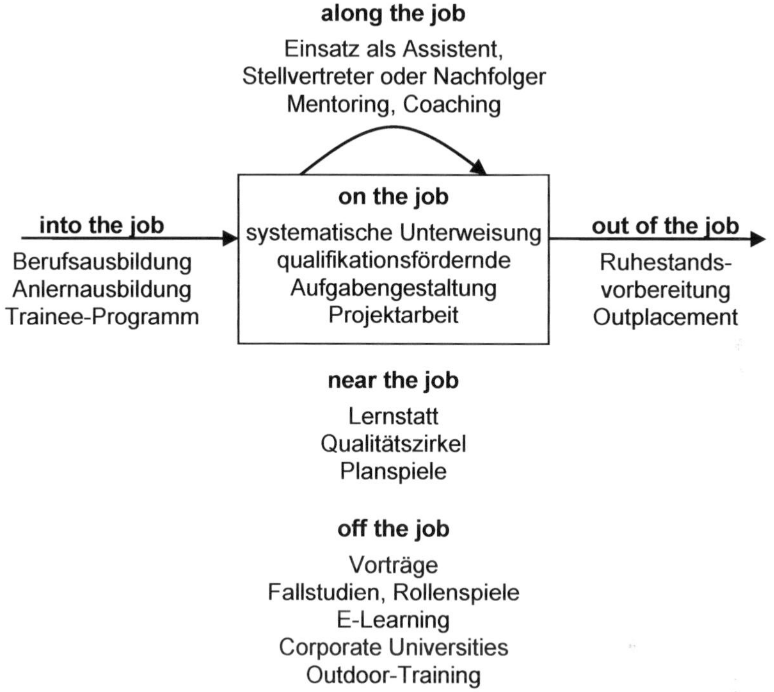

Abb. 5.4. Methoden der Aus- und Weiterbildung (Quelle: stark erweitert nach Conradi 1983, S. 25)

Zu den wichtigsten Methoden der **Personalentwicklung into the job** zählt die *Berufsausbildung* (vgl. Becker 2013, S. 265 ff.). Diese umfasst den erstmaligen, systematischen Erwerb beruflicher Kenntnisse und Fähigkeiten in staatlich anerkannten Ausbildungsberufen. Die gesetzliche Grundlage dafür bildet das Berufsbildungsgesetz (BBiG), das ein *Duales System* der Berufsausbildung vorsieht. Während Unternehmungen für den praktischen Teil der Ausbildung zuständig sind, werden die dazugehörige Theorie sowie berufsübergreifende und allgemeine Kenntnisse in Berufsschulen vermittelt (vgl. Richter 2000). Auf letzteres verzichtet wird im Rahmen der *Anlernausbildung*. Diese richtet sich an Mitarbeiter, die einfache, überwiegend manuelle und ausführende Tätigkeiten mit geringem Anspruchsniveau wahrnehmen, für die kein formaler Berufsabschluss notwendig ist.

Hochschulabsolventen, die zum ersten Mal eine berufliche Tätigkeit aufnehmen, absolvieren in vielen Unternehmungen ein *Trainee-Programm* zur systematischen Einarbeitung (vgl. Nesemann 2012). Trainee-Programme dauern zwischen sechs und 24 Monaten und können sowohl auf eine bestimmte Abteilung begrenzt oder abteilungsübergreifend sein. Bei der letzten Form stehen vor allem das Knüpfen von unternehmungsweiten Kontakten sowie das Finden geeigneter Tätigkeitsfelder im Vordergrund. Ein wesentliches Merkmal von Trainees ist, dass diese keine oder nur eine begrenzte Aufgabenverantwortung besitzen. Nachdem Trainee-Programme aufgrund der niedrigen Gehälter lange Zeit ein negatives Image hatten, werden sie von Hochschulabsolventen zunehmend als attraktiv wahrgenommen. So wünschen sich etwa 46% der in der Studie von Kienbaum Consultants International (2015) befragten Studierenden einen beruflichen Einstieg durch ein Trainee-Programm. Als Vorteile werden insbesondere die persönliche Betreuung, die inhaltliche Vielfalt des Programms, gezielte Maßnahmen der Personalentwicklung und die Möglichkeit eines Auslandsaufenthalts bezeichnet.

> Ein innovatives Beispiel für die Kombination von Lehre und Studium ist der duale Studiengang zum Bachelor in Business Administration der Siemens AG in Kooperation mit dem Fachbereich Wirtschaftswissenschaften (WiSo) der Universität Erlangen-Nürnberg. Pro Jahr können bis zu 20 Auszubildende von Siemens neben ihrer Ausbildung zum Industriekaufmann (Stammhauslehre) ein Studium im Umfang von sieben Semestern absolvieren. Durch den betriebsbezogenen theoretischen Unterricht, die praktische Ausbildung und das universitäre Studium haben die Teilnehmer die Möglichkeit, parallel einen IHK-Abschluss und ein Bachelor-Degree zu erwerben. Die Teilnehmer werden gemeinsam von Siemens und der WiSo ausgewählt.

Mitarbeiter, die bereits über eine Berufsausbildung und über Berufserfahrungen verfügen, erhalten vor der Übernahme einer neuen Aufgabe im Rahmen der **Personalentwicklung on the job** in vielen Unternehmungen ein *systematisches Anlernen*. Dieses erfolgt häufig in einem vierstufigen Prozess (vgl. Becker 2013, S. 398 ff.). Nach der Vorbereitung des neuen Arbeitsplatzes und der Mitarbeiter werden diesen von den Unterweisenden die wichtigsten Tätigkeiten vorgeführt und erläutert. Anschließend führen die Mitarbeiter die neue Aufgabe unter Aufsicht und mit Hilfe der Unterweisenden selbst aus. Die vierte Phase bildet die eigenständige Übung der Tätigkeit bis zu deren vollständiger Beherrschung.

Die wichtigsten Methoden der *qualifikationsfördernden Aufgabengestaltung* sind die *job rotation*, das *job enlargement* und das *job enrichment*. Deren Ziel ist die Erweiterung des Handlungs- und Entscheidungsspielraums durch die schrittweise und systematische Hinzufügung neuartiger und teilweise höherwertiger Arbeitsaufgaben (vgl. dazu ausführlich Kap. 5.2.1.2).

Im Unterschied zu diesen primär auf der Ebene des Individuums ansetzenden Methoden stellt die *Projektarbeit* eine gruppenorientierte Form der Personalentwicklung dar. In Projektgruppen werden Mitarbeiter damit beauftragt, eine Problemlösung für eine zeitlich abgeschlossene, exakt definierte Fragestellung zu erarbeiten und deren Implementierung zu planen, zu organisieren und zu kontrollieren (vgl. dazu ausführlich Kap. 5.2.1.3). Neben der Entwicklung sozialer Fähigkeiten steht dabei die Bildung neuer Einstellungen im Vordergrund.

Ein Beispiel für die Nutzung der Projektarbeit im Rahmen der Personalentwicklung ist das Siemens Management Learning Program. Im Rahmen dieses Programms müssen die Teilnehmer zwischen den Präsenzphasen in Gruppen von vier bis sechs Personen für eine Abteilung der Unternehmung ein reales Geschäftsprojekt (Business Impact Project) entwickeln und bearbeiten. Anschließend wird zusammen mit der betroffenen Abteilung ein Transferplan erarbeitet und das Projekt umgesetzt. Die Beurteilung des Projekts orientiert sich am konkreten und messbaren Nutzen für die Unternehmung. Da sich die einzelnen Projektteams häufig aus Mitarbeitern unterschiedlicher Abteilungen, Werke oder sogar Landesgesellschaften zusammensetzen, soll dadurch neben der Leistungsorientierung auch die abteilungs- und länderübergreifende Kooperation gefördert werden (vgl. Bellmann 2002; Holtbrügge/Welge 2015, S. 383 ff.).

Im Rahmen der **Personalentwicklung near the job** stehen nicht die eigentliche Arbeitsaufgabe, sondern zeitlich befristete Sonderaufgaben im Mittelpunkt, die ebenfalls in Gruppen gelöst werden. Ein Beispiel dafür ist die *Lernstatt* (zusammengesetzt aus den Begriffen Lernen und Werkstatt), die erstmals 1973 bei BMW zur Integration ausländischer Arbeitnehmer eingeführt wurde. International weiter verbreitet sind *Qualitätszirkel*, die der Übertragung von Wissen zwischen Abteilungen, der Verbesserung der abteilungs- und hierarchieübergreifenden Kommunikation und der Steigerung der Verantwortung der Mitarbeiter über ihren unmittelbaren Arbeitsplatz hinaus dienen. Bei beiden Konzepten wird neben der Personalentwicklung auch eine Organisationsentwicklung durch die Erarbeitung und Umsetzung von Verbesserungsvorschlägen angestrebt (vgl. Deppe 1992).

In *Planspielen* werden typische Entscheidungssituationen in Unternehmungen realitätsnah simuliert. Stark verbreitet sind etwa Planspiele zur Unternehmungsführung wie z.B. LUDUS, MARGA, STRAGA und TOPSIM, bei denen die Teilnehmer die Führung einer Unternehmung übernehmen, über mehrere Perioden unternehmungspolitische Entscheidungen treffen müssen und mit anderen Unternehmungen auf einem simulierten Markt konkurrieren. Neben der Entwicklung analytischer, methodischer und sozialer Fähigkeiten steht dabei vor allem die Schulung in vernetztem Denken im Vordergrund (vgl. Högsdal 1996; Blötz 2003).

Zur **Personalentwicklung along the job** gehört der *Einsatz als Assistent, Stellvertreter oder Nachfolger*. Durch die vorübergehende bzw. schrittweise Übernahme von Arbeitsaufgaben, Kompetenzen und Verantwortlichkeiten von Stellen höherer hierarchischer Ebenen sollen Mitarbeiter einen Einblick in qualitativ anspruchsvollere Tätigkeiten gewinnen und dadurch auf die Übernahme von Führungsaufgaben vorbereitet werden.

Mentoring dient vor allem jüngeren Mitarbeitern dazu, fachliche und unternehmungsspezifische Anliegen mit einem erfahrenen Mentor oder Paten, der zumeist nicht der direkte Vorgesetzte ist, zu diskutieren (vgl. Graf/Edelkraut 2016). Häufig umfasst dieses auch den Zugang zu wichtigen Netzwerken in- und außerhalb der Unternehmung sowie die Unterstützung bei der individuellen Karriereentwicklung (vgl. Holtbrügge/Ambrosius 2015). Mentoring kann entweder institutionell verankert sein oder informell auf Initiative des Mentors oder Mentees bzw. Protegés erfolgen. Zunehmend beinhaltet Mentoring nicht nur persönliche Treffen, sondern auch die Unterstützung in Form sozialer Netzwerke (E-Mentoring).

Coaching richtet sich insbesondere an erfahrende Führungskräfte. Es beinhaltet die Reflexion des Arbeits- und Führungsverhaltens und kann auch private und persönliche Anliegen ansprechen. Im Unterschied zum Mentoring besteht zwischen dem unternehmungsexternen Coach und dem Klienten kein Beziehungsgefälle. Coaches haben zumeist eine langjährige Ausbildung absolviert, die auch psychoanalytische Methoden umfassen kann (vgl. Migge 2014; Rückerl 2015).

Die traditionell wichtigste Methode der **Personalentwicklung off the job** sind *Vorträge*, in denen spezifische Lehrinhalte durch Fachexperten zumeist in komprimierter und abstrakter Form dargestellt werden. Im Vordergrund steht dabei eine theoretisch-deduktive Vorgehensweise, d.h. die systematische Vermittlung von Fachwissen in kurzer Zeit (vgl. Holtbrügge/Mohr 2010). Im Unterschied dazu ist die Vorgehensweise bei *Fallstudien* empirisch-induktiv. Dabei wird ein reales oder fiktives unternehmungspolitisches Problem dargestellt, für das die Teilnehmer einzeln oder in Gruppen Lösungen erarbeiten und präsentieren müssen (vgl. Thom/Wenger/Zaugg 2007; von Rosenstiel/Regnet/Domsch 2014; Holtbrügge/Haussmann 2017). In *Rollenspielen* müssen darüber hinaus nicht nur Problemlösungen entwickelt, sondern diese auch durch die Übernahme von realitätsnahen Rollen bestimmter Aufgabenträger gegenüber anderen Interessengruppen vertreten und in simulierten Auseinandersetzungen durchgesetzt werden. Beispiele dafür sind Gehaltsverhandlungen, Trennungsgespräche oder Kundenreklamationen (vgl. Kratz 2013; Neumann/Heß 2017).

Neben diesen traditionellen Methoden des Präsenzlernens wurden in den letzten Jahren zahlreiche neue Lehrmethoden entwickelt, die in einem hohen Maße auf Entwicklungen im Bereich der Kommunikations- und Informationstechnologien zurückgreifen und zumeist unter dem Stichwort **E-Learning** zusammengefasst werden (vgl. Dowling/Eberspächer/Picot 2003; Hohenstein/Wilbers 2009; Haythornthwaite 2017). Dabei können prinzipiell zwei Formen unterschieden werden. Bei *Computer-based Trainings* (CBTs) werden Lehrinhalte programmiert und multimedial, d.h. mit Hilfe von Texten, Bildern, Filmen und Tönen auf elektronischen Speichermedien bereitgestellt. Dies können sowohl stationäre PCs als auch mobile Notebooks, Pocket-PCs oder Mobiltelefone sein (*Mobile Learning*). Die einfachste Form sind sequenzielle Programme, bei denen der Mitarbeiter Aufgaben in einer vorgegebenen Reihenfolge lösen muss und anschließend eine Rückmeldung über die richtige oder falsche Lösung erhält. Anspruchsvoller sind Hypertext-Programme, welche die selbständige Navigation und den individuellen Zugriff auf Lehrinhalte ermöglichen. *Web-based Trainings* (WBTs) beinhalten darüber hinaus die Möglichkeit, Informationen aus dem Internet oder Intranet einzubeziehen und mit anderen Teilnehmern oder Tutoren zu kommunizieren (vgl. Mohr/Holtbrügge/Berg 2012). Dies kann entweder synchron (z.B. in Chatrooms) oder asynchron (durch Emails oder in Newsgroups) geschehen (vgl. O'Neil/Perez 2006).

> Die BASF AG setzt bereits seit den frühen neunziger Jahren verschiedene Elemente des elektronischen Lernens im Rahmen der Weiterbildung ein. Die damit verknüpften Erwartungen wurden aber nur teilweise erfüllt. Zudem fanden E-Learning-Konzepte an zentralen Lernstationen nur wenig Akzeptanz bei den Mitarbeitern. Diese zeigten nur eine geringe Bereitschaft, sich Wissen am Computer selbst ohne Begleitung durch einen Tutor oder Trainer anzueignen. Die Selbstlernprogramme wurden als statisch, unflexibel und nicht lerntypgerecht bewertet. Auch das isolierte Lernen ohne sozialen Kontakt zu anderen Lernenden wurde als unattraktiv empfunden.
>
> Im Jahre 1998 begann BASF deshalb damit, E-Learning als festen Bestandteil in alle Weiterbildungsmaßnahmen zu integrieren. Das Angebot richtet sich grundsätzlich an alle Mitarbeiter und Auszubildenden der Unternehmung und vor allem an solche Mitarbeiter, denen die Teilnahme an Präsenzseminaren nicht oder nur schwer möglich ist (z.B. Mitarbeiter im Schicht- oder Außendienst). Auf der Plattform Learnbase werden u.a. Trainings in den Bereichen IT, Fremdsprachen, Technik, Verhalten und BWL angeboten, die entweder allein oder in Ergänzung zu Präsenzseminaren durchgeführt werden können. Letzteres dient vor allem der Nivellierung des Leistungsniveaus der Teilnehmer vor dem Seminar. Während des Seminars haben die Teilnehmer zudem die Möglichkeit, sich in Diskussionsforen mit anderen Teilnehmern auszutauschen (vgl. Kapp/Mähl 2002).

Vorteile des E-Learning sind die orts- und zeitunabhängige Vermittlung von Lehrinhalten durch die Nutzung multimedialer und interaktiver Anwendungen. Die Mitarbeiter können durch Selbststudium systematisch neue Qualifikationen erwerben, ohne längere Zeit von ihrem Arbeitsplatz abwesend sein zu müssen. Durch die Standardisierung und beliebige Reproduktion der Lehrmaterialien sind zudem erhebliche Kosteneinsparungen möglich, die sich aufgrund der hohen Produktionskosten jedoch erst bei einer großen Zahl von Teilnehmern realisieren lassen. Ein wesentlicher Nachteil ist jedoch, dass sich durch E-Learning nur schwer komplexe Zusammenhänge vermitteln lassen. Durch die fehlende persönliche Interaktion mit anderen Teilnehmern werden zudem soziale Kompetenzen nicht gefördert. In der Praxis wird E-Learning deshalb zumeist mit Methoden des Präsenzlernens kombiniert (*Blended Learning*).

Eine weitere neuere Methode der Personalentwicklung off the job sind *Corporate Universities* (vgl. Gebauer 2007; Hovestadt/Beckmann 2010; Rademakers 2014). Deren Ziel ist es, die Lerninhalte auf die konkreten Bedürfnisse der jeweiligen Unternehmung auszurichten und vor allem unternehmungsspezifisches Wissen zu vermitteln (vgl. Tab. 5.13). Corporate Universities stellen insofern eine Weiterentwicklung traditioneller Inhouse-Schulungen dar, dass Schulungsmaßnahmen nicht nur isoliert angeboten, sondern in ein umfassendes Curriculum systematisch eingebunden werden. Neben der Einbeziehung von Fach- und Führungskräften der eigenen Unternehmung als Lehrende erfolgt zudem vielfach eine kontinuierliche Zusammenarbeit mit Universitäten und anderen externen Bildungsinstitutionen. Dadurch soll die unmittelbare Umsetzbarkeit und Anwendbarkeit der vermittelten Lehrinhalte garantiert und gleichzeitig externes Wissen berücksichtigt werden.

Tabelle 5.13. Ziele ausgewählter Corporate Universities in Deutschland

AutoUni	• Steigerung der akademischen Exzellenz in den Berufsfamilien des Konzerns • Internationale wissenschaftliche Qualifizierung der Mitarbeiter
Bertelsmann University	• Strategy Campus: Nominierungsprogramme zur Unterstützung der Konzernstrategie • Leadership Campus: Leadership-Programme und -Instrumente für Führungskräfte • Function Campus: Aufbau erfolgskritischer Kompetenzen in Business-Funktionen wie HR, IT oder Finance • Individual Campus: Trainings für die persönliche und fachliche Weiterbildung aller Mitarbeiter
Lufthansa School of Business	• Effektive und effiziente Unterstützung und Entwicklung der Konzernstrategie • Weiterentwicklung und Bindung des Intellectual Capital • Strategieorientierte Verknüpfung von akademischer Expertise, Best-Practices von Kooperationspartnern und eigenem Know-how • Förderung der Führungs- und Leistungskultur im Unternehmen • Erbringung eines Beitrags zur Profilierung der Lufthansa als attraktives Unternehmen auf dem Gebiet der Nachwuchsgewinnung • Förderung der persönlichen Weiterentwicklung jedes einzelnen Mitarbeiters
Wöhrl Akademie	• Eröffnung neuer Bildungshorizonte • Anleitung und Unterstützung bei der Entwicklung persönlicher Potenziale • Unterstützung talentierter Spitzen- und Nachwuchsführungskräfte bei der Findung neuer Wege der Personal- und Unternehmensführung

Quelle: zusammengestellt nach Gebauer 2007; Rademakers 2014

Die größte und bekannteste deutsche Corporate University ist die AutoUni der Volkswagen AG. 2002 zunächst als Geschäftsbereich der Volkswagen Coaching GmbH gegründet, ist sie seit 2006 im Konzern-Personalwesen angesiedelt. Im gleichen Jahr erfolgte der Einzug in den MobileLifeCampus in Wolfsburg.

Das Ziel bestand ursprünglich darin, die AutoUni zu einer global agierenden wissenschaftlichen Einrichtung zu entwickeln, die staatlich anerkannte Studienabschlüsse vergibt. Rund 90 Mio. € wurden investiert, um renommierte Professoren zu gewinnen, die etwa 4.000 Studenten an drei Fakultäten unterrichten sollten. Nachdem bis 2006 jedoch kein Hochschulabschluss vergeben und kein nennenswertes Forschungsergebnis veröffentlicht werden konnte, wurde die AutoUni zur internen Weiterbildungsstätte für VW-Mitarbeiter herabgestuft.

Heute bietet die AutoUni in neun Instituten mit rund 40 Mitarbeitern Vorträge, Konferenzen, Seminarprogramme und kooperative Studienmodule in Zusammenarbeit mit Universitäten an. 2015 nahmen etwa 8.500 Personen an über 185 Veranstaltungen teil. Von den jährlich insgesamt über 500 Referenten stammt fast die Hälfte aus dem Bereich Fahrzeugtechnik. Ein inhaltlicher Schwerpunkt liegt auf der zukünftigen Mobilität mit den Themenbereichen Elektrotraktion, innovative Antriebe, Leichtbau und Nachhaltigkeit der Verkehrssysteme. Rund 40% der Veranstaltungen waren für die Öffentlichkeit zugänglich. Darüber hinaus ist die AutoUni am Doktorandenprogramm des Konzerns beteiligt. Im Jahr 2014 wurden mehr als 500 Doktoranden in den verschiedenen deutschen Gesellschaften des Konzerns betreut (vgl. o.V. 2006; AutoUni 2017).

Outdoor-Trainings dienen vor allem dazu, die sozialen Fähigkeiten von Mitarbeitern zu verbessern sowie deren Einstellungen gegenüber der Zusammenarbeit mit anderen Mitarbeitern zu verändern (vgl. Schad/Michl 2004; König/König 2005). Dazu werden etwa Natursportarten ausgeübt (z.B. Bergsteigen, Klettern, Kanutouren, Segeln) und verschiedene Problemlösungs-, Initiativ- und Vertrauensübungen durchgeführt, bei denen die Teilnehmer Grenzerfahrungen sammeln sollen, die sich nur im Team bewältigen lassen.

Methoden der **Personalentwicklung out of the job** sind die Ruhestandsvorbereitung sowie das Outplacement. Während sich die *Ruhestandsvorbereitung* an ältere Mitarbeiter wendet, die kurz vor ihrer Pensionierung stehen, werden gekündigte Mitarbeiter im Rahmen des *Outplacement* z.B. durch Bewerbungstrainings bei der Suche nach einem neuen Arbeitgeber unterstützt (vgl. Kap. 5.1.4.3).

5.1.3.2.3 Praktische Bedeutung und Effizienz

Eine empirische Untersuchung von Wunderer/Dick (2007) weist darauf hin, dass die Personalentwicklung dasjenige Instrument des Personalmanagement ist, dessen *praktische Bedeutung* in Zukunft am stärksten zunehmen wird. Die nähere Analyse der gegenwärtigen und zukünftigen Bedeutung unterschiedlicher Methoden der Personalentwicklung zeigt, dass vor allem die Personalentwicklung *on the job* und *near the job* an Bedeutung gewinnen wird. Die Ursache dafür ist die Erkenntnis, dass die Personalentwicklung *off the job* häufig nur einen geringen Transfererfolg aufweist, d.h. die Teilnehmer das in Seminaren Gelernte nur in einem geringen Maße auf ihre Arbeitsaufgabe übertragen können (vgl. Staehle 1999, S. 887). Vor allem Mitarbeiter höherer hierarchischer Ebenen sind zudem zeitlich stark belastet und deshalb immer seltener bereit und in der Lage, an längeren Maßnahmen der Personalentwicklung teilzunehmen, die nicht in räumlicher Nähe zu ihrem Arbeitsplatz stattfinden. Ein weiteres Ergebnis der Studie ist die zunehmende Bedeutung der Personalentwicklung *out of the job*, d.h. die Vorbereitung der Mitarbeiter auf ihren Ruhestand sowie Maßnahmen des Outplacement.

Demgegenüber wird die Personalentwicklung *into the job* zukünftig relativ an Bedeutung verlieren.

Aufgrund der hohen Kosten gehört die Personalentwicklung zu denjenigen Instrumenten des Personalmanagement, deren *Effizienz* besonders intensiv geprüft wird (vgl. von Landsberg 1995; Hummel 2001). Die Effizienzmessung im Rahmen des **Bildungscontrolling** umfasst zumeist die folgenden vier Phasen (vgl. Kirkpatrick 1998):

- Während oder kurz nach Beendigung der Personalentwicklungsmaßnahme findet eine *subjektive Zufriedenheitskontrolle* statt, bei der eine Bewertung der Inhalte, Methoden, Trainer, Materialien, u.a. erfolgt.
- Im Rahmen der *Lernerfolgskontrolle* wird der tatsächliche Lernerfolg der Teilnehmer überprüft. Idealerweise findet dabei eine Vorher-Nachher-Messung mit einer Kontrollgruppe statt.
- Die *Transfererfolgskontrolle* enthält die Überprüfung des Transfererfolgs durch Selbst- und Fremdeinschätzung der Verhaltensänderungen am Arbeitsplatz.
- Die *Impactkontrolle* umfasst schließlich die Erfassung der Wirkungen der Personalentwicklungsmaßnahme auf die Ziele der Teilnehmer und der Unternehmung. Ansatzpunkte der Erfolgsmessung auf dieser Ebene können sowohl positive Veränderungen betrieblicher Kennzahlen (z.B. Fluktuationsrate, Arbeitsproduktivität und -qualität, Arbeitsrentabilität) als auch veränderte Werthaltungen und Einstellungen der Mitarbeiter sein (vgl. Aragón-Sánchez/Barba-Aragón/Sanz-Valle 2003).

Die Problematik des Bildungscontrolling besteht darin, dass die Effizienzmessung von Phase zu Phase immer schwieriger wird. Während die subjektive Zufriedenheit der Teilnehmer durch deren Befragung relativ leicht messbar ist, lassen sich die sozialen und betriebswirtschaftlichen Auswirkungen der Personalentwicklung nur schwer ermitteln. Zu dem vor allem vom ressourcenorientierten Ansatz des Personalmanagement postulierten Zusammenhang zwischen den Investitionen in das Humankapital und dem Unternehmungserfolg liegen deshalb kaum valide empirische Untersuchungen vor (vgl. Zwick 2004).

5.1.3.3 Karrieremanagement

Den zweiten Bereich der Personalentwicklung bildet das Karrieremanagement. Im Unterschied zur Aus- und Weiterbildung geht es dabei nicht nur um die Vermittlung von Fachwissen, Fähigkeiten und Einstellungen, sondern um deren möglichst effiziente Nutzung zur Verwirklichung der Unternehmungs- und Mitarbeiterziele. Dazu bieten Unternehmungen ihren Mitarbeitern explizit oder implizit berufliche Aufstiegsmöglichkeiten an, die mit unterschiedlichen Anforderungen, Kompetenzen und Verdienstmöglichkeiten verbunden sind. Nach dem Aggregationsgrad des Karrieremanagement kann in eine individuumsorientierte und eine unternehmungsorientierte Perspektive unterschieden werden.

5.1.3.3.1 Individuumsorientiertes Karrieremanagement

Das individuumsorientierte Karrieremanagement hat das Ziel, die Anforderungen der einzelnen Stellen zu ermitteln, diese mit den bestehenden Qualifikationen der Stelleninhaber zu vergleichen und eventuelle Entwicklungslücken aufzuzeigen. Dabei können eine statische und eine dynamische Perspektive differenziert werden. Während in statischer Perspektive der Abgleich von Arbeitsanforderungen und Eignungsprofilen jeweils für einen Einzelfall erfolgt, steht in dynamischer Perspektive die Festlegung geeigneter Positionsfolgen im Vordergrund.

5.1.3.3.1.1 Abgleich von Anforderungs- und Eignungsprofilen

Mitarbeiter werden zumeist für konkrete Arbeitsaufgaben eingestellt. Je dynamischer die Rahmenbedingungen sind, unter denen Unternehmungen agieren, desto schneller wandeln sich jedoch die mit diesen Aufgaben verbundenen Anforderungen. Gleichzeitig verändern sich die Qualifikationen der Mitarbeiter durch Aus- und Weiterbildung, Berufserfahrung und Alter. In regelmäßigen Abständen muss deshalb überprüft werden, ob die Anforderungsprofile der Stellen noch mit den Eignungsprofilen der Mitarbeiter übereinstimmen.

Der Abgleich von Arbeitsanforderungen und Eignungsprofilen beginnt zumeist mit der Ermittlung des *Anforderungsprofils*, d.h. der gegenwärtigen und zukünftigen Anforderungen, die eine Stelle an einen Mitarbeiter stellt. Das Soziologische Forschungsinstitut Göttingen hat dazu mit dem SOFI-Verfahren ein Analyseinstrument entwickelt, das zwischen vier verschiedenen Anforderungsmerkmalen differenziert und sich gut als Systematisierungsheuristik zur **Klassifikation von Arbeitsanforderungen** eignet (vgl. Staehle 1999, S. 806 f.):

- Die Anforderungen an das *sensumotorische Verhalten* beziehen sich auf verfestigte und psychisch automatisierte Tätigkeiten, die ohne ständige Steuerung und Kontrolle durch das Bewusstsein ausgeübt werden.
- Die Anforderungen an das *perzeptiv-routinisierte Verhalten* beinhalten Reaktionen auf wechselnde Arbeitsfolgen in weitgehend bekannten Arbeitssituationen durch die sensorische Aufnahme informationshaltiger Signale und deren kognitive Verarbeitung.
- Die Anforderungen an das *diagnostisch-planende Verhalten* umfassen darüber hinaus eine Reaktion auf neuartige Bedingungen sowie die Entwicklung neuer Problemlösungen durch die Verbindung von abstrakt-begrifflichem mit praktisch-anschaulichem Denken. Dabei können drei Formen unterschieden werden:
  - *Empirisch-adaptive Denkanforderungen* beinhalten die Lösung neuartiger Probleme durch die Modifikation bekannter Methoden und Instrumente.
  - *Systematisch-optimierende Denkanforderungen* erfordern darüber hinaus die Kenntnis einer Vielzahl von Methoden und Instrumente sowie deren Kombination.

 – *Strategisch-innovative Denkanforderungen* werden an die Lösung neuartiger Probleme gestellt, für die neue Methoden und Instrumente entwickelt werden müssen.

- Die Anforderungen an die *Arbeitsmotivation* beziehen sich schließlich auf die Leistungsbereitschaft, die von dem Inhaber einer Stelle erwartet wird.

In einem zweiten Schritt werden die Qualifikation der Mitarbeiter und deren Eignung beurteilt, die gestellten Arbeitsanforderungen gegenwärtig und zukünftig zu erfüllen (*Eignungsprofil*). Hierzu stehen Unternehmungen eine Vielzahl von Testverfahren zur Verfügung (vgl. Erpenbeck/von Rosenstiel 2003).

Im Rahmen der **Eignungsdiagnose** kann zwischen dem horizontalen und dem vertikalen Entwicklungspotenzial von Mitarbeitern in einem bestimmten Zeitraum differenziert werden. Dazu beurteilen die jeweiligen Vorgesetzten das Potenzial der Mitarbeiter, innerhalb einer bestimmten Zeit Aufgaben auf höheren Hierarchieebenen und in anderen Unternehmungsbereichen wahrzunehmen. Dies kann durch regelmäßige Mitarbeitergespräche, Potenzialrunden oder interne Assessment Center geschehen (vgl. Wollsching-Strobel 1999; Trost 2015). In dem in Abb. 5.5 skizzierten Beispiel wird etwa von Mitarbeiter A angenommen, dass er im gleichen Bereich eine Ebene aufsteigen kann. Mitarbeiter B wird dagegen das Potenzial zugemessen, zwei Ebenen aufzusteigen und dabei auch in andere Bereiche wechseln zu können.

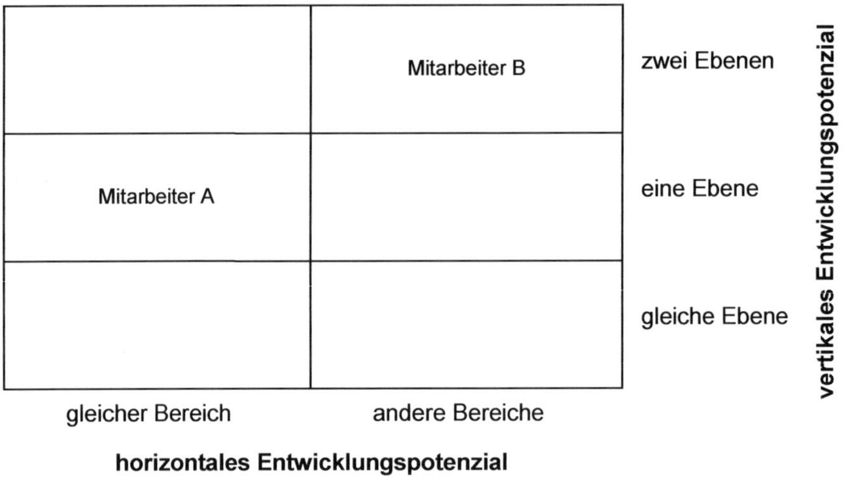

Abb. 5.5. Verfahren zur Beurteilung des Entwicklungspotenzials von Mitarbeitern

In einem dritten Schritt wird dann das Anforderungsprofil der Stelle dem Eignungsprofil des Mitarbeiters gegenüber gestellt. Daraus ergeben sich Implikationen für den individuellen Entwicklungsbedarf und die Durchführung von Maßnahmen der Personalentwicklung.

Exemplarisch lässt sich dieser Ablauf am Beispiel der Lufthansa AG aufzeigen. Die Lufthansa führt regelmäßige Personalentwicklerrunden durch, die von der zentralen Führungskräfteentwicklung geleitet werden. Dabei werden die fachlichen und überfachlichen Kompetenzen aller Mitarbeiter beurteilt, die für eine Führungslaufbahn in Betracht kommen. Diese Beurteilung findet durch den unmittelbaren Vorgesetzten des jeweiligen Mitarbeiters statt. Die Grundlage der Beurteilung bilden detaillierte Kriterienkataloge, die an die jeweilige Position bzw. Unternehmungsebene angepasst sind. Mögliche Potenzialunter- oder -überdeckungen werden in umfangreichen Excel-Tabellen festgehalten, die einen komprimierten Überblick über alle Mitarbeiter sowie Analysen anhand von Kennzahlen und graphischen Übersichten ermöglichen (vgl. Bosse/Wiedmann 2017).

Auf der Grundlage des Profilabgleichs von Anforderungen und Kompetenzen werden die erforderlichen Entwicklungsmaßnahmen abgeleitet und ein individueller Entwicklungsplan erstellt. Für besonders qualifizierte Mitarbeiter (*high potentials*) steht neben dem Expert Track (Fachkarriere) und dem Executive Track (Führungskarriere) auch ein Fast Executive Track offen, der einen schnelleren hierarchischen Aufstieg durch Auslassen von horizontalen Stellenrotationen ermöglicht. Die minimale Verweildauer auf Managementpositionen beträgt drei Jahre (vgl. Branke 2006).

Der Abgleich von Arbeitsanforderungen und Eignungsprofilen erhöht die Transparenz und Nachvollziehbarkeit von Stelleneingruppierungen und liefert frühzeitige Hinweise auf mögliche Qualifikationsdefizite und Weiterbildungsbedarfe. Die Gewinnung objektiver und allgemein akzeptierter Bewertungskriterien ist jedoch mit einem hohen Analyseaufwand verbunden. Zudem lassen sich die zukünftigen Anforderungen an eine Stelle sowie das Entwicklungspotenzial von Mitarbeitern nur selten exakt ermitteln (vgl. Becker 2009). Insbesondere hochqualifizierte Mitarbeiter erwarten jedoch ein regelmäßiges Feedback über ihre eigene Leistung und das Aufzeigen konkreter Entwicklungsmöglichkeiten im Rahmen eines systematischen Talentmanagement (vgl. Wollsching-Strobel/Prinz 2012).

5.1.3.3.1.2 Festlegung geeigneter Positionsfolgen

In dynamischer Perspektive umfasst das individuumsorientierte Karrieremanagement die Festlegung von Positionsfolgen, die ein Mitarbeiter während seiner Unternehmungszugehörigkeit durchläuft. In fachlicher Hinsicht können drei **Karrieremodelle** unterschieden werden:

- *Führungskarrieren* sind durch einen vertikalen Aufstieg innerhalb der Unternehmungshierarchie gekennzeichnet. Der berufliche Aufstieg, d.h. die Übernahme anspruchsvollerer und höher entlohnter Tätigkeiten, ist dabei mit einer zunehmenden Personalverantwortung verknüpft.
- Bei *Fachkarrieren* findet eine Erhöhung von Anforderungen, Kompetenzen und Gehalt statt, ohne dass damit die Übernahme von Führungsverantwortung für andere Mitarbeiter einhergeht. Dadurch sollen vor allem hoch qualifizierte

Fachkräfte angesprochen werden, die einen möglichst großen Teil ihrer Arbeitszeit fachlichen Aufgaben und weniger der Führung von Mitarbeitern widmen wollen, für die sie sich weniger geeignet fühlen.

> Fachkarrieren dienen damit auch dazu, dem Peter-Prinzip entgegenzuwirken, wonach Mitarbeiter solange befördert werden, bis sie ihre individuelle Stufe der Unfähigkeit erreicht haben. Peter/Hull (2001) führen dazu das Beispiel einer engagierten Lehrerin an, die aufgrund ihrer sehr guten Beurteilungen zur Schulleiterin befördert wird. Hier kann sie ihre Begabung im Umgang mit Kindern jedoch nicht mehr nutzen. Stattdessen überfordert sie die Führung der ihr nun unterstellten Lehrer sowie die umfangreiche Verwaltungsarbeit, für die sie wenig qualifiziert ist.

- *Projektkarrieren* zeichnen sich durch einen horizontalen und diagonalen Aufstieg aus, der von der Unternehmungshierarchie entkoppelt ist. Dabei nimmt die Bedeutung der Projekte, in denen ein Mitarbeiter tätig ist, und dessen Rang innerhalb des Projektteams zu. Ein wichtiger Grund für die Einführung von Projektkarrieren ist, dass der Anteil von Führungspositionen in vielen Unternehmungen durch den Abbau von Hierarchieebenen abnimmt (vgl. Friedli 2001).

> Ein Beispiel für eine Unternehmung, in der Mitarbeitern alle drei Karrieremodelle offen stehen, ist der Softwareproduzent SAP. SAP steht in einem intensiven Wettbewerb um *high potentials* und versucht, diese durch ein ausgeprägtes Karrieremanagement an sich zu binden. Management-, Fach- und Projektkarrieren sind dabei gleichwertig, d.h. die Mitarbeiter können in höhere Gehaltsstufen aufsteigen, ohne Personalverantwortung übernehmen zu müssen. Diese Möglichkeit wird vor allem von Naturwissenschaftlern und Ingenieuren wahrgenommen. Je nach individuellen Präferenzen ist ein Wechsel zwischen verschiedenen Entwicklungspfaden jederzeit möglich. „Wir bieten keine konventionellen Schornsteinkarrieren, sondern identifizieren für jeden Mitarbeiter individuelle Entwicklungschancen", so der ehemalige Personalvorstand Claus Heinrich. SAP konnte dadurch eine im Branchendurchschnitt sehr niedrige Fluktuationsrate von weniger als 2% erreichen und wurde wiederholt zu einem der beliebtesten Arbeitgeber in Deutschland gewählt (vgl. Müller 2006).

Neben der fachlichen Ausrichtung können **Karrierewege** nach ihrer hierarchischen Entwicklungsrichtung differenziert werden (vgl. Abb. 5.6). *Aufstiegsorientierte Karrierewege* sind durch einen stufenweisen hierarchischen Aufstieg mit zunehmender Führungsverantwortung gekennzeichnet. Unterbrochen werden diese – wenn überhaupt – lediglich durch kurze Weiterbildungsphasen wie etwa die Absolvierung eines MBA. Aufstiegsorientierte Karrieren werden vor allem von Mitarbeitern angestrebt, die eine lebenslang hohe Leistungsbereitschaft und ein ausgeprägtes Entwicklungsbedürfnis aufweisen. Einige Unternehmungen (z.B. Unternehmungsberatungen) fordern von ihren Mitarbeitern sogar einen permanenten beruflichen Aufstieg und legen diesen nahe, ansonsten den Arbeitgeber zu wechseln (*up or out*).

Veränderte Rahmenbedingungen und Karriereorientierungen führen dazu, dass zunehmend alternative Karrierewege Verbreitung finden, die stärker am individuellen Lebenszyklus der Mitarbeiter orientiert sind (vgl. Graf 2002). So gewinnen etwa bei einigen Mitarbeitern im Laufe ihres Lebens außerberufliche Motive gegenüber dem beruflichen Entwicklungsmotiv an Bedeutung. Ab einem bestimmten Lebensalter wird deshalb auf einen weiteren beruflichen Aufstieg zugunsten der **Work-Life-Balance** verzichtet (*Karriereplateau-Modell*). Denkbar sind auch *verzögerte Karrierewege*, bei denen der berufliche Aufstieg in einer frühen Lebensphase zugunsten privater oder familiärer Motive (z.B. Familiengründung, längere Auslandsreisen) aufgeschoben wird. Die größten Unterschiede zum klassischen Karriereweg weisen *Bergkarriere-Modelle* auf, bei denen Mitarbeiter von einer bestimmten Lebensphase an bewusst auf Kompetenzen und Gehalt verzichten und in Unternehmungsbereiche mit weniger Budget-, Umsatz- und Mitarbeiterverantwortung wechseln. Gründe dafür können z.B. Krankheiten, zu pflegende Familienangehörige, ein erhöhtes Freizeitbedürfnis oder der gleitende Übergang in den Ruhestand sein (vgl. Rygl/Puck 2007, S. 299).

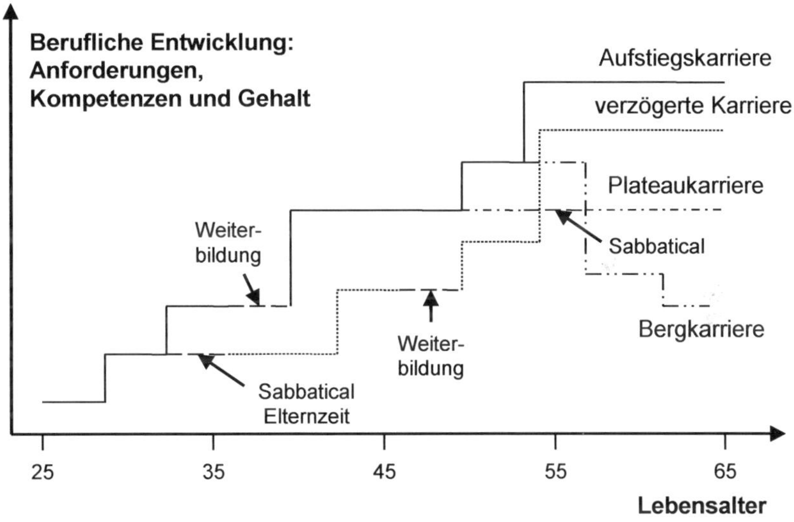

Abb. 5.6. Alternative Karrierewege

Empirische Studien weisen darauf hin, dass die Bedeutung des beruflichen Aufstiegs gegenüber dem Motiv der Selbstverwirklichung in der Arbeit und einer ausgeglichenen Work-Life-Balance zurückgeht. So zeigt eine Befragung von Wottawa et al. (2011) unter 8.207 Männern und 12.721 Frauen, die kurz vor oder nach ihrem Studienabschluss stehen, dass die Bedeutung von Macht als Lebensziel zwischen 2003 und 2010 generell abgenommen hat. Dagegen werden das Streben nach freier Kreativität und die Tendenz zur Vermeidung von Misserfolgen deutlich wichtiger. Insgesamt nimmt der Karrieretyp „Potenzielle Führungskraft" deutlich ab, und zwar besonders stark bei Männern.

> „Unter Führungskräften gärt es. Und, schlimmer noch, unter denen, die demnächst welche werden sollten. Bei vielen Beschäftigten wächst der Unmut über das klassische, am hierarchischen Aufstieg orientierte Karrieremodell. Zu starr erscheint es vielen, mit zu viel Ergebnisdruck und interner Politik und zu wenig Zeit für Familie und Freunde. Der Unmut ist in den großen Konzernen zu spüren; in Überfliegerkanzleien, wo längst nicht mehr jeder Einsteiger Partner werden will; unter Oberärzten, die oft nur noch halbherzig um den Chefarztposten rangeln; ja selbst an Schulen, wo es zunehmend schwieriger wird, die undankbare Position des Rektors zu besetzen.
>
> Die ‚Generation Y', geboren zwischen 1981 und 1994 und (..) gerade in den Beruf eingestiegen, steht an der Spitze des Vormarschs der Karriereverweigerer. Sie kombiniert ihr Interesse an mehr Work-Life-Balance mit einer prinzipiellen Skepsis gegen Geführtwerden und Führen. ‚Sie hat einen ganz anderen Blick auf Autoritäten', sagt die Personalberaterin Sophia von Rundstedt. ‚Es wird eine Herausforderung werden, ihren Fokus konstant auf Leistung zu richten.'
>
> Aber auch ältere Semester suchen nach Abzweigen vom herkömmlichen Karrierepfad. In einer Umfrage des Deutschen Führungskräfteverbands (…) gaben 59% der zumeist bereits einige Jahre im Berufsleben stehenden Befragten an, ihr Wunsch nach hierarchischem Aufstieg habe in den vergangenen fünf Jahren abgenommen. Mehr als zwei Drittel wollen sich mehr Zeit für Familie und Privatleben nehmen (…).
>
> Exponiertheit, Getriebenheit, Stress, atemlose Ergebnisverantwortung – was in den Führungsetagen vorgelebt wird, hat so gar nichts mehr vom gelassenen Chef, der souverän die Geschicke seiner Mannschaft zum Besten lenkt. Führungskräfte von heute suchen den Erfolg, kennen aber auch den Preis: hoher Leistungsdruck und wenig Zeit fürs Privatleben. Der Verzicht auf einen weiteren Karrieresprung und die Konzentration auf gute fachliche Arbeit sind ein naheliegender Weg, die Belastung wenigstens konstant zu halten. Doch die wenigsten Karriereverweigerer wollen bloß die Füße auf den Tisch legen oder wochenlang am Golf-Handicap arbeiten; vielmehr sind es oft die Talentiertesten, die (…) zwar zu harter Arbeit bereit sind, nur nicht in den gegebenen Strukturen (…).
>
> Oft Einzelkinder, von Geburt an mit Aufmerksamkeit und Aufmunterung überhäuft, gewohnt, Autoritäten zu hinterfragen, und auf dem Arbeitsmarkt umworben wie kaum jemand vor ihr, präsentiert sich die Kuschelgeneration in Führungsfragen wie eine Mischung aus Kommune 1 und Geburtstagsparty bei McDonald's: Alle haben Spaß, zwar hat einer die Krone auf, aber die ist erstens aus Pappe und zweitens auch nur Spaß (…).
>
> Selbstverwirklichung schlägt Gestaltungsdrang, der Job wird Lifestyle: Spannend, abwechslungsreich und sinnvoll muss die Aufgabe für die Ypsiloner sein; Führung findet sich, wenn überhaupt, ganz unten auf ihrer

Wunschliste. ‚Die jungen Menschen suchen durchaus die Herausforderung. Aber das Arbeiten an Sachthemen ist ihnen oft wichtiger als Personalverantwortung', sagt Audi-Personalvorstand Thomas Sigi (...). ‚Die Jüngeren sind nicht weniger leistungsbereit', formuliert McKinsey-Recruiting-Chef Thomas Fritz feinsinnig. ‚Aber die Vorstellung eines erfüllten Lebens ist mehrdimensional geworden'" (Werle 2012).

Signifikante Unterschiede bestehen generell zwischen den Karrierewegen von Männern und Frauen. Während es inzwischen mehr weibliche als männliche Hochschulabsolventen gibt, ist die Zahl von **Frauen in Führungspositionen** immer noch sehr gering. Ende 2014 betrug der Anteil an den Mitgliedern der Vorstände der 160 DAX-, MADX-, SDAX- und TecDAX-Unternehmungen lediglich 5,5%. Gegenüber 2010 ist dieser um 3,9 Prozentpunkte gestiegen, im Vergleich zu 2013 dagegen um 0,7 Prozentpunkte gesunken. Nur in einem Fünftel der betrachteten Unternehmungen gibt es ein weibliches Vorstandsmitglied (vgl. Weckes 2015).

Von den 17 Frauen, die zwischen Anfang 2012 und Juli 2014 Mitglied des Vorstands in einer DAX-Unternehmung waren, haben diesen bis November 2014 bereits sieben wieder verlassen. Frauen scheiden damit fast doppelt so häufig frühzeitig aus dem Vorstand aus wie Männer. „Kaum eine ging wirklich aus freien Stücken. Man kann es auch so sagen: Beinahe jede zweite Top-Managerin in Deutschland scheitert (...). Und während die Männer – wenn sie nicht aus Altersgründen gehen – meistens in andere Top-Jobs wechseln, verschwinden die Frauen nach ihrem Abschied aus dem DAX weitgehend von der Bildfläche (...). Beruflich noch einmal durchgestartet ist keine von ihnen" (Bund 2014).

Deutschland nimmt damit *im europäischen Vergleich* den Schlussplatz ein (vgl. Devillard et al. 2012). Vor allem in Skandinavien und den Niederlanden, d.h. in Ländern mit einer femininen Kultur (vgl. Kap. 4.2.2), ist der Anteil von Frauen in Führungspositionen weitaus höher. Verantwortlich für die schlechten Karrierechancen von Frauen in Deutschland sind insbesondere weit verbreitete konservative Rollenvorstellungen von Männern, Stereotypen über die Eignung von Frauen für Spitzenpositionen sowie die Ansicht, dass es zu wenige karriereorientierte Frauen gibt (vgl. Wippermann 2010). Diese Mentalitätsmuster bilden eine *gläserne Decke*, die Frauen den Aufstieg in obere Führungspositionen erheblich erschwert (vgl. Krell/Ortlieb/Sieben 2011; Szebel-Habig/Kaps 2016).

Wie verbreitet stereotype Rollenbilder in Deutschland sind, belegt eine empirische Untersuchung von Störmer (2011) zum *Einfluss der Attraktivität auf den Karriereerfolg*. Auf Basis der Daten des Sozio-ökonomischen Panels (SOEP) zeigt sich, dass die Statur von Frauen einen hohen Einfluss auf deren Karriereerfolg hat. Frauen, deren Body-Maß-Index (BMI=Gewicht (kg)/Körpergröße (m^2)) den empfohlenen Normalbereich der Weltgesundheitsorganisation übersteigt, haben signifikante Karrierenachteile (gemessen als Bruttostundenlohn) zu verzeichnen. Besonders stark sind diese negativen Effekte der Übergewichtigkeit bei weiblichen Führungskräften und Akademikerinnen. Für Männer hingegen konnte insgesamt kein Einfluss des BMI auf den Karriereerfolg nachgewiesen werden.

Empirische Untersuchungen zu den **Auswirkungen des Anteils von Frauen in Führungspositionen auf den Unternehmungserfolg** kommen zu unterschiedlichen Ergebnissen. So belegt die Studie von Noland/Moran/Kotschwar (2016) unter 21.980 Unternehmungen aus 91 Ländern, dass der Anteil der Frauen in Führungspositionen unterhalb des Vorstands einen signifikant positiven Einfluss auf den Unternehmungserfolg hat. Demgegenüber weist die Metaanalyse von Reinwald et al. (2015) auf keinen signifikanten Zusammenhang zwischen der Geschlechtsdiversität und dem Unternehmungserfolg hin. Dieser Befund ist unabhängig von der Größe des Führungsteams, der Branche, dem kulturellen Kontext und den betrachteten Erfolgskriterien.

Zur Erhöhung des Anteils von Frauen in Führungspositionen wurde am 24.4.2015 das Gesetz für die gleichberechtigte Teilhabe von Frauen und Männern an Führungspositionen in der Privatwirtschaft und im öffentlichen Dienst (FührposGleichberG) verabschiedet. Es bestimmt, dass sich der Aufsichtsrat in Unternehmungen, die börsennotiert sind und für die das MitbestG oder das MontanMitbestG gilt (vgl. Kap. 3.2.1.2), zu mindestens 30% aus Frauen und zu mindestens 30% aus Männern zusammensetzt (§ 96 Abs. 2 AktG). Im Jahre 2017 gilt diese Vorgabe für 106 Unternehmungen. Etwa 3.500 Unternehmungen, die entweder börsennotiert sind oder der Mitbestimmung unterliegen, müssen zudem *Zielvorgaben für den Anteil von Frauen* im Aufsichtsrat, im Vorstand und auf den beiden Führungsebenen unterhalb des Vorstands festlegen und veröffentlichen. Strafen oder gesetzliche Sanktionen für den Fall, dass das gesetzte Ziel nicht erreicht wurde, sind nicht vorgesehen.

Porsche hat im Jahre 2012 ein Programm zur Chancengleichheit eingeführt. Dazu wird in jedem Ressort individuell ermittelt, wie viele Frauen im oberen Tarifbereich arbeiten. Dieser Anteil muss bei Beförderungen in die obersten drei Managementebenen berücksichtigt werden. Diese kaskadenartige Beförderung von Frauen ist Aufgabe der Führungskräfte der nächst höheren Hierarchieebene und wird bei der Berechnung von deren Bonuszahlungen einbezogen. Der Anteil von Frauen in der obersten Führungsebene stieg daraufhin von 1,9% im Jahre 2012 auf 8,3% im Jahre 2016 (vgl. Endres 2017).

Eine wichtige Aufgabe des individuumsorientierten Karrieremanagement ist der **Umgang mit bei Beförderungsentscheidungen nicht berücksichtigten Mitarbeitern**. Während die Aufmerksamkeit überwiegend den beförderten bzw. für ein Personalentwicklungsprogramm ausgewählten Mitarbeitern gilt („*The winner takes it all*"), stellen die nicht beförderten Mitarbeiter zumeist die Mehrheit dar. Sie verbleiben zudem überwiegend in der Unternehmung und stellen für diese weiterhin eine wertvolle Ressource dar. Umso wichtiger ist es, negative Auswirkungen auf deren Arbeitseinstellungen und die Arbeitsatmosphäre zu vermeiden.

Vor allem Mitarbeiter mit einer sehr positiven Selbsteinschätzung tendieren dazu, die Ablehnung als negatives Feedback und Bruch des psychologischen Vertrags mit ihrem Arbeitgeber aufzufassen (vgl. Kap. 2.8). Die wiederholte Nichtberücksichtigung bei Beförderungsentscheidungen kann zudem eine Stigmatisierung dieser Mitarbeiter bewirken (vgl. Goffman 1967). Um die damit verbundenen negativen emotionalen, kognitiven und motivationalen Folgen zu reduzieren, ist im Sinne der Gerechtigkeitstheorie (vgl. Kap. 2.3.2.1) eine objektive und nachvollziehbare Begründung der Entscheidung erforderlich. Unterschiedliche Reaktionen sind zu erwarten, wenn die Nichtberücksichtigung internal oder external zugerechnet wird. Bei einer internalen Attribution ist eine defensive und demotivierende Reaktion zu erwarten. Demgegenüber erzeugen externale Attributionen keine Veränderungsmotivation. Semmer/Jacobshagen (2010) empfehlen deshalb, die internale Attributionen durch externe Gründe so abzuschwächen, dass der Mitarbeiter die Nichtberücksichtigung zwar sich selbst zurechnet, zugleich aber die Wertschätzung gegenüber diesem ausgedrückt und alternative Entwicklungsmöglichkeiten aufgezeigt werden.

5.1.3.3.2 Unternehmungsorientiertes Karrieremanagement

Während beim individuumsorientierten Karrieremanagement der einzelne Mitarbeiter im Mittelpunkt steht, orientiert sich das unternehmungsorientierte Karrieremanagement an der gesamten Belegschaft. Das Ziel besteht darin, eine an der Unternehmungsstrategie orientierte Personalstruktur sicherzustellen. Umgekehrt kann i.S. des ressourcenorientierten Ansatzes die Personalstruktur auch der Ausgangspunkt für die Entwicklung der Unternehmungsstrategie sein (vgl. Kap. 4 2.1).

Ein Instrument zur Verwirklichung dieser Zielsetzung sind **Humanressourcen-Portfolios**. Mit Hilfe von Portfolio-Verfahren lassen sich die individuellen Eignungs- und Leistungsprofile der Mitarbeiter zu Personalportfolios ganzer Abteilungen, Bereiche und Unternehmungen aggregieren. Dies soll es ermöglichen, frühzeitig personalpolitische Instrumente einzusetzen, die analog zu Produkt-Markt-Portfolios im Rahmen des strategischen Management als Normstrategien formuliert werden. Ein Beispiel dafür ist das Humanressourcen-Portfolio von Odiorne (1984), das zwischen vier **Typen von Mitarbeitern** differenziert (vgl. Abb. 5.7):

- Die größte Gruppe bilden die *Arbeitstiere* (*workhorses*). Sie sind zumeist schon lange in der Unternehmung tätig und weisen eine hohe Arbeitsleistung auf. Ihr weiteres Entwicklungspotenzial wird jedoch als gering eingestuft. Die Aufgabe für das Personalmanagement besteht darin, ihre Fähigkeiten durch einen effizienten Personaleinsatz möglichst weitgehend auszuschöpfen. Die Aus- und Weiterbildung ist auf die Sicherung der Fachkompetenz für die bestehenden Tätigkeiten reduziert (ernten).
- Die *Stars* sind die wichtigsten aktuellen und zukünftigen Leistungsträger der Unternehmung. Sie besitzen eine hohe Leistungs- und Aufstiegsorientierung. Die Aufgabe des Personalmanagement besteht deshalb darin, ihre Qualifikationen und Erfahrungen durch interessante Tätigkeiten und gezielte Weiterbildung permanent zu erweitern und ihnen eine individuelle Karriereperspektive zu ge-

ben (ausbauen). Gelingt dieses Talentmanagement nicht, besteht die Gefahr, dass diese Mitarbeiter die Unternehmung verlassen.

- *Problemmitarbeiter* (*problem employees*) haben ein hohes Leistungspotenzial, können dies aber aktuell nicht vollständig umsetzen. Die wichtigste Aufgabe des Personalmanagement besteht deshalb darin, die Gründe für diese Leistungsbarrieren zu analysieren und durch gezielte Maßnahmen der Personalentwicklung, des Personaleinsatzes und der Personalführung abzubauen (aufbauen).
- *Leistungsschwache* (*deadwood*) weisen eine geringe aktuelle Leistung und ein geringes Leistungspotenzial auf. Gründe dafür können fachlicher oder motivationaler Art sein. Sie sollten deshalb nach Auffassung von Odiorne freigesetzt werden (abbauen).

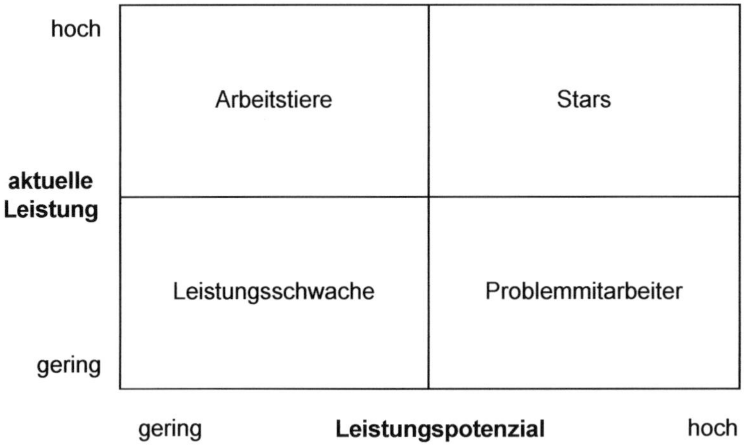

Abb. 5.7. Humanressourcen-Portfolio (Quelle: Odiorne 1984, S. 66)

Eine große Verbreitung haben Personalportfolios durch neue Softwareprogramme erlangt, mit denen sich diese einfach erstellen und auswerten lassen. Eines der am weitesten verbreiteten Programme ist ExecuTRACK (www.executrack.de). Es bietet die Möglichkeit, Laufbahn- und Nachfolgeplanungen vollständig computergestützt durchzuführen. Darüber hinaus können weitere Funktionen wie Weiterbildungsmanagement oder Skill- und Kompetenzmanagement genutzt werden.

> Ein Beispiel für die strategische Führungskräfteentwicklung ist BASF. Die Abteilung „Führungskräfteplanung und -entwicklung“ plant und entwickelt Kandidaten für weltweit ca. 650 Führungspositionen. Dafür werden im Rahmen des Karrieremanagement etwa 1.500 Kandidaten geführt, die potenziell in der Lage sind, diese Positionen im Laufe ihrer weiteren beruflichen Entwicklung zu übernehmen. Für diese Kandidaten werden regelmäßige Potenzialbeurteilungen durchgeführt und elektronisch gespeichert. Diese werden mit den Personalstammdaten, die in SAP® R/3 HR gepflegt werden, kombiniert und in ExecuTRACK verarbeitet.

Im Rahmen der Karriereplanung wird ein Planungshorizont von acht bis zehn Jahren angesetzt. Parallel dazu erfolgt eine auf Positionen bezogene Nachfolgeplanung mit einem Planungshorizont von zwei bis drei Jahren. Zudem wird ExecuTRACK in konkreten Bedarfsfällen (z.B. bei sich abzeichnenden Vakanzen) oder bei strategischen Planspielen i.S. von „was-wäre-wenn-Simulationen" eingesetzt (vgl. Schüler 2003).

5.1.4 Personalfreisetzung

5.1.4.1 Ursachen

Die letzte Phase der Personalbedarfsplanung und Personalbedarfsdeckung bildet die Personalfreisetzung. Diese ist immer dann erforderlich, wenn die Personalbedarfsplanung einen Netto-Personalüberschuss oder Qualifikationsdefizite ermittelt hat, die nicht durch Maßnahmen der Arbeitsorganisation (z.B. Verkürzung der Arbeitszeit) oder Personalentwicklung ausgeglichen werden können oder sollen. Dementsprechend können betriebsbedingte und mitarbeiterbedingte Ursachen der Personalfreisetzung unterschieden werden (vgl. Abb. 5.8):

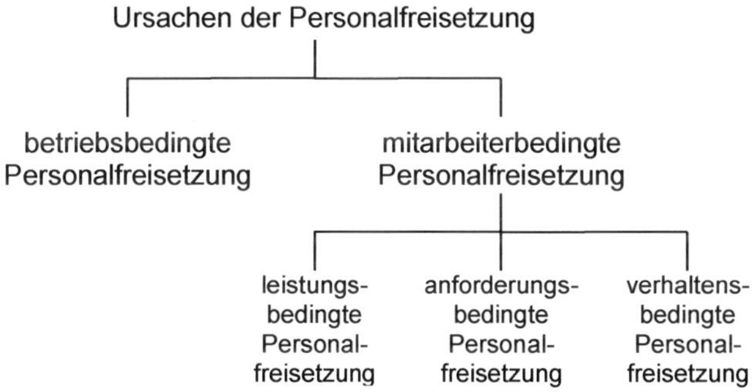

Abb. 5.8. Ursachen der Personalfreisetzung

- Die *betriebsbedingte Personalfreisetzung* umfasst alle Maßnahmen zur Beseitigung einer durch die Personalbedarfsplanung ermittelten Überdeckung des Personalbestands in quantitativer, qualitativer, zeitlicher und räumlicher Hinsicht. Die wichtigsten betriebsbedingten Ursachen eines Personalüberhangs sind konjunktur-, saison- oder strukturbedingte Absatzrückgänge, die Einführung neuer Produktions- oder Kommunikationstechnologien, Reorganisationen, Produktionsumstellungen, -stilllegungen oder -verlagerungen sowie Fusionen (vgl. Berkowsky 2007).

- Mögliche Ursachen der *mitarbeiterbedingten Personalfreisetzung* sind nachlassende Arbeitsleistungen (leistungsbedingte Freisetzung), steigende qualitative Arbeitsanforderungen (anforderungsbedingte Freisetzung) sowie unentschuldigtes Fernbleiben, wiederholte Unpünktlichkeit, Alkoholmissbrauch, Leistungsverweigerung oder Straftatdelikte (verhaltensbedingte Freisetzung). In wieweit diese Sachverhalte arbeitsrechtlich relevant sind, ist im Einzelfall schwierig zu beurteilen. So kann Alkoholmissbrauch bei Kraftfahrern einen Kündigungsgrund darstellen, während ärztlich attestierter Alkoholismus nach herrschender Rechtsauffassung eine Krankheit ist, die keine Personalfreisetzung rechtfertigt (vgl. Müller 2013).

5.1.4.2 Maßnahmen

Die Maßnahmen der Personalfreisetzung können nach ihrem **Zeitpunkt** in antizipative und reaktive Maßnahmen differenziert werden. Während antizipative Maßnahmen (z.B. die Nichtverlängerung von befristeten Arbeitsverträgen, Einstellungsstopps, Aufhebungsverträge und frühzeitige Pensionierungen) eine zumindest kurz- bis mittelfristige Personalplanung bedingen, verursachen reaktive Maßnahmen zwar einen geringeren planerischen Aufwand, dafür jedoch zumeist größere negative Auswirkungen auf die Mitarbeiter und die Unternehmung.

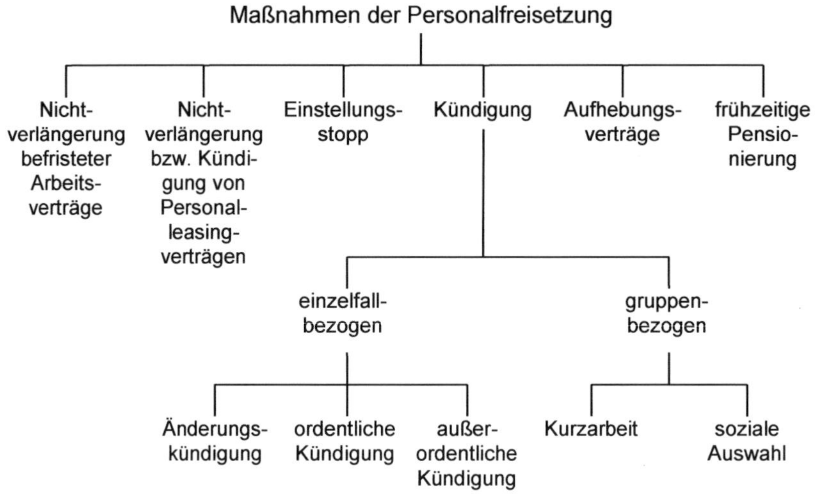

Abb. 5.9. Maßnahmen der Personalfreisetzung

Nach ihren **Auswirkungen** können die Maßnahmen der Personalfreisetzung in qualitative, zeitliche, räumliche und quantitative Maßnahmen differenziert werden. Während der Personalbestand in den ersten drei Fällen nicht verringert wird, beinhaltet der Abbau des Personalüberhangs durch quantitative Maßnahmen dagegen eine Reduzierung des Personalbestands (vgl. Abb. 5.9). Die einschneidendste Maßnahme der quantitativen Personalfreisetzung stellt die Entlassung bzw. Kündigung von Mitarbeitern dar. Die Wahl geeigneter Maßnahmen der Personalfreisetzung wird vor allem durch arbeitsrechtliche Schutzklauseln (Kündigungsschutz) sowie durch die Anhörungs- und Mitbestimmungsrechte der Mitarbeitervertreter bestimmt.

5.1.4.2.1 Nichtverlängerung von befristeten Arbeitsverträgen

Die einfachste Maßnahme der Personalfreisetzung ist die Nichtverlängerung von befristeten Arbeitsverträgen (vgl. Lakies 2016). Befristete Arbeitsverträge werden insbesondere bei zeitlich bzw. finanziell begrenzter Projektarbeit, Vertretungen des Stammpersonals, wirtschaftlicher Unsicherheit oder Saisonarbeit abgeschlossen. Weitere Beispiele sind die Beschäftigung von wissenschaftlichen Mitarbeitern an Hochschulen oder von Arbeitnehmern aus Nicht-EU-Ländern. Ohne Vorliegen eines sachlichen Grundes ist die Befristung eines Arbeitsvertrages grundsätzlich bis zur Dauer von zwei Jahren zulässig (§ 14 TzBfG). Während dieser Zeit können befristete Arbeitsverträge höchstens dreimalig verlängert werden. Nach der dreimaligen Verlängerung eines befristeten Arbeitsverhältnisses mit denselben Arbeitsbedingungen haben Arbeitnehmer das Anrecht auf eine unbefristete Beschäftigung (Verhinderung von Kettenarbeitsverträgen).

Eine empirische Studie auf der Basis des IAB-Betriebspanels von Hohendanner (2008) kommt zu dem Ergebnis, dass der Anteil befristeter Arbeitsverhältnisse an der betrieblichen Gesamtbeschäftigung zwischen 1996 und 2006 um 65% von unter 4% auf über 6% anstieg. Damit sind über zwei Millionen Arbeitskräfte auf Basis eines befristeten Vertrags tätig. Befristete Arbeitsverhältnisse sind vor allem in der öffentlichen Verwaltung und im Bereich sozialer Dienstleistungen wie Gesundheit und Sozialwesen, Erziehung, Unterricht und Non-Profit-Organisationen weit verbreitet. Etwa zwei Drittel der Einstellungen erfolgen hier auf der Basis eines befristeten Arbeitsvertrages. Zudem ist die Übernahmequote in unbefristete Arbeitsverhältnisse deutlich geringer als im produzierenden Gewerbe.

5.1.4.2.2 Nichtverlängerung bzw. Kündigung von Personalleasingverträgen

Die Kündigung bzw. Nichtverlängerung von Personalleasingverträgen (vgl. Kap. 5.1.2.2.1.7) ist für eine Unternehmung eine relativ einfache und schnelle Methode der Personalfreisetzung, die kaum unmittelbare negative Auswirkungen hat. Aufgrund der geringen Bedeutung dieser Beschäftigungsform in Deutschland ist deren Auswirkung auf den Personalbestand jedoch nur schwach. Mit der wachsenden Verbreitung des Personalleasings dürfte die Relevanz dieses Instruments in Zukunft jedoch zunehmen.

5.1.4.2.3 Einstellungsstopp

Beim Einstellungsstopp wird eine Personalfreisetzung durch die zumeist zeitlich befristete Ausnutzung der natürlichen Fluktuation (Kündigung durch die Mitarbeiter, Erreichen des Pensionsalters, Invalidität, Tod, etc.) erzielt. Dabei können mehrere Formen unterschieden werden:

- Ein *genereller Einstellungsstopp* gilt für alle Bereiche und Positionen. Er bietet das größte Einsparungspotenzial bei den Personalkosten, ist jedoch ein weitgehend zufallsabhängiges, undifferenziertes und kaum steuerbares Instrument. Die Nichtbesetzung wichtiger frei werdender Positionen führt zwar zu Kosteneinsparungen, bewirkt aber gleichzeitig eine sinkende Produktivität und Rentabilität der Unternehmung. Zudem führt diese Maßnahme zu negativen Auswirkungen auf die Alters- und Qualifikationsstruktur der Belegschaft.
- Bei einem *qualifizierten Einstellungsstopp* dürfen nur bei bestimmten, besonders wichtigen Mitarbeitergruppen wie z.B. Fach- und Führungskräften oder Auszubildenden Einstellungen vorgenommen werden.
- Bei einem *modifizierten Einstellungsstopp* wird der Ersatzbedarf bei frei werdenden Stellen besonders intensiv geprüft. Die entsprechende Abteilung muss deshalb die Besetzung frei werdender Stellen in jedem Einzelfall überzeugend begründen.

5.1.4.2.4 Aufhebungsverträge

Aufhebungsverträge beinhalten das Angebot an Mitarbeiter, gegen die Zahlung einer *Abfindung* freiwillig aus der Unternehmung auszuscheiden (vgl. Bauer/Krieger/Arnold 2013). Da dadurch langwierige Auseinandersetzungen mit den Mitarbeitervertretern und Arbeitsgerichtsprozesse vermieden werden, führt diese Methode zumeist zu einer sehr schnellen Reduzierung des Personalbestands. Aufgrund ihrer geringen Konfliktintensität wirken sich Aufhebungsverträge zudem nicht negativ auf das Unternehmungsimage aus.

Ein Nachteil ist, dass zumeist vor allem qualifizierte Mitarbeiter das Angebot eines Aufhebungsvertrags wahrnehmen, die relativ schnell eine Beschäftigung bei einem anderen Arbeitgeber finden. Beispiele dafür sind die Deutsche Bahn, die Deutsche Post und die Deutsche Telekom, die bei ihrer Umwandlung von Staatsbetrieben zu privaten Aktiengesellschaften durch Aufhebungsverträge viele qualifizierte Mitarbeiter verloren haben.

5.1.4.2.5 Frühzeitige Pensionierungen

Das Angebot eines unmittelbaren oder gleitenden Übergangs in den Ruhestand mit einer schrittweisen Reduzierung der Wochenarbeitszeit ist zumeist mit staatlichen Zuschüssen zur Altersrente bzw. zum reduzierten Arbeitsentgelt verbunden. Nachdem frühzeitige Pensionierungen vor allem in den achtziger Jahren sehr weit verbreitet waren (vgl. Teipen 2003), haben diese seit 2014 wieder zugenommen. Grund hierfür ist das von der Bundesregierung beschlossene Rentenpaket, nach dem alle beitragspflichtig Beschäftigten bereits mit 63 Jahren ohne Abschläge in den Ruhestand gehen können. Diese Entwicklung steht dem allgemeinen Trend zur Verlängerung der Lebensarbeitszeit entgegen. Zurückzuführen ist dieser neben der demographischen Entwicklung vor allem auf die Erkenntnis vieler Unternehmungen, dass ältere Mitarbeiter häufig über besonderes Wissen verfügen, das mit deren Ausscheiden verloren geht. Eine Möglichkeit, diesen Wissensverlust zu reduzieren, ist die Übertragung von Mentorentätigkeiten an ältere Mitarbeiter, die dadurch ihr Wissen systematisch an jüngere Mitarbeiter weitergeben können.

> Als eine der ersten Unternehmungen in Deutschland hat Audi im Jahre 2005 ein spezifisches Programm für ältere Mitarbeiter verabschiedet. Dieses beinhaltet die umfassende Förderung ihrer Beschäftigungsfähigkeit durch die lebenslange Entwicklung beruflicher Kompetenz, Motivation und Gesundheitsprävention. Insbesondere in der Fertigung soll die Beschäftigungsfähigkeit älterer Mitarbeiter durch eine präventive Arbeitsgestaltung gefördert werden. Dazu zählen etwa regelmäßige Belastungswechsel, die Entdichtung der Leistungsintensität durch eine angepasste Leistungs- bzw. Personalbemessung, zusätzliche Kurzpausen und der vermehrte Einsatz technischer Arbeitshilfen. Begleitet werden diese Maßnahmen durch ein „Audi Checkup“ für alle Mitarbeiter über 50 Jahren, um die altersbezogene Häufigkeit chronischer Erkrankungen durch individuelle Frühdiagnostik, Beratung und Gesundheitsförderung zu reduzieren (vgl. Widuckel 2006).

5.1.4.2.6 Kündigungen bzw. Entlassungen

Kündigungen bzw. Entlassungen stellen die einschneidendste Maßnahme der Personalfreisetzung dar. Aufgrund der negativen Folgen für die betroffenen Mitarbeiter, die verbleibenden Mitarbeiter sowie die Unternehmung stellen diese das letzte Mittel der Rechtsdurchsetzung dar, d.h. es darf kein milderes Mittel geben, das den gleichen Erfolg verspricht („Ultima-Ratio-Prinzip“). Die Formen und der Ablauf von Kündigungen werden durch das KSchG geregelt (vgl. auch Kap. 4.1.1.1.2). Dieses gilt für Betriebe, in denen in der Regel zehn oder mehr Arbeitnehmer ausschließlich der zu ihrer Berufsbildung Beschäftigten tätig sind (§ 23 KSchG). Ein eingeschränkter Kündigungsschutz besteht für leitende Angestellte. Insbesondere bedarf der Antrag des Arbeitgebers auf Auflösung des Arbeitsverhältnisses bei diesen keiner Begründung (§ 14 Abs. 2 KSchG).

Bei der **einzelfallbezogenen Personalfreisetzung** beruht die Kündigung auf mitarbeiterbedingten Ursachen, wobei für besonders schutzbedürftige Gruppen ein *besonderer Kündigungsschutz* besteht. Dazu zählen u.a. Schwerbehinderte, Auszubildende, schwangere Frauen und Mitarbeiter in Elternzeit, Mitglieder der Betriebsverfassungsorgane sowie Wehr- und Zivildienstleistende. Nach der Anhörung des Betriebsrats (§ 102 BetrVG) kann unter Berücksichtigung der Kündigungsfrist entweder eine *ordentliche Kündigung* oder eine *Änderungskündigung* (§ 2 KSchG) ausgesprochen werden. Bei letzterer wird im gegenseitigen Einvernehmen der Wechsel auf eine Stelle mit anderen Anforderungsmerkmalen und einem zumeist geringeren Entgelt vereinbart (vgl. Wallner 2001).

Die schärfste Form der einzelfallbezogenen Personalfreisetzung ist die verhaltensbedingte Kündigung (vgl. Müller 2013). Gründe dafür können z.B. unentschuldigtes Fernbleiben, wiederholte Unpünktlichkeit, Alkoholmissbrauch, Leistungsverweigerung oder Straftaten sein. Vor einer verhaltensbedingten Kündigung ist zunächst eine *Abmahnung* auszusprechen. Diese muss das konkrete Fehlverhalten darlegen, eine angemessene Frist zur Beseitigung einräumen und einen Hinweis auf die angedrohte Folge beinhalten (vgl. Croset/Dobler 2016). Entbehrlich ist eine Abmahnung bei gravierendem Fehlverhalten (z.B. Unterschlagung, Betrug, gefälschte Arbeitsunfähigkeitsbescheinigung), das das Vertrauen in den Arbeitnehmer unwiederbringlich zerstört. Aus wichtigen Gründen, d.h. wenn dem Arbeitgeber die Fortsetzung des Arbeitsverhältnisses bis zum Ablauf der Kündigungsfrist nicht zugemutet werden kann, ist auch eine *außerordentliche* bzw. *fristlose Kündigung* möglich (§ 626 BGB).

Bei der **gruppenbezogenen Personalfreisetzung** aufgrund betriebsbedingter Ursachen sind zwei Fälle zu unterscheiden (vgl. Berkowsky 2007):

- Bei einem *kurzfristigen Personalüberhang* kann der Arbeitgeber Kurzarbeit anmelden (§19 KSchG). Dabei zahlt das Arbeitsamt 60% (allgemeiner Leistungssatz) der Nettoentgeltdifferenz des Monats, in dem kurzgearbeitet wurde. Einen erhöhten Leistungssatz von 67% erhalten Arbeitnehmer, auf deren Lohnsteuerkarte ein Kinderfreibetrag von mindestens 0,5 eingetragen ist (§ 178 SGB III). Kurzarbeit ist grundsätzlich auf sechs Monate begrenzt (§ 177 Abs. 1 SGB III). Bei außergewöhnlichen Verhältnissen auf dem Arbeitsmarkt kann die Bezugsdauer auf bis zu 24 Monate ausgedehnt werden (§ 182 Abs. 1 Nr. 3 SGB III). So wurde etwa die maximale Bezugsdauer in der Folge der Wirtschafts- und Finanzkrise im Mai 2009 rückwirkend für alle Ansprüche, die zwischen dem 1. Januar und 31. Dezember 2009 entstanden sind, auf 24 Monate verlängert. Die Bezugsfrist bei Arbeitnehmern, deren Anspruch auf Kurzarbeitergeld in der Zeit vom 1. Januar 2010 bis zum 31. Dezember 2010 entstanden ist, beträgt 18 Monate.

Die Ausweitung der maximalen Bezugsdauer und der Anspruchsvoraussetzungen des Kurzarbeitergelds hat wesentlich dazu beigetragen, die Auswirkungen der Wirtschafts- und Finanzkrise auf den Arbeitsmarkt zu mildern. Zum Höhepunkt der Inanspruchnahme im Mai 2009 wurde an 1,516 Millionen Arbeitnehmer konjunkturelles Kurzarbeitergeld gezahlt. Im März 2010 waren es noch 830.000 Arbeitnehmer. Der durchschnittliche Arbeitszeitausfall betrug 37%. Dies entspricht rund 305.000 Voll- bzw. Teilzeitbeschäftigten, denen ansonsten möglicherweise gekündigt worden wäre. Überproportional hoch ist der Anteil der Kurzarbeiter in den stark exportabhängigen Branchen Maschinenbau, Metallverarbeitung und Automobilbau (vgl. BA 2010).

Für die Arbeitgeber beinhaltet die Kurzarbeit den Vorteil, Arbeitnehmer in Zeiten schwacher Konjunktur nicht entlassen zu müssen und damit ihr Humankapital zu sichern. Dies hat zumeist positive Auswirkungen auf die Motivation der Mitarbeiter. Zudem werden dadurch eventuelle Abfindungen und Kündigungsklagen vermieden. Dem steht der Nachteil gegenüber, dass die Lohnkosten nicht proportional mit der Verkürzung der Arbeitszeit sinken. Bis zum Januar 2009 mussten die Arbeitgeber in der Phase der

Kurzarbeit sowohl die Arbeitgeber- als auch die Arbeitnehmerbeiträge zur Kranken-, Pflege- und Rentenversicherung tragen. Für Unternehmungen des verarbeitenden Gewerbes ergaben sich dadurch nach einer Modellrechnung von Brenke/Rinne/Zimmermann (2010) Remanenzkosten je ausgefallener Arbeitsstunde in Höhe von 46% der gesamten Lohnkosten.

- Bei einem *dauerhaften Personalüberhang* kann der Arbeitgeber eine Kündigung unter Berücksichtigung der gesetzlichen Kündigungsfrist aussprechen. Zumeist wird dabei mit den Mitarbeitervertretern ein Sozialplan vereinbart. Bei der Auswahl der gekündigten Mitarbeiter müssen soziale Kriterien, und zwar die Dauer der Betriebszugehörigkeit, das Lebensalter und Unterhaltspflichten sowie das Schwerbehindertenrecht berücksichtigt werden, d.h. eine Auswahl nach persönlichen Qualifikationen und Arbeitsleistungen der Mitarbeiter ist nicht möglich. Weist der Betriebsrat oder ein gekündigter Mitarbeiter nach, dass die Auswahl sozial ungerechtfertigt war, ist die Kündigung unwirksam (§ 1 KSchG).

Die Folgen einer gruppenbezogenen Personalfreisetzung lassen sich anschaulich am Beispiel der Schließung des AEG-Elektrolux-Werkes in Nürnberg im Jahre 2006 illustrieren. Nach der Ankündigung der Unternehmungsleitung im Dezember 2005, das Werk zu schließen und die Produktion nach Italien und Polen zu verlagern, legten die Arbeitnehmer spontan die Arbeit nieder und protestierten für den Erhalt ihrer Arbeitsplätze. Nach einem zweimonatigen Streik und mehreren Verhandlungsrunden verständigten sich der Mutterkonzern Electrolux, die IG Metall und der Betriebsrat im März 2006 auf einen Sozialplan. Dieser sieht eine Abfindung in Höhe von 1,8 Monatsgehältern (maximal 4.500 €) für jedes Jahr der Betriebszugehörigkeit vor. Von den Arbeitnehmervertretern wird dies als großer Erfolg gewertet, da in vergleichbaren Fällen lediglich 0,4 bis 0,7 Monatsgehälter gezahlt wurden. Für Mitarbeiter ab dem 53. Lebensjahr wurde eine Vorruhestandsregelung vereinbart, die ihnen eine Abfindung zwischen 81 und 83% des Nettoeinkommens zusichert, das sie in der Zeit vom Austrittstermin bis zur Vollendung des 63. Lebensjahres verdienen würden. Nach der Entlassung können alle ehemaligen AEG-Mitarbeiter für maximal 12 Monate in die Qualifizierungs- und Beschäftigungsgesellschaft GPQ (Nürnberger Gesellschaft für Personalentwicklung und Qualifizierung mbH) übertreten (Strukturkurzarbeit). AEG stellt dafür 23,5 Mio. € bereit. Im Frühjahr 2007 hat AEG den Betrieb in Nürnberg endgültig geschlossen.

Die Beendigung von Arbeitsverhältnissen durch Kündigung oder Auflösungsvertrag bedarf der Schriftform (§ 623 BGB). Arbeitnehmer können ein Arbeitsverhältnis mit einer Frist von vier Wochen kündigen. Die Kündigungsfrist für den Arbeitgeber hängt von der Dauer der Betriebszugehörigkeit ab. Sie beträgt maximal sieben Monate, wenn das Arbeitsverhältnis 20 Jahre oder länger bestanden hat (§ 622 BGB). Für Kündigungsschutzklagen des Arbeitnehmers gilt eine Ausschlussfrist von drei Wochen (§ 4 KSchG).

5.1.4.3 Outplacement

Das Konzept des Outplacement ist ursprünglich zur Betreuung von aus dem Militärdienst ausscheidenden Soldaten entwickelt worden. Es basiert auf der Erkenntnis, dass die ausschließliche Betrachtung der arbeitsrechtlichen und finanziellen Aspekte von Kündigungen zu kurz greift und eine aktive Unterstützung des ausscheidenden Mitarbeiters durch die Unternehmung beiden Seiten Vorteile bringt (vgl. Mayrhofer 1989; Stoebe 1993; Berg-Peer 2003). Mit Maßnahmen des Outplacement werden folgende **Ziele** verfolgt:

- Auf der *Ebene der Unternehmung* soll Outplacement die mit einer Kündigung verbundenen Trennungskosten reduzieren. Dies gilt insbesondere dann, wenn zeit- und kostenintensive Arbeitsgerichtsprozesse vermieden werden können. Verbunden damit ist das Ziel, Imageverluste in der Öffentlichkeit sowie negative Auswirkungen auf die verbleibenden Mitarbeiter zu vermeiden (vgl. Andrzejewski 2008). Abgangsinterviews im Rahmen des Outplacement ermöglichen zudem, Kündigungen zur Schwachstellenanalyse der Unternehmung zu nutzen (vgl. Lämmlein/Brauner 2003).
- Die wichtigsten *Ziele der Mitarbeiter* sind die Sicherung der materiellen Lebensbedingungen und die Bewältigung psychisch-sozialer Spannungen. Darüber hinaus soll die berufliche Weiterentwicklung der Mitarbeiter durch das Angebot von Weiterbildungsprogrammen gefördert werden. Vielfach werden angekündigte Entlassungen zudem hinausgezögert, um den Mitarbeitern in noch ungekündigter Stellung die Suche nach einem neuen Arbeitgeber zu erleichtern.

Das Outplacement umfasst verschiedene **Maßnahmen** (vgl. Alewell/Hauff/Pull 2013, S. 253 ff.). Zu Beginn steht zumeist die Ent-Dramatisierung der Kündigung durch die gemeinsame Analyse und Verarbeitung aller auslösenden Faktoren. Die Beendigung von Arbeitsverhältnissen soll dadurch als Normalfall in einer veränderten Arbeitswelt und nicht als persönlicher Schicksalsschlag aufgefasst werden. Mit den betroffenen Mitarbeitern wird darüber hinaus eine „Trennungsstory" erarbeitet, die als Rechtfertigung gegenüber Kollegen, Familie, Freunden und potenziellen zukünftigen Arbeitgebern dient. „First-Class-Entlassene", so Reich (2003, S. 38), „bekommen ein eigenes Büro in der Outplacement-Agentur – mit Sekretärin und Computer und frisch gebrühtem Kaffee. Es gibt Klienten, die verschweigen ihrer Familie erst mal, dass sie gefeuert wurden. Die verlassen morgens das Haus und erzählen abends, wie anstrengend der Tag war. Die Scham ist groß."

Eine weitere Maßnahme des Outplacement ist die Prüfung und Gewichtung der individuellen und auf dem Arbeitsmarkt nachgefragten Qualifikationen sowie die Erarbeitung eines Stärken- und Schwächenprofils. Dies soll es den freigesetzten Mitarbeitern erleichtern, ihre beruflichen Perspektiven und Möglichkeiten besser einzuschätzen und systematisch zu verfolgen. Viele Unternehmungen unterstützen ihre entlassenen Mitarbeiter zudem bei der Auswahl und dem Aufbau von Kontakten und Referenzen und bieten diesen Kommunikationstrainings zur Vorbereitung auf Vorstellungsgespräche an.

5.2 Personaleinsatz

Das zweite Instrument des Personalmanagement nach der Personalbedarfsplanung und -deckung stellt der Personaleinsatz dar. Dieser umfasst die Gestaltung des Arbeitsinhalts, des Arbeitsplatzes und der Arbeitszeit (vgl. Abb. 5.10).

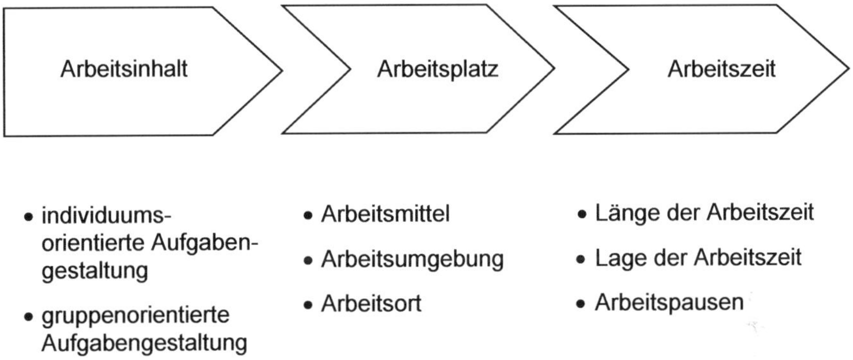

Abb. 5.10. Gestaltungsparameter des Personaleinsatzes

5.2.1 Gestaltung des Arbeitsinhalts

5.2.1.1 Kriterien der Stellenspezialisierung

Die Grundlage für die Gestaltung des Arbeitsinhaltes (Aufgabengestaltung) bildet die Gesamtaufgabe einer Unternehmung bzw. Abteilung. Diese kann grundsätzlich nach quantitativen Gesichtspunkten (Mengenteilung) oder qualitativen Gesichtspunkten (Artenteilung) in einzelne Teilaufgaben gegliedert werden (vgl. Hungenberg/Wulf 2015, S. 187 ff.):

- Bei der *Mengenteilung* übernehmen alle Mitarbeiter je nach zeitlichem Anfall gleichartige Aufgaben. Ein Beispiel dafür ist das Objektprinzip im Rahmen der Personalorganisation, bei dem jeder Mitarbeiter alle personalpolitischen Aufgaben ausübt.
- Die *Artenteilung* ist dagegen durch eine funktionale Spezialisierung der Mitarbeiter gekennzeichnet. Übertragen auf den Bereich der Personalorganisation beinhaltet dieses Funktionalprinzip die Differenzierung nach unterschiedlichen personalpolitischen Aufgaben wie Personalbeschaffung, Personalentlohnung, etc.

Das Ziel der Aufgabengestaltung ist die effiziente Bildung von Stellen, wobei der Grad der *Stellenspezialisierung* i.d.R. mit steigender Unternehmungsgröße zunimmt. Aus Sicht der Theorie der wissenschaftlichen Betriebsführung soll eine hohe Stellenspezialisierung insbesondere die Einarbeitung, Übung und Gewöhnung der Mitarbeiter an die Arbeitsaufgabe erleichtern und dadurch Lern- und Erfahrungseffekte ermöglichen. Auch die Stellenbesetzung soll durch die im Vergleich zu weniger stark spezialisierten Arbeitsaufgaben geringeren Arbeitsanforderungen erleichtert werden. Insgesamt wird dadurch eine höhere Arbeitsproduktivität und -qualität angestrebt.

Aus Sicht der Motivationstheorien stellt ein anregender Arbeitsinhalt dagegen einen zentralen intrinsischen Motivationsfaktor und eine wichtige Quelle der Arbeitszufriedenheit der Mitarbeiter dar (vgl. Kap. 2.3). Eine starke Stellenspezialisierung führt deshalb zu Monotonie und einseitigen körperlichen und geistigen Belastungen. Zudem nehmen die Anpassungs- und Umstellungsfähigkeiten an wechselnde Arbeitsanforderungen sowie die Möglichkeiten zur sozialen Interaktion und Kommunikation ab. Um zu einer für Unternehmung und Mitarbeiter gleichermaßen effizienten Aufgabengestaltung zu gelangen, müssen deshalb die Vorteile der Stellenspezialisierung gegenüber deren Nachteilen abgewogen werden (vgl. Tab. 5.14).

Tabelle 5.14. Vor- und Nachteile der Stellenspezialisierung

Vorteile	**Nachteile**
• geringe Übung und Gewöhnung (Lern- und Erfahrungseffekte) • leichtere Zuordnung von Mitarbeitern zu Arbeitsaufgaben • Verkürzung von Einarbeitungszeiten • Erhöhung der Arbeitsproduktivität und -qualität	• einseitige körperliche und geistige Belastungen • Abnahme der Anpassungs- und Umstellungsfähigkeiten • Einschränkung der sozialen Interaktion und Kommunikation • Monotonie und Entfremdung

Dabei ist zu berücksichtigen, dass der ökonomisch optimale Grad der Arbeitsteilung durch neue Produktions- und Kommunikationstechnologien, die Nachfrage nach individuellen Gütern und Dienstleistungen sowie sich schnell wandelnde Marktanforderungen gegenwärtig abnimmt (vgl. Picot/Reichwald/Wigand 2003, S. 235 ff.). Dadurch verlieren die Vorteile der Stellenspezialisierung an Gewicht. Aufgrund der zunehmenden Variabilität von Aufgaben steigen gleichzeitig die Koordinationskosten an. In vielen Unternehmungen ist deshalb derzeit ein abnehmender Spezialisierungsgrad zu beobachten, der sowohl durch individuumsorientierte als auch durch gruppenorientierte Instrumente der Aufgabengestaltung realisiert werden kann.

5.2.1.2 Individuumsorientierte Aufgabengestaltung

Seit der Diskussion um die Humanisierung der Arbeit in den siebziger Jahren (vgl. Kubicek 1979) wurden zahlreiche theoretische und empirische Studien durchgeführt, die Kriterien einer effizienten Gestaltung des Arbeitsinhalts formulieren. Eine besondere Aufmerksamkeit hat dabei die Untersuchung von Hackman/Oldham (1975) erlangt, in der fünf **Kriterien effizienter Aufgabengestaltung** identifiziert werden (vgl. Abb. 5.11):

- Die *Anforderungsvielfalt* beschreibt das Ausmaß, in dem zur Ausübung einer Aufgabe unterschiedliches Wissen und unterschiedliche Fähigkeiten erforderlich sind.
- Die *Ganzheitlichkeit der Aufgabe* ist dann gegeben, wenn der Mitarbeiter diese als abgeschlossen empfindet und den Zusammenhang mit anderen Tätigkeiten in der Unternehmung kennt.
- Die *Bedeutsamkeit der Aufgabe* umfasst das Ausmaß, in dem der Mitarbeiter seine Tätigkeit als für die Unternehmung und eventuell auch für die Gesellschaft insgesamt als nützlich und wichtig erachtet.
- Die *Autonomie* beinhaltet den zeitlichen und sachlichen Tätigkeitsspielraum des Mitarbeiters sowie dessen Entscheidungs- und Kontrollspielraum.
- Die *Rückmeldung aus der Aufgabenerfüllung* bezeichnet das Ausmaß an Informationen, die der Mitarbeiter über die Ergebnisse seiner Arbeit erhält.

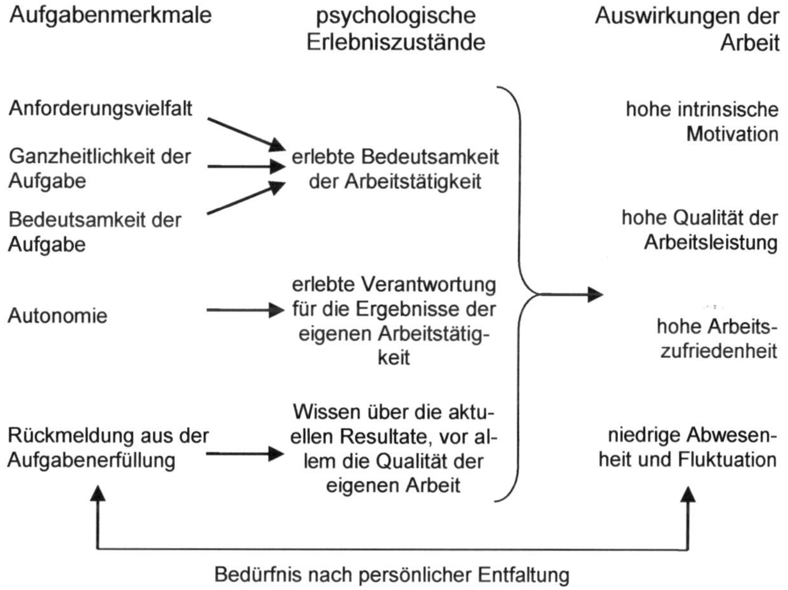

Abb. 5.11. Kriterien und Auswirkungen effizienter Aufgabengestaltung (Quelle: Hackman/ Oldham 1975, S. 161)

Sind diese Anforderungsmerkmale erfüllt, wird die eigene Arbeit als bedeutsam erlebt, Verantwortung für deren Ergebnisse wahrgenommen und das Wissen über deren Qualität erhöht. Positiv auf die Motivation der Mitarbeiter, die Arbeitsqualität und -zufriedenheit sowie die Abwesenheit und Fluktuation wirkt sich eine anregende Aufgabengestaltung aber nur dann aus, wenn auch das *Bedürfnis der Mitarbeiter nach persönlicher Entfaltung* hoch ist. Der Unternehmungsleitung fällt deshalb neben der Gestaltung des Arbeitsinhalts auch die Aufgabe zu, dieses Bedürfnis durch eine entsprechende Gestaltung des Anreizsystems, der Personalentwicklung und der Personalführung systematisch zu fördern. Gelingt dies nicht und verlagern die Mitarbeiter die Befriedigung des Bedürfnisses nach persönlicher Entfaltung und Entwicklung auf Aktivitäten außerhalb ihrer Arbeit, lässt sich die Arbeitsleistung und -zufriedenheit nicht steigern.

Die Relevanz der Bedeutsamkeit und Ganzheitlichkeit von Arbeitsaufgaben sowie der Rückmeldung aus der Aufgabenerfüllung erläutert Neuberger (1985, S. 76) am Beispiel einer Textilarbeiterin, die Pulloverkragen strickt und eines Tages in ein Textilgeschäft geht, um sich einmal die fertigen Pullover anzusehen. Als weiteres Beispiel führt er einen Arbeiter in einem Automobilwerk an, der – obwohl er bei der Montage des Lenkgestänges nur einige wenige simple Handgriffe auszuführen hat – seine Arbeit als sehr wichtig ansieht und stolz auf sie ist. Dabei handelt es sich um eine Sicherungseinrichtung, die nachträglich entwickelt wurde, nachdem es einige schwere Unfälle gegeben hatte. Seit der Arbeiter diese Arbeit macht, ist kein Unfall mehr vorgekommen. „Gerade das letzte Beispiel", so Neuberger (1985, S. 77) „macht deutlich, dass Sinn-Gebung kein objektiver Vorgang ist, der quantifiziert werden könnte."

Im Rahmen der individuumsorientierten Aufgabengestaltung können drei **Instrumente zur Erweiterung des Handlungs- und Entscheidungsspielraums** unterschieden werden:

- Bei der *job rotation* findet ein systematischer Arbeitsplatzringtausch statt, ohne dass gestalterische Eingriffe in den Arbeitsablauf vorgenommen werden (vgl. Abb. 5.12). Die Frequenz, mit der die Mitarbeiter die Arbeitsaufgabe wechseln, kann je nach Tätigkeit von wenigen Minuten bis zu mehreren Monaten reichen. Ziele der *job rotation* sind die Vermeidung von Monotonie und einseitigen Belastungen, die Erhöhung der Aufgabenvielfalt sowie die Entwicklung von Mehrfachqualifikationen.

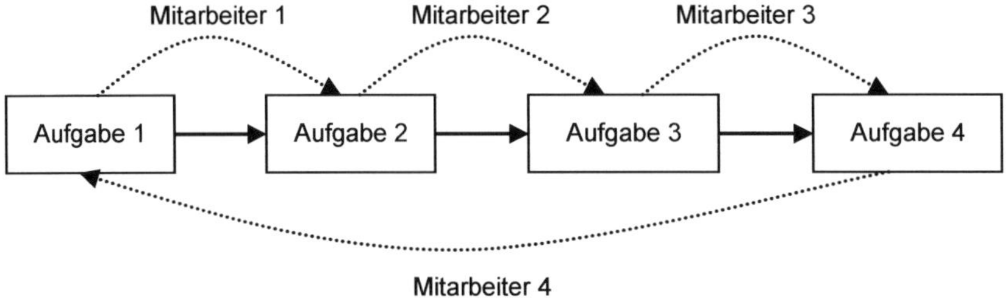

Abb. 5.12. Merkmale der Job Rotation

- Das *job enlargement* ist durch eine horizontale Aufgabenerweiterung gekennzeichnet (vgl. Abb. 5.13). Durch gestalterische Eingriffe in den Arbeitsablauf wird der Umfang der ausführenden Tätigkeiten erweitert. Es werden jedoch lediglich qualitativ gleichwertige Aufgaben hinzugefügt, ohne eine Erweiterung des Entscheidungs- und Kontrollspielraums vorzunehmen. Das Ziel ist auch hier, Monotonie und einseitige Belastungen zu reduzieren.
- Das anspruchsvollste Instrument stellt das *job enrichment* dar, bei dem eine vertikale Aufgabenbereicherung erfolgt (vgl. Abb. 5.13). Durch die Zufügung qualitativ höherwertiger Tätigkeiten wird nicht nur der Tätigkeitsspielraum, sondern auch der Entscheidungs- und Kontrollspielraum der Mitarbeiter ausgeweitet. *Job enrichment* dient damit auch der Personalentwicklung und der Vorbereitung von Mitarbeitern auf die Übernahme von Führungsaufgaben.

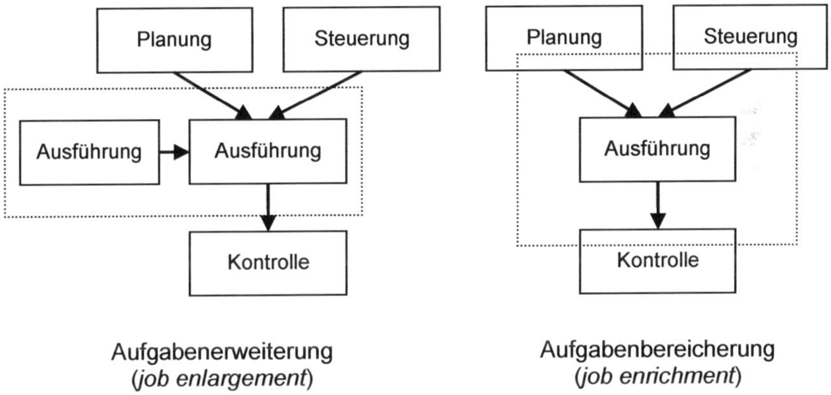

Abb. 5.13. Merkmale der Aufgabenerweiterung und Aufgabenbereicherung

5.2.1.3 Gruppenorientierte Aufgabengestaltung

Bei der gruppenorientierten Aufgabengestaltung werden Arbeitsaufgaben nicht auf einzelne, sondern auf mehrere Mitarbeiter übertragen. Insbesondere findet – in Abgrenzung zur Theorie der wissenschaftlichen Betriebsführung von Taylor – *keine explizite Unterscheidung zwischen Führungs- und Ausführungstätigkeiten* statt, so dass Arbeitsgruppen je nach konkreter Ausgestaltung z.B. über die Art und den Zeitpunkt der Aufgabenerfüllung sowie die interne Aufgabenverteilung selbständig entscheiden können. Gruppenarbeit stellt somit eine Form der Selbstorganisation im Sinne des Systemansatzes des Personalmanagement dar.

Erste Ansätze zur Einführung von Gruppenarbeit erfolgten in skandinavischen Unternehmungen wie Volvo oder Norsk Hydro bereits in den späten sechziger und frühen siebziger Jahren (vgl. Emery/Thorsrud 1976; Thorsrud 1976). Vor allem von den Mitarbeitern und Gewerkschaften initiiert, bestand die zentrale Zielsetzung darin, durch die Erweiterung des individuellen Handlungsspielraums der zunehmenden Monotonie und Entfremdung der Mitarbeiter entgegenzuwirken und dadurch zur **Humanisierung der Arbeit** beizutragen. Nach einem kurzfristigen Anstieg der Arbeitsproduktivität und -zufriedenheit gingen die positiven ökonomischen und sozialen Auswirkungen jedoch bald wieder zurück. Insbesondere zeigte sich, dass nur dann nachhaltig positive Effekte erzielt werden können, wenn die Gruppen effizient in die Organisationsstruktur der Unternehmung eingebunden werden. Gelingt dies nicht, werden deren Vorteile häufig durch Widerstände und Lernbarrieren übergeordneter hierarchischer Ebenen kompensiert.

Nachdem die Gruppenarbeit zwischenzeitlich an Bedeutung verloren hatte, ist seit Beginn der neunziger Jahre wieder eine Renaissance zu verzeichnen. Ausgelöst wurde diese vor allem durch die Erkenntnisse einer Studie des Massachusetts Institute of Technology (MIT). In einer Untersuchung der Arbeitsorganisation in der Automobilindustrie kamen Womack/Jones/Roos (1992) zu dem Ergebnis, dass sich japanische Automobilproduzenten (z.B. Toyota und Honda) gegenüber ihren amerikanischen und europäischen Konkurrenten (z.B. General Motors, Ford, Volkswagen, Daimler-Benz oder Renault) durch eine weitaus höhere Produktivität auszeichnen. Zurückgeführt wurde diese vor allem auf die in japanischen Unternehmungen deutlich höhere Verbreitung der Teamarbeit.

Bestärkt wurde diese Erkenntnis durch die Tatsache, dass die Produktivitäts- und Qualitätsvorteile japanischer Automobilproduzenten nicht nur für die in Japan gelegenen Werke, sondern auch für deren europäische und amerikanische Tochtergesellschaften gelten. Dadurch wurde der sonst häufig vorgebrachte Einwand entkräftet, dass die hohe Verbreitung der Teamorganisation ein Ausdruck des die japanische Kultur kennzeichnenden Kollektivismus und deshalb nicht auf individualistische Kulturen wie Deutschland und die USA übertragbar ist (*culture bound*-These). In der Folge haben deshalb viele europäische und amerikanische Automobilproduzenten und später auch Unternehmungen aus vielen anderen Branchen Gruppenarbeit eingeführt (vgl. Binkelmann/Braczyk/Seltz 1993). Im Unterschied zu den ersten Ansätzen in den sechziger und siebziger Jahren steht dabei das Ziel im Vordergrund, die **Arbeitsproduktivität und -qualität** zu erhöhen (vgl. Katzenbach/Smith 1993).

Nach ihrer Lebensdauer und dem Grad der Produkt- bzw. Personenorientierung lassen sich verschiedene **Formen institutionalisierter Gruppenarbeit** unterscheiden (vgl. Abb. 5.14). Drei Formen, die in der Unternehmungspraxis eine besondere Bedeutung besitzen, werden im Folgenden exemplarisch dargestellt:

- *Projektgruppen* werden gebildet, um eine Problemlösung für eine zeitlich befristete, exakt definierte Fragestellung zu erarbeiten und deren Implementierung zu planen, zu organisieren und zu kontrollieren (vgl. Fisch/Beck/Englich 2000). Dies kann z.B. die Einführung einer neuen Software, eine Reorganisation oder die Durchführung einer Akquisition sein. Entsprechend des einmaligen Charakters von Projekten ist auch die Lebensdauer von Projektgruppen zeitlich befristet. Teilnehmer sind zumeist Fachkräfte für die konkrete Fragestellung sowie Führungskräfte, welche die Implementierung der erarbeiteten Problemlösung sicherstellen sollen. Sie können entweder für die Projektarbeit von ihren eigentlichen Arbeitsaufgaben temporär freigestellt werden oder diese zusätzlich dazu ausüben.

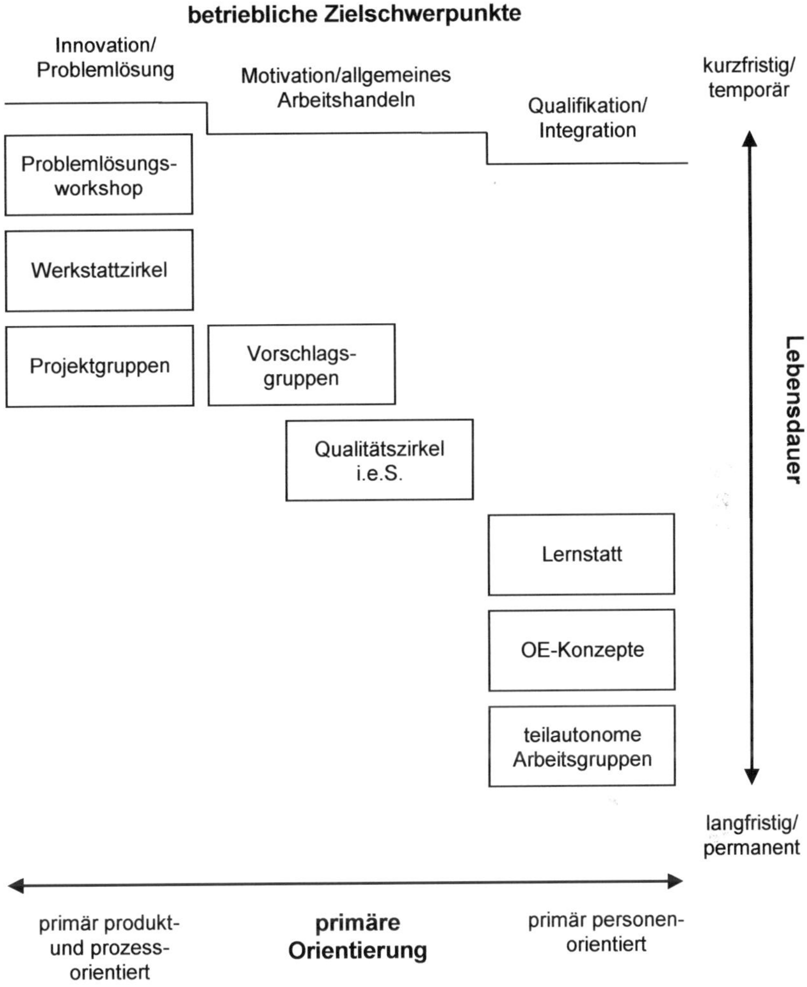

Abb. 5.14. Formen institutionalisierter Gruppenarbeit (Quelle: Breisig 1990, S. 24)

- *Qualitätszirkel* stammen ursprünglich aus Japan und den USA und wurden dort vorwiegend in Non-Profit-Organisationen wie Schulen und Krankenhäusern sowie im Dienstleistungsbereich eingesetzt (vgl. Antoni 1990; Bungard 1992). Ihre Zielsetzung besteht darin, Qualitätsprobleme im weitesten Sinne zu lösen. Dazu zählen vor allem die Übertragung von Wissen zwischen Abteilungen und die Lösung von zwischen diesen auftretenden Schnittstellenproblemen. Qualitätszirkel dienen deshalb auch dazu, die abteilungs- und bereichsübergreifende Kommunikation zu verbessern und die Verantwortung der Mitarbeiter über ihren unmittelbaren Arbeitsplatz hinaus zu steigern. Dazu kommen die Mitarbeiter zumeist freiwillig außerhalb der Arbeitszeit und außerhalb ihrer eigentlichen Tätigkeit zusammen. Die Teilnehmer gehören überwiegend der gleichen Hierarchieebene, häufig aber unterschiedlichen Abteilungen an. Geleitet werden Qualitätszirkel durch einen externen Moderator.

- Den größten Tätigkeits- und Entscheidungsspielraum für ihre Mitglieder eröffnen *teilautonome Arbeitsgruppen*, die auch als *Gruppen- bzw. Teamarbeit i.e.S.* bezeichnet werden (vgl. Wahren 1994; Antoni 1996, 2000). Im Unterschied zu Projektgruppen und Qualitätszirkeln steht dabei die eigentliche Arbeitsaufgabe im Mittelpunkt, die von i.d.R. drei bis zehn Personen gleichrangig bearbeitet wird. Teilautonomen Arbeitsgruppen wird die gesamte Planung, Durchführung und Kontrolle von Aufgaben übertragen. Die Vergabe von Teilaufgaben an einzelne Gruppenmitglieder erfolgt durch Selbstabstimmung in der Gruppe. Zum Entscheidungsspielraum gehört dabei vielfach auch die freie Einteilung von Arbeitszeiten und Pausen.

Gruppenarbeit besitzt gegenüber individuumsorientierten Formen des Personaleinsatzes zahlreiche **Vorteile** (vgl. Tab. 5.15). Bei körperlicher Arbeit findet eine *Addition der Kräfte* statt, durch die Größendegressionsvorteile *(economies of scale)* realisiert werden können. Darüber hinaus werden *Monotonie abgebaut* und *Gesundheitsgefahren durch einseitige körperliche Belastungen reduziert*. Bei geistiger Arbeit ist vor allem die *bessere informatorische Fundierung* von Entscheidungen durch ein umfangreicheres Gesamtwissen und eine größere Vielfalt an Lösungsansätzen von Bedeutung, die häufig Innovationen begünstigen (vgl. Högl/ Gemünden 2001). Dies gilt insbesondere für komplexe und schlecht strukturierte Probleme, deren Lösung häufig *heterogen zusammengesetzten Gruppen* übertragen wird (vgl. Holtbrügge/Puck 2003). Gruppenarbeit führt zudem i.d.R. zu einer *höheren Akzeptanz und Zufriedenheit* und zu einer *Stressreduktion* durch die Verbesserung der Kommunikationsmöglichkeiten mit anderen Mitarbeitern. Unklar ist jedoch, ob diese positiven Effekte durch die objektive Verbesserung der Arbeitsorganisation oder das subjektive Gefühl bewirkt werden, eine höhere Aufmerksamkeit und Wertschätzung durch die Unternehmungsleitung zu spüren („Hawthorne-Effekt").

Tabelle 5.15. Vor- und Nachteile der Gruppenarbeit

Vorteile der Gruppenarbeit	Nachteile der Gruppenarbeit
• Größendegressionsvorteile durch Addition der Kräfte • Abbau von einseitigen körperlichen und geistigen Belastungen • Abbau von Monotonie • bessere Fundierung von Entscheidungsprozessen • Stressreduktion bei den Mitarbeitern • Verbesserung der Kommunikationsmöglichkeiten • Risikoschub-Phänomen	• höherer Zeitbedarf für die Entscheidungsfindung • Konformitätsdruck • Gefahr der Herausbildung von Gruppennormen, die von den Zielen der Unternehmungsleitung abweichen • erschwerte Bewertung der individuellen Leistung eines Mitarbeiters • Gefahr der Verantwortungsdiffusion

Von besonderer Bedeutung ist das *Risikoschub-Phänomen*, das durch die Möglichkeit der Verantwortungsdiffusion verursacht wird (vgl. Six 1981). Danach treffen Mitarbeiter in Gruppen vielfach risikoreichere Entscheidungen als in Situationen, in denen sie allein verantwortlich sind. Während dies in kreativen und innovativen Bereichen wie etwa der Forschung & Entwicklung vielfach erwünscht ist, spricht das Risikoschub-Phänomen in sicherheitsrelevanten Bereichen wie etwa bei gesundheitsgefährdenden Arbeiten gegen die Einführung von Gruppenarbeit.

Nachteile der Gruppenarbeit sind vor allem ein höherer Zeitbedarf für Entscheidungen und der auf die Gruppenmitglieder wirkende Konformitätsdruck, der häufig zur Unterdrückung abweichender Meinungen führt. Gruppen, die über einen längeren Zeitraum bestehen, bilden zudem spezifische *Gruppennormen* heraus, die von denen der Unternehmungsleitung abweichen können. Problematisch wird dies insbesondere dann, wenn die *Gruppenkohäsion*, d.h. die Attraktivität der Gruppe für die Mitglieder, und die *Gruppenabhängigkeit* groß sind (vgl. von Rosenstiel/Nerdinger 2011, S. 288 ff.). Zudem müssen konsensual oder demokratisch gefällte Entscheidungen nicht zwangsläufig optimal sein, wenn sich vor allem die Bedürfnisse und Ziele der Mitglieder und weniger deren Sachkompetenz auf die Entscheidungsfindung auswirken (vgl. Lambertz 1990 für Beispiele aus der Wirtschaftspolitik).

Die konkreten Auswirkungen auf die Arbeitsleistung und -zufriedenheit sind von zahlreichen internen und externen **Bedingungen der Gruppenarbeit** abhängig (vgl. Abb. 5.15). Dazu zählen insbesondere *Struktur-Variablen* wie die Zusammensetzung der Gruppe sowie die zwischen den Mitgliedern bestehenden Beziehungen. So sollte die Gruppe nicht zu groß sein, um eine regelmäßige Kommunikation und Interaktion der Mitglieder zu ermöglichen. Empirische Studien belegen zudem, dass sich die demographische, funktionale und kulturelle Heterogenität der Gruppenmitglieder in der kreativen Phase der Alternativengenerierung positiv auswirkt, während homogen zusammengesetzte Gruppen bei der Entscheidungsfindung überlegen sind (vgl. z.B. Maznevski 1994). Viele Unternehmungen setzen deshalb zielgerichtet multikulturelle Teams ein, um ihre Innovationsfähigkeit zu erhöhen (vgl. Berg/Holtbrügge 2010).

Belbin (2010) hat auf der Grundlage empirischer Studien festgestellt, dass sich häufig bestimmte **Teamrollen** herausbilden, die durch die Persönlichkeitseigenschaften der Teammitglieder und die strukturellen Bedingungen der Teamarbeit bestimmt werden. Sie hat neun idealtypische Teamrollen identifiziert, die jeweils spezifische Stärken und Schwächen besitzen (vgl. Tab. 5.16). In einem idealen Team sind nach Belbin alle Teamrollen besetzt, damit sich die einzelnen Stärken und Schwächen gegenseitig ausbalancieren. Dabei können die Teammitglieder auch mehrere Rollen übernehmen. Die Aufgabe der Teamleitung besteht vor allem darin, mit Hilfe von Persönlichkeitstests (vgl. Kap. 5.1.2.2.2.5) die individuellen Präferenzen der Teammitglieder zu identifizieren und diese bei der Zusammensetzung des Teams zu berücksichtigen. Das Konzept der Teamrollen erleichtert es diesen, Ursachen von Konflikten zu analysieren und Lösungen zu finden (vgl. van Dick/West 2013, S. 29 ff.).

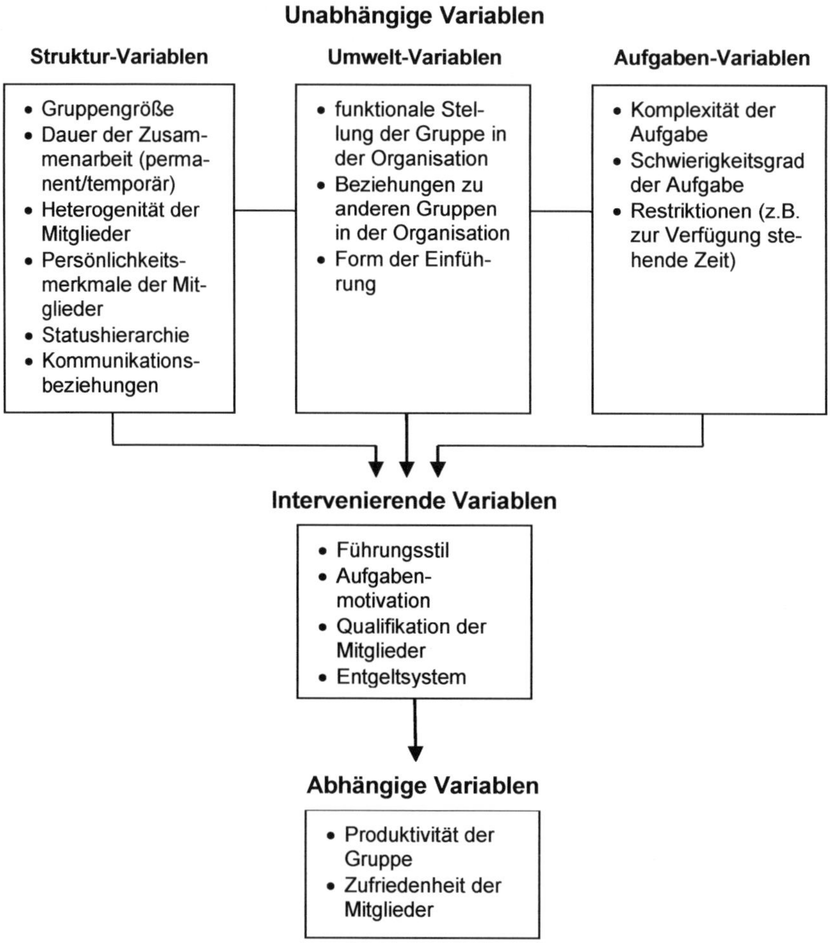

Abb. 5.15. Einflussfaktoren auf die Effizienz der Gruppenarbeit (Quelle: leicht verändert nach Staehle 1999, S. 286)

Im Rahmen der *Umwelt-Variablen* sind vor allem die funktionale Stellung der Gruppe in der Organisation und die Beziehungen zu anderen Gruppen wichtig. Dazu gehört etwa, welchen Status die Gruppe hat und welche Ressourcen diese besitzt, von anderen Organisationseinheiten benötigt oder diesen zur Verfügung stellt. Darüber hinaus wirkt sich auch die Form der Einführung auf die Effizienz der Gruppenarbeit aus. Bei der Einführung der Gruppenarbeit in neu eingerichteten Abteilungen oder Werken überwiegen zumeist die Vorteile. Demgegenüber ist der nachhaltige Erfolg bei der Umwandlung von Individual- in Gruppenarbeitsplätze eher gering. Die Ursache dafür sind insbesondere Widerstände derjenigen Mitarbeiter, die dadurch an Macht und Einfluss verlieren (z.B. Meister) und deshalb die Gruppenarbeit durch mikropolitische Aktionen vielfach behindern.

Tabelle 5.16. Idealtypische Teamrollen nach Belbin

Kennzahlen	Stärken	Schwächen
Erfinder	Kreativ, ideenreich, unorthodox. Löst schwierige Probleme.	Ignoriert Details. Vernachlässigt Kommunikation.
Wegbereiter	Extrovertiert, enthusiastisch, kommunikativ. Entdeckt Möglichkeiten. Knüpft Kontakte.	Überoptimistisch. Verliert nach anfänglichem Enthusiasmus schnell das Interesse.
Koordinator	Reif, souverän, guter Leiter. Präzisiert Ziele, fördert Entscheidungsfindung, kann gut delegieren.	Kann als manipulativ wahrgenommen werden. Delegiert eigene Aufgaben.
Macher	Herausfordernd, dynamisch, wächst mit den Herausforderungen. Hat Tatkraft und Courage, um Widerstände zu überwinden.	Kann andere provozieren. Verletzt Gefühle anderer.
Beobachter	Nüchtern, strategisch, kritisch. Wägt alle Optionen ab. Urteilt überlegt.	Vermisst Energie und Fähigkeit, andere zu überzeugen. Überkritisch.
Teamarbeiter	Kooperativ, mild, einfühlsam, diplomatisch. Hört zu, baut auf, reduziert Spannungen, beruhigt.	Häufig unentschlossen. Leicht beeinflussbar.
Umsetzer	Diszipliniert, zuverlässig, konservativ, effizient. Setzt Ideen in Taten um.	Wenig flexibel. Greift neue Möglichkeiten nur zögernd auf.
Perfektionist	Akribisch, gewissenhaft, besorgt. Entdeckt Fehler. Pünktlich.	Bedenkenträger. Unfähig, zu delegieren. Erbsenzähler.
Spezialist	Zielstrebig, selbst-motiviert, engagiert. Besitzt umfangreiches Fachwissen.	Auf engen Arbeitsbereich reduziert. Detailfixiert. Übersieht das große Ganze.

Quelle: Belbin 2010, S. 24

Ein Beispiel dafür ist die Einführung der Gruppenarbeit in den Werken der Adam Opel AG in Eisenach und Rüsselsheim. In dem 1993 eröffneten Werk in Eisenach konnte Opel die 1.850 Mitarbeiter aus 10.000 durch den Konkurs der Eisenacher Automobilwerke arbeitslos gewordenen Fachkräften auswählen. Dabei wurde vor allem der Teamfähigkeit eine große Bedeutung zugemessen. Als Folge davon verfügte die Unternehmung über eine sehr homogene und junge Belegschaft mit einem Altersdurchschnitt von nur 33 Jahren. Lediglich sechs Mitarbeiter waren Ausländer. Als Folge dieser systematisch ausgewählten und vorbereiteten Belegschaft wurde die in allen Bereichen praktizierte Gruppenarbeit von der Unternehmungsleitung und den Mitarbeitern überwiegend sehr positiv beurteilt.

> Aufgrund der positiven Erfahrungen wurde 1994 auch im Stammwerk in Rüsselsheim in vielen Bereichen Gruppenarbeit eingeführt. Die Arbeitsteilung zwischen einfachen, zumeist von ausländischen Mitarbeitern durchgeführten Tätigkeiten am Fließband und Gewährleistungstätigkeiten durch überwiegend deutsche Facharbeiter wurde aufgehoben, was zu erheblichen Reibungen führte und das über viele Jahre lang etablierte Hierarchiegefälle erschütterte. Als Beispiel für die Veränderungen führt Hank (1994) den Mitarbeiter Willi Schneider an: „Bis vor drei Jahren war er Instandhalter, mit eigenem Büro. Einer, der etwas galt. Wenn das Band eine Störung hatte, wurde der Willi gerufen, der sich auf das Fahrrad setzte und den Fehler behob. Diese Instandhalter müssen einen dramatischen Statusverlust hinnehmen: Im selben Maße, in dem die Arbeit in der Gruppe aufgewertet (und) von jedermann verlangt wird, dass er kleine Reparaturen selbst beheben kann, gelten die Instandhalter als mehr oder weniger überflüssig. Die Eisenacher haben eine solche Sondertruppe gleich gar nicht eingeführt."
>
> „Die Eisenacher", so resümiert Hank (1994) „hatten die Chance des Neubeginns, die Rüsselsheimer müssen sich selbst umkrempeln: sozusagen bei laufenden Motoren. In Eisenach sind aus Pionieren unterdessen Routiniers geworden, in Rüsselsheim sollen Routiniers zu Pionieren werden."

Hinsichtlich der *Aufgaben-Variablen* weisen Gruppen vor allem bei Tätigkeiten mit einer hohen **Komplexität und Schwierigkeit** Vorteile gegenüber der Individualarbeit auf. Gruppenarbeit ist deshalb insbesondere zur Förderung von Innovationen geeignet. Dieser Zusammenhang wird jedoch durch eine Vielzahl von Einflussfaktoren wie etwa zeitliche Restriktionen beeinflusst (vgl. Gemünden/Högl 2001).

Schließlich hängt die Effizienz der Gruppenarbeit von zahlreichen *intervenierenden Variablen* ab. Eine wichtige Voraussetzung ist insbesondere ein kooperativer **Führungsstil**, der sich in veränderten Rollenerwartungen an die Gruppenleiter niederschlägt (vgl. Antoni 1992; Stewart/Manz 1995). Diese umfassen etwa die interne und externe Koordination der Gruppe, die Moderation von Gruppenbesprechungen und das Management von Konflikten.

Nach Tuckman (1965) durchlaufen Teams häufig verschiedene idealtypische **Entwicklungsphasen**, die durch spezifische Herausforderungen und Verhaltensweisen gekennzeichnet sind und unterschiedliche Führungsinstrumente bedingen:

- *Forming*: Die Einstiegs- und Findungsphase ist durch Unsicherheit und Verwirrung gekennzeichnet. Die Teammitglieder müssen sich miteinander bekannt machen und ihre Zugehörigkeit zur Gruppe absichern. Erste Ziele und Regeln werden definiert und geeignete Methoden ausprobiert. Die Beziehungen der Teammitglieder untereinander sind noch unklar und die Gruppe ist oft stark von einer Führungsperson abhängig.
- *Storming*: In der Auseinandersetzungs- und Konfliktphase kommt es häufig zu Unstimmigkeiten über Prioritätensetzungen, Machtkämpfen um die Führungsrolle und Spannungen zwischen den Teammitgliedern. Die Kommunikation ist

eher emotional geprägt als sachlich. Als Folge davon ist die Leistung der Gruppe zumeist gering.

- *Norming*: In der Regelungs- und Übereinkommensphase bilden sich verbindliche und nachhaltige Gruppennormen heraus. Konflikte und Widerstände werden abgebaut und die Gruppenkohäsion steigt. Die Beziehungen zwischen den Teammitgliedern werden harmonischer, die gegenseitige Akzeptanz steigt und die Aufgabenorientierung rückt in den Vordergrund. Zu den wichtigsten Führungsaufgaben zählt die Moderation der Teamprozesse.
- *Performing*: In der Arbeits- und Leistungsphase verstetigt sich die Leistung der Teammitglieder auf hohem Niveau. Interpersonelle Konflikte sind gelöst. Die gegenseitigen Beziehungen sind durch Anerkennung, Akzeptanz und Wertschätzung geprägt. Die Gruppenstruktur ist funktional und das Rollenverhalten flexibel. Die Führungsaufgabe ist oft auf die Vertretung der Gruppe nach außen beschränkt.
- *Adjourning*: Die Auflösungsphase, um die das Phasenmodell durch Tuckman/ Jensen (1977) erweitert wurde, ist nur für Teams relevant, die sich z.B. nach Abschluss eines Projekts auflösen. Die Teammitglieder bedauern häufig das bevorstehende Ende der Zusammenarbeit, sind unsicher über die Zeit danach und suchen nach Anschlusstätigkeiten. Die wichtigste Aufgabe ist oft die Dokumentation der Teamarbeit.

Einen weiteren wichtigen Einflussfaktor der Gruppeneffizienz bildet das **Entgeltsystem**, und zwar insbesondere die Relation von individuellen zu gruppenorientierten Kriterien der Entgeltdifferenzierung (vgl. Welbourne/Cable 1995). Während individuelle Kriterien Leistungsunterschiede zwischen einzelnen Gruppenmitgliedern berücksichtigen, wird bei gruppenorientierten Kriterien die Gruppenleistung als Ganzes belohnt. Gruppenarbeit hat schließlich Auswirkungen auf die **Personalentwicklung**, die zur Förderung der benötigten Mehrfachqualifikationen beizutragen hat. Die Gruppenarbeit ist somit ein gutes Beispiel für die Notwendigkeit, personalpolitische Instrumente nicht isoliert voneinander einzusetzen, sondern – wie durch den *Systemansatz* des Personalmanagement hervorgehoben (vgl. Kap. 2.6) – miteinander abzustimmen.

5.2.1.4 Idiosynkratische Stellenbildung

Sowohl den individuums- als auch den gruppenorientierten Formen der Arbeitsgestaltung liegt das Prinzip zugrunde, die Gesamtaufgabe einer Unternehmung bzw. Organisationseinheit in Teilaufgaben zu zerlegen, die einzelnen oder mehreren Mitarbeitern übertragen werden. Das Ergebnis ist die synthetische Zusammenfassung von Teilaufgaben zu einer Stelle, „die nicht nach den persönlichen Neigungen oder Fähigkeiten einer bestimmten Person gestaltet wird, sondern bei Personenwechsel weiter bestehen bleibt" (Kosiol 1976, S. 89 f.). Diese aufgabenbezogene Stellenbildung ermöglicht es Unternehmungen, ihre internen Kommunikationswege und Kompetenzstrukturen personenunabhängig nach primär funktionalen Erfordernissen zu gestalten.

Dem Ansatz der idiosynkratischen bzw. personenbezogenen Stellenbildung liegt dagegen das entgegengesetzte Prinzip zugrunde, Stellen entsprechend persönlicher Neigungen und Qualifikationspotenziale zu bilden bzw. durch die Stelleninhaber eigenständig entwickeln zu lassen (vgl. Abb. 5.16). Idiosynkratische Stellen sind durch folgende zentrale **Merkmale** gekennzeichnet (vgl. Miner 1987, S. 327; Rousseau/Ho/Greenberg 2006):

- *Individualität*: Idiosynkratische Stellen werden zwischen Mitarbeiter und Unternehmung individuell ausgehandelt.
- *Heterogenität*: Die Inhalte idiosynkratischer Stellen weichen ganz oder teilweise von den Stelleninhalten anderer Mitarbeiter ab.
- *Nutzen für Unternehmung und Mitarbeiter*: Im Unterschied zu opportunistischem Verhalten oder Pflichtverletzungen werden idiosynkratische Stellen mit Zustimmung der Unternehmung gebildet.
- *Variationsbreite*: Idiosynkratische Stellen können einzelne personenspezifische Inhalte oder das gesamte Aufgabenspektrum umfassen.

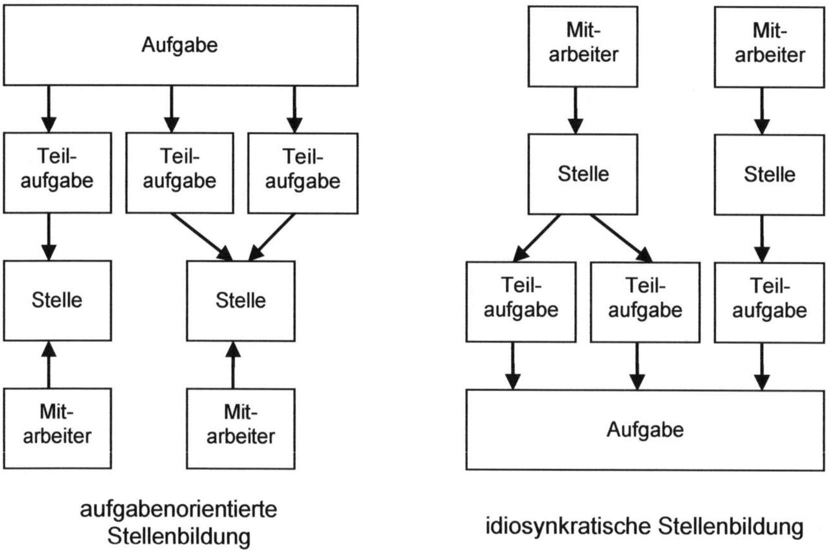

Abb. 5.16. Aufgabenorientierte und idiosynkratische Stellenbildung

Die idiosynkratische Stellenbildung kann somit als Form der **potenzialorientierten Arbeitsorganisation** aufgefasst werden, die weniger an den aktuellen Aufgaben als vielmehr an den Qualifikationen der Mitarbeiter orientiert ist (vgl. Holtbrügge 2001, S. 144). Sie strebt nicht die möglichst vorgabengetreue Erfüllung zuvor definierter Aufgaben, sondern die relativ autonome Entwicklung und Vermarktung eigener Qualifikationen im Rahmen des betrieblichen Wertschöpfungsprozesses an. Dem liegt die Auffassung des dem ressourcenorientierten Ansatz des Personalmanagement entlehnten *strategy follows people*-Konzepts zugrunde, zunächst hoch-qualifizierte Mitarbeiter (*high potentials*) zu rekrutieren und anschließend Aufgaben für diese Mitarbeiter zu definieren bzw. durch diese selbst definieren zu lassen. Die idiosynkratische Stellenbildung weist insofern ein „janusköpfiges Bild" (Röllinghoff 1996, S. 308) auf, da zwar die Prinzipien der Selbstverantwortung und Subsidiarität betont, das Solidaritätsprinzip jedoch zurückgedrängt wird. Während sich einerseits die Möglichkeiten der individuellen Entfaltung und Emanzipation vergrößern, wird andererseits die „Ausbeutung auch noch der feinsten und individuellsten Züge des Menschen, die produktiv eingesetzt werden können", erleichtert (Wächter 1992, S. 334).

Empirische Untersuchungen in den USA belegen, dass *idiosyncratic jobs* vor allem bei neu geschaffenen Stellen in innovativen Klein- und Mittelunternehmungen sowie in Start-ups anzutreffen sind (vgl. Miner 1987, S. 341 f.; Rousseau/Ho/Greenberg 2006, S. 981). Nach einer Studie von Holtbrügge/Friedmann/Puck (2010) stellt die idiosynkratische Stellenbildung in Indien zudem ein wirkungsvolles Instrument zur Reduzierung der Fluktuation von hoch qualifizierten Mitarbeitern dar. Für deutsche Unternehmungen zeigt eine Befragung von Röllinghoff (1996, S. 61 ff.), dass personenbezogene Stellenbildungen nur selten bewusst und zielgerichtet erfolgen. Idiosynkratisierungstendenzen ergeben sich eher langfristig und indirekt durch die Ausfüllung von gewährten Ermessungsspielräumen in zunehmend indeterminierten organisatorischen Bezügen.

Röllinghoff (1996, S. 170) weist zudem darauf hin, dass Unternehmungen, die diese Form der Organisation *ad personam* praktizieren, überdurchschnittlich erfolgreich sind. Entgegen der von der Transaktionskostentheorie thematisierten systematischen Verschärfung von Kontroll- und Koordinationsproblemen stellt Idiosynkrasie damit nicht zwangsläufig eine Gefahr für die Stabilität von Unternehmungen, sondern in einer dynamischen Umwelt vielmehr ein effizientes Instrument der Arbeitsorganisation dar (vgl. Miner 1990). Zwar verfügen die Inhaber idiosynkratischer Stellen über neuartige Ungewissheitszonen und damit über eine zentrale Machtbasis in Organisationen (vgl. Crozier/Friedberg 1979), die damit verbundene Gefahr opportunistischen Verhaltens ist jedoch in der Praxis zumeist nur gering. So belegen z.B. die Untersuchungen von Alvesson (1993) und Kanter (1993) in innovativen Hochtechnologie-Unternehmungen, dass die Gefahr opportunistischen Verhaltens durch vielfältige soziale Institutionen wie moralische Bindungen, professionelle Orientierungen und andere intrinsische Anreize wirksam begrenzt bzw. verhindert werden kann. Idiosynkratische Stellen eröffnen zudem nicht nur deren Inhabern, sondern auch der Unternehmung einen Spielraum für opportunistisches Verhalten, wenn die von dem Stelleninhaber erworbenen Qualifikationen in einem hohen Maße unternehmungsspezifisch sind, in anderen Beschäftigungsverhältnissen kaum einsetzbar sind und bei einem Austritt aus der Unternehmung ihren Wert verlieren. Zwischen Unternehmung und Mitarbeitern besteht somit eine gegenseitige Abhängigkeit, welche die Möglichkeit eines bilateralen Opportunismus eröffnet (vgl. Röllinghoff 1996, S. 302 f.).

5.2.2 Gestaltung des Arbeitsplatzes

5.2.2.1 Gestaltung von Arbeitsmitteln und Arbeitsumgebung

Die Gestaltung des Arbeitsplatzes als zweite Dimension des Personaleinsatzes wird insbesondere im Rahmen der **Arbeitswissenschaften** thematisiert (vgl. Bokranz/Landau 1991; Luczak/Volpert 1996; Schlick/Bruder/Luczak 2010). Im Rahmen verschiedener Teildisziplinen wie der Arbeitsphysiologie, -psychologie, -soziologie und -medizin verfolgt diese das *Ziel*, übermäßige und einseitige körperliche und psychische Belastungen sowie negative Umgebungseinflüsse durch Klima, Schall, mechanische Schwingungen, Schadstoffe, Beleuchtung, Farben, u.a. zu reduzieren, um eine möglichst hohe Leistungsbereitschaft und Leistungsfähigkeit der Mitarbeiter sicherzustellen. *Instrumente* dazu sind die ergonomische Gestaltung und Anordnung der Arbeitsmittel (Arbeitsplatzeinrichtungen, Werkzeuge, Behälter, u.a.) sowie der Arbeitsumgebung (z.B. Büro- und Fabrikgestaltung). Ein Beispiel dafür ist die sachgerechte Auswahl von Farben (vgl. Tab. 5.17).

Problematisch an den von der Arbeitswissenschaft entwickelten Kriterien einer effizienten Arbeitsplatzgestaltung ist, dass diese überwiegend auf naturwissenschaftlichen Analysen basieren und psychologischen sowie sozialen Aspekten nur eine untergeordnete Bedeutung zumessen. Zudem muss berücksichtigt werden, dass die Arbeitszufriedenheit eines Mitarbeiters nicht nur von der erträglichen und beeinträchtigungsfreien Arbeitsgestaltung abhängt. So ist es denkbar, „dass für ihn ‚hohes Einkommen jetzt' wichtiger ist als ‚später auftretende Gesundheitsschäden', so dass er Akkordlohn, Schichtarbeit, Terminhetze, Lärmzulagen etc. in Kauf (!) nimmt" (Neuberger 1985, S. 35).

Tabelle 5.17. Psychologische Wirkungen von Farben

Farbe	Distanzwirkung	Temperatur-wirkung	psychische Stimmung
blau	Entfernung	kalt	beruhigend
grün	Entfernung	kalt bis neutral	sehr beruhigend
rot	Nähe	warm	sehr aufreizend und beunruhigend
orange	sehr nahe	sehr warm	anregend
gelb	Nähe	sehr warm	anregend
braun	sehr nahe, einengend	neutral	anregend
violett	sehr nahe	kalt	aggressiv, beunruhigend, entmutigend

Quelle: Grandjean 1987, S. 332

Zunehmend setzt sich deshalb auch die Personal- und Organisationspsychologie mit der effizienten Gestaltung des Arbeitsplatzes auseinander. Neben der Analyse von Industriearbeitsplätzen liegt dabei ein Schwerpunkt auf der **Gestaltung von Büros**. Empirische Studien belegen, dass Mitarbeiter in offenen Großraumbüros eine positivere Einstellung gegenüber der Organisationskultur, ihren Kollegen und ihrer Tätigkeit haben als Mitarbeiter in Einzelbüros. Dieser Zusammenhang wird jedoch durch das Alter moderiert, d.h. Großraumbüros werden von jüngeren Mitarbeitern positiver wahrgenommen als von älteren (vgl. McElroy/Morrow 2010). Darüber hinaus kann die an sozialen Kriterien orientierte architektonische Anordnung von Arbeitsmitteln (z.B. Fotokopierer, Drucker, Faxgeräte) oder Pauseneinrichtungen (z.B. Kaffeeküchen), die von mehreren Mitarbeitern genutzt werden, zur Verbesserung der informellen Interaktion und dadurch zur Steigerung der Arbeitszufriedenheit der Mitarbeiter beitragen (vgl. Fayard/Weeks 2007). Der Gestaltung der Arbeitsmittel und Arbeitsumgebung kommt deshalb nicht nur eine technische und ergonomische, sondern auch eine ästhetische und symbolische Funktion im Rahmen der Personalführung zu (vgl. Kap. 5.4.3).

5.2.2.2 Virtualisierung des Arbeitsortes

Die Entwicklungen in der Informations- und Kommunikationstechnologie (z.B. Mobilfunk, Internet, Notebooks, Smartphones, Tablet-PCs) führen dazu, dass viele Arbeiten nicht mehr zwangsläufig an einem in der Unternehmung eingerichteten Arbeitsplatz stattfinden müssen, sondern auch in der Wohnung des Mitarbeiters (Teleheimarbeit) oder virtuell an beliebigen Standorten (mobile Telearbeit) ausgeübt werden können (vgl. Reichwald et al. 2000; Golden/Fromen 2011). Dies gilt vor allem für Banken und Versicherungen, Handel und Verkehr, Steuer- und Unternehmungsberatungen sowie sonstige Dienstleistungen, die keine permanente unmittelbare Interaktion zwischen Mitarbeitern und Kunden erfordern. Je nach Anforderungen und konkreter Ausgestaltung sind unterschiedliche Formen der Telearbeit denkbar:

- Die *heimbasierte Telearbeit* umfasst alle Formen der Tätigkeit am häuslichen Arbeitsplatz des Mitarbeiters. Sie kann ausschließlich zu Hause oder alternierend am häuslichen Arbeitsplatz und in der Unternehmung stattfinden.
- Die *Center-based Telearbeit* erfolgt in eigens dafür eingerichteten Satelliten- oder Nachbarschaftsbüros. Durch die Dezentralisierung solcher Telecenter soll kunden- bzw. wohnortnahes Arbeiten ermöglicht werden.
- Bei der *on-site Telearbeit* findet die Tätigkeit beim Kunden oder Lieferanten statt. Die Mitarbeiter sind dabei über Telemedien mit der eigenen Unternehmung verbunden.
- Die *mobile Telearbeit* umfasst alle ortsunabhängigen Arbeiten sowie Außendiensttätigkeiten, bei denen die Mitarbeiter auf mobile Informations- und Kommunikationstechnologien zurückgreifen.

Neben der räumlichen Dimension beinhaltet die Telearbeit eine zeitliche Dimension. Dabei kann unterschieden werden, ob mit der Einführung von Telearbeit auch eine Flexibilisierung der Arbeitszeit erfolgt oder diese weitgehend fest bleibt (vgl. Tab. 5.18).

Vorteile der Telearbeit sind insbesondere die bessere Vereinbarkeit von Beruf und Familie (*Work-Life-Balance*), die bessere Berücksichtigung individueller Mitarbeiterbedürfnisse sowie die Einrichtung neuer Arbeitsplätze in strukturschwachen Gebieten und für Behinderte. Dem steht jedoch die Angst vor sozialer Isolation als zentraler individueller Nachteil gegenüber. Für Unternehmungen sind damit zudem Führungs- und Kontrollprobleme, Datenschutzprobleme sowie ein erhöhter organisatorischer und technischer Aufwand verbunden. Darüber hinaus wirft die Telearbeit zahlreiche arbeitsrechtliche Probleme wie etwa die Kontrolle der Arbeitszeit auf (vgl. Picot/Reichwald/Wigand 2003, S. 405 ff.; Brenke 2016).

Die BMW AG hat im Jahre 1996 Telearbeit als strategische Form des Arbeitseinsatzes eingeführt. Dazu wurde mit dem Betriebsrat eine Betriebsvereinbarung abgeschlossen, in der wichtige Aspekte der Mitarbeiterqualifizierung, Technik, Arbeitsorganisation und -sicherheit sowie Rechts- und Datenschutzfragen geregelt sind. Als Voraussetzung zur Telearbeit sieht die Betriebsvereinbarung die gegenseitige Freiwilligkeit zwischen Vorgesetzten und Mitarbeitern sowie geeignete private Räumlichkeiten des Mitarbeiters vor. BMW trägt die Kosten für die Einrichtung des häuslichen Arbeitsplatzes, zahlt aber – entgegen den Forderungen des Betriebsrats und der Gewerkschaften – keine weiteren finanziellen Zuschüsse. Der Mitarbeiter kann das häusliche Arbeitszimmer jedoch steuerlich absetzen.

In einer im Oktober 1997 und Juni 1998 durchgeführten Befragung, in der jeweils 200 der insgesamt rund 600 Telearbeiter Auskunft über ihre Erfahrungen gegeben haben, wurden vor allem die Möglichkeit der tages- und zeitzonenübergreifenden Zusammenarbeit zwischen Mitarbeitern in verschiedenen in- und ausländischen Unternehmungseinheiten, die Steigerung der Arbeitseffizienz, die Flexibilisierung der Büroraumnutzung sowie die bessere Vereinbarkeit von Beruf und Privatleben als Vorteile der Telearbeit genannt. Als zentraler Nachteil wird die Reduzierung persönlicher Kommunikation und spontaner Kontakte angegeben, durch die das Wir-Gefühl leidet. Auch die Beförderungsaussichten werden aufgrund der seltenen Kontakte zu den Vorgesetzten als schlechter empfunden (vgl. Niggl/Edfelder/Kraupa 2000).

Tabelle 5.18. Raum- und Zeitdimensionen der Telearbeit

Zeit Raum	synchron	asynchron
zentral	Arbeitsplatz am Unternehmungsstandort oder im Telearbeitszentrum mit festen Arbeitszeiten oder als Gleitzeit mit Kernzeiten	Arbeitsplatz am Unternehmungsstandort oder im Telearbeitszentrum steht bei flexiblen Arbeitszeiten zur Verfügung
dezentral	Heimarbeit, Außendienst oder *on-site* Telearbeit mit festen Arbeitszeiten oder als Gleitzeit mit Kernzeiten	Heimarbeit, Außendienst oder *on-site* Telearbeit mit freier, flexibler Arbeitszeit

Quelle: leicht erweitert nach Bremer 1998, S. 129

Damit die Telearbeit zu einer höheren Arbeitsleistung und -zufriedenheit führt, müssen deshalb vielfältige Koordinations- und Kontrollprobleme gelöst werden, die sich vor allem aus der Reduzierung der persönlichen Kommunikation zwischen den einzelnen Telearbeitnehmern und deren Vorgesetzten sowie aus der Ineffizienz verhaltensorientierter Kontrollformen (Stechuhren, Anwesenheits- und Arbeitskontrollen, direkte Aufsicht durch Vorgesetzte, u.a.) ergeben. Zur Lösung dieser Koordinations- und Kontrollprobleme werden insbesondere Formen der ergebnisorientierten Kontrolle eingesetzt, die an individuelle Zielvorgaben geknüpft sind (vgl. Kap. 5.4.1.4).

5.2.3 Gestaltung der Arbeitszeit

Die dritte Dimension des Personaleinsatzes stellt die Gestaltung der Arbeitszeit dar. Wie bei den beiden anderen Dimensionen bestehen auch dabei zahlreiche Zielkonflikte zwischen der Unternehmungsleitung und den Mitarbeitern (vgl. Tab. 5.19). Zu deren Ausgleich stehen vier Gestaltungsparameter zur Verfügung, und zwar die Länge bzw. Dauer, die Lage und die Flexibilität der Tages-, Wochen-, Monats-, Jahres- und Lebensarbeitszeit sowie die Gestaltung der Arbeitspausen. Diese werden im Folgenden erläutert.

Tabelle 5.19. Ziele der Arbeitszeitgestaltung

Ziele der Unternehmungsleitung	Ziele der Mitarbeiter
• optimale Ausnutzung der Betriebsmittel • Anpassung des Mitarbeiterpotenzials an schwankende Kapazitätserfordernisse • Vermeidung von Leerzeiten und Überstunden • Verringerung der Unfallhäufigkeit, des Absentismus und der Fluktuation	• individuelle Abstimmung der Arbeitszeit mit persönlichen und familiären Interessen (*Work-Life-Balance*) • Auflockerung des Erwerbscharakters der Arbeit • Reduzierung nicht vermeidbarer psychischer und physischer Belastungen

5.2.3.1 Länge bzw. Dauer der Arbeitszeit (Chronometrie)

Die *maximale* Länge bzw. Dauer der Arbeitszeit ist in Deutschland durch das *Arbeitszeitgesetz* (ArbZG) gesetzlich geregelt, das zum 15. Juli 2009 letztmalig geändert wurde (vgl. Biebl/Neumann 2012). § 3 sieht eine regelmäßige werktägliche Arbeitszeit von acht Stunden vor. Sie kann auf bis zu zehn Stunden verlängert werden, wenn innerhalb von sechs Kalendermonaten oder innerhalb von 24 Wochen im Durchschnitt acht Stunden werktäglich nicht überschritten werden. Abweichungen und Ausnahmen davon sind u.a. bei Arbeitsbereitschaften oder Bereitschaftsdiensten sowie aus Gründen des Gemeinwohls zulässig und müssen durch einen Tarifvertrag oder eine Betriebsvereinbarung geregelt werden (§ 7 ArbZG). Sonderregelungen gelten für Jugendliche (§§ 8 ff. JArbSchG), Schwangere (§ 8 MuSchG) und Schwerbehinderte (§ 124 SGB IX). Das ArbZG ist nicht auf Führungskräfte bzw. leitende Angestellte anwendbar (§ 18 Abs. 1 Nr. 1).

Die *individuelle* Dauer bzw. Länge der Arbeitszeit ergibt sich aus dem Arbeitsvertrag, einem Tarifvertrag oder einer Betriebsvereinbarung. Üblicherweise ist die wöchentliche Arbeitszeit tariflich festgelegt. Sie beträgt i.d.R. zwischen 37,5 und 40 Stunden, wobei gegenwärtig ein Trend zur Individualisierung der Arbeitszeit auf Unternehmungsebene feststellbar ist. Während in einigen Unternehmungen die Arbeitszeit verlängert wird, haben andere Unternehmungen mit ihren Mitarbeitern eine Verkürzung der Arbeitszeit vereinbart.

Aus Sicht der Unternehmung steht bei der Gestaltung der Länge der Arbeitszeit die Erzielung einer möglichst hohen Gesamtleistung der Mitarbeiter im Vordergrund. Empirische Untersuchungen belegen, dass diese – abhängig von Arbeitsinhalt und Arbeitsbedingungen – bis zu einer täglichen Arbeitszeit von ca. 10 bis 11 Stunden degressiv ansteigt und danach wieder abnimmt. Eine Arbeitszeit, welche die bio-physischen Belastungsgrenzen des menschlichen Organismus regelmäßig wesentlich überschreitet, sowie häufige Überstunden führen somit zu einer überproportional starken Abnahme der Durchschnittsleistung und Arbeitszufriedenheit. Dieses Phänomen der *Überkompensation von Arbeitszeitverkürzungen durch die Steigerung der Durchschnittsleistung* wurde bereits zu Beginn des 20. Jahrhunderts von Ernst Abbé, dem Gründer der Zeiss-Werke, entdeckt (zur historischen Entwicklung der Dauer der Arbeitszeit vgl. Baillod 1986, S. 27 ff.). Die Studie von Virtanen et al. (2009) belegt, dass eine wöchentliche Arbeitszeit, die regelmäßig deutlich über 40 Stunden hinausgeht, nicht nur mit einer sinkenden Arbeitsleistung verbunden ist, sondern auch die Gefahr von Herz-Kreislauferkrankungen signifikant erhöht und die messbare Intelligenz abnimmt.

Einer der Vorreiter bei der Verkürzung der Wochenarbeitszeit war im Jahre 1994 die Volkswagen AG. Nach einem massiven Absatzrückgang einigten sich Vorstand und Betriebsrat darauf, die Arbeitszeit aller Mitarbeiter für einen Zeitraum von zwei Jahren um 20% zu senken. Für die meisten Mitarbeiter bedeutete dies, statt fünf nur noch vier Tage in der Woche zu arbeiten. Im Gegenzug verzichteten die Mitarbeiter auf 20% ihres Bruttolohns. VW konnte durch dieses vielfach als wegweisend bezeichnete Modell Personalkosten in Höhe von 1,6 Mrd. DM einsparen (vgl. Hartz 1994). „Der Vorteil für den Konzern", so Blüthmann (1993), „liegt klar auf der Hand. Er spart kostspielige Abfindungen, senkt dennoch die Personalkosten und produziert keine Autos, die niemand haben will. Arbeiter und Angestellte behalten ihre Jobs, die obendrein ein wenig sicherer werden, müssen dafür allerdings auf Geld verzichten. Für manchen Arbeitnehmer, vor allem ältere Gutverdienende, erfüllt der Tausch ‚Geld gegen Freizeit' sogar einen lang gehegten Wunsch. Durch den Steuereffekt verliert der Vier-Tage-Wöchner überdies prozentual weniger Nettoeinkommen, als er Zeit gewinnt."

Problematisch an dieser Arbeitszeitverkürzung war jedoch, dass VW dadurch zwar seine Personalkosten absolut senken konnte, die Stundenlöhne der Mitarbeiter jedoch anstiegen. Erneute Absatzrückgänge im Jahre 2004 führten deshalb erneut zur Krise. Mit der IG-Metall wurde daraufhin neben einem neuen Haustarif vereinbart, die Flexibilität der Arbeitszeit zu erhöhen. So wurde die Bandbreite der Arbeitszeitkonten um 200 Stunden auf +/- 400 Stunden angehoben. Zudem wird Mehrarbeit grundsätzlich durch bezahlte Freistellung von der Arbeit ausgeglichen. Ist ein Ausgleich durch Freizeit auf absehbare Zeit nicht möglich, werden Überstundenzuschläge nur dann gezahlt, wenn der Mitarbeiter länger als 40 Stunden in der Woche arbeitet. Im Gegenzug verzichtet VW bis zum Jahr 2011 auf betriebsbedingte Kündigungen sowie auf die Verlagerung der Produktion ins Ausland (vgl. Hawranek 2004; Lamparter 2004b).

Eine zentrale Aufgabe des individuellen **Zeitmanagement** ist es deshalb, übermäßige Belastungen durch lange Arbeitszeiten und Arbeiten unter Zeitdruck zu vermeiden. Eine weit verbreitete Methode dazu ist die Eisenhower-Matrix zur Priorisierung von Arbeitsaufgaben, nach der diese anhand der beiden Dimensionen Dringlichkeit und Wichtigkeit dichotomisiert werden (vgl. Abb. 5.17):

- In einem ersten Schritt sollen alle Aufgaben eliminiert werden, die weder wichtig noch dringend sind. Dazu zählen etwa Massen-Emails, ausufernde Besprechungen und Ablenkungen. Diese Tätigkeiten führen zwar zu einem schnellen Feedback und können kurzfristig die individuelle Zufriedenheit steigern, sie sind aus Sicht der Unternehmung jedoch ineffektiv (vgl. Seiwert 2009).
- Zu Aufgaben, die zwar dringend, aber nicht sehr wichtig sind, zählen z.B. Routine- und Supporttätigkeiten, Antworten auf wiederholte Emails und Anrufe oder die Behebung von akuten technischen Problemen. Diese Aufgaben erfordern die unmittelbare Aufmerksamkeit und üben häufig einen großen Druck aus. Mitarbeiter, die viele Aufgaben dieses Typs ausüben, haben deshalb das Gefühl, besonders aktiv zu sein. Sie sind jedoch aus Sicht der Unternehmung langfristig kaum relevant. Führungskräfte sollten deshalb entsprechende Aufgaben an untergeordnete Mitarbeiter delegieren, um genügend Zeit für Aufgaben von hoher Wichtigkeit zu haben.
- Aufgaben mit hoher Dringlichkeit und Wichtigkeit erfordern die sofortige Erledigung. Dazu gehören kurzfristige Deadlines, akute Probleme mit großer Relevanz für die Unternehmung oder Krisen. Mitarbeiter, die permanent Aufgaben dieses Typs ausüben, empfinden oft ein hohes Maß an Stress, der auf Dauer zu massiven seelischen und körperlichen Schäden führen kann (Burnout). Erforderlich ist deshalb die Schaffung von Zeitbudgets durch die Minimierung von Terminen, die möglichst nur einmalige Bearbeitung von Aufgaben oder das zeitweilige Abschalten von Kommunikationsmedien (vgl. Meckel 2008).
- Am effektivsten sind Mitarbeiter, die sich durch proaktives Handeln Aufgaben von hoher Wichtigkeit, aber geringer Dringlichkeit zuwenden. Dazu zählen etwa grundlegende Verbesserungen, langfristige Aktivitäten und Investitionen mit hohen Rationalisierungseffekten. Durch diese Maßnahmen lassen sich die Aufgaben mit hoher Dringlichkeit reduzieren und dadurch Stress und Zeitdruck abbauen.

Abb. 5.17. Eisenhower-Matrix zur Priorisierung von Arbeitsaufgaben

Kritisch gegenüber dem Konzept von Eisenhower wird häufig eingewandt, dass zwischen Zeitmangel und Stress ein multikausaler Zusammenhang besteht. So können Stresshormone jenen Teil der Großhirnrinde, der für die Zeitwahrnehmung verantwortlich ist, in seiner Funktion einschränken, wodurch Stress zu einem Auslöser für Zeitmangel wird (vgl. Klein 2011). Zeitdruck und Stress müssen zudem nicht immer negativ sein, sondern können kurzfristig auch zu besonderen Leistungssteigerungen führen (vgl. Menkes 2012). Vor allem aber orientieren sich Menschen nicht nur zweckrational an der Effektivität, sondern auch am Sinn und der Befriedigung, die ihnen die Zeitverwendung gibt (vgl. Geißler 2008).

5.2.3.2 Lage der Arbeitszeit (Chronologie)

Die Arbeitsleistung und -zufriedenheit wird nicht nur durch die Länge, sondern auch durch die Lage der Arbeitszeit bestimmt. Empirische Untersuchungen zeigen, dass die Leistungsfähigkeit von Mitarbeitern und die Unfallhäufigkeit während des Tages stark schwanken (für einen Überblick vgl. Scholz 2014, S. 783 ff.). So ist etwa bei der Schichtarbeit die Durchschnittsleistung in der Nachtschicht weitaus geringer als in der Früh- oder Spätschicht. Die *Schwankungen der Leistungsfähigkeit* sind jedoch nicht bei allen Mitarbeitern gleich ausgeprägt, sondern von individuellen Faktoren (Biorhythmus) abhängig (vgl. z.B. Zulley/Knab 2003). Die Zufriedenheit der Mitarbeiter mit der Lage der Arbeitszeit wird darüber hinaus durch private und familiäre Interessen sowie die Entgeltgestaltung (z.B. Zuschläge für Nacht- und Wochenendarbeit) beeinflusst.

Diesen individuellen Bedürfnissen und Interessen der Mitarbeiter steht auf Seiten der Unternehmung das Ziel gegenüber, die Arbeitszeit an der Nachfrage auszurichten. Insbesondere bei einer kapitalintensiven Produktion wird zudem die permanente und gleichmäßige Auslastung der Produktionsanlagen angestrebt.

Üblicherweise wird die Lage der Arbeitszeit durch Tarifvertrag oder Betriebsvereinbarung geregelt oder durch Weisung des Arbeitgebers festgelegt, wobei dem Betriebsrat nach § 87 Abs. 1 Nr. 2 BetrVG ein Mitbestimmungsrecht zukommt. Für Sonn- und gesetzliche Feiertage gilt ein generelles Beschäftigungsverbot (§ 9 ArbZG), von dem allerdings zahlreiche Ausnahmen möglich sind (§ 10 ArbZG).

5.2.3.3 Arbeitspausen

Der dritte Parameter der Arbeitszeit ist die Gestaltung der Arbeitspausen. Je nach Schwere der Arbeit werden damit folgende *Ziele* verfolgt:

- Abbau zentraler Ermüdungszustände (Herz-Kreislauf-System, Zentralnervensystem) oder peripherer Ermüdungszustände (Muskelgruppen) auf den Ruhewert.
- Prophylaxe möglicher Ermüdungssymptome (Wahrnehmung, Konzentration, etc.).
- Erhaltung eines ausreichenden Wachsamkeitsniveaus bei Beobachtungs- und Kontrolltätigkeiten.

Die Länge der Ruhepausen ist in § 4 ArbZG geregelt. Danach ist die Arbeit durch im Voraus feststehende Ruhepausen von mindestens 30 Minuten bei einer Arbeitszeit zwischen sechs und neun Stunden und 45 Minuten bei einer Arbeitszeit von mehr als neun Stunden insgesamt zu unterbrechen. Die Ruhepausen können in Zeitabschnitten von jeweils mindestens 15 Minuten aufgeteilt werden. Länger als sechs Stunden hintereinander dürfen Arbeitnehmer nicht ohne Ruhepausen beschäftigt werden.

> In den letzten Jahren wurde eine juristische Auseinandersetzung darüber geführt, ob Bereitschaftsdienste (z.B. bei Feuerwehr und Polizei, in Krankenhäusern oder bei Energieversorgern) Arbeitspausen sind oder zur Arbeitszeit zählen. Nach einem Urteil des Europäischen Gerichtshofs vom 3. Oktober 2000 zählen Bereitschaftsdienste zur Arbeitszeit, wenn der Arbeitnehmer sich während dieser Zeit an einem vom Arbeitgeber bestimmten Ort aufzuhalten hat, um bei Bedarf seine volle Arbeitstätigkeit sofort oder bald aufnehmen zu können. Sie sind deshalb bei der Berechnung der zulässigen Höchstarbeitszeit voll zu berücksichtigen. Die Details dieser durch das Gesetz zur Reform des Arbeitsmarkts zum 1. Januar 2004 in deutsches Recht umgesetzten Bestimmung werden zumeist in Tarifverträgen oder Betriebsvereinbarungen geregelt (vgl. Stoll 2014).

Empirische Untersuchungen belegen, dass die Erholungskurve zumeist einen *degressiven Verlauf* aufweist. Dies bedeutet, dass mehrere kurze Pausen insgesamt eine höhere Erholungswirkung haben als eine lange Pause. Arbeitspausen haben darüber hinaus vielfach eine Steigerung der Gesamtleistung zur Folge. Dieses *Phänomen der lohnenden Pausen* wird dadurch hervorgerufen, dass vor und nach Arbeitspausen häufig temporäre Leistungssteigerungen zu beobachten sind, durch welche die Arbeitsunterbrechung überkompensiert wird.

Unternehmungen versuchen zunehmend, Arbeitspausen zum *social networking* zu nutzen. So können etwa die Mitarbeiter von Boehringer Ingelheim an Lunch Roulettes teilnehmen. Dazu müssen diese auf einer Web-Anwendung einen oder mehrere Tage und Uhrzeiten angeben, an denen sie sich mit anderen Mitarbeitern zum Mittagessen treffen wollen. Anschließend wird ein geeigneter Ort angegeben. Mit Hilfe eines Algorithmus, der vorher festgelegte Präferenzen wie Abteilungszugehörigkeit oder der fachliche Hintergrund berücksichtigen kann, werden dann passende Mitarbeiter ausgewählt und diesen eine Einladung zum gemeinsamen Mittagessen zugesendet (http://lunchroulette.us/index.html; https://www.lunchmates.org/).

Der Hamburger Onlinehändler Otto hat im Jahre 2014 aus ähnlichen Gründen eine „inspirierende Mittagspause" eingeführt. Zwischen 12:00 und 13:30 Uhr finden im Culture Club@Loft 06 kostenlos Poetry Slams, Konzerte, Lesungen, Vorführungen neuester Produkte und andere Veranstaltungen statt. Dazu gibt es kleine Snacks und Getränke. Im ersten Jahr nach der Einführung haben rund 5.000 Mitarbeiter am Standort Hamburg an diesen Veranstaltungen teilgenommen. In einer internen Umfrage gaben fast 85% der Veranstaltungsbesucher an, dass der Culture Club zu einer positiven und inspirierenden Unternehmenskultur beiträgt (vgl. Otto & Co KG 2015).

5.2.3.4 Flexibilität der Arbeitszeitgestaltung

Einen besonders hohen Einfluss auf die Arbeitsleistung und -zufriedenheit hat die Flexibilität der Arbeitszeitgestaltung, die nicht nur ein technologisch-organisatorisches und soziales Erfordernis darstellt, sondern zunehmend auch zu einem Anreizinstrument und strategischen Erfolgsfaktor wird (vgl. Kutscher/Weidinger/Hoff 1996; Marr 2001). Während eine starre Arbeitszeitgestaltung durch Uniformität, Gleichzeitigkeit, Pünktlichkeit und Fremdbestimmtheit sowie die Identität von Arbeits- und Betriebszeit gekennzeichnet ist, zeichnet sich eine flexible Arbeitszeitgestaltung durch ein hohes Maß an Beweglichkeit und Reversibilität, die asynchrone Anwesenheit der Mitarbeiter sowie die weitgehende Entkopplung von Arbeits- und Betriebszeit aus. Aus Sicht der Unternehmung ist damit vor allem die Anpassung an schwankende Nachfragebedingungen verbunden. Dem steht auf Seiten der Mitarbeiter das Ziel gegenüber, die individuelle Gestaltungsfreiheit zu erhöhen, weshalb vielfach statt von einer flexiblen von einer *autonomieorientierten Arbeitszeitgestaltung* gesprochen wird (vgl. Baillod 1986, S. 144).

In der Unternehmungspraxis sind unterschiedliche **Formen flexibler Arbeitszeitgestaltung** anzutreffen, die nach ihrem Flexibilisierungszeitraum sowie dem Entscheidungsspielraum für Unternehmung und Mitarbeiter differenziert werden können (vgl. Abb. 5.18).

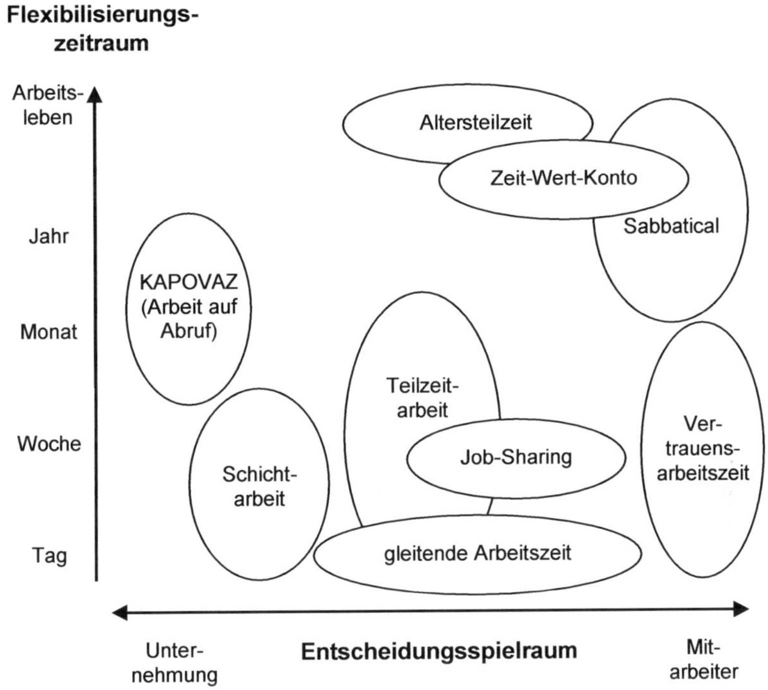

Abb. 5.18. Formen flexibler Arbeitszeitgestaltung

Die älteste Form flexibler Arbeitszeitgestaltung ist die **Schichtarbeit.** Dabei wird die Betriebszeit in mehrere Zeitabschnitte unterteilt, die von verschiedenen Mitarbeitern nacheinander ausgefüllt werden (vgl. Gärtner et al. 1998). Es können mehrere Formen unterschieden werden:

- Beim *Einschicht-Betrieb* liegt die tägliche Arbeitszeit regelmäßig über der sich aus der tariflich vereinbarten Wochenarbeitszeit durchschnittlich ergebenden Arbeitszeit, wobei die Differenz in einem vorher festgelegten Zeitraum durch Freischichten ausgeglichen wird.
- Beim *Mehrschicht-System* wird die tägliche Betriebszeit auf zwei oder mehrere Schichten aufgeteilt, d.h. ein Arbeitsplatz nacheinander durch zwei oder mehr Mitarbeiter besetzt.
- *Wechselschicht-Systeme* sind durch den regelmäßigen, d.h. täglichen, wöchentlichen oder monatlichen Wechsel des Schichteinsatzes gekennzeichnet. Die Mitarbeiter wechseln dabei in einem bestimmten Rhythmus z.B. von der Früh- zur Spätschicht bzw. zur Nachtschicht.

Die Schichtarbeit führt zu einer Verlängerung der Betriebszeit und wird deshalb insbesondere in kapitalintensiven Bereichen wie der Automobilindustrie oder der Eisen- und Stahlindustrie eingesetzt. Von den Mitarbeitern wird diese Form der

Arbeitszeitflexibilisierung vor allem aufgrund der damit häufig verbundenen Entgelterhöhungen durch Schichtzuschläge präferiert. Nachteile sind jedoch die insbesondere bei Wechselschicht-Systemen auftretenden negativen psychischen und sozialen Folgen wie Schlafstörungen, Leistungsbeeinträchtigungen und die durch die unregelmäßigen Arbeitszeiten bedingten Einschränkungen der familiären und sozialen Kontakte. Zu deren Reduzierung wird u.a. empfohlen, die Schichtlänge an der Arbeitsschwere zu orientieren, Freizeiten zu blocken und bei Wechselschicht-Systemen Vorwärtswechsel festzulegen (vgl. Müller-Seitz 1991).

Bei der **gleitenden Arbeitszeit** kann der Mitarbeiter Arbeitsbeginn und -ende täglich individuell bestimmen, wobei häufig eine bestimmte *Kernzeit* festgelegt ist, während der Anwesenheitspflicht besteht. Über- oder unterschreitet er die tariflich festgesetzte Arbeitszeit, so wird auf einem *Gleitzeitkonto* ein Guthaben oder eine Schuld verbucht. Dessen Ausgleich erfolgt in zuvor festgelegten Zeiträumen (Woche, Monat, Jahr oder Berufsleben) durch Urlaubstage oder Überstundenvergütung (vgl. Hanau/Veit/Hoff 2015). Der wesentliche Vorteil der Gleitzeit für den Mitarbeiter besteht darin, seine tägliche Arbeitszeit an seinen persönlichen Lebens- und Leistungsrhythmus anpassen zu können. Gleitende Arbeitszeit wird vor allem bei Bürotätigkeiten ohne ausgeprägten Kundenkontakt angewandt.

Im Unterschied zur gleitenden Arbeitszeit legt bei der **kapazitätsorientierten variablen Arbeitszeit (KAPOVAZ)** der Arbeitgeber fest, wann der Mitarbeiter ein zuvor mit diesem vereinbartes Monats- bzw. Jahreskontingent an Arbeitsstunden abarbeiten muss. Um dem Mitarbeiter bei dieser Form der **Arbeit auf Abruf** eine gewisse Planungsmöglichkeit zu geben, muss der Arbeitgeber diesem die Lage seiner Arbeitszeit mindestens vier Tage im Voraus mitteilen (§ 12 Abs. 2 TzBfG). Die Abrufarbeit ist besonders dazu geeignet, die Arbeitszeit an saisonale oder konjunkturelle Nachfrageschwankungen anzupassen und auf Kundenwünsche flexibel zu reagieren. Sie besitzt deshalb z.B. in der Bauindustrie, im Hotel- und Gaststättengewerbe sowie im Einzelhandel eine große Bedeutung. Nachteilig für die Mitarbeiter sind insbesondere die Beeinträchtigung von Erholungsphasen und starke Freizeiteinschränkungen (vgl. Tobsch et al. 2014).

Bei der **Teilzeitarbeit** wird mit dem Mitarbeiter eine geringere als die tarifliche Arbeitszeit bei geringerer Vergütung vereinbart (vgl. Massow 1999; Meinel/Heyn/Herms 2004). Die rechtliche Grundlage dafür bildet das am 1. Januar 2001 in Kraft getretene Gesetz über Teilzeitarbeit und befristete Arbeitsverträge (TzBfG). Die Verkürzung der Arbeitszeit kann täglich, wöchentlich oder monatlich erfolgen. Die Voraussetzung dafür ist die zeitliche und sachliche Teilbarkeit von Arbeitsaufgaben. Unter der Voraussetzung, dass ein Arbeitsverhältnis länger als sechs Monate besteht, der Arbeitgeber mehr als 15 Arbeitnehmer beschäftigt und kein betrieblicher Grund entgegensteht, hat der Arbeitgeber den Arbeitnehmern Teilzeitarbeit zu ermöglichen (§§ 6, 8 TzBfG). Er muss die Verringerung seiner Arbeitszeit und den Umfang der Verringerung spätestens drei Monate vor deren Beginn geltend machen. Der wichtigste Vorteil der Teilzeitarbeit für die Mitarbeiter ist die bessere Vereinbarkeit von beruflichen und privaten Interessen. Als problematisch erweist es sich allerdings häufig, wenn der Arbeitnehmer Teilzeitarbeit nur vorübergehend wahrnehmen möchte (z.B. zur Kindererziehung). Zwar hat der Arbeitgeber einen teilzeitbeschäftigten Arbeitnehmer, der ihm den Wunsch nach einer Verlängerung seiner vertraglich vereinbarten Arbeitszeit angezeigt hat, bei der Besetzung eines entsprechenden freien Arbeitsplatzes bei gleicher Eignung bevorzugt zu berücksichtigen (§ 9 TzBfG). Dies bedeutet jedoch nicht, dass der Arbeitnehmer ein Anrecht darauf hat, auch die von ihm zuvor besetzte Stelle wieder einzunehmen. Teilzeitarbeit ist zudem mit einem geringeren Monatseinkommen sowie häufig einem relativ schlechten beruflichen Image verbunden. Obwohl ein Arbeitgeber einen teilzeitbeschäftigten Arbeitnehmer ohne sachlichen Grund nicht schlechter behandeln darf (§ 4 TzBfG), sind die Aufstiegschancen von Teilzeitarbeitnehmern oft schlechter als die von Vollzeitarbeitnehmern (vgl. Dellekönig 1995). Besonders häufig wird Teilzeitarbeit deshalb als Form des *gleitenden Übergangs in den Ruhestand* (**Altersteilzeit**) praktiziert (vgl. Rittweger/Petri/Schweikert 2002; Bauer/Gehring 2016).

Eine Unternehmung, die seit vielen Jahren unterschiedliche Formen der flexiblen Arbeitszeitgestaltung praktiziert, ist die Kaufhof Warenhaus AG. Bereits in den sechziger Jahren realisierte die Unternehmung eines der ersten Rolliersysteme im Einzelhandel. Dabei wurden in den verschiedenen Abteilungen Gruppen zu sechs Mitarbeitern gebildet, von denen an jedem der damals fünf Öffnungstage immer fünf Mitglieder planmäßig anwesend waren und das sechste Gruppenmitglied frei hatte. Dieser freie Arbeitstag rollierte vorwärts über die Öffnungstage, d.h. ein Mitarbeiter hatte z.B. in der ersten Arbeitswoche am Montag frei, in der zweiten am Dienstag, usw.

In der Folge verlängerter Ladenöffnungszeiten und verkürzter tariflicher Arbeitszeiten wurde dieses Modell 1990/91 angepasst und um eine saisonal differenzierte Besetzung der Warenhäuser erweitert. Dazu konnten die Mitarbeiter je nach Arbeitsanfall Zeitguthaben ansammeln und diese zumeist durch mehrtägige Freizeitblöcke vor und nach Wochenenden abbauen.

Seit 1997 wurde dieses Modell durch die Einführung einer kundenorientierten Arbeitszeit weiter flexibilisiert. Auf der Basis von Prognosen der Kundenfrequenz werden tägliche und wöchentliche Höchst- und Mindestbesetzungen pro Bereich festgelegt, die nicht über- oder unterschritten werden dürfen. Innerhalb dieser Grenzen können die Mitarbeiter in ihrer jeweiligen Gruppe ihre individuellen An- und Abwesenheitszeiten selbständig abstimmen. Die Grundlage für die gruppeninterne Arbeitszeitplanung bilden individuelle Jahresarbeitszeitkonten, die innerhalb eines Jahres, und zwar von 1. Oktober bis zum 30. September, ausgeglichen werden müssen. Die Verschiebung des Arbeitsjahres gegenüber dem Kalenderjahr bietet den Mitarbeitern die Möglichkeit, in der Vorweihnachtszeit relativ schnell ein Zeitguthaben ansammeln zu können, das in den verkaufsschwächeren Sommermonaten durch vermehrte Freizeit ausgeglichen werden kann (vgl. www.bmgs.bund.de/de/asp/arbeitszeitmodelle/dokument.asp?id=27).

Eine spezifische Form der Teilzeitarbeit stellt das **Job-Sharing** dar, bei der sich mehrere Mitarbeiter die Arbeitszeit an einem Arbeitsplatz teilen. Dabei kann zwischen einer zeitlichen und einer funktionalen Arbeitsteilung unterschieden werden. Bei der *zeitlichen Arbeitsteilung (Mengenteilung)* können die Job-Sharer die Dauer und Lage ihrer jeweiligen Arbeitszeit untereinander abstimmen. Dies kann auch die gegenseitige Vertretung bei Ausfallzeiten (Krankheit, Urlaub, etc.) umfassen (§ 13 Abs. 1 TzBfG). Bei der *funktionalen Arbeitsteilung (Artenteilung)* haben die Job-Sharer dagegen unterschiedliche Aufgabenprofile. Diese Form der Arbeitsteilung ist z.B. bei der Zusammenarbeit von älteren, kurz vor der Pensionierung stehenden Mitarbeitern mit jüngeren Mitarbeitern gebräuchlich, bei der erstere ihre Erfahrungen an letztere weitergeben. Für die Mitarbeiter bietet das Job-Sharing eine höhere Flexibilität und für die Unternehmung den Vorteil einer permanenten Besetzung des Arbeitsplatzes durch die Verpflichtung zur gegenseitigen Vertretung. Nachteile sind der höhere Koordinationsbedarf sowie der Wechsel von Ansprechpartnern bei Kundenkontakten (vgl. Heymann/Seiwert 1986).

Während die Teilzeitarbeit und das Job-Sharing die Flexibilisierung der täglichen und wöchentlichen Arbeitszeit beinhalten, steht bei **Sabbaticals** die Flexibilisierung der Lebensarbeitszeit im Mittelpunkt (vgl. Hess 2002; Richter 2002). Dabei ist der Mitarbeiter einen festgelegten Zeitraum lang mit der vollen Höhe der vereinbarten Arbeitszeit tätig, verzichtet jedoch auf die Auszahlung eines bestimmten Anteils seines Arbeitsentgelts. Dieses wird aufgespart und dem Mitarbeiter während des Sabbatzeitraums ausgezahlt, während dessen dieser nicht für die Unternehmung tätig ist. Die Dauer dieses Langzeiturlaubs kann von wenigen Wochen bis zu einem Jahr reichen. Der Vorteil dieser Form der Arbeitszeitflexibilisierung für die Mitarbeiter besteht vor allem darin, bestimmte private Wünsche (z.B. längere Reisen, Fortbildungen, familiäres oder soziales Engagement) erfüllen zu können, ohne kündigen zu müssen. Insbesondere beruflich stark angespannten Mitarbeitern eröffnen Sabbaticals zudem die Möglichkeit zur Regeneration ihrer Leistungsbereitschaft und -fähigkeit. Für die Unternehmung bieten Sabbaticals neben den damit verbundenen positiven Auswirkungen auf die Arbeitsleistung die Möglichkeit, temporäre Überdeckungen des Personalbedarfs ohne Personalfreisetzung ausgleichen zu können (vgl. Kap. 5.1.4).

Um die Attraktivität von Sabbaticals zu erhöhen und insbesondere Arbeitszeitguthaben gegen eine Insolvenz des Arbeitgebers abzusichern, trat am 1. Januar 2009 das Gesetz zur Verbesserung der Rahmenbedingungen für die Absicherung flexibler Arbeitszeitregelungen („Flexi II-Gesetz") in Kraft, das zu Änderungen des Sozialgesetzbuchs (SGB) geführt hat (vgl. Uckermann 2009). Danach können Arbeitnehmer geleistete, aber noch nicht vergütete Arbeitsstunden oder Anteile ihres Arbeitsentgelts in ein **Zeit-Wert-Konto** einbringen. Wertguthaben können für Pflegezeiten, Elternzeiten oder die befristete Verringerung der vertraglich vereinbarten Arbeitszeit genutzt werden. Darüber hinaus ist die Nutzung von Wertguthaben für Freistellungen oder eine Reduzierung der Arbeitszeit für Zeiten, die unmittelbar vor dem Renteneintritt liegen, oder für berufliche Qualifizierungsmaßnahmen möglich (§ 7c SGB IV). Zeit-Wert-Konten dürfen jedoch nicht der flexiblen Gestaltung der werktäglichen oder wöchentlichen Arbeitszeit oder dem Ausgleich betrieblicher Produktions- und Arbeitszeitzyklen dienen (§ 7b SGB IV). Der Arbeitgeber ist verpflichtet, das Wertguthaben gegen das Risiko der Insolvenz vollständig abzusichern (§ 7e SGB IV). Arbeitnehmer haben ein Anrecht darauf, ein Wertguthaben auf einen neuen Arbeitgeber zu übertragen, wenn dieser eine

Wertguthabenvereinbarung mit dem neuen Arbeitnehmer abschließt und der Übertragung zustimmt. Zudem besteht die Option, das Wertguthaben auf die Deutsche Rentenversicherung Bund zu übertragen (§ 7f SGB IV).

Zahlreiche Möglichkeiten, eine begrenzte Auszeit von seiner beruflichen Tätigkeit zu nehmen und eine Tätigkeit in einer sozialen Einrichtung auszuüben, vermittelt die 1995 in der Schweiz gegründete Agentur Seiten-Wechsel, die seit Ende 2000 auch in Deutschland tätig ist. SeitenWechsel bietet insbesondere Führungskräften die Möglichkeit an, eine Woche lang z.B. Menschen mit Behinderungen zu pflegen, die Hausaufgaben von minderjährigen Flüchtlingen zu betreuen oder in Drogenberatungsstellen zu arbeiten. Dadurch sollen sich die Teilnehmer mit Werten, Einstellungen und Lebenssituationen auseinandersetzen, mit denen sie in ihrem beruflichen Alltag gewöhnlich nicht konfrontiert werden. Das langfristige Ziel besteht darin, die Sozialkompetenz von Führungskräften zu entwickeln und neue Erfahrungen zu sammeln, die sich für die berufliche Tätigkeit produktiv nutzen lassen (vgl. Ettlin/Schweizerische Gemeinnützige Gesellschaft 2003; www.seitenwechsel.ch; www.seitenwechsel.org).

Die größte Autonomie bei der Gestaltung der Arbeitszeit besitzen die Mitarbeiter bei der **Vertrauensarbeitszeit** (vgl. Hoff 2002). Dabei verzichtet der Arbeitgeber nicht nur auf die Vorgabe der Arbeitslage und -dauer, sondern auch auf die Kontrolle der Einhaltung der Vertragsarbeitszeit. Durch diese zunehmend für außertariflich beschäftigte Mitarbeiter praktizierte Form der Arbeitszeitflexibilisierung sollen der Aufwand für die Zeitkontrolle gespart, die unterschiedlichen Präferenzen der Mitarbeiter berücksichtigt und die eigenverantwortliche Steuerung der Arbeitszeiten gefördert werden (vgl. Andresen 2009). Die Vertrauensarbeitszeit kann deshalb auch als Form der ergebnisorientierten Kontrolle aufgefasst werden, bei der nicht das Verhalten der Mitarbeiter, sondern die Erreichung zuvor vereinbarter Ziele kontrolliert wird (vgl. Kap. 5.4.1.4). Nach einer empirischen Untersuchung von Neubert/Thomas (2005) wirkt sich die Einführung von Vertrauensarbeitszeit vor allem auf die wahrgenommene Autonomie der Mitarbeiter positiv aus. Darüber hinaus ist die Arbeitsproduktivität und -zufriedenheit oft höher, da die Arbeitszeit besser mit den individuellen Präferenzen und den Arbeitsanforderungen abgestimmt werden kann. Die Vertrauensarbeitszeit besitzt damit potenziell eine hohe Leistungs- und Zufriedenheitswirkung. Kritisch gegen diese Form der Arbeitszeitflexibilisierung wird häufig eingewandt, dass diese zur Entgrenzung der Arbeit beiträgt und für die Mitarbeiter die Gefahr der unbezahlten Mehrarbeit beinhaltet. Dieser kann jedoch durch die Erfassung von Überschreitungen der täglichen Arbeitsdauer von acht Stunden entgegengewirkt werden, zu der der Arbeitgeber nach § 16 Abs. 2 ArbZG gesetzlich verpflichtet ist.

Besonders weitgehend sind Formen der Vertrauensarbeitszeit, die auch die Urlaubsgestaltung umfassen. Nach einer Studie der Organisation World at Work räumen etwa 1% der befragten amerikanischen Unternehmungen ihren Mitarbeiten die Möglichkeit ein, unbegrenzt bezahlten Urlaub zu nehmen. „Obwohl die Mitarbeiter sich so viel freinehmen können, wie sie wollen, erbringen sie nicht weniger Leistung, beobachten die Vorgesetzten. Im Gegenteil: Oft steigt die Produktivität (…). Dass sich unbegrenzter Urlaub bewährt, liegt vermutlich auch daran, dass die Angestellten ihre grenzenlose Freiheit weniger nutzen, als man vermuten würde (…). Es scheint, dass die meisten Angestellten etwa so viel Urlaub machen wie zuvor (…).

Vielleicht gibt es für die Tatsache, dass die Mitarbeiter (...) nicht ständig aus dem Büro verschwinden, einen ganz einfachen Grund: Die Angestellten dieser Firmen arbeiten lieber als zu faulenzen. Sie träumen lieber von Urlaub, als ihn zu nehmen. Wir malochen, um uns zu ernähren. Natürlich verschafft uns die Arbeit auch einen Zeitvertreib und oft ein Gefühl von Identität (…). Überwiegend aber vermuten wir die lohnendsten Stunden eines Menschenlebens nicht im Job, sondern in Freizeit und Erholung (...). So ist etwa längst nicht jeder Urlauber gehobener Stimmung (…). Urlaub kann wunderbare Erfahrungen bescheren. Aber eben auch unerfreuliche. Das Bett ist ungewohnt, das Wetter nie so schön wie auf den Bildern im Reiseführer, man versteht die Sprache nicht, und das fremde Essen schlägt auf den Magen. Die Fluglinie verschlampt das Gepäck, vor der berühmten Kathedrale stehen Schlangen, die Kinder quengeln, die Mücken stechen, und der Fernseher des Hotelnachbarn plärrt durch die Wand. Herzkranke mögen langfristig von Urlaub profitieren. Doch gerade in den ersten Ferientagen, wenn Reise und Ankunft die Anspannung hochtreiben, erleiden sie statistisch überdurchschnittlich viele Anfälle.

Wir scheinen also zu überschätzen, wie froh uns Urlaub macht. Und gleichzeitig unterschätzen wir, wie viel Befriedigung wir aus der Arbeit ziehen. Forscher haben festgestellt, dass es uns besonders gut geht, wenn uns etwas beansprucht und wir uns so darin vertiefen, dass wir sogar vergessen, wie die Zeit verfliegt. In solchen Momenten erleben wir großes Wohlempfinden“ (Eberle 2012).

5.2.3.5 Praktische Bedeutung und Effizienz

Deutschland zählt im **internationalen Vergleich** zu den Ländern mit den kürzesten wöchentlichen Arbeitszeiten. Mit 37,7 Stunden liegt die tarifvertraglich vereinbarte Wochenarbeitszeit um 0,4 Stunden unter dem EU-Durchschnitt (vgl. Tab. 5.20). Hinzu kommen ein durchschnittlicher jährlicher Urlaubsanspruch von 30 Tagen und 10 gesetzliche Feiertage. Die jährliche Nettoarbeitszeit liegt deshalb mit 1.659 Stunden nach Frankreich und Dänemark europaweit auf dem dritten Platz. Länger sind die Arbeitszeiten zudem etwa in der Schweiz, einigen osteuropäischen Staaten, den USA sowie in vielen asiatischen Ländern wie China, Indien und Japan.

Da die Länge der Arbeitszeit ein wichtiger Faktor der internationalen Wettbewerbsfähigkeit ist, wird darin vielfach ein Wettbewerbsnachteil deutscher Unternehmungen gegenüber diesen Ländern gesehen. Dabei muss jedoch berücksichtigt werden, dass die Produktivität und Wertschöpfung der Mitarbeiter je Arbeitsstunde in Deutschland höher als in den meisten anderen Ländern sind. Die kürzere Arbeitszeit wird somit durch eine höhere Arbeitsproduktivität und -rentabilität teilweise kompensiert. Die Gewerkschaften argumentieren deshalb, dass die Wettbewerbsfähigkeit deutscher Unternehmungen weniger von der Länge der Arbeitszeit, als vielmehr von der Nutzung flexibler und autonomieorientierter Formen der Arbeitszeitgestaltung abhängt.

Tabelle 5.20. Durchschnittliche tarifvertraglich vereinbarte Wochenarbeitszeiten von Vollerwerbstätigen im europäischen Vergleich im Jahr 2013 (in Stunden)

Land	Wochen-arbeitszeit	Brutto-Jahres-arbeitszeit	Urlaubs-tage	Gesetzliche Feiertage	Netto-Jahresar-beitszeit
Estland	40,0	2.080	20	10	1.840
Ungarn	40,0	2.080	20	10	1.840
Polen	40,0	2.080	20	10	1.840
Rumänien	40,0	2.080	21	9	1.840
Bulgarien	40,0	2.080	20	11	1.832
Lettland	40,0	2.080	20	11	1.832
Kroatien	40,0	2.080	20	12	1.824
Litauen	40,0	2.080	20	12	1.824
Slowenien	40,0	2.080	20	12	1.824
Griechenland	40,0	2.080	23	11	1.808
Luxemburg	40,0	2.080	25	9	1.808
Malta	40,0	2.080	24	10	1.808
Portugal	39,3	2.044	22	8	1.808
Irland	39,0	2.028	24	8	1.778
Slowakei	39,0	2.028	25	10	1.754
Belgien	37,8	1.966	20	9	1.746
Österreich	38,8	2.018	25	11	1.738
Zypern	38,0	1.976	20	13	1.725
Spanien	38,3	1.992	22	14	1.716
Großbritannien	37,7	1.960	25	8	1.713
Tschechien	38,1	1.921	25	11	1.707
Niederlande	37,5	1.950	25	8	1.703
Italien	38,0	1.976	28	9	1.695
Finnland	37,5	1.950	25	10	1.688
Norwegen	37,5	1.950	25	10	1.688
Schweden	37,1	1.929	25	11	1.662
Deutschland	37,7	1.960	30	10	1.659
Dänemark	37,0	1.924	30	9	1.635
Frankreich	35,6	1.851	30	10	1.566
EU	38,1	1.981	25	10	1.712

Quelle: European Foundation for the Improvement of Living and Working Conditions 2014

Empirische Untersuchungen belegen zudem, dass die tatsächliche Arbeitszeit häufig deutlich über der tariflich vereinbarten liegt. Eine Studie von Brenke (2004) auf der Basis des SOEP kommt etwa zu dem Ergebnis, dass die tatsächlich geleistete Wochenarbeitszeit in Deutschland mit 42,4 Stunden um rund 10% über der tariflich bzw. vertraglich vereinbarten liegt. Die wöchentliche Mehrarbeit ist höher, je qualifizierter die Mitarbeiter sind. So leisten Führungskräfte mit vertraglich festgeschriebenen Arbeitszeiten 9,9 Überstunden pro Woche, während es bei un- und angelernten Arbeitern, Angestellten ohne Berufsausbildung und Beamten im einfachen Dienst nur 2,6 Stunden sind.

Eine der innovativsten Unternehmungen im Bereich der Arbeitszeitgestaltung ist Hewlett-Packard Deutschland. Bereits im Jahre 1967 wurden am Standort Böblingen gleitende Arbeitszeiten eingeführt. In den nächsten Jahren folgten weitere Flexibilisierungen. Das gegenwärtige Standard-Arbeitszeitmodell für vollzeitbeschäftigte Mitarbeiter sieht eine individuelle vertragliche Wochenarbeitszeit von 38 Stunden pro Woche vor. Bei einer tatsächlichen Arbeitszeit von 40 Wochenstunden werden somit 2 Stunden Vorarbeitszeit pro Woche bzw. circa 12 Tage im Jahr geleistet, die monatlich wahlweise als Geldwert (Wertausgleich) oder als Zeitgutschrift (Zeitkonto) vergütet werden. Unter der Formel 100=80+20 kann ein Mitarbeiter darüber hinaus maximal 8 Stunden (= 20%) pro Woche ansparen, indem er seine individuelle vertragliche Wochenarbeitszeit und damit sein Gehalt auf 32 Stunden (= 80%) reduziert. Alle Zusatzleistungen (z.B. Urlaubsgeld, betriebliche Sonderzahlungen, Aktiensparen) werden auf der Grundlage dieses reduzierten Gehalts gewährt. Der Vergütungsmodus kann zum Ende eines jeden Jahres jeweils für das kommende Kalenderjahr geändert werden. Rund 22% der Belegschaft nutzen die 1992 eingeführte Option der regelmäßigen monatlichen Auszahlung.

Darüber hinaus gibt es ein Zeitkonto, auf das geleistete, aber noch nicht vergütete Arbeitsstunden eingezahlt werden können. Auch nicht beanspruchter Resturlaub fließt jeweils zum 31. März des Folgejahrs dem Zeitkonto zu. Im Durchschnitt beträgt das Zeitguthaben der Mitarbeiter rund 65 Tage. Sämtliche Zeitgutschriften sind unverfallbar und werden nur in Ausnahmesituationen (z.B. Wechsel des Arbeitgebers, Todesfall) ausbezahlt.

Zeitgutschriften können nach Absprache mit dem Vorgesetzten unter Berücksichtigung der betrieblichen Belange als einzelne freie Stunden, freie Tage, Sabbaticals oder zur Reduzierung der Lebensarbeitszeit verwendet werden. Um unproduktive Betriebszeiten etwa an Brückentagen oder temporäre Überkapazitäten zu vermeiden bzw. zu reduzieren, kann HP neben den Tagen zwischen Weihnachten und Neujahr an fünf weiteren Tagen im Jahr Betriebs- bzw. Bereichsschließungen festlegen. Die Mitarbeiter entnehmen dafür Freizeit aus den Zeitkonten. In der Praxis decken sich zumeist die betrieblichen Interessen und die Mitarbeiterwünsche, da dadurch oftmals für die Mitarbeiter ein attraktives langes Wochenende entsteht.

Zur Finanzierung der Zeitkonten bildet HP Rückstellungen in Höhe des Geldwertes der angesparten Zeitguthaben. Zur Insolvenzsicherung wird der Gegenwert der Rückstellungen durch einen externen Treuhänder in Fonds angelegt. Dadurch soll ein höchstmögliches Maß an Sicherheit für die Guthaben aus den Zeitkonten gewährleistet werden.

Vor allem für Mitarbeiter in der Produktion wurde zudem ein flexibler Arbeitszeitkorridor eingeführt, dessen Details bereichsspezifisch durch die allgemeine Betriebsvereinbarung geregelt werden. Der Korridor erlaubt eine Flexibilität nach oben und unten von z.B. 70 Mehr- oder Minderstunden, die auf einem Flexikonto erfasst werden. Innerhalb einer gewissen Zeitspanne (z.B. ein Jahr) muss der Mitarbeiter den Nullbereich durchlaufen, um wieder ein ausreichendes Flexibilitätspotenzial sicherzustellen. Das Grundgehalt, das Standard-Arbeitszeitmodell und die HP-Zusatzleistungen der betreffenden Mitarbeiter werden durch die arbeitszeitlichen Schwankungen nicht berührt. Die Ausgestaltung des flexiblen Arbeitszeitkorridors wie Schwankungsbreite der wöchentlichen Arbeitszeit, Ober- und Untergrenzen, Kontrollmöglichkeiten des Flexikontos sowie Ankündigungs- und Ausgleichsfristen wird zwischen Bereichsmanagement, Mitarbeitern und Betriebsrat abgestimmt. Dadurch sollen schwankende Kapazitätsanforderungen bewältigt werden, ohne dass Personaleinstellungen oder -freisetzungen erforderlich sind (vgl. o.V. 2008).

Nach einer empirischen Studie der Hans-Böckler-Stiftung gelten nur noch für 13% der Beschäftigten klassische Arbeitszeiten zwischen 35 und 41 Wochenstunden. Dagegen praktizieren 40% der Befragten verschiedene *Formen flexibler Arbeitszeitgestaltung*. 29% der Arbeitnehmer haben pro Woche 42 oder mehr Arbeitsstunden und 15% sehr stark schwankende Arbeitszeiten. Überlange Arbeitszeiten kommen insbesondere in der Bauindustrie, im Handel, im Bereich Transport und Logistik sowie bei Versicherungen vor. Weit verbreitet ist auch die Schichtarbeit, die z.B. in Großunternehmungen des verarbeitenden Gewerbes von 50,2% der Beschäftigten geleistet wird. Ähnliches gilt für soziale Dienstleistungen. Aufgrund der dabei gezahlten Schichtzuschläge ist das Einkommen der dort Beschäftigten überdurchschnittlich hoch (vgl. Groß/Seifert/Sieglen 2007).

Demgegenüber ist die *Bedeutung autonomieorientierter Formen der Arbeitszeitgestaltung* in Deutschland im Vergleich zu anderen Ländern bislang noch relativ gering. Vor allem in den Niederlanden, Irland und Skandinavien sind Teilzeitarbeit und Job-Sharing auch in Führungspositionen weitaus stärker verbreitet (vgl. Hipp/Stuth 2013). Ein Grund dafür könnte die feminine Kultur in diesen Ländern sein, die dem Gleichgewicht zwischen Beruf und Familie (*Work-Life-Balance*) eine größere Bedeutung als dem beruflichen Aufstieg zumisst (vgl. Kap. 4.2.2). Während dort auch Mitarbeiter mit einer reduzierten Wochenarbeitszeit in hohe Führungspositionen aufsteigen können, herrscht in Deutschland nach einer Studie von Kienbaum Consultants International (2003b) immer noch die Auffassung vor, dass eine herausragende Position mit hoher Verantwortung verlangt, klare Prioritäten für den Beruf zu setzen. Teilzeit wird deshalb in Deutschland immer noch als „absoluter Karrierekiller“ wahrgenommen. „Vor allem an Frauen gerichtete Angebote wie beispielsweise Teilzeitmodelle oder die Unterstützung von Erwerbsunterbrechungen werden oft zum sogenannten ‚Mummy-Track‘ – einem toten Karrieregleis für Mütter“ (Holst, zit. nach o.V. 2014).

5.3 Personalentlohnung

In Anlehnung an die *Anreiz-Beitrags-Theorie* wird unter Personalentlohnung die Gestaltung aller materiellen Anreize verstanden, die eine Unternehmung ihren Mitarbeitern offiziell als Ausgleich für die von diesen geleisteten Beiträge gewährt (vgl. Kupsch/Marr 1985, S. 707). Um die gewünschte Anreizwirkung zu erzielen, muss die Personalentlohnung drei miteinander verknüpfte Aufgaben erfüllen (vgl. Abb. 5.19). Zunächst muss entschieden werden, nach welchen Kriterien die Entgeltdifferenzierung zwischen den Mitarbeitern vorgenommen werden soll. In einem zweiten Schritt erfolgt die Wahl der Entgeltform, die sich zumeist aus monetären und nicht-monetären Bestandteilen zusammensetzt. Den dritten Schritt bildet die Bestimmung der absoluten Höhe des Arbeitsentgelts, d.h. des auf die Mitarbeiter entfallenden Teils der Wertschöpfung einer Unternehmung. Bevor diese drei Aufgaben und die zu ihrer Lösung zur Verfügung stehenden Instrumente ausführlich dargestellt werden, erfolgt zunächst eine detaillierte Analyse der Ziele, die mit der Personalentlohnung verfolgt werden.

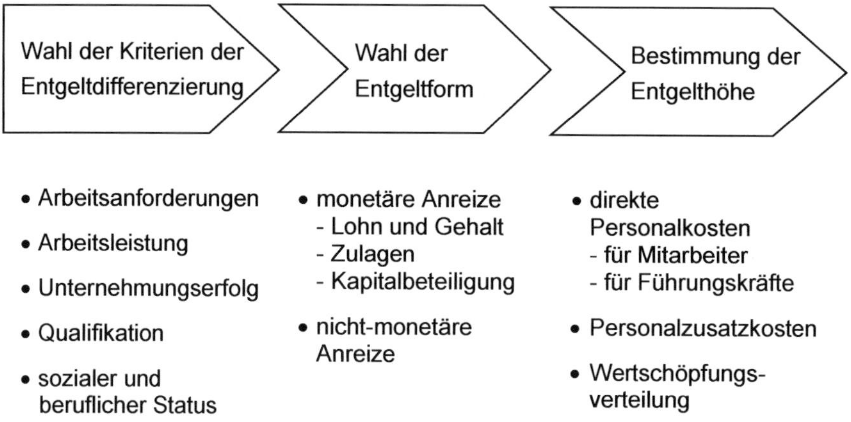

Abb. 5.19. Aufgaben der Personalentlohnung

5.3.1 Ziele der Personalentlohnung

5.3.1.1 Gewährleistung der Arbeitsleistung und -zufriedenheit

Im Mittelpunkt der Personalentlohnung steht zumeist das Ziel, die Arbeitsleistung und -zufriedenheit der Mitarbeiter zu gewährleisten. Die *Theorie der wissenschaftlichen Betriebsführung* unterstellt, dass Mitarbeiter die Maximierung ihres individuellen Entgelts anstreben und ihr Arbeitsverhalten rational an der Verwirklichung dieses Ziels ausrichten. Eine ähnliche **Maximumhypothese** liegt auch dem *personalökonomischen Ansatz* zugrunde, der zudem ein opportunistisches Verhalten gegenüber der Unternehmungsleitung und anderen Mitarbeitern annimmt.

Demgegenüber weisen die *motivationstheoretischen Ansätze* darauf hin, dass die Arbeitsleistung und -zufriedenheit neben dem Arbeitsentgelt auch von anderen Faktoren abhängt. Während Maslow etwa die Möglichkeit zur Selbstverwirklichung in der Arbeit als das bedeutendste Bedürfnis ansieht, betont Herzberg die Bedeutung des Arbeitsinhalts und der Anerkennung durch Vorgesetzte.

Auch nach der *Gerechtigkeitstheorie* ist die von der Theorie der wissenschaftlichen Betriebsführung und dem personalökonomischen Ansatz vertretene Maximumhypothese nicht haltbar. Diese geht vielmehr von der **Gleichgewichtshypothese** aus, dass die Mitarbeiter eine gerechte Austauschrelation von Input (Leistung, Erfahrung, sozialer und beruflicher Status, etc.) und Output (Bezahlung) anstreben. Als gerecht wird eine Entlohnung dann empfunden, wenn die eigene Austauschrelation mit der vergleichbarer Mitarbeiter übereinstimmt.

Die Wirkung der Personalentlohnung auf die Arbeitsleistung und -zufriedenheit ist somit vielschichtig. Als zentrale Einkommensquelle der meisten Menschen dient sie zur *Befriedigung der niedrigen Bedürfniskategorien*. Darüber hinaus ist die Entlohnung aber auch ein *Statussymbol und Zeichen der Anerkennung*. Eine besonders hohe Wertigkeit kommt ihr dann zu, wenn sie vor allem *zur Befriedigung höherer Motive außerhalb der Arbeit* dient. Zudem ist ihre Wertigkeit *von Alter, Geschlecht und kultureller Prägung des Mitarbeiters abhängig*.

Empirische Studien zur *motivationalen Wirkung von Entgelterhöhungen* zeigen, dass diese nur dann leistungs- und zufriedenheitssteigernd wirken, wenn sie überraschend erfolgen (vgl. Gilchrist/Luca/Malhotra 2016). Die leistungssteigernde Wirkung ist nach einer experimentellen Untersuchung von Ockenfels/Sliwka/Werner (2015) zudem größer, wenn die Entgelterhöhung in zwei kleinen Schritten anstatt einem großen Schritt erfolgt.

5.3.1.2 Induzierung eines strategiekonformen Verhaltens

Bei der Gestaltung der unternehmerischen Entgeltpolitik muss nicht nur deren Leistungs- und Zufriedenheitswirkung berücksichtigt, sondern auch sichergestellt werden, dass die von den Mitarbeitern erbrachte Leistung einen positiven *Beitrag zur Implementierung der Unternehmungsstrategie* leistet (vgl. Kap. 4.2.1). Im Sinne der *Principal-Agent-Theorie* besteht das Ziel darin, die Mitarbeiter zu einem Verhalten anzuregen, das der Umsetzung der von der Unternehmungsleitung formulierten Strategie dient. Diese **Strategiekonformität** des Entlohnungssystems spielt vor allem bei der Gestaltung strategischer Anreizsysteme für Führungskräfte eine zentrale Rolle (vgl. Newman/Gerhart/Milkovich 2016, S. 38 ff.).

Die Unternehmungsstrategie kann jedoch nur dann erfolgreich implementiert werden, wenn die Anstrengungen *aller* Mitarbeiter in die angestrebte strategische Richtung gelenkt werden (vgl. Martocchio 2001). Wenn die Unternehmung z.B. eine Strategie der Kostenführerschaft verfolgt, wird die Einsparung von Kosten und die Ausschöpfung von Kostendegressionseffekten am besten durch ein leistungsorientiertes Entlohnungssystem unterstützt, während bei einer Differenzierungsstrategie eine erfolgs- und qualifikationsorientierte Entlohnung effizienter ist. In ähnlicher Weise muss die Entgeltpolitik z.B. an Innovations-, Wachstums-, Reife- oder Schrumpfungsstrategien angepasst werden (vgl. Kap. 4.2.1).

Dabei bietet sich eine *Beschränkung auf die strategisch relevanten Kriterien* der Entgeltdifferenzierung an. Empirische Untersuchungen zeigen, dass die verhaltenssteuernde Wirkung von Anreizen abnimmt, wenn in einer Unternehmung mehr als drei Kriterien der Entgeltdifferenzierung gleichzeitig angewandt werden (vgl. Hüttemann 1993, S. 281).

5.3.1.3 Gewährleistung der Entgeltgerechtigkeit

In der Praxis ist häufig nur eine *relativ geringe Differenzierung, Flexibilisierung und Individualisierung* der Entgeltpolitik festzustellen. Diese resultiert nicht nur aus der mangelnden Kenntnis motivationstheoretischer Aspekte oder der Verhandlungsmacht der Arbeitnehmervertreter, die sich häufig gegen eine stärkere Individualisierung der Entlohnung und die damit verbundene Segmentierung der Belegschaft aussprechen, sondern auch aus der Befolgung des Gleichbehandlungsgebots (vgl. Staehle 1999, S. 822 f.).

Der **Grundsatz der Gleichbehandlung** bei der Entgeltpolitik ergibt sich aus Art. 3 GG (Gleichheit vor dem Gesetz) sowie § 75 Abs. 1 BetrVG (Grundsätze für die Behandlung von Betriebsangehörigen). Danach hat der Arbeitgeber sicherzustellen, dass alle Mitarbeiter nach den Grundsätzen von Recht und Billigkeit behandelt werden. Insbesondere jede unterschiedliche Behandlung von Mitarbeitern aufgrund ihrer Abstammung, Religion, Nationalität, Herkunft, politischen oder gewerkschaftlichen Betätigung oder Einstellung sowie ihres Geschlechts oder Alters ist rechtswidrig. „Der Grundsatz der Gleichbehandlung besagt nicht“, so eine Entscheidung des BAG (Urteil vom 3.4.1957 – 4 AZR 644/54) „dass von allen vergleichbaren Arbeitnehmern ein jeder einen Anspruch darauf habe, ebenso gestellt zu werden wie bestimmte einzelne vom Arbeitgeber bevorzugte Arbeitnehmer. Dieser Grundsatz verbietet vielmehr nur die willkürliche Schlechterstellung einzelner Arbeitnehmer aus sachfremden Gründen gegenüber anderen in vergleichbarer Lage befindlichen Arbeitnehmern, dass heißt ihre willkürliche Herausnahme aus einer bestimmten Ordnung.“

Neben arbeitsrechtlichen Gesichtspunkten ist die Gewährleistung der **Entgeltgerechtigkeit** auch aus motivationstheoretischer Sicht von großer Bedeutung. Dabei können zwei Formen der Gerechtigkeit mit jeweils unterschiedlichen Implikationen für die Personalentlohnung unterschieden werden (vgl. Greenberg 1987). Im Mittelpunkt der Gerechtigkeitstheorie von Adams steht die *Verteilungsgerechtigkeit*. Diese ist dann gegeben, wenn das eigene Austauschverhältnis von Anreizen und Beiträgen mit dem Austauschverhältnis vergleichbarer Mitarbeiter übereinstimmt. Darüber hinaus muss die *Verfahrensgerechtigkeit* der Entlohnung gegeben sein (vgl. dazu die Meta-Analyse von Colquitt et al. 2001). Voraussetzung dafür ist, dass die Kriterien der Entgeltdifferenzierung bekannt und transparent sind und deren Messung nachvollziehbar ist. Wird ein Entlohnungssystem im Hinblick auf diese beiden Formen als ungerecht empfunden, lassen sich die angestrebten Anreizwirkungen nicht erzielen. Vielmehr erfolgen häufig unerwünschte Anpassungsreaktionen der Mitarbeiter, die von Frustrationen über Leistungsrestriktionen bis zur Kündigung reichen können.

5.3.2 Kriterien und Verfahren der Entgeltdifferenzierung

Zur Realisierung der drei genannten Ziele müssen geeignete Verfahren und Kriterien der Entgeltdifferenzierung ausgewählt werden. Grundsätzlich kann diese

- anforderungsabhängig („gleicher Lohn für gleiche Arbeit"),
- leistungsabhängig („gleicher Lohn für gleiche Leistung"),
- erfolgsabhängig („gleicher Lohn für gleichen Unternehmungserfolg"),
- qualifikationsabhängig („gleicher Lohn für gleiche Qualifikation"), oder
- statusabhängig („gleicher Lohn für gleichen Status")

erfolgen.

Bei der Auswahl der Differenzierungskriterien ist zu berücksichtigen, dass *zentrale Aspekte der Personalentlohnung durch Tarifverträge geregelt* sind und somit außerhalb des personalpolitischen Entscheidungsspielraums der Unternehmung liegen. Im Sinne des Günstigkeitsprinzips kann diese davon zwar zugunsten, nicht aber zulasten des Arbeitnehmers abweichen. Bei Aspekten, die nicht umfassend durch gesetzliche oder tarifvertragliche Regelungen festgelegt sind, besteht zudem ein *Mitbestimmungsrecht des Betriebsrats* (§ 87 Abs. 1 BetrVG). Hierzu zählen etwa die Aufstellung und Veränderung von Verteilungsgrundsätzen über tarifliche Zulagen sowie die Festsetzung von Akkord- und Prämienlöhnen. Ausgenommen davon sind lediglich nicht-tarifgebundene Arbeitsverhältnisse.

5.3.2.1 Anforderungsabhängige Entgeltdifferenzierung

Bei der anforderungsabhängigen Entgeltdifferenzierung hängt die Höhe des Arbeitsentgelts ausschließlich von den Anforderungen der Arbeitsaufgabe ab, d.h. individuelle Leistungsunterschiede haben keinen Einfluss auf die Entlohnung. Die Grundlage der Entgeltfindung ist die *gedachte Normalleistung*.

Um eine anforderungsabhängige Entgeltdifferenzierung durchführen zu können, muss der Schwierigkeitsgrad der Arbeitsaufgabe bekannt und bewertbar sein. Hierzu können zwei unterschiedliche *Verfahren der Arbeitsbewertung* angewandt werden, die jeweils zwei Varianten aufweisen (vgl. Tab. 5.21).

Bei der **summarischen Arbeitsbewertung** erfolgt eine ganzheitliche Erfassung der Arbeitsanforderungen. Diese mündet in die Bildung von Lohn- bzw. Gehaltsgruppen, wobei zwei Varianten denkbar sind. Während beim *Rangfolgeverfahren* ein Paarvergleich aller Arbeitsanforderungen eines Analysebereichs und die Bildung einer Rangfolge erfolgt, werden beim *Lohngruppenverfahren* die Arbeitsanforderungen zu vorher definierten Lohn- bzw. Gehaltsgruppen zugeordnet. Ein Beispiel zum Lohngruppenverfahren ist in Tab. 5.22 wiedergegeben. Der Vorteil der summarischen Arbeitsbewertung ist deren einfache und verständliche Handhabung. Vielfach ist jedoch die Abgrenzung der einzelnen Entgeltgruppen problematisch. Zudem lassen sich spezifische Arbeitsanforderungen wie z.B. besondere Kenntnisse oder Belastungen nur schwer berücksichtigen.

Tabelle 5.21. Verfahren der Arbeitsbewertung

	summarisch	**analytisch**
Reihung	*Rangfolgeverfahren*	*Rangreihenverfahren*
	Alle Gesamtanforderungen werden als Ganzes verglichen und in eine Rangfolge gebracht	Die Einzelkriterien der Gesamtanforderungen werden verglichen und einer Rangreihe zugeordnet
Stufung	*Lohngruppenverfahren*	*Stufenwertzahlverfahren*
	Alle Gesamtanforderungen werden als Ganzes mit Richtbeispielen verglichen und zugeordnet	Die Einzelkriterien der Gesamtanforderungen werden nach einem gewichteten Schema bewertet

Quelle: leicht verändert nach Scholz 2014, S. 849

Bei der **analytischen Arbeitsbewertung** erfolgt eine Aufteilung der Arbeitsaufgabe in einzelne Anforderungsarten. Diese orientiert sich häufig am Genfer Schema, das sechs Anforderungsarten mit jeweils unterschiedlichen Anforderungsstufen umfasst (vgl. Tab. 5.23). Anschließend erfolgt die Gewichtung und Bewertung der einzelnen Anforderungsarten und die Addition der jeweiligen Einzelbewertungen zu einem Gesamtwert. Auch dabei können zwei Varianten unterschieden werden. Beim *Rangreihenverfahren* wird eine Rangordnung der zu realisierenden Anforderungsarten hinsichtlich ihrer Schwierigkeit vorgenommen. Beim *Stufenwertzahlverfahren* erfolgt dagegen eine Einstufung der einzelnen Anforderungsarten einer Arbeitsaufgabe in zuvor definierte Stufen, deren Anzahl je nach Bedeutung der Tätigkeit schwanken kann. Vorteile der analytischen Arbeitsbewertung sind die transparente Darstellung der Bewertungskriterien und die damit verbundene hohe Beurteilungsschärfe. Die leichte Nachvollziehbarkeit der Arbeitsbewertung fördert zudem die Lohngerechtigkeit. Aufgrund des technischen Fortschritts wird die Auswahl geeigneter Anforderungsarten jedoch immer schwieriger. Darüber hinaus ist die Arbeitsbewertung auch bei diesem Verfahren letztlich immer subjektiv.

Die anforderungsabhängige Entgeltdifferenzierung eignet sich insgesamt vor allem für Arbeiten (vgl. Kupsch/Marr 1985, S. 721; Hentze/Graf 2005, S. 125 f.),

- die eine hohe Qualität, Sorgfalt oder Gewissenhaftigkeit erfordern (z.B. medizinische Versorgung in Krankenhäusern),
- die eine große Unfallgefahr beinhalten (z.B. Tätigkeiten in Kernkraftwerken),
- bei denen die Leistung nicht oder nur unter sehr großem Aufwand messbar ist (z.B. geistig-schöpferische Arbeiten, Bürotätigkeiten),
- bei denen eine unterschiedliche Arbeitsintensität verlangt wird (z.B. Lager-, Transport- oder Reparaturarbeiten), und
- bei denen die Arbeitsgeschwindigkeit nicht oder nur in sehr engen Grenzen durch die Mitarbeiter selbst beeinflusst werden kann (z.B. Fließbandarbeit).

Tabelle 5.22. Beispiel zum Lohngruppenverfahren aus dem Entgeltrahmenabkommen (ERA) für die Metall- und Elektroindustrie des Landes Hessen

Gruppe	Anforderungsdefinition	Entgelt-schlüssel
1	Einfache Tätigkeiten, die nach einer zweckgerichteten Einarbeitung und Übung von 4 Wochen verrichtet werden können. Es ist keine berufliche Vorbildung erforderlich.	84%
2	Tätigkeiten, deren Ablauf und Ausführungen weitgehend festgelegt sind. Erforderlich sind Kenntnisse und Fertigkeiten, wie sie in der Regel durch ein systematisches Anlernen von bis zu 6 Monaten erworben werden.	86%
3	Tätigkeiten, deren Ablauf und Ausführungen überwiegend festgelegt sind. Erforderlich sind Kenntnisse und Fertigkeiten, wie sie in der Regel durch ein systematisches Anlernen von bis zu 6 Monaten erworben werden.	89%
4	Tätigkeiten, deren Ablauf und Ausführung teilweise festgelegt sind. Erforderlich sind Kenntnisse und Fertigkeiten, wie sie in der Regel durch eine mindestens zweijährige fachspezifische Ausbildung erworben werden.	94%
5	Sachbearbeitende Aufgaben und/oder Facharbeiten, deren Erledigung weitgehend festgelegt ist. Erforderlich sind Kenntnisse und Fertigkeiten, wie sie in der Regel durch eine abgeschlossene mindestens dreijährige fachspezifische Berufsausbildung erworben werden.	100% (Ecklohn)
6	Schwierige sachbearbeitende Aufgaben und/oder schwierige Facharbeiten, deren Erledigung überwiegend festgelegt ist. Erforderlich sind Kenntnisse und Fertigkeiten, wie sie in der Regel durch eine abgeschlossene mindestens dreijährige fachspezifische Berufsausbildung und mehrjährige Berufserfahrung erworben werden.	110%
...		
10	Ein Aufgabenbereich, der im Rahmen von allgemeinen Richtlinien erledigt wird. Erforderlich sind Kenntnisse und Fertigkeiten, wie sie durch den Abschluss einer mindestens vierjährigen Hochschulausbildung erworben werden sowie Fachkenntnisse und langjährige spezifische Berufserfahrung. Diese Kenntnisse und Fähigkeiten können auch auf einem anderen Weg erworben werden.	170%
11	Ein erweiterter Aufgabenbereich, der teilweise im Rahmen von allgemeinen Richtlinien erledigt wird. Erforderlich sind Kenntnisse und Fertigkeiten, wie sie durch den Abschluss einer mindestens vierjährigen Hochschulausbildung erworben werden sowie Fachkenntnisse und langjährige spezifische Berufserfahrung. Diese Kenntnisse und Fähigkeiten können auch auf einem anderen Weg erworben werden.	185%

Quelle: Schlick/Bruder/Luczak 2010, S. 649 f.

Ein gravierender Nachteil ist, dass die Abhängigkeit der Entgelthöhe von den Arbeitsanforderungen die Mitarbeiter dazu veranlassen könnte, belastende Arbeitsanforderungen nicht zu beseitigen, obwohl dies z.B. durch bauliche oder arbeitsorganisatorische Änderungen oder durch die Erhöhung der Qualifikation möglich wäre. Die anforderungsabhängige Entgeltdifferenzierung erschwert dadurch Innovationen bei der Gestaltung des Personaleinsatzes. Darüber hinaus führen marktliche, technologische und organisatorische Veränderungen dazu, dass körperliche Belastungen und negative Einflüsse der Arbeitsumwelt (z.B. Lärm, Schmutz, Hitze) ständig abnehmen. Traditionelle Methoden der Arbeitsbewertung wie etwa das Genfer Schema (vgl. Tab. 5.23) sind dadurch immer weniger geeignet, die Anforderungen an eine Tätigkeit umfassend und valide zu erfassen (vgl. Hamel 1991).

Tabelle 5.23. Bewertung von Arbeitsanforderungen nach dem Genfer Schema

Anforderungsarten		**Punktzahl je Anforderungsart**
Kenntnisse	Ausbildung	0 1 2 3 4 5 6 7 8 9
	Erfahrung	0 1 2 3 4 5 6 7 8
	Denkfähigkeit	0 1 2 3 4 5 6 7
geistige Belastung	Aufmerksamkeit	0 1 2 3 4
	Denktätigkeit	0 1 2 3 4 5
Geschicklichkeit	Handfertigkeit	0 1 2 3 4 5 6 7
	Körpergewandtheit	0 1 2 3 4 5
muskelmäßige Belastung	dynamische Muskelarbeit	0 1 2 3 4
	statische Muskelarbeit	0 1 2 3 4 5 6
	einseitige Muskelarbeit	0 1 2 3 4 5
Verantwortung	für die eigene Person	0 1 2 3 4 5
	für andere Personen	0 1 2 3 4 5 6
	für Funktionen, Strukturen und Prozesse	0 1 2 3 4 5
Umweltbedingungen	Klima	0 1 2 3
	Lärm	0 1 2
	Beleuchtung	0 1 2
	Schwingungen	0 1 2
	Staub	0 1 2 3
	Nässe	0 1 2 3
	Öl, Fett, Schmutz	0 1 2 3
	Gase, Dämpfe	0 1 2
	Schutzkleidung	0 1 2
	negatives Sozialprestige	0 1 2 3 4

5.3.2.2 Leistungsabhängige Entgeltdifferenzierung

Die Grundlage der leistungsabhängigen Entgeltdifferenzierung bildet der *Grundsatz der Leistungsgerechtigkeit*. Dieser besagt, dass sich unterschiedliche individuelle Leistungsgrade bei Arbeiten mit gleichen Anforderungen auf die Höhe des

Arbeitsentgelts auswirken. Leistungsabhängige Entgeltbestandteile werden somit als *Belohnung für die tatsächlich erbrachte Mehrleistung eines Mitarbeiters im Verhältnis zur Normalleistung* gezahlt (vgl. Kupsch/Marr 1985, S. 719). Dabei lassen sich mehrere Formen unterscheiden (vgl. Knebel 1995; Zander/Femppel 2000, S. 92 ff.; Breisig 2003).

Beim **Akkord- bzw. Stücklohn** ist die Entgelthöhe von der Arbeitsintensität (Leistungsgrad) eines Mitarbeiters abhängig. Mit Hilfe von Zeit- und Bewegungsstudien werden Vorgabezeiten zur Ausübung einer Tätigkeit ermittelt, deren Unterschreitung zu Entgeltsteigerungen führt (Zeitakkord). Beim weniger verbreiteten Geldakkord wird ein Geldbetrag für eine bestimmte Normalleistung (z.B. Stückzahl) angesetzt und mit dem Leistungsgrad multipliziert. Die Anwendung von Akkordlöhnen ist an mehrere Voraussetzungen geknüpft:

- Die *Akkordfähigkeit* einer Arbeit ist dann erfüllt, wenn ihr Ablauf in einer im Voraus bekannten oder bestimmbaren Weise wiederholbar und die Arbeitsleistung mengenmäßig und zeitlich messbar ist.
- Die *Akkordreife* ist gegeben, wenn eine akkordfähige Arbeit von allen den Arbeitsablauf störenden Einflussgrößen befreit ist und von den Mitarbeitern nach entsprechender Übung und Einarbeitung beherrscht wird.
- Erforderlich ist schließlich, dass die *Arbeitsgeschwindigkeit durch die Mitarbeiter beeinflussbar* und nicht durch technisch-organisatorische Bedingungen (z.B. Fließband) vorgegeben ist.

Prämienlöhne werden häufig für Arbeiten gezahlt, deren Bedingungen wechseln oder für die Vorgabezeiten nur sehr schwer ermittelbar sind. Dabei sind Quantitätsprämien, Qualitätsprämien und Ersparnisprämien denkbar. Im Unterschied zu Akkordlöhnen wird die Mehrleistung bei den meisten Prämienlohnsystemen zwischen der Unternehmung und den Mitarbeitern geteilt. Dadurch steigt deren Stundenverdienst an, während gleichzeitig die durchschnittlichen Stückkosten sinken (vgl. Hentze/Graf 2005, S. 132 ff.).

Im Unterschied zu Akkord- und Prämienlöhnen liegt einer **Leistungszulage** eine subjektive Leistungsbewertung zugrunde. Deren Ergebnis muss nach § 82 Abs. 2 BetrVG in einem Beurteilungsgespräch dargelegt und erläutert werden. Beurteilungsgespräche dienen der Anregung, Darlegung von Schwachstellen, Initiierung von Lernprozessen, Kontrolle der Beurteilung durch den Beteiligten und Kommunikation über Aufgaben und Anforderungen (vgl. Zander/Halberstadt 1995, S. 178 f.).

Pensumlöhne werden im Gegensatz zu den drei zuvor dargestellten Formen nicht für die tatsächlich erbrachte, sondern für die erwartete Leistung eines Mitarbeiters gezahlt. Über- oder Unterschreitungen dieses Wertes werden vermerkt und in bestimmten Zeiträumen verrechnet. Pensumlöhne beinhalten eine höhere Prognosesicherheit für die Unternehmung und die Mitarbeiter, da sich Leistungsschwankungen erst mittelfristig auf die Lohnhöhe auswirken (vgl. Hentze/Graf 2005, S. 140; Scholz 2014, S. 864).

Leistungslöhne werden zumeist zusätzlich zu einem fixen, häufig tariflich festgelegten Grundlohn gewährt, wenn eine vorher festgelegte Leistungsgrenze überschritten wird. Üblicherweise wird zudem ein maximales Entgelt festgelegt. Zwischen Unter- und Obergrenze ist ein linearer, progressiver oder degressiver **Verlauf der Entgeltlinien** möglich:

- Ein *linearer* Verlauf der Entgeltlinie wird vor allem dann gewählt, wenn ein Anreiz zur Steigerung der Arbeitsquantität geschaffen werden soll.
- Ein *progressiver* Verlauf bietet einen Anreiz zur Leistungssteigerung in höheren Bereichen. Diese Form wird oft bei Ersparnisprämien angewandt.
- Bei einem *degressiven* Verlauf wird eine Leistungssteigerung in den oberen Bereichen nicht gewünscht, um z.B. der Unfallgefahr oder Überanstrengung vorzubeugen.
- Ein *s-förmiger* Verlauf ergibt sich durch eine Kombination der progressiven und degressiven Entgeltlinie. Dadurch sollen in bestimmten Bereichen Leistungsanreize gesteigert bzw. gedrosselt werden.

Eine empirische Untersuchung zur *praktischen Relevanz* unterschiedlicher Formen der leistungsorientierten Entgeltdifferenzierung von Oechsler/Reichmann (2002, S. 535 f.) zeigt, dass Leistungszulagen in 34,4% der deutschen Unternehmungen verbreitet sind. Prämienlöhnen kommt dagegen mit 15,1% und Akkordlöhnen mit 6,7% der Unternehmungen eine deutlich geringere Bedeutung zu. Die Untersuchung belegt zudem, dass diese Formen der leistungsorientierten Entgeltdifferenzierung in Unternehmungen mit Tarifvertrag weitaus häufiger praktiziert werden als in nicht-tarifgebundenen Unternehmungen.

Das primäre Ziel der leistungsabhängigen Entgeltdifferenzierung ist die Steigerung der Arbeitsleistung und -zufriedenheit. Wie zu Beginn dieses Kapitels dargelegt, ist die Realisierbarkeit dieses Ziels aus Sicht der unterschiedlichen Theorien des Personalmanagement allerdings differenziert zu beurteilen. Als Vorteile sind insbesondere die *hohe Instrumentalität und Transparenz* zu nennen. Die Wertigkeit von Leistungslöhnen ist dagegen fraglich und insbesondere von der absoluten Höhe des Arbeitseinkommens abhängig. Da mit steigender Entgelthöhe der Grenznutzen monetärer Anreize abnimmt, sinkt auch deren motivierende Wirkung. Demgegenüber nimmt deren *akquisitorische Funktion*, d.h. deren Einfluss auf Eintritts-, Verbleibens- und Austrittsentscheidungen von Mitarbeitern, mit zunehmender Entgelthöhe zu (vgl. Drumm 2008, S. 594 f.). Eine Gefahr ist der hohe *Leistungsdruck*, der häufig zur Überanstrengung der Mitarbeiter führt und sich negativ auf die Arbeitsqualität auswirkt. Zudem ist der *Aufwand für die Datenermittlung, Kontrolle und Anpassung* hoch.

Die Eignung der leistungsabhängigen Entgeltdifferenzierung wird gegenwärtig vor allem dadurch eingeschränkt, dass der Einfluss der Mitarbeiter auf die Arbeitsleistung durch den Einsatz neuer Technologien immer geringer wird, während die *Grenzanforderungen* für einzelne Arbeiten stark ansteigen. So gewinnt etwa die Minimierung von Ausfallzeiten kostenintensiver Produktionsanlagen gegenüber der Steigerung der individuellen Arbeitsproduktivität an Bedeutung. Präzise Leistungs- und Zeitvorgaben sind bei anspruchsvollen und häufig wechselnden Arbeitsaufgaben vielfach nicht mehr möglich bzw. sinnvoll (vgl. Becker 2009). Darüber hinaus führt die Einführung gruppenorientierter Formen des Personaleinsatzes dazu, dass die *Vernetzung und Integration einzelner Aufgaben* zunimmt und die Zuordnung von Aufgaben bzw. Leistungen zu einzelnen Stellen bzw. Mitarbeitern immer schwieriger wird (vgl. Lang 2001). Individuelle Leistungsentgelte beinhalten dabei die Gefahr, die prosoziale Motivation der Mitarbeiter zu verdrängen und damit die Kooperation in Arbeitsgruppen zu reduzieren (vgl. Matiaske/ Weller 2008).

5.3.2.3 Erfolgsabhängige Entgeltdifferenzierung

Die erfolgsabhängige Entgeltdifferenzierung basiert im Unterschied zur leistungsabhängigen Entlohnung nicht nur auf der Mengenleistung eines Mitarbeiters, sondern bezieht auch verschiedene *monetäre und nicht-monetäre Erfolgsgrößen* ein. Diese werden aus dem **Ergebnis des Wertschöpfungsprozesses** der Unternehmung abgeleitet, weshalb vielfach auch vom *Prinzip der finalen Entgeltfindung* gesprochen wird (vgl. z.B. Pullig 1993, S. 96).

Als **Bezugsgrößen** der Erfolgsbeteiligung können der Ertrag, der Gewinn, der Unternehmungswert und die Unternehmungsstrategie herangezogen werden (vgl. Becker 1990, S. 116 ff.; Schneider/Fritz 2013). **Ertragsbeteiligungen** können sich auf den Umsatz, Rohertrag oder Nettoertrag der Unternehmung oder eines Unternehmungsteilbereichs beziehen. Mit ihnen wird verdeutlicht, dass der Erfolg einer Unternehmung nicht nur vom effizienten Einsatz der Produktionsfaktoren, sondern auch vom Absatzerfolg abhängt. Sie sind deshalb vor allem bei Vertriebs- und Außendienstmitarbeitern von Bedeutung. Problematisch ist jedoch, dass das Umsatzstreben zu Lasten der Kosten und damit des Gewinns führen kann (z.B. durch überproportional hohe Werbeaufwendungen). Ertragsbeteiligungen weisen zudem eine hohe Abhängigkeit von externen Bedingungen wie etwa der Konjunktur auf, so dass ihre Beeinflussbarkeit in vielen Bereichen nur gering ist.

Gewinnbeteiligungen haben demgegenüber den Vorteil, dass sowohl die Kosten- als auch die Ertragsseite der Unternehmung Berücksichtigung finden. Als problematisch erweist sich jedoch der große bilanzpolitische Bewertungsspielraum, der den Zusammenhang zwischen Gewinn und Mitarbeiterverhalten verwischt. Führungskräfte können zudem die Eigenkapitalrendite der Unternehmung und damit ihre Erfolgsbeteiligung durch Veränderungen der Finanzierung (Leverage-Effekt) steigern, ohne wertsteigernde Projekte zu realisieren (vgl. Hachmeister 2001, S. 51). Darüber hinaus werden der Zeitwert des Geldes sowie die Renditevorstellungen der Aktionäre nicht oder nur unzureichend einbezogen (vgl. Achleitner/Wichels 2002, S. 9).

Der **Unternehmungswert** als Bezugsgröße der Personalentlohnung hat in den letzten Jahren vor allem in Rahmen von Shareholder Value-Ansätzen eine große Bedeutung erlangt (vgl. z.B. Pellens 1998; Bühler/Siegert 1999). Dabei können externe und interne Wert-Kennzahlen unterschieden werden:

- *Externe Erfolgskriterien* sind bei börsennotierten Aktiengesellschaften anwendbar, bei denen die Entwicklung des Börsenkurses als Indikator der Wertentwicklung dient. Dabei können sowohl dessen absolute Entwicklung als auch die relative Kursentwicklung im Vergleich zum Branchendurchschnitt herangezogen werden. Problematisch ist, dass der Aktienkurs einer Unternehmung nicht nur von der Unternehmungspolitik und damit von dem Verhalten der Führungskräfte, sondern auch von nicht beeinflussbaren Faktoren wie etwa der Konjunktur, der Zentralbank oder Spekulationen abhängt. Darüber hinaus zeigen zahlreiche Beispiele auf dem ehemaligen Neuen Markt, dass sich Aktienkurse durch unternehmungspolitische Maßnahmen steigern lassen, die sich langfristig negativ auf die Entwicklung einer Unternehmung auswirken und sogar deren Existenz gefährden können (vgl. Martin 2003).

- Liegen keine Börsenkurse zur Abbildung der Wertentwicklung vor, kann auf *interne Erfolgskriterien* zurückgegriffen werden. Hierzu zählen etwa der Economic Value Added oder der Cash Value Added (vgl. Tab. 5.24).

Tabelle 5.24. Vor- und Nachteile von internen Kriterien der erfolgsabhängigen Entgeltdifferenzierung

	Vorteile	Nachteile
Economic Value Added (EVA)	• Regeln der operativen Gewinnermittlung haben Raum für verbesserte Anreizkompatibilität und Risikoaufteilung • schematische Bestimmung der Kapitalnutzungskosten vermindert Manipulationsspielräume	• Operativer Gewinn ist manipulationsanfällig • Bestimmung der Kapitalnutzungskosten verstößt evtl. gegen das Prinzip der Belastungsfähigkeit • Periodenerfolg ist abhängig von der Lebensphase des Projekts
Cash Value Added (CVA)	• Cash Flow vor Investitionen und Finanzierung ist wenig manipulationsanfällig • schematische Bestimmung der Kapitalnutzungskosten vermindert Manipulationsspielräume • Periodenerfolg ist unabhängig von der Lebensphase des Projekts	• Cash Flow vor Investitionen und Finanzierung bietet keine Möglichkeit, die Anreizverträglichkeit und Risikoaufteilung durch Gewinnermittlungsregeln zu verbessern • Bestimmung der Kapitalnutzungskosten verstößt evtl. gegen das Prinzip der Belastungsfähigkeit

Quelle: Hachmeister 2001, S. 57

Angesichts der genannten Nachteile von Ertrags-, Gewinn- und Wertbeteiligungen werden in der Unternehmungspraxis in jüngster Zeit verstärkt **strategische Erfolgskriterien** angewandt (vgl. Fischer/Rödl 2007). Der Erfolg wird dabei an der Realisierung von zuvor vereinbarten Unternehmungs-, Bereichs- und Mitarbeiterzielen gemessen. Ein Beispiel einer solchen strategieorientierten Auswahl und Gewichtung von Bezugsgrundlagen ist in Tab. 5.25 dargestellt. Darüber hinaus wird vielfach vorgeschlagen, den Balanced Scorecard-Ansatz zur erfolgsabhängigen Entgeltdifferenzierung anzuwenden (vgl. dazu ausführlich Kap. 6.3.5).

Das zentrale Ziel der erfolgsabhängigen Entgeltdifferenzierung ist neben der *Variabilisierung fixer Personalkosten* die *Ausrichtung des Entlohnungssystems auf die Unternehmungsziele*. Dazu müssen diese für die einzelnen Mitarbeiter in konsistente Subziele untergliedert und operational formuliert werden. Die Erfolgskriterien müssen zudem anspruchsvoll, realistisch und von dem Mitarbeiter beeinflussbar sein (zu Gütekriterien von Zielsystemen vgl. ausführlich Kap. 5.4.1.3).

Tabelle 5.25. Strategieabhängige Differenzierung der Beteiligungsbasis bei der erfolgsabhängigen Entgeltdifferenzierung

Unternehmungsstrategie	Differenzierungskriterien der Beteiligungsbasis
Wachstumsstrategie in einem bereits reifen Geschäft	50% Marktanteilsgewinn 20% Vermögensrendite 20% Produktivität 10% Cash Flow
Verteidigungsstrategie in einem reifen Geschäft	35% Rendite 25% Cash Flow 20% Produktivität 20% Innovation
Diversifikationsstrategie	50% Marktanteilsgewinn 40% Kompetenzaufbau 10% Rendite 0% Cash Flow

Quelle: Laukamm 1986, S. 102 ff.

Die erfolgsabhängige Entgeltdifferenzierung besitzt in den USA seit den sechziger Jahren eine große *praktische Relevanz* (vgl. Becker 1990). Nach einer empirischen Untersuchung von Gilson/Vetsuypens (1993) wird sie dort vor allem von Unternehmungen in wirtschaftlichen Krisensituationen angewandt. In Deutschland gewinnt sie seit Mitte der neunziger Jahre an Bedeutung (vgl. Prinz/Schwalbach 2011). Ein Grund dafür ist die Zulassung der Einräumung von Aktienoptionen an Führungskräfte durch das 1998 verabschiedete Gesetz zur Kontrolle und Transparenz im Unternehmensbereich (KonTraG) (vgl. hierzu Kap. 5.3.3.1.2).

Zur *Effizienz* der erfolgsabhängigen Entgeltdifferenzierung kommt eine Auswertung verschiedener empirischer Untersuchungen von Winter (2000) zu dem Ergebnis, dass sich deren Einführung nur in einem geringen Maße auf den Markterfolg niederschlägt. Auch nach einer Meta-Untersuchung von Murphy (1999) gibt es kaum Belege dafür, dass eine hohe Abhängigkeit der Entlohnung vom Unternehmungserfolg auch zu höheren Aktienkursen führt.

Gründe dafür können zwei bereits bei der kritischen Diskussion der *Motivationstheorien* als *multiple tasking* bzw. *crowding-out* thematisierte Phänomene sein (vgl. Kap. 2.3.3). Als *multiple tasking* wird das Problem bezeichnet, dass es für eine Unternehmung nicht möglich ist, in einem Entlohnungssystem alle relevanten Erfolgskriterien abzubilden. Die Mitarbeiter werden deshalb ihre Aufmerksamkeit auf diejenigen Erfolgskennzahlen richten, die von der Unternehmung vergütet werden. Erfolgskennzahlen, deren Realisierung sich nicht entlohnungssteigernd auswirkt, werden dagegen vernachlässigt, obwohl sie für die Unternehmung wichtig sein können (vgl. Frey/Osterloh 2000). Darüber hinaus weisen empirische Studien in diesem Zusammenhang auf einen Verdrängungseffekt (*crowding-out)* zwischen extrinsischer und intrinsischer Motivation hin. Danach bewirken von außen kommende, extrinsische Eingriffe vielfach, dass Tätigkeiten, die ihrer selbst wegen ausgeübt worden wären, unterbleiben (vgl. Weibel/Rost/Osterloh 2007). Die Konditionierung der Mitarbeiter auf leicht erfassbare Erfolgsfaktoren kann somit zur Aushöhlung der intrinsischen Arbeitsmotivation führen (vgl. Frey/Osterloh 2002).

Als eine der ersten deutschen Unternehmungen hat die Deutsche Bank AG im Jahre 1995 eine wertorientierte Vergütung für Führungskräfte eingeführt. Diese hat das Ziel, eine langfristig überdurchschnittliche Wertschaffung für die Aktionäre sicherzustellen und dadurch die Marktkapitalisierung der Deutschen Bank zu erhöhen.

Nach mehrmaligen Modifizierungen besteht das Vergütungssystem gegenwärtig aus drei Bestandteilen. Im Rahmen des *Key Executive Equity Plans* können die obersten 2.600 Führungskräfte der Bank in Wandelschuldverschreibungen investieren. Als Erfolg ist dabei die relative Aktienrendite, d.h. die Outperformance eines Benchmarkindex definiert.

Den zweiten Bestandteil bildet ein *Mid-term Incentive*, der die mittelfristige interne Wertschaffung der Unternehmungsbereiche und Geschäftsfelder belohnt. Diese wird durch dreijährige Economic-Profit-Vorgaben definiert, die aus der langfristigen Planung der Deutschen Bank abgeleitet werden.

Der *Jahresbonus* belohnt schließlich den kurzfristigen Erfolg des einzelnen Mitarbeiters und seines Teams. Er basiert auf individuellen Zielvereinbarungen zwischen dem Mitarbeiter und seinem Vorgesetzten.

Eine hohe Gewichtung der direkt beeinflussbaren Ziele bewirkt, dass der Jahresbonus und das Grundgehalt umso bedeutender werden, je niedriger die Hierarchiestufe ist. Bei den obersten Führungskräften dominieren dagegen mittel- und langfristige Vergütungselemente (vgl. Svoboda 2001).

5.3.2.4 Qualifikationsabhängige Entgeltdifferenzierung

Die Grundlage der qualifikationsabhängigen Entgeltdifferenzierung, die Mitte der achtziger Jahre erstmals bei der Volkswagen AG und der mittelständischen Maschinenbauunternehmung Vögele AG eingeführt wurde (vgl. Eckardstein et al. 1988), bildet die der *ressourcenorientierten Theorie* entlehnte Annahme, dass der Erfolg einer Unternehmung insbesondere auf der Entwicklung und Nutzung ihres Humankapitals beruht. Entsprechend ist die Höhe des Arbeitsentgelts bei dieser Form der Entgeltdifferenzierung an die betriebsnotwendige bzw. tätigkeitsspezifische Qualifikation des Mitarbeiters geknüpft. Sie wird deshalb häufig auch als **Polyvalenz-, Potenzial- bzw. Qualifikationslohn** bezeichnet.

Die qualifikationsabhängige Entgeltdifferenzierung wird vor allem dadurch begünstigt, dass das Anforderungsspektrum vieler Stellen durch den Einsatz neuer Technologien zunimmt und *Mehrfachqualifikationen* der Stelleninhaber erfordert. Gleichzeitig nehmen schwere körperliche Belastungen und negative Umgebungseinflüsse ab, so dass eine anforderungsabhängige Entgeltdifferenzierung (etwa mit Hilfe des Genfer Schemas) ineffizient wird. Die immer schnelleren marktlichen, technologischen und arbeitsorganisatorischen Veränderungen führen zudem dazu, dass sich die Arbeitsanforderungen von Stellen und die Qualifikationsanforderungen an Mitarbeiter permanent ändern und die Zeiträume einer Übereinstimmung immer kürzer werden.

Vorteil der qualifikationsabhängigen Entgeltdifferenzierung ist die bessere Einschätzung der eigenen Identität und Rolle durch die Mitarbeiter, die langfristig auch eine leistungssteigernde Wirkung zur Folge hat (vgl. Murray/Gerhart 1998). Potenziallöhne regen zudem zur permanenten Weiterbildung an und unterstützen dadurch die *Personal- und Organisationsentwicklung* (vgl. Dierdorff/Surface 2008). Sie können damit auch als *Äquivalent zur idiosynkratischen Stellenbildung* aufgefasst werden (vgl. Kap. 5.2.1.4).

Die Effizienz der qualifikationsabhängigen Entgeltdifferenzierung hängt vor allem von der Erfassung und Ordnung von Qualifikationen und ihrer Zuordnung zu Entgeltgruppen ab. Hierbei ist insbesondere das Problem der *Auswahl und Abstufung betriebsrelevanter Qualifikationen* zu lösen. Dies kann mit Hilfe von Beurteilungen durch den jeweiligen Vorgesetzten oder durch formale Prüfungen und entsprechende Zertifikate (z.B. Facharbeiterbrief, Meisterprüfung, Teilnahmebestätigungen oder Zeugnisse) erfolgen. Darüber hinaus müssen die Qualifikationen und der Arbeitseinsatz der Mitarbeiter so aufeinander abgestimmt sein, dass *ungenutzte Kenntnisse und Fähigkeiten minimiert* werden (vgl. Eckardstein 1991, S. 215 ff.; Shaw et al. 2005). Zudem können Motivationsprobleme auftreten, wenn mehrere Mitarbeiter die gleichen Aufgaben mit dem gleichen Ergebnis verrichten, aufgrund unterschiedlicher Qualifikationen aber unterschiedlich entlohnt werden (vgl. Eckardstein et al. 1988, S. 81).

5.3.2.5 Statusabhängige Entgeltdifferenzierung

Die statusabhängige Entgeltdifferenzierung kann sowohl an den beruflichen als auch an den privaten Status von Mitarbeitern geknüpft sein. Eine vor allem im Öffentlichen Dienst weit verbreitete Form der statusabhängigen Entgeltdifferenzierung ist die **Senioritätsentlohnung**. Diese basiert auf der Annahme, dass Mitarbeiter mit einer längeren Unternehmungszugehörigkeit eine *höhere Arbeitsleistung* erbringen. Ursachen dafür sind etwa Lerneffekte sowie die Aneignung *unternehmungsspezifischen Wissens* über Produkte, Kunden, Lieferanten, Entscheidungsstrukturen oder die Organisationskultur (vgl. Bellmann 1986). Neben der Orientierung am Gerechtigkeitspostulat kann ein weiteres Ziel der senioritätsabhängigen Entgeltdifferenzierung die *Senkung der Fluktuation* sein. Das Kriterium der Seniorität wird deshalb vielfach in Unternehmungen angewandt, die eine überdurchschnittlich hohe Fluktuation aufweisen.

Vorteile der Senioritätsentlohnung sind die leichte Messung und Handhabbarkeit dieses Kriteriums. Sie eignet sich deshalb vor allem für Tätigkeiten, bei denen eine große Zahl von Mitarbeitern betroffen ist und schwer wahrnehmbare oder nur unwesentliche Unterschiede der Arbeitsquantität oder -qualität bestehen. Problematisch ist jedoch, dass die senioritätsabhängige Entgeltdifferenzierung keine Anreize zur individuellen Leistungssteigerung bietet. Zudem ist der unterstellte Zusammenhang zwischen Unternehmungszugehörigkeit und Arbeitsleistung fragwürdig (vgl. Knoll 1994). Untersuchungen zur internen vs. externen Personalbeschaffung weisen sogar darauf hin, dass eine lange Unternehmungszugehörigkeit häufig zu Betriebsblindheit und damit zu Leistungseinbußen führen kann (vgl. Kap. 5.1.2.1.3).

Ein zweites Kriterium der statusabhängigen Entgeltdifferenzierung ist die **hierarchische Position**. Die Grundlage dafür ist die Annahme, dass Mitarbeiter in einer höheren hierarchischen Position einen größeren Einfluss auf den Unternehmungserfolg haben und deshalb nach dem Gerechtigkeitspostulat auch ein höheres Arbeitseinkommen erzielen sollten. Zumeist fließt die hierarchische Position jedoch nur indirekt in die Entgeltfestsetzung ein, indem für unterschiedliche Ebenen unterschiedliche Kriterien und Verfahren der Entgeltdifferenzierung angewandt werden. So findet etwa eine leistungsabhängige Entlohnung vor allem auf unteren Hierarchieebenen statt, während Erfolgsbeteiligungen überwiegend für mittlere und obere Führungskräfte relevant sind.

Neben dem beruflichen kann auch der **soziale Status** als Kriterium der Entgeltdifferenzierung herangezogen werden. Der Soziallohn ist durch die *Fürsorgepflicht* der Unternehmung gegenüber ihren Mitarbeitern begründet und kann deshalb auch als *betriebliches Pendant zur sozialen Marktwirtschaft* bezeichnet werden. Mögliche Kriterien des sozialen Status sind das Alter, der Familienstand sowie die Anzahl der Kinder bzw. unterhaltsberechtigten Personen.

Ziele der statusabhängigen Entgeltdifferenzierung sind die Verbesserung des sozialen Klimas und des Unternehmungsimages in der Öffentlichkeit. Gravierende Nachteile sind jedoch das Fehlen individueller Leistungsanreize sowie die fehlende Strategieorientierung. Statusabhängige Löhne sind deshalb vor allem im Öffentlichen Dienst sowie in Form der *bedarfsabhängigen Entgeltdifferenzierung* in alternativen Betrieben anzutreffen (vgl. Voigt-Weber 1998). Darüber hinaus besitzen diese in traditionellen Kulturen eine große Bedeutung (vgl. Kap. 4.2.2).

5.3.3 Auswahl bzw. Kombination der Entgeltformen

Die zweite Aufgabe der Personalentlohnung stellt die Auswahl bzw. Kombination der Entgeltformen dar. Dabei können zunächst materielle und immaterielle Anreize differenziert werden (vgl. Abb. 5.20). Die materiellen Anreize stellen das Arbeitsentgelt i.w.S. dar. Sie müssen nicht zwangsläufig mit einer Ausgabe verbunden sein, im Gegensatz zu den immateriellen Anreizen (Gestaltung von Arbeitsinhalt, -platz und -zeit, Entwicklungs- und Aufstiegsmöglichkeiten, soziale Beziehungen, u.a.) muss ihr Geldwert jedoch quantifizierbar sein. Eine eindeutige Differenzierung in materielle und immaterielle Anreize ist allerdings nicht in jedem

Fall möglich, da einige Anreize sowohl materielle als auch nicht-materielle Komponenten enthalten. So ist z.B. mit einer Beförderung neben der Ausübung einer verantwortungsvolleren Tätigkeit zumeist auch die Einstufung in eine höhere Lohn- oder Gehaltsgruppe und damit ein höheres Entgelt verbunden. Materielle Anreize können weiter in *monetäre* und *nicht-monetäre* Bestandteile unterteilt werden. Bei ersteren ist zudem eine Differenzierung in *fixe* und *variable* Formen möglich. Die einzelnen monetären und nicht-monetären Entgeltformen werden im Folgenden erläutert.

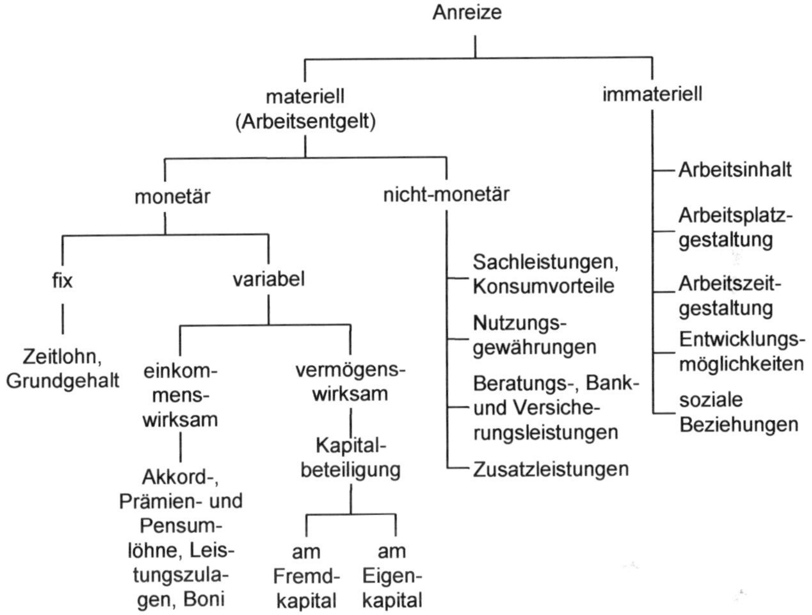

Abb. 5.20. Anreizformen

5.3.3.1 Monetäre Entgeltbestandteile

5.3.3.1.1 Fixe Entgeltbestandteile: Zeitlohn bzw. Grundgehalt

Den fixen Bestandteil des Arbeitsentgelts bildet für gewerbliche Mitarbeiter ein zumeist *tariflich vereinbarter Zeitlohn*, der monatlich gezahlt wird und von der individuellen Arbeitsleistung sowie weiteren Faktoren unabhängig ist. Nicht-gewerbliche Mitarbeiter erhalten entsprechend ein tariflich oder außertariflich vereinbartes *Grundgehalt*. Der Anteil fixer Entgeltbestandteile ist i.d.R. umso höher, desto niedriger die Hierarchieebene des Mitarbeiters ist.

5.3.3.1.2 Variable Entgeltbestandteile: Zuschläge und Kapitalbeteiligung

Zu den *einkommenswirksamen* variablen Entgeltbestandteilen gehören z.B. Zulagen und Zuschläge für Nacht-, Sonn- und Feiertagsarbeit, Erschwerniszulagen und Ortszuschläge. Daneben zählen dazu Provisionen und die bereits erwähnten Leistungszulagen, Boni, Prämien sowie Akkord- und Pensumlöhne.

Neben diesen einkommenswirksamen Entgeltbestandteilen wird auch die materielle Mitarbeiterbeteiligung in Form einer *vermögenswirksamen Kapitalbeteiligung* zu den monetären Entgeltformen gezählt. Deren Ziel ist es, den Gegensatz zwischen Kapital (Anteilseignern) und Arbeit (Mitarbeiter) aufzuheben und die Verbundenheit der Mitarbeiter mit der Unternehmung zu erhöhen. Begünstigt wird diese Entgeltform durch das Vermögensbildungsgesetz (VermBG), das dem Mitarbeiter eine staatliche *Arbeitnehmersparzulage* zur Vermögensbildung gewährt und sowohl diesen als auch die Unternehmung steuerlich entlastet.

Kapitalbeteiligungen können unterschiedliche Formen aufweisen (vgl. Abb. 5.21). Bei der **Fremdkapitalbeteiligung** stellen die Mitarbeiter der Unternehmung Kapital für eine vereinbarte Laufzeit zur Verfügung und erhalten dafür einen Zinssatz, der über dem Marktzins liegt (*Mitarbeiterdarlehen*). Ebenfalls möglich ist der Verkauf von festverzinslichen Wertpapieren an die Mitarbeiter in Form von *Mitarbeiterschuldverschreibungen.* Diese können mit einer Gewinnbeteiligungsoption (*Gewinnschuldverschreibung*) oder einer Wandlungsmöglichkeit in Aktien der Unternehmung (*Wandelschuldverschreibung*) ausgestattet werden.

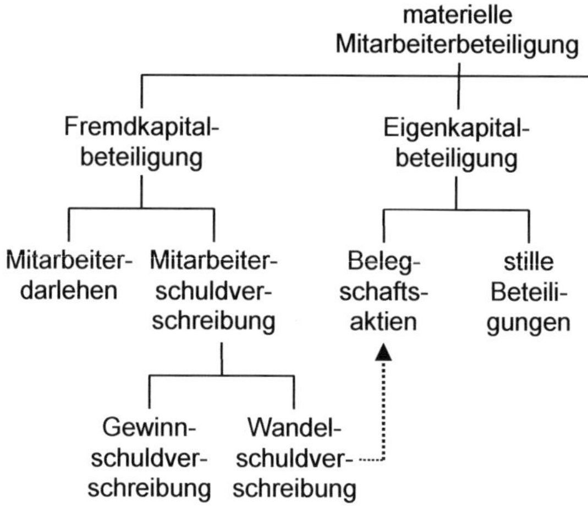

Abb. 5.21. Formen der materiellen Mitarbeiterbeteiligung (Kapitalbeteiligung)

Die häufigste Form der **Eigenkapitalbeteiligung** in Aktiengesellschaften sind *Belegschaftsaktien.* Dabei wird den Mitarbeitern zumeist ein Kaufpreis eingeräumt, der unterhalb des aktuellen Börsenkurses liegt. Die nach Ablauf einer Sperrfrist veräußerbaren Belegschaftsaktien weisen dadurch gegenüber auf dem Kapitalmarkt erworbenen Aktien eine höhere Gewinnchance auf. In Unternehmungen mit anderen Rechtsformen sind häufig *stille Beteiligungen* möglich. Die Mitarbeiter erwerben dadurch das Recht auf Gewinnbeteiligung, ohne Mitwirkungsrechte an der Unternehmung zu erlangen.

Eine zunehmend verbreitete Sonderform der Mitarbeiterbeteiligung stellen **Aktienoptionen** dar. Sie beinhalten das Recht (nicht aber die Pflicht), eine bestimmte Anzahl Aktien zu einem im Voraus festgelegten, oft vergünstigten Preis innerhalb einer bestimmten Periode beziehen zu können. Steigt der Aktienkurs über ein zuvor definiertes Erfolgsziel, kann die Option zum Bezugskurs ausgeübt werden. Durch den Verkauf der Aktien zu einem höheren als dem Bezugskurs kann der Begünstigte einen Vermögenszuwachs realisieren (vgl. Achleitner/Wichels 2002, S. 11). Neben diesen *realen Optionen* sind auch *virtuelle Optionen* möglich, bei denen der Begünstigte von der Unternehmung einen äquivalenten Geldbetrag erhält. Der Vorteil virtueller Optionen besteht darin, dass dadurch keine Kapitalerhöhung und keine Verwässerung des Aktionärskapitals erfolgen. Zudem ist hierfür keine Genehmigung durch die Hauptversammlung notwendig (vgl. Hahn 2016).

Die SAP AG hat im Jahre 2000 ihr bereits seit dem Börsengang im Jahre 1988 bestehendes System der materiellen Mitarbeiterbeteiligung neu gestaltet. Der SAP Long-Term Incentives Plan 2000 mit einer Laufzeit von fünf Jahren richtet sich an alle Mitglieder des Vorstands, die Geschäftsführer von Konzerngesellschaften sowie ausgewählte Führungskräfte.

Die Berechtigten können entweder eine mit Wandelschuldverschreibungen verknüpfte Option ohne Ausübungshürde, nackte Aktienoptionen mit Ausübungshürde oder eine Kombination beider Alternativen zu je 50% wählen. Die Wandelschuldverschreibungen beziehen sich auf einen Nennbetrag von 3 € und lauten auf den Inhaber. Sie berechtigen diesen, diese innerhalb einer Frist von 10 Jahren zum Tageskurs gegen auf den Inhaber lautende stimmrechtslose Vorzugsaktien umzutauschen. Für den Verkauf ist eine Sperrfrist von durchschnittlich drei Jahren einzuhalten.

Die nackte Aktienoption gewährt das Recht auf den Bezug einer Vorzugsaktie gegen Zahlung des Ausübungspreises. Das Bezugsrecht kann jedoch nur ausgeübt werden, wenn die Entwicklung der Aktie diejenige des Referenzindexes der weltweit wichtigsten Softwareunternehmungen übertrifft. Der Ausübungspreis bemisst sich als Kurs der Aktie am Vortag der Ausübung abzüglich des Produkts aus dem Anfangswert der Aktie minus der in Prozentpunkten ausgedrückten Outperformance der Aktie gegenüber dem Referenzindex (vgl. Joulia/Goerke 2001).

Um den Manipulationsspielraum zu begrenzen, sah das KonTraG bei Aktienoptionen eine *Warte- oder Haltefrist* für die Optionsausübung von zunächst mindestens zwei Jahren vor. Diese wurde durch das Gesetz zur Angemessenheit der Vorstandsvergütung (VorstAG) im Jahre 2009 auf vier Jahre erhöht (§ 193 Abs. 2 Nr. 4 AktG). Die *Insiderproblematik* wird zumeist dadurch reduziert, dass die Realisierung der Optionen auf vier Ausübungsfenster beschränkt wird, die den Zeitraum von vier Wochen nach Veröffentlichung der Quartals- und Jahresberichte umfassen. Alternativ können Sperrfristen von ein bis zwei Wochen vor dem jeweiligen Veröffentlichungstermin festgelegt werden (vgl. Evers 2001, S. 42).

Eine empirische Studie von Wilke, Maack und Partner (2014) auf der Basis der European Working Conditions Survey 2012 kommt zu dem Ergebnis, dass materielle Mitarbeiterbeteiligungen in Deutschland im Vergleich zu anderen EU-Staaten nur eine relativ geringe Bedeutung besitzen (vgl. Tab. 5.26). Am weitesten verbreitet sind diese in Frankreich, wo diese zahlreiche Steuervorteile und Vergünstigungen bei der Berechnung der Sozialabgaben genießen. Die geringste Verbreitung hat die materielle Mitarbeiterbeteiligung in Südeuropa, wo der Anteil von Unternehmungen in Familienbesitz besonders hoch ist.

Tabelle 5.26. Verbreitung der materiellen Mitarbeiterbeteiligung in der EU im Jahre 2012 (Unternehmungen mit mehr als 250 Mitarbeitern)

Land	Verbreitung der Erfolgsbeteiligung	Verbreitung der Kapitalbeteiligung	Staatliche Förderung	Position der Gewerkschaften
Bulgarien	8,3%	0,6%	Nein	Generell positiv
Dänemark	11,5%	4,5%	Ja	Kritisch
Deutschland	12,2%	2,0%	Ja	Kritisch
Finnland	23,6%	2,1%	Ja	Generell positiv
Frankreich	22,9%	7,0%	Ja	Kritisch
Griechenland	2,9%	0,2%	Ja	Generell positiv
Großbritannien	11,8%	4,4%	Ja	Kritisch
Italien	8,8%	2,3%	Ja	Unterschiedlich
Niederlande	18,0%	2,6%	Ja	Kritisch
Österreich	8,9%	1,9%	Ja	Kritisch
Polen	14,5%	1,6%	Ja	Kein wichtiges Thema
Portugal	3,0%	1,7%	Ja	Kein wichtiges Thema
Schweden	15,0%	2,0%	Ja	Kritisch
Spanien	5,9%	2,2%	Ja	Kritisch
Tschechien	17,8%	1,3%	Nein	Kein wichtiges Thema

Quelle: Wilke, Maack und Partner 2014

5.3.3.2 Nicht-monetäre Entgeltbestandteile

Nicht-monetäre Entgeltbestandteile sind für die Unternehmung nicht zwangsläufig mit einer Ausgabe verbunden, ihr Geldwert muss jedoch quantifizierbar sein. Dabei können mehrere **Formen** unterschieden werden:

- Zu den *Sachleistungen* zählen z.B. ein kostenloses oder subventioniertes Kantinenessen, Deputate und Konsumvorteile wie etwa der vergünstigte Bezug von Produkten oder Dienstleistungen.
- *Nutzungsgewährungen* sind etwa betriebliche Sport-, Freizeit- und Sozialeinrichtungen (z.B. Betriebskindergärten), Betriebswohnungen oder die geduldete private Nutzung betrieblichen Vermögens (z.B. Dienstwagen).

- *Beratungs-, Bank- und Versicherungsleistungen* umfassen z.B. Steuer-, Rechts- und Anlagenberatung, Anlagedienste oder die Vergabe zinsgünstiger Darlehen und Betriebsrenten.
- Darüber hinaus sind verschiedene *Zusatzleistungen* wie etwa Spesenkonten oder Hauspersonal möglich, die zumeist status- bzw. positionsbezogen sind und vor allem höheren Führungskräften gewährt werden.

Seit der Reform der privaten und betrieblichen Altersvorsorge („Riester-Rente") muss jede Unternehmung ihren Mitarbeitern eine Betriebsrente anbieten. Dabei können fünf Formen unterschieden werden, wobei die letzten drei Formen staatlich gefördert werden können. Durch eine *Direktzusage* verpflichtet sich der Arbeitgeber, seinen Beschäftigten nach Beendigung des Arbeitsverhältnisses Versorgungsleistungen aus betrieblichen Mitteln zu gewähren. Seit 1974 sind alle Unternehmungen, die ihren Mitarbeitern diese Form der Alterssicherung anbieten, verpflichtet, dem Pensions-Sicherungs-Verein beizutreten, der im Konkursfall die Auszahlung der Betriebsrente sichert. Die *Unterstützungskasse* ist eine eigenständige Versorgungseinrichtung, die von einem oder mehreren Unternehmungen finanziell getragen wird. Bei der *Direktversicherung* handelt es sich um eine besondere Form der Lebensversicherung, die der Arbeitgeber als Versicherungsnehmer für seine Arbeitnehmer abschließt. Die *Pensionskasse* ist eine rechtlich selbstständige Versorgungseinrichtung, die von einer oder mehreren Unternehmungen getragen wird. Im Unterschied zur Unterstützungskasse sind die Arbeitnehmer jedoch selbst Mitglieder der Pensionskasse, an die sie auch Rentenbeiträge zahlen. *Pensionsfonds* unterscheiden sich von Pensionskassen durch eine größere Freiheit bei der Auswahl der Geldanlagen und damit verbundene höhere Renditechancen. Um die Sicherheit des angelegten Kapitals zu gewährleisten, unterliegen Pensionsfonds der staatlichen Aufsicht (vgl. Schwarz 2013; Buttler 2015; Hagemann/Oecking/Reichenbach 2015).

Aus Sicht des *Human Relations-Ansatzes* und der *Motivationstheorien* stellen nicht-monetäre Anreize Sozialleistungen dar, die Unternehmungen ihren Mitarbeitern gewähren, um die sozialen Bedingungen der Arbeit zu verbessern. Als Folge davon werden eine höhere Arbeitsmotivation, eine Reduzierung von Fehlzeiten und eine Verringerung der individuellen Kündigungsneigung erwartet. Für diese *Motivationshypothese* lassen sich aber kaum empirische Bestätigungen finden (vgl. z.B. Frick/Bellmann/Frick 2000).

Aus Sicht des *personalökonomischen Ansatzes* lassen sich nicht-monetäre Entgeltbestandteile dagegen als Sach- oder Dienstleistungen interpretieren, die eine Unternehmung ihren Mitarbeitern gegen entsprechende Lohn- bzw. Gehaltseinbehaltungen anbietet (*Substitutionshypothese*). Die Mitarbeiter werden diese genau dann monetären Entgeltbestandteilen („Geld als allgemeines Gut") vorziehen, wenn die von der Unternehmung gewährten Güter oder Dienstleistungen aufgrund von Marktunvollkommenheiten anderweitig überhaupt nicht oder nur zu höheren Preisen erhältlich sind. Gründe hierfür können die Steuervergünstigungen für bestimmte nicht-monetäre Entgeltformen wie z.B. Betriebsrenten, reduzierte Transaktionskosten oder Mengenrabatte sein, die Unternehmungen an ihre Mitarbeiter weiterreichen (vgl. Sadowski 1984).

5.3.3.3 Cafeteria-Systeme

Viele Unternehmungen ermöglichen ihren Mitarbeitern, im Rahmen von Cafeteria-Systemen nach ihren individuellen Präferenzen zwischen verschiedenen materiellen und immateriellen Leistungen auszuwählen. Die Auswahl erfolgt aus einem von der Unternehmung zusammengestellten Leistungsangebot unter Ausschöpfung eines zuvor individuell festgelegten Budgets. Cafeteria-Systeme umfassen folgende **Bestandteile** (vgl. Schuster 1991; Wagner/Grawert/Langemeyer 1993; Langemeyer 1999):

- In einem periodisch wiederkehrenden *Wahlturnus* wird den Mitarbeitern die Möglichkeit geboten, aus einem Angebot von Leistungen nach ihren individuellen Präferenzen auszuwählen. Diese Wahlmöglichkeit wird allerdings dadurch eingeschränkt, dass viele Leistungen wie z.B. Renten- oder Krankenzusatzversicherungen eine langfristige Bindung der Mitarbeiter beinhalten und nur schwer revidierbar sind.
- Die *Festlegung des individuellen Budgets* kann am Bruttoentgelt, am beruflichen oder sozialen Status des Mitarbeiters oder am Durchschnittswert aller Mitarbeiter orientiert sein. Bei der Ausgestaltung des Budgets sind unterschiedliche Varianten denkbar. So kann das Budget als Geldbetrag oder in Form von Äquivalenzziffern (Prozente oder Punkte) ausgewiesen werden, die den Wert der einzelnen Leistungen widerspiegeln. Eine weitere Variante ist die Budgetgestaltung über Scheckhefte. Auch das Ansparen von Ansprüchen und die Überziehbarkeit des Budgets können vereinbart werden.
- Das *Spektrum der Leistungsangebote* ist unternehmungsindividuell gestaltbar (vgl. Tab. 5.27). Häufig wird eine Differenzierung zwischen Kern- und Wahlleistungen vorgenommen. Kern- bzw. Muss-Leistungen entsprechen dem unternehmerischen Interesse der Mindestabsicherung ihrer Mitarbeiter und umfassen z.B. Krankenzusatzversicherungen und die betriebliche Altersvorsorge. Zu den Wahlleistungen zählen alle weiteren Leistungen, die frei wählbar sind.

Durch die mit Cafeteria-Systemen verbundene Individualisierung der Entgeltformen hat jeder Mitarbeiter die Möglichkeit, diejenigen Anreizkomponenten zu wählen, die seinen Bedürfnissen und seiner finanziellen Situation am besten entsprechen, und auf Leistungen zu verzichten, die für ihn von geringer Wertigkeit sind. Für Unternehmungen beinhalten Cafeteria-Systeme somit den Vorteil, die Leistungs- und Zufriedenheitswirkung der Entgeltpolitik durch die optimale Aufteilung der Personalaufwendungen steigern zu können, ohne diese absolut erhöhen zu müssen (*Allokationseffekt*) (vgl. Wagner 1991b). Im Sinne der Valenz-Instrumentalitäts-Erwartungstheorie kann somit die Wertigkeit von Anreizen kostenneutral gesteigert werden.

Tabelle 5.27. Mögliche Leistungsangebote eines Cafeteria-Systems

Geld-/Zeit-Verrechnungs-Leistungen	Zusätzliche Versicherungs-Leistungen
• zusätzlicher Urlaub	• Lebensversicherung (Direktversicherung)
• kürzere Tagesarbeitszeit	• zusätzliche Krankenversicherung
• kürzere Wochenarbeitszeit	- zahnärztliche Behandlung
• kürzere Jahresarbeitszeit	- Krankenhauspflege
• freie Tage	- augenärztliche Behandlung
• Langzeiturlaub (Sabbatical)	- psychiatrische Behandlung
• Ruhestandsregelung/Frühpensionierung	• Pflegegeldversicherung
• Teilzeitarbeit	• Unfallversicherung
• Job-Sharing	• Arbeitsunfähigkeitsversicherung
• Geld statt Urlaub	• Haftpflichtversicherung
	• Rechtsschutzversicherung
Zeit-Leistungen	• Haus- und Hausratsversicherung
• Urlaubsangebote	• Kfz-Versicherung
• flexible Arbeitszeiten	• Versicherung gegen Vermögensschaden
Geld-Leistungen	**Gesundheitsleistungen**
• Barzahlung	• kostenlose Vorsorgeuntersuchung
• Arbeitgeberdarlehen	
• Kapitalanlagen	**Beratungsleistungen**
• Betriebsaktien	• Rechts- und Steuerberatung
• Sparangebote	• Finanzberatung
• Vermögensbeteiligung	
• Gewinnbeteiligung	**Sach- und sonstige Leistungen**
• Steuerbegünstigungen	• Firmenwagen
• Studien- und Erziehungsgelder	• Firmenwohnungen
• zusätzliche betriebliche Altersversorgung	• Firmeneinkäufe
	• Entlohnung in „Natura“
Weiterbildungs-Leistungen	• verbesserte Büroausstattung
• Bildungsurlaub	• reservierte Parkplätze
• Auslandsaufenthalte	• Sportangebote
• Forschungsmöglichkeiten	• 1. Klasse-Flugreisen
• Kongressteilnahmen	• längere Kündigungsfrist

Quelle: Schuster 1991, S. 364

Bei Übertragung der ursprünglich in den USA entwickelten Cafeteria-Systeme nach Deutschland muss berücksichtigt werden, dass das Niveau der gesetzlichen Sozialleistungen in den USA niedriger ist und somit individuelle, gruppen- oder unternehmungsbezogene Leistungsprogramme (insbesondere Versicherungspläne) dort notwendiger und auch üblicher sind. Cafeteria-Systeme verursachen zudem einen *hohen Verwaltungsaufwand* sowie einen *hohen Informations- und Beratungsbedarf*. Auch die Angebotspalette betrieblicher Leistungen muss ständig kontrolliert und aktualisiert werden, um *veränderten Nachfragepräferenzen* gerecht zu werden (vgl. Grawert 2012). Darüber hinaus wird die Einführung von Cafeteria-Systemen vielfach *durch die Gewerkschaften und den Betriebsrat erschwert*, die fürchten, dass ihr Einfluss durch die damit verbundene Individualisierung und Differenzierung der Mitarbeiter zurückgeht. Schließlich ist das Mitarbeiterinteresse an flexiblen Sozialleistungen stark *konjunkturabhängig*. In Zeiten von Rezession oder Stagnation sind Mitarbeiter, die nur ein geringes Einkommen beziehen, zumeist nicht bereit, auf monetäre Entgeltbestandteile zu Gunsten von Sozialleistungen oder immateriellen Anreizen zu verzichten (vgl. Hentze/Graf 2005, S. 209 ff.).

5.3.4 Festlegung der absoluten Entgelthöhe

Den dritten und letzten Schritt der Personalentlohnung bildet die von Kosiol (1962, S. 19 f.) als *materielles Lohnproblem* bezeichnete Festlegung der absoluten Entgelthöhe. Wie bereits bei der Darstellung der arbeitsrechtlichen Bedingungen des Personalmanagement in Kap. 4.1.1 erläutert, wird die absolute Entgelthöhe in Deutschland im Wesentlichen nicht durch die einzelne Unternehmung festgelegt, sondern **von den Tarifparteien ausgehandelt**. Die Untergrenze bildet der zum 1.1.2015 durch das Mindestlohngesetz (MiLoG) eingeführte **allgemeine gesetzliche Mindestlohn** von 8,50 € pro Stunde (seit 1.1.2017 8,84 €). Daneben gibt es in mehreren Branchen spezielle Branchenmindestlöhne. Diese gehen dem allgemeinen Mindestlohn vor, wenn sie höher als der allgemeine Mindestlohn sind. Während einer Übergangszeit bis Ende 2017 dürfen Branchenmindestlöhne den allgemeinen Mindestlohn noch unterschreiten.

In der Praxis besitzen Unternehmungen trotz der generellen Aushandlung der Arbeitslöhne durch die Tarifparteien einen erheblichen *Entscheidungsspielraum*. So zeigt etwa eine auf die Gesamtzahl der deutschen Unternehmungen hochgerechnete empirische Untersuchung von Oechsler/Reichmann (2002), dass mehr als ein Viertel der Unternehmungen Tarifverträge freiwillig anwenden. Sie sind deshalb grundsätzlich frei, im Rahmen der einzelvertraglichen Regelung eine vom Tarifvertrag abweichende Personalentlohnung zu praktizieren.

Darüber hinaus besteht die Möglichkeit, in Krisenzeiten und zum Zweck der Beschäftigungssicherung im Rahmen von *Öffnungsklauseln* betriebsspezifische Abweichungen von den tarifvertraglichen Entgeltbedingungen zu vereinbaren (vgl. Schnabel 1998). Diese haben in der Praxis allerdings nur eine sehr geringe Bedeutung. Weitaus häufiger wird durch Veränderungen der regelmäßigen Arbeitszeit indirekt eine Flexibilisierung der Personalentlohnung bewirkt. Ein Beispiel dafür ist das Modell 5000 mal 5000 der Volkswagen AG, bei dem das Grundgehalt der Mitarbeiter aufgrund einer Verkürzung der Arbeitszeit unter dem geltenden Tarifvertrag liegt und Prämienzahlungen an den wirtschaftlichen Erfolg der Unternehmung gekoppelt sind (vgl. Oechsler/Reichmann/Mitlacher 2003).

Eine empirische Untersuchung auf Basis des IAB-Betriebspanels von Kohaut/Schnabel (2003) zeigt, dass in Westdeutschland im Jahre 2002 45,6% aller tarifgebundenen Unternehmungen übertarifliche Löhne bezahlt haben. In Ostdeutschland ist dieser Anteil mit 18,9% deutlich geringer. Im Durchschnitt beträgt die relative Lohnspanne 10,8% (Westdeutschland) bzw. 9,9% (Ostdeutschland).

Nach einer Studie von Addison/Teixeira/Zwick (2006) liegt die Entgelthöhe in Unternehmungen mit Betriebsrat durchschnittlich um mehr als 10% über derjenigen in Unternehmungen, die keinen Betriebsrat haben. Zudem ist die *Lohnspreizung*, d.h. der Abstand zwischen den Lohngruppen, geringer. Dies liegt insbesondere daran, dass der durch den Betriebsrat bewirkte Lohnaufschlag nicht allen Arbeitnehmern in gleichem Maße zugutekommt. Vielmehr profitieren davon die unteren Entgeltgruppen überproportional stark.

Einen relativ großen Entscheidungsspielraum haben Unternehmungen bei der Festlegung des Entgelts für nicht-tarifgebundene Mitarbeiter der mittleren und oberen Führungsebenen. Durch die Verwendung unterschiedlicher Kriterien und Verfahren der Entgeltdifferenzierung für unterschiedliche Hierarchieebenen ist die **Führungskräfteentlohnung** in den letzten Jahren weitaus stärker als die Entlohnung im gewerblichen Bereich angestiegen. So haben Sabadish/Mishel (2013) für die USA ermittelt, dass ein Vorstandsvorsitzender (CEO) der größten 350 Unternehmungen im Jahre 2012 durchschnittlich 202 mal so viel verdiente wie ein durchschnittlicher Mitarbeiter. Im Jahre 1965 lag diese Relation bei 18:1, 1978 bei 137:1 und 2000 bei 411:1. Nach einer Studie von Bebchuk/Fried (2006) stieg der Anteil der fünf bestbezahlten Manager an den Nettoerträgen amerikanischer Unternehmungen von rund 5% im Zeitraum von 1993 bis 1995 auf 9,8% im Zeitraum zwischen 2001 bis 2003.

In Deutschland sind die Gehälter der oberen Führungskräfte in den letzten Jahren ebenfalls stark angestiegen. Zwischen 1987 und 2005 stieg die durchschnittliche Vergütung der Vorstandsmitglieder der DAX 30-Unternehmungen um 445% (vgl. Schmidt/Schwalbach 2007). Nach einer Studie von Weckes/Werner (2013) verdienten die Vorstände der DAX 30-Unternehmungen im Jahre 2011 im Mittel 53 mal so viel wie ein durchschnittlicher Mitarbeiter. Am größten ist diese Spreizung bei Volkswagen mit 170:1 und am geringsten bei der Commerzbank mit 12:1.

Angesichts der großen Spreizung zwischen der Vorstandsvergütung und den Gehältern der Mitarbeiter hat der Aufsichtsrat von Volkswagen im Februar 2017 ein neues Vergütungsmodell beschlossen. Dieses sieht eine Obergrenze von 10 Mio. € für den Vorstandsvorsitzenden und von 5,5 Mio. € für die übrigen Mitglieder des Vorstands vor. Diese Höchstbeträge können aber nur bei einer herausragenden Unternehmungsentwicklung erreicht werden. Durch das neue Vergütungsmodell, das seit dem Geschäftsjahr 2017 gilt, sinkt die maximal mögliche Vergütung gegenüber dem bisherigen Modell um 40%.

Nach einer experimentellen Studie von Kluckow (2014) führt eine als übermäßig wahrgenommene Vergütung von Führungskräften zu Ungerechtigkeitsempfindungen bei den Mitarbeitern, die – nach der Gerechtigkeitstheorie von Adams (vgl. Kap. 2.3.2.1) – wiederum negative Auswirkungen auf deren Arbeitsleistung haben können. Neben der absoluten Entgelthöhe haben aber auch die persönlichen Beziehungen zwischen Führungskraft und Mitarbeiter (interpersonale Gerechtigkeit), die Transparenz über die Differenzierungskriterien (informatorische Gerechtigkeit) sowie deren personenunabhängige Anwendung (prozessuale Gerechtigkeit) Auswirkungen auf das Gerechtigkeitsempfinden der befragten Mitarbeiter.

> Besonderen Unmut rufen in der Öffentlichkeit häufig die Abfindungen an abberufene Vorstandsmitglieder hervor. So erhielt etwa der ehemalige Vorstandsvorsitzende von Porsche Wendelin Wiedeking nach der Übernahme der Unternehmung durch Volkswagen eine Abfindung in Höhe von 50 Mio. €. Mehr als die Hälfte davon brachte er in eine eigene gemeinnützige Stiftung ein. Der ehemalige Vorstandsvorsitzende der Deutschen Bahn Helmut Mehdorn, der im April 2009 aufgrund massiver Vorwürfe des Missbrauchs der Daten von bis zu 170.000 Mitarbeitern aus seinem Amt schied, erhielt eine Abfindung in Höhe von 4,8 Mio. €. Jens-Peter Neumann, der ehemalige Leiter der Kapitalmarktsparte der Dresdner Bank, erstritt vor dem Arbeitsgericht Frankfurt im April 2009 eine Abfindung in Höhe von 1,5 Mio. €, obwohl die Bank im vorangegangenen Geschäftsjahr einen Verlust von mehr als 6 Mrd. € erlitt. Das Gericht folgte dessen Auffassung, dass die Ertragslage der Unternehmung nicht Geschäftsgrundlage seines Vertrags war. Demgegenüber verzichtete der ehemalige Vorstandsvorsitzende der Dresdner Bank Herbert Walter auf eine Abfindung in Höhe von 3,6 Mio. € „mit Rücksicht auf die massiven Auswirkungen der Finanzmarktkrise auf die Dresdner Bank", obwohl ihm die Abfindung nach eigener Aussage rechtlich zugestanden hätte. Christine Hohmann-Dennhardt erhielt im Januar 2017 eine Abfindung in Höhe von 12 Mio. €, nachdem sie nach nur einem Jahr „aufgrund unterschiedlicher Auffassung über Verantwortlichkeiten und die künftigen operativen Arbeitsstrukturen" in ihrem mit dem Abgasskandal neu geschaffene Ressort Integrität und Recht aus dem Vorstand von Volkswagen ausschied.

Ein Grund für diese zunehmende Entgeltspreizung ist das **Fehlen eines funktionierenden Marktmechanismus**. Die Aktionäre werden in Gehaltsverhandlungen mit Vorstandsmitgliedern überwiegend durch die Aufsichtsräte vertreten, die gleichzeitig zumeist selbst Vorstandsmitglieder anderer Unternehmungen sind und deshalb im Sinne eines *tit for tat* ein Interesse an allgemein hohen Vorstandsgehältern haben (vgl. Benz/Stutzer 2003; Noll/Volkert/Zuber 2011). Vorstände sind somit oft „Agenten ohne Prinzipale" (Betrand/Mullainathan 2000). Vor dem Hintergrund stagnierender Löhne für die Arbeitnehmer führt dies vielfach zu Unzufriedenheit und Protesten (vgl. Liebig/Schupp 2004). Um die Kontrollfunktion des Aufsichtsrats gegenüber dem Vorstand zu verbessern, wurde deshalb im Jahre 2009 durch das Gesetz zur Angemessenheit der Vorstandsvergütung (VorstAG) festgelegt, dass nicht Mitglied des Aufsichtsrats werden kann, wer in den letzten zwei Jahren Vorstandsmitglied derselben Unternehmung war. Eine Ausnahme gilt für ehemalige Vorstandsmitglieder, deren Wahl auf Vorschlag von Aktionären erfolgt, die mehr als 25% der Stimmrechte halten (§ 100 Abs. 2 Satz 4 AktG). Dadurch soll den besonderen Kontrollbedürfnissen von eigentümergeführten und Familienunternehmungen Rechnung getragen werden.

Seit dem 1. Januar 2006 sind alle börsennotierten Aktiengesellschaften durch das **Vorstandsvergütungs-Offenlegungsgesetz** (VorstOG) dazu verpflichtet, in ihrem Geschäftsbericht „unter Namensnennung die Bezüge jedes einzelnen Vorstandsmitgliedes, aufgeteilt nach erfolgsunabhängigen und erfolgsbezogenen

Komponenten sowie Komponenten mit langfristiger Anreizwirkung, gesondert anzugeben“ (§ 285 Satz 1 Nr. 9 Buchstabe a HGB). Damit wird einer Empfehlung des Deutschen Corporate Governance Kodex gefolgt. Von der namentlichen Offenlegung der Vorstandsbezüge darf nur abgewichen werden, wenn mindestens 75% der Hauptversammlung dafür stimmen. Durch die namentliche Offenlegung sollen die Information der Anleger und der Anlegerschutz verbessert werden sowie die Feststellung gemäß § 87 Abs. 1 AktG erleichtert werden, ob „die Gesamtbezüge in einem angemessenen Verhältnis zu den Aufgaben des Vorstandsmitglieds und zur Lage der Gesellschaft stehen.“ Tab. 5.28 gibt beispielhaft die Vergütung der Vorstandsmitglieder der Daimler AG für das Jahr 2016 wieder.

Am 5. August 2009 trat das **Gesetz zur Angemessenheit der Vorstandsvergütung** (VorstAG) in Kraft, durch das das AktG geändert wird. Danach hat der Aufsichtsrat bei der Festsetzung der Gesamtbezüge der Vorstandsmitglieder dafür zu sorgen, dass diese in einem angemessenen Verhältnis zu deren Aufgaben und Leistungen, zur Lage der Gesellschaft und der üblichen Vergütung stehen und langfristige Verhaltensanreize zur nachhaltigen Unternehmensentwicklung setzen (§ 87 Abs. 1 Satz 1 AktG). Verschlechtert sich die Lage der Unternehmung nach der Festsetzung so, dass die Weitergewährung der Bezüge unbillig wäre, hat der Aufsichtsrat die Bezüge auf die angemessene Höhe herabzusetzen (§ 87 Abs. 1 Satz 1 AktG). Legen die Mitglieder des Aufsichtsrats eine unangemessene Vergütung fest, so sind sie persönlich gegenüber der Unternehmung schadenersatzpflichtig (§ 116 AktG).

Tabelle 5.28. Vorstandsvergütung der Daimler AG im Jahr 2016 (in Tausend €)

Vorstandsmitglied	**Grundvergütung**	**Kurz- bis mittelfristig orientierte Vergütung (Jahresbonus)**		**langfristig orientierte Vergütung**	**Summe**
		kurzfristig	mittelfristig		
Dr. Dieter Zetsche	2 008	1 516	1 516	2 570	7 610
Dr. Wolfgang Bernhard	824	622	622	1 148	3 216
Renata Jungo Brüngger	781	590	590	1 028	2 989
Ola Källenius	781	590	590	1 028	2 989
Wilfried Porth	781	590	590	1 075	3 036
Hubertus Troska	781	590	590	1 028	2 989
Bodo Uebber	928	701	701	1 229	3 559
Prof. Dr. Thomas Weber	781	590	590	1 092	3 053
Summe (Vorjahr)	7 665 (7 665)	5 789 (8 697)	5 789 (8 697)	10 198 (12 268)	29 441 (37 327)

Quelle: Daimler AG 2017, S. 147

Eng verbunden mit der Vergütung des Top-Managements ist die anhand ökonomischer Kriterien nicht lösbare *Werturteilsproblematik*, welcher Teil der Wertschöpfung den Anteilseignern und welcher den Mitarbeitern zufließen soll. Die **volks-**

wirtschaftliche Lohnquote als Indikator für die Verteilung der Wertschöpfung zwischen Arbeitnehmern und Arbeitgebern sank nach Angaben des Statistischen Bundesamtes (2009) zwischen 2000 und 2008 von 72,2 auf 65,2%. Daraus kann aufgrund mehrerer statistischer Erfassungsprobleme jedoch nicht zwangsläufig auf eine soziale Umverteilung zulasten der Arbeitnehmer geschlossen werden (vgl. Krämer 1997). So verfügen viele Mitarbeiter über Einkünfte aus Kapitalvermögen (z.B. Belegschaftsaktien), die zu den Einkommen aus Unternehmertätigkeit gerechnet werden. Andererseits zählen die Einkommen der Vorstandsmitglieder von Unternehmungen zu den Einkommen aus abhängiger Beschäftigung und erhöhen damit die Lohnquote. Tab. 5.29 gibt exemplarisch die **Wertschöpfungsverteilung** der Volkswagen AG in den Jahren 2015 und 2016 wieder.

Neben Unterschieden zwischen Führungskräften und Mitarbeitern weist die absolute Entgelthöhe große **Unterschiede zwischen Männern und Frauen** auf. Diese sind in Deutschland im EU-Vergleich besonders hoch. Busch/Holst (2008a) haben auf der Basis des SOEP für 2006 einen *gender pay gap* beim durchschnittlichen monatlichen Bruttoverdienst von 28% errechnet, während dieser im EU-Durchschnitt 15% beträgt. Am größten ist dieser in der Gruppe der Arbeiter mit 30% und am geringsten bei den Beamten im höheren Dienst mit 12%. Verheiratete Frauen erhalten im Durchschnitt nur etwa 77% der Verdienste der Männer, während es bei Unverheirateten 92% sind. Besonders ausgeprägt ist der *gender pay gap* mit 33% in ländlichen Gebieten, während dieser in städtischen Ballungsräumen nur bei 12% liegt (vgl. Busch/Holst 2008b).

Tabelle 5.29. Wertschöpfungsrechnung der Volkswagen AG für die Jahre 2015 und 2016

	2015		**2016**		**Veränderung gegenüber dem Vorjahr**	
Verteilung	(in Mio. €)	(in %)	(in Mio. €)	(in %)	(in Mio. €)	(in %-P)
an Aktionäre (Dividende)	68	0,2	1 015	2,0	+947	+1,8
an Mitarbeiter (Löhne, Gehälter, Soziales)	36 268	87,6	37 017	74,1	+749	-13,5
an den Staat (Steuern, Abgaben)	3 033	7,3	3 486	7,0	+453	-0,3
an Kreditgeber (Zinsaufwand)	3 472	8,4	4 070	8,1	+598	-0,3
an das Unternehmen (Rücklagen)	-1 428	-3,4	4 365	8,7	+5 793	+12,1
Wertschöpfung	41 413	100	49 953	100	+8 540	+/-0

Quelle: Volkswagen AG 2017, S. 131

Ein Grund für diese Verdienstunterschiede ist die *horizontale Segregation* auf dem Arbeitsmarkt. So arbeiten Frauen häufiger als Männer in kleinen Betrieben, in denen das Durchschnittsentgelt unter dem in großen Betrieben liegt. Frauen sind auch häufiger als Männer in Branchen mit geringerer Entlohnung beschäftigt. Zudem hat die *vertikale Segregation* einen Einfluss auf die Entgeltunterschiede. Frauen sind etwa seltener in Führungspositionen tätig als Männer. Nicht zuletzt sind dafür kulturelle Ursachen verantwortlich (vgl. Kap. 4.2.2). Insbesondere führt die ausgeprägte Maskulinität und das damit einhergehende traditionelle Rollenverständnis dazu, dass viele Frauen in Teilzeit sowie in Tätigkeiten arbeiten, die vergleichsweise schlechter entlohnt werden, um Beruf und Familie zu vereinbaren (vgl. Busch/Holst 2008a).

Zur Reduzierung der Entgeltunterschiede zwischen Männern und Frauen wurde am 30. März 2017 das **Gesetz zur Förderung der Transparenz von Entgeltstrukturen**) (EntgTranspG) verabschiedet. Danach darf für gleiche oder für gleichwertige Arbeit nicht wegen des Geschlechts der oder des Beschäftigten ein geringeres Entgelt vereinbart oder gezahlt werden als bei einer oder einem Beschäftigten des anderen Geschlechts (§ 7). Um dieses Entgeltgleichheitsgebot zu verwirklichen, müssen Entgeltsysteme die Art der zu verrichtenden Tätigkeit objektiv berücksichtigen, auf für weibliche und männliche Beschäftigte gemeinsamen Kriterien beruhen, die einzelnen Differenzierungskriterien diskriminierungsfrei gewichten sowie insgesamt durchschaubar sein (§ 4 Abs. 4). In Betrieben mit in der Regel mehr als 200 Beschäftigten bei demselben Arbeitgeber haben diese einen individuellen Auskunftsanspruch zu dem durchschnittlichen monatlichen Bruttoentgelt und zu bis zu zwei einzelnen Entgeltbestandteilen (§ 10). Private Arbeitgeber mit in der Regel mehr als 500 Beschäftigten sind aufgefordert, mithilfe betrieblicher Prüfverfahren ihre Entgeltregelungen und die verschiedenen gezahlten Entgeltbestandteile sowie deren Anwendung regelmäßig auf die Einhaltung des Entgeltgleichheitsgebots zu überprüfen (§ 17). Unternehmen, die nach dem HGB lageberichtspflichtig sind, müssen zudem einen Bericht zur Gleichstellung und Entgeltgleichheit erstellen, der Informationen über die Maßnahmen zur Förderung der Gleichstellung von Frauen und Männern und deren Wirkungen sowie zur Herstellung von Entgeltgleichheit für Frauen und Männer enthält (§ 21).

Aus Sicht des **Personalkostenmanagement** ist zu berücksichtigen, dass Unternehmungen neben den direkten Personalkosten unterschiedliche **Personalzusatzkosten** aufbringen müssen, die in gesetzliche, tarifliche und freiwillige Leistungen differenziert werden können. Zu den *gesetzlichen Leistungen* zählen insbesondere die Arbeitgeberbeiträge zur Sozialversicherung (Kranken-, Renten-, Arbeitslosen- und Pflegeversicherung), bezahlte Feiertage sowie die Entgeltfortzahlung im Krankheitsfall. *Tarifliche und betriebliche Personalzusatzkosten* fallen insbesondere für Urlaub und Urlaubsgeld an. Dazu gehören auch verschiedene Sonderzahlungen (z.B. 13. Monatsgehalt, Weihnachtsgeld) sowie Aufwendungen zur betrieblichen Altersversorgung und zur Vermögensbildung. Zu den sonstigen Personalzusatzkosten zählen etwa Entlassungsentschädigungen, Mutterschaftsgeld sowie Kosten für Aus- und Weiterbildung und Sozialeinrichtungen. Auch ursprünglich freiwillige Sozialleistungen erhalten durch wiederholte betriebliche Übung, d.h. durch mehrmalige vorbehaltslose Zahlung der Zuwendungen, den Charakter einer verbindlichen Zusage gegenüber der Belegschaft und können deshalb nicht ohne weiteres eingestellt werden (vgl. Dütz/Thüsing 2017, S. 36 ff.). Tab. 5.30

verdeutlicht, dass die Personalzusatzkostenquote in Deutschland zwischen 2004 und 2014 leicht gesunken ist. Dies ist vor allem auf die Senkung der Sozialversicherungsbeiträge der Arbeitgeber und der betrieblichen Altersversorgung zurückzuführen.

Tabelle 5.30. Personalkosten im produzierenden Gewerbe in Deutschland zwischen 2004 und 2014 (in % des Bruttolohns und -gehalts)

Personalkostenarten	2004	2008	2013	2014
Entgelt für geleistete Arbeitszeit	75,8	76,1	75,0	75,4
Vergütung arbeitsfreier Tage	16,6	16,7	17,4	17,2
• Urlaub	9,9	9,8	10,0	9,8
• Entgeltfortzahlung im Krankheitsfall	2,9	3,0	3,5	3,6
• Bezahlte Feiertage	4,0	3,9	4,0	3,8
Sonderzahlungen	7,6	7,1	7,5	7,4
• Vermögensbildung	0,6	0,5	0,4	0,3
• Fest vereinbarte Sonderzahlungen	7,0	6,6	7,1	7,1
Sozialversicherungsbeiträge der Arbeitgeber	19,9	18,5	18,9	17,7
Betriebliche Altersversorgung	6,2	6,9	5,3	3,9
Sonstige Personalzusatzkosten	4,5	4,2	4,2	5,0
Arbeitskosten insgesamt	130,6	129,7	128,4	126,7
Anteil der gesetzlich veranlassten Arbeitskosten	25,7	25,5	26,0	22,9
Personalzusatzkosten in Prozent des Entgelts für geleistete Arbeit	72,3	70,4	71,1	68,0

Quelle: Schröder 2016

Aufgrund des zunehmenden globalen Wettbewerbs, dem deutsche Unternehmungen ausgesetzt sind, ist schließlich ein **internationaler Vergleich** der Personalkosten von Bedeutung. Tab. 5.31 zeigt, dass die durchschnittlichen Arbeitskosten je Stunde in Deutschland über den meisten anderen EU-Mitgliedern liegen. Noch größer sind die Arbeitskostennachteile gegenüber den Schwellenländern in Asien und Südamerika. Diese gravierenden Arbeitskostendifferenzen werden zunehmend als Grund für Produktionsverlagerungen und die damit verbundene Verlagerung von Arbeitsplätzen ins Ausland angeführt (vgl. Holtbrügge/Welge 2015, S. 23 ff.).

Beim internationalen Vergleich von Arbeitskosten sind jedoch *Wechselkursverzerrungen* bzw. *Kaufkraftunterschiede* zu berücksichtigen (vgl. Scholz 2014, S. 822 ff.). Zudem liegt die *Arbeitsproduktivität und -qualität* in Deutschland über den meisten anderen Ländern der Welt. Ob die hohen Arbeitskosten tatsächlich einen gravierenden internationalen Wettbewerbsnachteil darstellen, muss deshalb für Tätigkeiten mit geringen und hohen Anforderungen an die Mitarbeiter individuell beurteilt werden. Während die hohen Arbeitskosten für qualifizierte Tätigkeiten oft durch eine hohe Arbeitsproduktivität und -qualität kompensiert werden können, ist der Wettbewerbsnachteil bei geringer qualifizierten Tätigkeiten gravierend. Durch die Senkung der Lohnnebenkosten in Deutschland und überproportional hohe Lohnsteigerungen in den mittel- und osteuropäischen Staaten nach ihrem Beitritt zur Europäischen Union nimmt das Lohngefälle zudem leicht ab.

Tabelle 5.31. Struktur der industriellen Arbeitskosten im internationalen Vergleich im Jahr 2015

		davon	
Land	**Arbeitskosten je Stunde** (in €)	**Bruttolöhne und -gehälter** (in €)	**Sozialaufwendungen** (in €)
Schweiz	58,13	46,17	11,95
Norwegen	49,28	38,77	10,50
Belgien	43,20	28,23	14,97
Dänemark	42,77	37,28	5,50
Schweden	41,14	27,95	13,19
Westdeutschland	**40,90**	**32,04**	**8,86**
Deutschland	**38,99**	**30,58**	**8,41**
Frankreich	37,47	25,33	12,14
Finnland	36,82	28,89	7,93
Österreich	36,18	26,58	9,61
Niederlande	34,99	26,84	8,14
USA	33,96	25,93	8,03
Luxemburg	31,27	26,75	4,51
Irland	30,86	25,63	5,23
Großbritannien	30,03	25,19	4,84
Kanada	27,98	22,22	5,76
Italien	27,92	20,05	7,87
Ostdeutschland	**26,26**	**20,82**	**5,45**
Japan	22,88	17,84	5,03
Spanien	22,69	16,85	5,84
Slowenien	15,36	12,84	2,52
Griechenland	14,91	10,73	4,18
Malta	14,00	12,42	1,57
Zypern	12,83	10,94	1,89
Portugal	11,15	8,83	2,32
Slowakei	10,23	7,49	2,74
Estland	9,95	7,34	2,61
Tschechien	9,75	7,10	2,65
Kroatien	8,23	6,94	1,29
Ungarn	7,84	6,12	1,73
Polen	7,69	6,27	1,42
Lettland	6,62	5,28	1,33
Litauen	6,53	4,79	1,74
Rumänien	4,47	3,48	0,99
Bulgarien	3,40	2,84	0,56

Quelle: Schröder 2016

5.4 Personalführung

Die Personalführung beinhaltet die unmittelbare Kommunikation und Interaktion zwischen Führungskräften und den ihnen unterstellten Mitarbeitern, die auf der Basis einer durch organisatorische Regelungen festgelegten Rollendifferenzierung erfolgt und der absichtlichen Beeinflussung der Einstellungen und des Verhaltens der Mitarbeiter im Hinblick auf die angestrebten Unternehmungsziele dient (zum Begriff vgl. ausführlich Steinle 1995). Während bei den zuvor dargestellten Instrumenten des Personalmanagement die Verhaltensbeeinflussung durch eher abstrakte und allgemeine Regeln und Strukturen bewirkt werden soll, steht bei der Personalführung die *direkte, persönliche und individuelle Beziehung zwischen Führungskräften und Mitarbeitern* im Vordergrund. Die Personalbedarfsplanung und -deckung, der Personaleinsatz und die Personalentlohnung fallen zudem überwiegend in den Verantwortungsbereich der Personalabteilung, wohingegen die Personalführung *Aufgabe der Linienvorgesetzten* ist (vgl. Kap. 3.1.2).

Die Beeinflussung von Einstellungen und Verhalten der Mitarbeiter im Rahmen der Personalführung kann prinzipiell auf zwei unterschiedlichen Wegen erfolgen:

- Verhaltensbeeinflussung durch *Motivation*: Eine zentrale Erkenntnis der Motivationstheorien ist, dass Menschen demjenigen folgen, der am besten in der Lage ist, ihre Bedürfnisse zu befriedigen. Personalführung bedeutet in diesem Sinne, das Führungsverhalten an den Bedürfnissen der Mitarbeiter auszurichten (kooperative Führung).
- Verhaltensbeeinflussung durch *Macht*: Die organisatorische Rollendifferenzierung in Führungskräfte und unterstellte Mitarbeiter eröffnet ersteren die Möglichkeit, „den eigenen Willen auch gegen Widerstreben durchzusetzen" (Weber 1972, S. 281). Personalführung bedeutet in diesem Sinne, das Führungsverhalten an der Positionsmacht der Führungskraft auszurichten (autoritäre Führung).

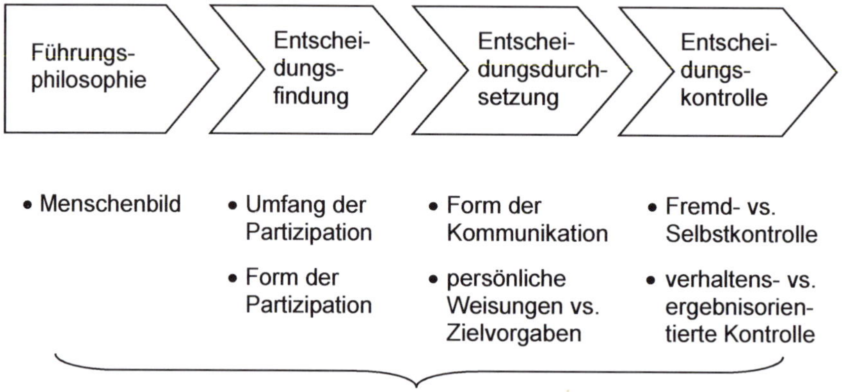

Abb. 5.22. Phasen des Führungsprozesses

Diese beiden Extremtypen der kooperativen und autoritären Personalführung ziehen sich in unterschiedlichen Ausprägungen und Abstufungen durch den gesamten Führungsprozess hindurch. Dabei können vier Phasen unterschieden werden (vgl. Bleicher/Meyer 1976; Steinle 1978, S. 118 ff.), anhand derer der Prozess der Personalführung im Folgenden erläutert wird: Führungsphilosophie, Entscheidungsfindung, Entscheidungsdurchsetzung und Entscheidungskontrolle (vgl. Abb. 5.22).

5.4.1 Phasen des Führungsprozesses

5.4.1.1 Führungsphilosophie (Menschenbild der Führungskräfte)

Der Führungsstil einer Führungskraft wird in einem hohen Maße durch ihre Führungsphilosophie bzw. ihr Menschenbild beeinflusst. Empirische Untersuchungen weisen übereinstimmend darauf hin, dass Führungskräfte an ihre Mitarbeiter mehr Verantwortung delegieren, wenn sie diese als intelligent, kenntnisreich und verlässlich einschätzen (vgl. Weinert 1995, Sp. 1496). „Hinter jeder Entscheidung oder Maßnahme eines Managers“, so McGregor (1970, S. 47), „stehen Auffassungen über die Natur des Menschen und sein Verhalten.“

Tabelle 5.32. Menschenbilder nach McGregor

Theorie X

- Der Mensch hat eine angeborene Abneigung gegen Arbeit und versucht sie so weit wie möglich zu vermeiden.
- Deshalb muss er kontrolliert, geführt und mit Strafandrohung gezwungen werden, einen positiven Beitrag zur Realisierung der Unternehmungsziele zu leisten.
- Der Mensch möchte geführt werden und zieht es vor, Verantwortung zu vermeiden. Er hat wenig Ehrgeiz und strebt vor allem nach Sicherheit.

Theorie Y

- Die Arbeit kann für den Menschen eine wichtige Quelle der Zufriedenheit sein.
- Der Mensch entwickelt Eigeninitiative und bevorzugt die Selbstkontrolle.
- Zwischen den Zielen der Unternehmung und der Mitarbeiter besteht keine grundsätzliche Unvereinbarkeit. Die Realisierung der Unternehmungsziele ist abhängig von der dadurch erreichten Verwirklichung der Mitarbeiterziele.
- Die wichtigsten Arbeitsanreize sind die Befriedigung von Ich-Bedürfnissen und das Streben nach Selbstverwirklichung.
- Der Mensch strebt bei entsprechender Anleitung nach Verantwortung.
- Einfallsreichtum und Kreativität sind weit verbreitet, sie werden in Unternehmungen jedoch kaum genutzt.

Quelle: McGregor 1960, S. 33 ff., 47 f.

Menschenbilder sind vereinfachte und standardisierte Muster von menschlichen Verhaltensweisen, die Personen im Laufe der Zeit aufgrund ihrer Sozialisation und ihren Erfahrungen entwickeln. Sie dienen dazu, die Vielfalt der in der Realität vorkommenden Persönlichkeitseigenschaften auf wenige Typen zu reduzieren (Komplexitätsreduktionsfunktion) und Individuen anhand dieser Typen zu klassifizieren (Klassifikationsfunktion). Auf der Basis dieser Zuordnungen können dann standardisierte Handlungsempfehlungen abgeleitet werden (Handlungsfunktion).

In der wissenschaftlichen Literatur hat sich erstmals McGregor (1960) mit Menschenbildern beschäftigt und eine Dichotomisierung in ein pessimistisches (**Theorie X**) und ein optimistisches Menschenbild (**Theorie Y**) vorgenommen (vgl. Tab. 5.32). Nach diesem weit verbreiteten Ansatz sollte eine Führungskraft grundsätzlich vom Menschenbild Y ausgehen und die Rahmenbedingungen zu dessen Umsetzung schaffen. Dem liegt die der Bedürfnispyramide von Maslow entlehnte Annahme zugrunde, dass sich die menschlichen Bedürfnisse in einer Hierarchie anordnen lassen und Menschen vor allem durch höherwertige Bedürfnisse wie das Bedürfnis nach Anerkennung und nach Selbstverwirklichung motiviert werden (vgl. Kap. 2.3.1). Das Menschenbild X führt dagegen zu einer sich selbst erfüllenden Prophezeiung: Führungskräfte, die ihren Mitarbeitern keine Verantwortung übertragen, entziehen diesen die Möglichkeit, eigenverantwortlich zu handeln, wodurch ihr negatives Menschenbild bestätigt wird.

Ein differenzierterer Ansatz ist die **Typologie von Schein** (1980, S. 52 ff.), die anschaulich die historische Entwicklung von Menschenbildern widerspiegelt und zu verschiedenen Theorien des Personalmanagement Bezug nimmt (vgl. Kap. 2). Aus dieser Typologie lassen sich zudem zahlreiche Implikationen für die Personalführung ableiten:

- Der *rational-ökonomische Mensch* folgt dem der *Theorie der wissenschaftlichen Betriebsführung* von Taylor (1911) zugrunde liegenden Menschenbild des *homo oeconomicus*. Danach sind Menschen primär durch monetäre Anreize motivierbar. Für die Personalführung ergibt sich daraus ein aufgabenorientierter Führungsstil, der die Mitarbeiter von Leitungsaufgaben entlastet und eindeutige Leistungsziele vorgibt.
- Der *soziale Mensch* entspricht dem Menschenbild der von Mayo (1946) initiierten *Human Relations-Ansätze*. Im Mittelpunkt steht die Annahme, dass Menschen vor allem durch soziale Bedürfnisse wie Anerkennung, Zugehörigkeit und Identität motiviert werden und deshalb häufige und vielfältige Kontakte zu ihren Mitmenschen suchen. Neben der Interaktion mit dem Vorgesetzten wird das Verhalten eines Mitarbeiters auch durch die sozialen Beziehungen zu anderen Mitarbeitern beeinflusst. Dies impliziert einen demokratischen Führungsstil, der Raum für Gruppenentscheidungen lässt.
- Der *sich-selbst-verwirklichende* Mensch basiert vor allem auf der *Motivationstheorie von Maslow*, nach der das Bedürfnis nach Selbstverwirklichung an der Spitze menschlicher Bedürfnisse steht. Mitarbeiter streben demnach nach Autonomie und bevorzugen Selbstkontrollen. Die Aufgaben einer Führungskraft bestehen deshalb vor allem darin, verlässliche Rahmenbedingungen für die Mitarbeiter vorzugeben und deren Weiterentwicklung zu fördern.
- Das Bild des *komplexen Menschen* geht auf den *Kontingenzansatz* zurück, wonach sich Menschen situativ unterschiedlich verhalten und in verschiedenen Situationen verschiedene Ziele anstreben. Es gibt deshalb keinen in allen Situatio-

nen effizienten Führungsstil. Führungskräfte müssen vielmehr in der Lage sein, die aktuellen Bedürfnisse und Erwartungen der Mitarbeiter sowie die Merkmale der Führungssituation zu analysieren und einen individuell und temporär daran angepassten Führungsstil zu praktizieren.

Schein sieht im komplexen Menschen ein Menschenbild, das für die westlichen Industriestaaten charakteristisch ist. Dementsprechend propagiert er einen Kontingenzansatz der Personalführung, wie er insbesondere den Situationstheorien der Führung zu Grunde liegt (vgl. Kap. 5.4.2.3). Demgegenüber sieht Neuberger (2002, S. 80 ff.) in dem komplexen Menschen einen sich der Unternehmung und ihren Veränderungen bereitwillig und aktiv unterordnenden Mitarbeiter, der den stetigen Wandel nicht nur hinnimmt oder mitmacht, sondern braucht und aktiv betreibt. Scholz (2003a) spricht sogar von „Darwiportunisten", die opportunistisch jede neue Chance ergreifen und sich weder durch Solidarität an andere Mitarbeiter noch durch Loyalität an die Unternehmung gebunden fühlen.

5.4.1.2 Entscheidungsfindung

In der Phase der Entscheidungsfindung wird der Führungsstil vor allem durch das Ausmaß und die Form der Partizipation, d.h. die Möglichkeit der Mitarbeiter zur mitwirkenden Teilnahme an den Entscheidungsprozessen in einer Unternehmung bestimmt. Dabei kann zunächst in eine *formale* bzw. *indirekte* Partizipation im Rahmen der gesetzlichen Mitbestimmungs- und Mitwirkungsrechte (vgl. Kap. 3.1.1) und eine *informale* bzw. *direkte* Partizipation der Mitarbeiter unterschieden werden (vgl. Staehle 1999, S. 535).

Im Rahmen der im Vordergrund der weiteren Ausführungen stehenden informalen Beziehungen wird häufig auf das **Führungsstilkontinuum von Tannenbaum/Schmidt** (1958) zurückgegriffen, bei dem die beiden Extremformen der vollständigen Alleinentscheidung durch die Führungskraft und der autonomen Entscheidung durch die Mitarbeiter mit verschiedenen Zwischenformen unterschieden werden (vgl. Abb. 5.23). Die Eignung der unterschiedlichen Formen der Entscheidungsfindung ist nach Tannenbaum/Schmidt von den Charakteristika der Führungskraft, der geführten Mitarbeiter und der Situation abhängig. Während etwa bei schlecht strukturierten Entscheidungen, einer hohen fachlichen Kompetenz der Mitarbeiter und einem optimistischen Menschenbild der Führungskraft ein hoher Grad an Entscheidungspartizipation vorteilhaft ist, weist bei einem hohen Zeitdruck, gering qualifizierten Mitarbeitern und einem pessimistischen Menschenbild der Führungskraft ein geringer Partizipationsgrad eine höhere Effizienz auf. Da dem Führungsstilkontinuum lediglich Plausibilitätsüberlegungen zugrunde liegen, die nicht empirisch getestet wurden, ist der präskriptive Gehalt des Ansatzes relativ gering (vgl. Scholz 2014, S. 1124).

Stärker auf die *Ziele* der Partizipation ausgerichtet ist der **Ansatz von Kirsch/Esser/Gabele** (1979, S. 298 f.), der vier idealtypische Formen der Partizipation unterscheidet:

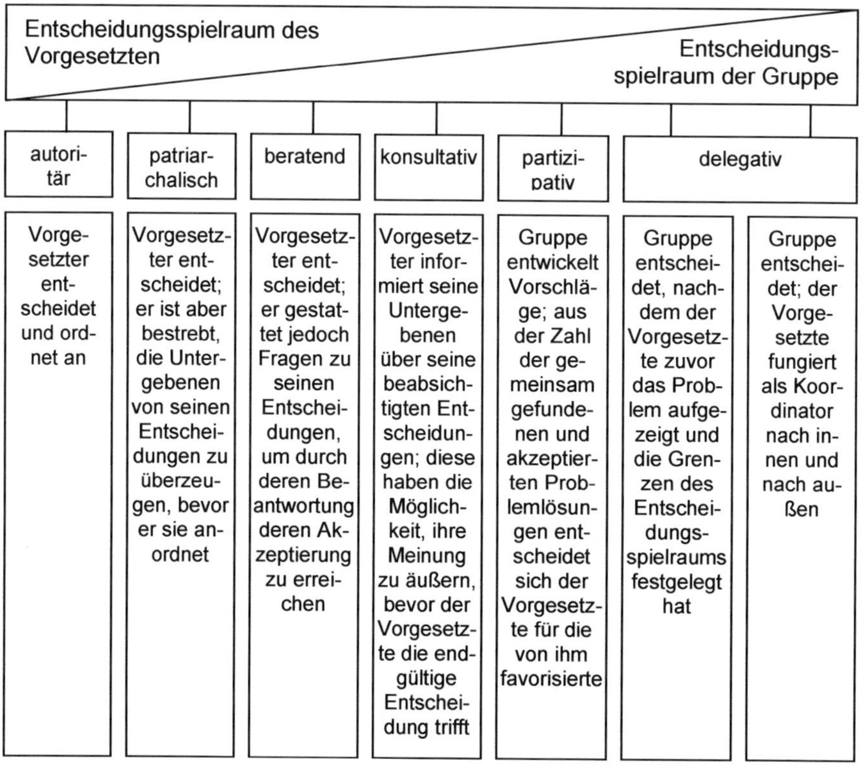

Abb. 5.23. Führungsstilkontinuum von Tannenbaum/Schmidt (1958, S. 96)

- Bei der *Pseudo-Partizipation* dient die Information der Mitarbeiter lediglich der Verbesserung der zwischenmenschlichen Beziehungen, ohne dass deren Werte, Bedürfnisse und Wissen in die Entscheidungsfindung einbezogen werden.
- Die Partizipation i.S. einer *Human-Resources-Strategie* strebt die Nutzbarmachung des Wissenspotenzials der Mitarbeiter an, ohne deren Werte und Bedürfnisse bei der Entscheidungsfindung zu berücksichtigen.
- Bei der Partizipation i.S. einer *Social-Values-Strategie* werden zwar die Werte und Bedürfnisse der Mitarbeiter berücksichtigt, ohne dass jedoch deren Wissen in die Entscheidungsfindung einfließt.
- Die *authentische Partizipation* ist durch die gleichgewichtige Nutzung bzw. Berücksichtigung des Wissens sowie der Werte und Bedürfnisse der Mitarbeiter gekennzeichnet. Während bei der Pseudo-Partizipation faktisch eine Alleinentscheidung der Führungskraft erfolgt, kann die Human-Resources-Strategie mit dem ressourcenorientierten Ansatz der Unternehmungsführung begründet werden. Die Social-Values-Strategie weist dagegen einen engen Bezug zu den Human-Relations-Ansätzen auf. Eine Kombination dieser beiden Ansätze stellt die authentische Partizipation dar, die Interessen, Bedürfnisse und Werte der

Unternehmungsleitung und der Mitarbeiter gleichermaßen berücksichtigt. Nach Ansicht von Kirsch/Esser/Gabele (1979, S. 299) ist diese in der Unternehmungspraxis aber nur selten anzutreffen.

Ein mit der Partizipation eng verwandtes Konzept ist das der **Delegation**, bei dem bestimmte Entscheidungs- und Kontrollaufgaben an unterstellte Mitarbeiter weitergegeben werden. Die Delegation dient vor allem der Entlastung der Führungskräfte von Routineaufgaben. Eine besondere Bedeutung besitzt die Delegation im **Harzburger Modell**, das in Deutschland vor allem in den siebziger und achtziger Jahren eine weite Verbreitung gefunden hat (vgl. Höhn 1970). Dabei werden nicht nur einzelne Aufgaben, sondern ganze Aufgabenbereiche an untergeordnete Mitarbeiter delegiert. Diesen werden zudem die zur Ausübung der Aufgaben notwendigen Befugnisse übertragen. Die Mitarbeiter übernehmen im Gegenzug die Verantwortung für die von ihnen getroffenen Entscheidungen.

Die Vertreter und Anhänger des Harzburger Modells weisen diesem eine hohe Effizienz zu, die in empirischen Untersuchungen allerdings nicht bestätigt werden konnte. Vielmehr wurde eine Zunahme von Bürokratie und Formalismus beobachtet. Kritisiert wird zudem, dass das Harzburger Modell vor allem auf die Steigerung der Arbeitsleistung abzielt und die Arbeitszufriedenheit nicht als gleichrangiges Ziel ansieht (vgl. Hentze et al. 2005, S. 582).

5.4.1.3 Entscheidungsdurchsetzung

In der Phase der Entscheidungsdurchsetzung wird der Führungsstil vor allem durch die **Form der innerbetrieblichen Kommunikation** bestimmt. Dabei können nach Watzlawick/Beavin/Jackson (1985, S. 53 ff.) ein sachlich-formaler bzw. Inhaltsaspekt und ein informeller bzw. Beziehungsaspekt unterschieden werden (vgl. auch Wahren 1985; Zander/Halberstadt 1995):

- Der *Inhaltsaspekt* der Kommunikation umfasst den kommunizierten Inhalt bzw. die übermittelten Daten. Von Bedeutung im Rahmen der Personalführung ist etwa, ob eine Führungskraft lediglich ihren gesetzlich vorgeschriebenen Informationspflichten nachkommt oder die Mitarbeiter darüber hinaus über weitere Belange der Unternehmung bzw. Abteilung informiert.
- Der *Beziehungsaspekt* der Kommunikation beinhaltet die Art und Weise der Informationsübermittlung und drückt aus, wie die kommunizierten Daten zu interpretieren sind. Während persönliche Weisungen etwa einen autoritären Führungsstil charakterisieren, stellt die Vorgabe von Zielen ein Merkmal eines kooperativen Führungsstils dar.

Durch *persönliche Weisungen* wird der Handlungsspielraum eines Mitarbeiters auf eine einzige von der Führungskraft vorgegebene Alternative eingeschränkt. Sie haben einen stark hierarchischen Charakter und erfordern einen ausgeprägten vertikalen Informations- und Kommunikationsfluss. Ihr Vorteil besteht in der Möglichkeit, die Interessen der Unternehmungsleitung bei strategisch wichtigen Entscheidungen durch verbindliche Vorgaben sichern zu können. Zudem kann dieses Instrument relativ leicht und flexibel eingesetzt werden. Die intensive Nutzung persönlicher Weisungen birgt jedoch die Gefahr einer Überlastung der Kommunikationskanäle. Ein weiterer Nachteil ist die häufig nur geringe Akzeptanz bei den untergeordneten Mitarbeitern, die die Durchsetzbarkeit von Entscheidungen erschweren kann (vgl. Kieser/Walgenbach 2010, S. 102 f.).

Die *Vorgabe von Zielen* lässt den Mitarbeitern dagegen einen eigenen Entscheidungsspielraum offen, innerhalb dessen sie über den Einsatz bestimmter Maßnahmen selbst entscheiden können. Ziele stellen damit Orientierungspunkte für die Mitarbeiter dar, an denen diese ihre Handlungen ausrichten müssen (vgl. Hungenberg/Wulf 2015, S. 41 ff.).

Eine besondere Form der Entscheidungsdurchsetzung durch die Vorgabe von Zielen liegt dem von Drucker (1956) und Odiorne (1967) entwickelten **Management by Objectives-Ansatz** zugrunde (vgl. Abb. 5.24). Dabei werden mit den Mitarbeitern in einem mehrstufigen Zielbildungsprozess wichtige Ziele vereinbart, an deren Realisierung diese gemessen werden. Der Management by Objectives-Ansatz weist somit einen engen Bezug zur leistungs- bzw. erfolgsorientierten Entgeltdifferenzierung auf (vgl. Kap. 5.3.2).

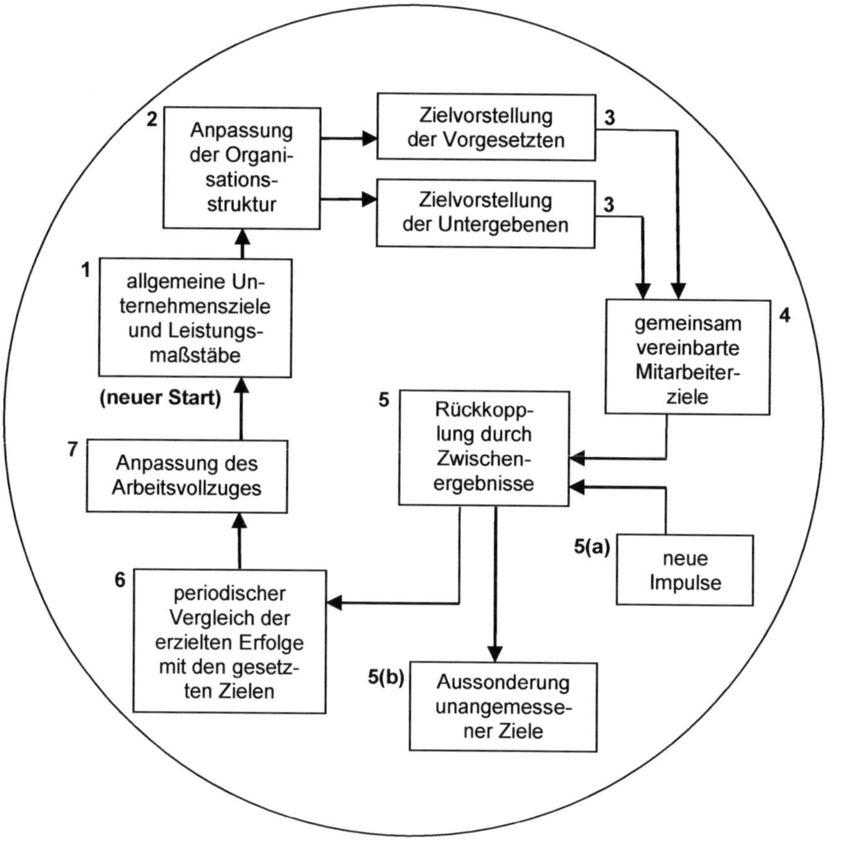

Abb. 5.24. Management by Objectives als Kreislaufschema (Quelle: Odiorne 1967, S. 102)

Das wichtigste Prinzip des Management by Objectives-Ansatzes ist der Vorrang von Zielvorgaben vor anderen Führungsinstrumenten, insbesondere vor detaillierten Verfahrensregelungen (vgl. Breisig 2006). Darüber hinaus hängt der Erfolg des Management by Objectives von der Konsistenz des Zielsystems und der Vereinbarkeit der Subziele ab. Die Zielvorgaben müssen zudem operational formuliert werden. Dazu müssen die folgenden Anforderungen erfüllt sein (SMART-Konzept) (vgl. Eyer/Haussmann 2014, S. 37 ff.):

- *Specific*: Der Zielinhalt, d.h., das, was erreicht werden soll, muss exakt und eindeutig formuliert werden.
- *Measurable*: Das Zielausmaß und der Grad der Zielerreichung müssen messbar sein.
- *Achievable*: Der Mitarbeiter muss über die zur Zielerreichung erforderlichen personellen, sachlichen und finanziellen Ressourcen verfügen.
- *Realistic*: Das Zielausmaß muss herausfordernd sein, ohne den Mitarbeiter zu überfordern.
- *Timely*: Der Zeitpunkt, zu dem das Ziel erreicht werden soll, sollte nicht zu weit in der Zukunft liegen, um ein rechtzeitiges Feedback und daran anschließende Ziel- oder Verhaltensänderungen zur ermöglichen.

Vor allem vom *konfliktorientierten Ansatz* werden diese Voraussetzungen als unrealistisch kritisiert. Danach gibt es kein konsistentes und von allen Mitarbeitern geteiltes Zielsystem, das einen Grundkonsens herbeiführen und allgemeine Kriterien für personalwirtschaftliche Entscheidungen liefern könnte. Betriebliche Ziele sind demnach vielmehr das Ergebnis eines multipersonalen Verhandlungsprozesses, häufig irrational und widersprüchlich. Aus Sicht des konfliktorientierten Ansatzes ist deshalb vor allem die Fähigkeit einer Führungskraft entscheidend, mit Zielkonflikten umzugehen und diese positiv zu nutzen.

Empirische Studien weisen zudem auf verschiedene **negative Folgen der Führung durch Zielvorgaben** hin (vgl. den Überblick von Ordóñez et al. 2009). So besteht die Gefahr, dass Mitarbeiter relevante Aspekte ihrer Tätigkeit ausblenden, die nicht durch Ziele erfasst werden. Mitarbeiter neigen zudem dazu, sich an aus ihrer Sicht einfacher zu erreichenden Zielen stärker zu orientieren als an Zielen, deren Erreichung schwieriger erscheint. Die Vorgabe sehr anspruchsvoller Ziele erhöht die Risikobereitschaft von Individuen und kann zu unethischem Verhalten führen (vgl. Holtbrügge/Baron/Friedmann 2015). Darüber hinaus besteht die Gefahr, dass die Vorgabe von Zielen als Form extrinsischer Anreize die intrinsische Motivation verdrängt und einen *crowding out*-Effekt bewirkt (vgl. 2.3.3).

Aufgegriffen werden diese Erkenntnisse vor allem vom **Konzept der transformationalen Führung** (*transformational leadership)* (vgl. Bass 1985; Bass/Riggio 2006). Während die transaktionale Führung (*transactional leadership*) die Vorgabe von Zielen sowie die Kontrolle und Belohnung der Zielerreichung umfasst, kommt der Führungskraft bei der transformationalen Führung die Rolle zu, die Mitarbeiter intellektuell anzuregen, durch eine fesselnde Mission für die Ziele und Aufgaben der Unternehmung zu begeistern sowie die Identifikation mit der Organisationskultur zu erhöhen (vgl. Kap. 5.4.3). Die Voraussetzung dafür ist die individuelle Führung und Förderung der Mitarbeiter (vgl. Abb. 5.25).

Abb. 5.25. Komponenten transformationaler Führung (Quelle: Wunderer 2011, S.242)

5.4.1.4 Entscheidungskontrolle

Im Rahmen der Entscheidungskontrolle wird der jeweils praktizierte Führungsstil insbesondere durch die Kontrollträger, Kontrollart und Kontrollinstrumente bestimmt (vgl. z.B. Welge 1988, S. 324 ff.). Die **Kontrollträger** können danach unterschieden werden, ob die Kontrolle vor allem durch den Vorgesetzten oder den Mitarbeiter selbst erfolgt:

- Bei der *Fremdkontrolle* wird die Tätigkeit durch übergeordnete Führungskräfte oder andere Mitarbeiter kontrolliert. Der Handlungs- und Entscheidungsspielraum des Mitarbeiters ist somit auf ausführende Tätigkeiten beschränkt.
- Bei der *Selbstkontrolle* findet die Kontrolle dagegen durch den Mitarbeiter selbst statt, der damit neben Ausführungs- auch Überwachungstätigkeiten wahrnimmt.

Der größte Vorteil der Fremdkontrolle ist die Reduzierung von Manipulationsspielräumen durch die Mitarbeiter. Zudem werden diese von aufwändigen Selbstaufzeichnungen oder Dokumentationen entlastet, was vor allem bei gering qualifizierten Mitarbeitern relevant ist. Es besteht jedoch die Gefahr der Überlastung der Führungskräfte durch Kontrolltätigkeiten. Ausgeprägte Fremdkontrollen haben zudem vor allem bei hoch qualifizierten Mitarbeitern negative Auswirkungen auf Arbeitsmotivation und -zufriedenheit.

Bei der **Kontrollart** kann zwischen einer verhaltens- und einer ergebnisorientierten Kontrolle differenziert werden:

- Bei der *verhaltensorientierten Kontrolle* wird die Einhaltung vorgegebener Verhaltens- bzw. Verfahrensregeln überprüft. Diese bietet sich vor allem dann an, wenn der Arbeitsprozess einen hohen Routine- und Standardisierungsgrad besitzt.

- Bei der *ergebnisorientierten Kontrolle* findet dagegen ein Vergleich zwischen der geplanten und der realisierten Leistung der Mitarbeiter statt. Ergebnisorientierte Kontrollen sind insbesondere bei Führungsaufgaben sinnvoll.

Eine spezifische Form der ergebnisorientierten Eigenkontrolle ist das **Management by Exception-Konzept**. Dieses basiert auf der Annahme, dass es für Führungskräfte weder möglich noch erforderlich ist, über alle Entwicklungen in einer Unternehmung permanent informiert zu sein und alle Entscheidungen selbst zu treffen. Im Rahmen der Vorgabe von Zielen werden deshalb Schwellenwerte festgelegt, innerhalb derer den Mitarbeitern ein autonomer Entscheidungs- und Handlungsspielraum eingeräumt wird. Lediglich bei Über- bzw. Unterschreitungen der Schwellenwerte müssen die Vorgesetzten informiert werden.

Das Management by Exception-Konzept weitet die Beteiligung der Mitarbeiter bei der Entscheidungsfindung auf die Entscheidungskontrolle aus. Durch diese Delegation von Verantwortung werden die Führungskräfte von Routinetätigkeiten entlastet und gewinnen Zeit für wichtigere Aufgaben. Problematisch ist jedoch, dass Führungskräfte mit ihren unterstellten Mitarbeitern nur bei ungeplanten Zielabweichungen, d.h. vor allem in Problemfällen miteinander kommunizieren, was negative Auswirkungen auf die Arbeitsmotivation und -zufriedenheit haben kann. Zudem ist die Festlegung geeigneter Schwellenwerte schwierig und auf repetitive Aufgaben beschränkt.

Zur Ergebnis- und Verhaltenskontrolle stehen unterschiedliche personenorientierte und technische **Kontrollinstrumente** zur Verfügung, die sowohl offen als auch verdeckt eingesetzt werden können (vgl. Tab. 5.33). Deren Spektrum hat in den letzten Jahren durch technologische Entwicklungen stark zugenommen und umfasst neben einfachen An- und Abwesenheitskontrollen auch umfassende Tätigkeits- und Leistungskontrollen.

Tabelle 5.33. Kontrollinstrumente

Personenorientierte Kontrollinstrumente	Technische Kontrollinstrumente
• Mitarbeitergespräche • Mitarbeiterbefragungen • (anonyme) Briefkästen • Kontrollanrufe • „Maulwürfe", „Spitzel" • Detekteien	• Mechanische Instrumente: Stempeluhren, Stückzähler, Produktographen • Akustische Instrumente: Mikrophone, Telefonüberwachung • Optische Instrumente: Kameras • Datentechnische Instrumente: Tastatur-, Email- und Internetüberwachung • Radio Frequency Identification (RFID)

Quelle: zusammengestellt nach Krimphove 2007

Dem Einsatz dieser Kontrollinstrumente sind in Deutschland jedoch enge rechtliche Grenzen gesetzt. So ist das Erheben, Speichern, Verändern oder Übermitteln personenbezogener Daten nach dem Bundesdatenschutzgesetz (BDSG) nur dann erlaubt, wenn

- der Betroffene hierzu seine Einwilligung erteilt und diese auf der freien Entscheidung des Betroffenen beruht (§ 4 Abs. 1),
- es für die Begründung, Durchführung oder Beendigung eines Arbeitsverhältnisses erforderlich ist (§ 28 Abs. 1, Satz 1), oder
- es zur Wahrung berechtigter Interessen der verantwortlichen Stelle erforderlich ist und kein Grund zu der Annahme besteht, dass das schutzwürdige Interesse des Betroffenen an dem Ausschluss der Verarbeitung oder Nutzung überwiegt (§ 28 Abs. 1 Nr. 2 BDSG).

Insbesondere sind alle Maßnahmen der Mitarbeiterkontrolle unzulässig, die in keinem Verhältnis zu der geschuldeten Arbeitsleistung stehen. Zudem ist der Grundsatz der Verhältnismäßigkeit zu wahren. Nach § 87 Abs. 1 Nr. 6 BetrVG hat der Betriebsrat ein Mitbestimmungsrecht bei der Einführung und Anwendung von technischen Einrichtungen, die dazu bestimmt sind, das Verhalten oder die Leistung der Arbeitnehmer zu überwachen.

Besonderes Aufsehen erregte die im März 2008 bekannt gewordene Überwachung von Mitarbeitern durch die Discounterkette Lidl. Diese hatte eine Detektei damit beauftragt, in rund 80 Filialen Kameraanlagen zu installieren. Diese wurden zumeist in den Verkaufsräumen oberhalb der Kasse, teilweise aber auch in den Mitarbeitern vorbehaltenen Nebenräumen wie etwa im Bereich der Mitarbeiterspinde oder im Pausenraum angebracht. Begründet wurden diese Maßnahmen von den Lidl-Vertriebsgesellschaften vor allem mit „permanent schlechten Inventurergebnissen" sowie mit Diebstahlverdacht gegen Mitarbeiter.

Nach Erkenntnissen der zuständigen Datenschutzbehörden ließ sich die heimliche Videoüberwachung der Mitarbeiter jedoch nur in einem Teil der Fälle rechtfertigen. Die von Lidl beauftragte Detektei wurde zudem beschuldigt, Gespräche und (private) Telefonate von Mitarbeitern mitgehört sowie Gespräche über Vorgesetzte und Kollegen geführt und die darin gewonnen Informationen in schriftlichen Einsatzberichten niedergelegt zu haben. Diese enthielten u.a. mitarbeiterbezogene Feststellungen und Bewertungen über das Pausenverhalten, persönliche Probleme, zwischenmenschliche Beziehungen, die finanzielle Situation der Mitarbeiter und ihrer Familien und den Gesundheitszustand sowie (mögliche) Schwangerschaften. Darin sahen die Aufsichtsbehörden zum Teil schwerwiegende oder zumindest erhebliche Datenschutzverstöße. Im September 2008 wurden gegen die 35 Lidl-Vertriebsgesellschaften deshalb Bußgelder in Höhe von insgesamt 1,462 Millionen € verhängt (vgl. https://www.datenschutzzentrum.de/presse/20080911-bw-lidl-bussgeldverfahren.pdf).

5.4.2 Führungstheorien

Nach der Darstellung der einzelnen Phasen des Führungsprozesses wird im Folgenden untersucht, wie sich diese zum Führungsstil einer Führungskraft zusammenfügen und von welchen Einflussfaktoren dieser abhängt. Dabei können Eigenschaftstheorien, Verhaltenstheorien und Situationstheorien der Personalführung unterschieden werden (vgl. ausführlich Wunderer 2011; Weibler 2016; Northouse 2015).

5.4.2.1 Eigenschaftstheorien

Im Rahmen der Eigenschaftstheorien wird vor allem der Frage nachgegangen, was eine erfolgreiche von einer weniger erfolgreichen Führungskraft und was eine Führungskraft von einem Geführten unterscheidet. Als Erklärung dafür werden außergewöhnliche Eigenschaften von Menschen angeführt. Hierzu zählen z.B. (vgl. Stogdill 1974, S. 35 ff.; Bass 1990, S. 46 ff.; Weibler 2016, S. 98 ff.):

- *Erbliche Eigenschaften* wie z.B. Adelstitel und Elternhaus,
- *physische Eigenschaften* wie z.B. Alter, Stärke, Körpergröße und -gewicht, Gesundheit und physische Attraktivität, sowie
- *psychische* und *Persönlichkeits-Eigenschaften* wie z.B. Intelligenz, Aktivität, Aufstiegswille, Selbstvertrauen, Leistungsorientierung, Ehrgeiz und Kontaktfähigkeit.

Nach der Meta-Analyse von Hoffman et al. (2010) ist der Einfluss von weitgehend stabilen Eigenschaften wie Persönlichkeit und Intelligenz (*trait-like characteristics*) auf den Führungserfolg etwa gleich groß wie derjenige veränderbarer Eigenschaften wie Wissen und Fähigkeiten (*state-like characteristics*). Die Eigenschaften erfolgreicher Führungskräfte sind demnach zu einem Teil angeboren und zum anderen Teil erlernbar. Eine große Bedeutung besitzen in diesem Zusammenhang die Big Five-Persönlichkeitsfaktoren (vgl. Kap. 5.1.2.2.2.5). Nach einer Meta-Analyse von Judge et al. (2002) begünstigen emotionale Stabilität, Extraversion und Offenheit sowohl das Erreichen einer Führungsposition als auch den Führungserfolg. Gewissenhaftigkeit hat einen großen Einfluss auf das Erreichen einer Führungsposition, wirkt sich aber nur schwach positiv auf den Führungserfolg aus. Soziale Verträglichkeit hat schließlich keinen signifikanten Einfluss auf die Wahrscheinlichkeit, eine Führungsposition auszuüben, aber eine sehr positive Wirkung auf den Führungserfolg.

Hinsichtlich der Erfolgskriterien der Personalführung zeigt die Meta-Analyse von Derue et al. (2011), dass sich Gewissenhaftigkeit und Extraversion vor allem auf die positive Beurteilung als Führungskraft durch die unterstellten Mitarbeiter auswirken. Extraversion und soziale Verträglichkeit einer Führungskraft beeinflussen dagegen die Leistung der von diesen geführten Teams. Generell wirken sich die Persönlichkeitseigenschaften von Führungskräften stärker auf die affektive Zufriedenheit der untergeordneten Mitarbeiter mit der Führungskraft als auf deren in objektiven Kriterien gemessene Führungsleistung aus.

Rudolph/Böhm/Lummer (2007) weisen auf den Einfluss bestimmter Vornamen auf die Kompetenzzuschreibung hin. Je moderner die Befragten einen Namen einer Person empfinden, desto intelligenter schätzen sie diese ein. Menschen mit Vornamen wie Dennis, Kevin, Justin, Marvin, Jacqueline, Mandy oder Chantal werden demnach eher als leistungsschwach eingestuft, während Vornamen wie Alexander, Maximilian, Simon, Lukas, Jakob, Charlotte, Nele, Marie, Emma und Katharina mit positiven Verhaltens- und Leistungseigenschaften assoziiert werden (vgl. auch Hein 2013).

Die Meta-Analyse von Hoffman et al. (2010) kommt zu dem Ergebnis, dass die dargestellten Eigenschaften von Führungskräften auf den unteren Hierarchieebenen einen größeren Einfluss auf den Führungserfolg haben als im mittleren und Top-Management. Erklärbar ist dies durch die Tatsache, dass der Führungserfolg auf den unteren Hierarchieebenen weniger von äußeren Bedingungen (z.B. Marktentwicklung, Einfluss der Stakeholder) abhängt als auf höheren Ebenen.

Eigenschaftstheorien gewinnen vor allem in Krisensituationen eine große Bedeutung, in denen von charismatischen Führungspersönlichkeiten schnelle und tief greifende Erfolge erhofft werden (vgl. Erhart/Klein 2001). Charismatische Führungskräfte werden deshalb vor allem von Mitarbeitern mit einem geringen Selbstbewusstsein bevorzugt (vgl. Howell/Shamir 2005). Als Mentalitätsmuster prägen sie zudem oft das Selbstverständnis und die Selbstdarstellung von Führungskräften (vgl. Hansen 1994; Hegele/Kieser 2000).

Als Musterbeispiel einer charismatischen Führungskraft wird häufig Steve Jobs, der ehemalige CEO von Apple, bezeichnet. Durch seine Vision, vollkommen neue Technologien zu entwickeln, und die extreme Fokussierung auf das Design und die Qualität der Produkte schuf er eine sehr leistungsorientierte Unternehmungskultur. Viele Mitarbeiter verehrten ihn wie Jünger und folgten seinen Entscheidungen vorbehaltlos. Im Unterschied zu vielen anderen charismatischen Führungskräften war Steve Jobs kein großer Redner, sondern eher introvertiert. Er übte wichtige Reden und Präsentationen jedoch minutiös ein und begeisterte seine Zuhörer durch seinen Perfektionismus.

Gleichzeitig war er stur, übertrieben kritisch, launenhaft und manchmal tyrannisch. Seine Ungeduld und extrem hohen Leistungsanforderungen verschreckten insbesondere Mitarbeiter, die Zuspruch und Bestätigung suchten. Erstaunlicherweise wurde er aber auch von vielen Mitarbeitern geschätzt, die von ihm kritisiert wurden, sich ungerecht behandelt fühlten und deshalb sogar die Unternehmung verließen (vgl. Isaacson 2011; Elliot/Simon 2011; Katzenbach 2012).

Bei der Identifikation potenziell erfolgreicher Führungskräfte ergibt sich das Problem, dass empirische Untersuchungen eine Vielzahl von teilweise sehr *widersprüchlichen Eigenschaften* identifizieren, die den Führungserfolg bestimmen (für einen Überblick vgl. Neuberger 2002, S. 231 ff.). Welche davon in einer bestimmten Situation tatsächlich relevant sind, lässt sich zumeist nur ex-post bestimmen. Einzelne Eigenschaften können in den vorliegenden Studien zudem selten mehr als 10% der Erfolgsvarianz erklären. Unklar ist auch, wie die einzelnen Eigenschaften zusammenwirken, d.h. sich gegenseitig verstärken oder behindern.

In den letzten Jahren widmet sich die Führungsforschung vermehrt der Untersuchung von Persönlichkeitsmerkmalen, die negative Führungsergebnisse zur Folge haben (vgl. Judge/Piccolo/Kosalka 2009; Padilla/Hogan/Kaiser 2007). Häufig werden dabei Narzissmus, Hybris und Machiavellianismus als **dysfunktionale Persönlichkeitseigenschaften** herausgestellt (vgl. Brosi/Spörrle 2012):

- *Narzissmus* beinhaltet ein übersteigertes Autoritäts- und Überlegenheitsgefühl, Selbstgenügsamkeit und Eitelkeit. Narzisstische Führungskräfte tendieren dazu, aufgrund ihres ausgeprägten Selbstfokus weniger mit ihren Mitarbeitern zu kommunizieren und deren Interessen bei Entscheidungen nicht ausreichend zu berücksichtigen.
- *Hybris* bezeichnet die Überschätzung der eigenen Fähigkeiten. Führungskräfte mit übersteigertem Selbstvertrauen tendieren zu Überinvestitionen und risikoreichen Entscheidungen.
- Führungskräfte mit einem ausgeprägten *Machiavellianismus* vernachlässigen bei der Erreichung der eigenen Ziele häufig ethische Prinzipien. Der Einsatz von Macht erfolgt ohne Rücksicht auf die Interessen anderer Mitarbeiter und kann auch beinhalten, diesen bewusst zu schaden (opportunistisches Verhalten).

In schwacher Ausprägung können diese Persönlichkeitseigenschaften auch positive Folgen für die Personalführung haben und etwa die Durchsetzung von unpopulären Entscheidungen erleichtern. Erst wenn sie ein bestimmtes Maß übersteigen, wirken diese Eigenschaften dysfunktional. Längsschnittanalysen und Fallstudien belegen darüber hinaus, dass viele Führungskräfte in bestimmten Phasen der Unternehmungsentwicklung erfolgreich, in anderen dagegen wenig erfolgreich sein können. Der Erfolg einer Führungskraft hängt demnach nicht nur von den Eigenschaften der Person, sondern auch von der Situation ab. Wenn etwa der Vorgesetzte wechselt, eine neue Aufgabe übernommen wird oder sich die wirtschaftliche Situation der Unternehmung ändert, wird Zielstrebigkeit plötzlich als mangelnde Sensibilität oder Entscheidungsfreudigkeit als Unfähigkeit zur Delegation uminterpretiert. „Mit Blick auf das Leistungsniveau", so resümieren McCall/Lombardo/Morrison (1988, S. 467), „kann ein kleiner Unterschied genügen, um Gewinner und Verlierer zu erzeugen."

Beispiele für Führungskräfte, deren Persönlichkeitsmerkmale im Laufe ihrer Karriere eine fundamental andere Bewertung erfahren haben, sind etwa Edzard Reuter, Ron Sommer oder Thomas Middelhoff. Edzard Reuter, der ehemalige Vorstandsvorsitzende von Daimler-Benz, wurde zu Beginn seiner Amtszeit als visionäre Führungskraft bewundert, die die Unternehmung in einen integrierten Technologiekonzern transformieren wollte. Gleichzeitig wurden seine soziale und ethische Verantwortung als vorbildlich herausgestellt. Nachdem die angestrebten Synergien zwischen den einzelnen Geschäftsbereichen nicht realisiert werden konnten und der Börsenkurs drastisch zurückging, wurde Reuter dagegen als größter Kapitalvernichter und weltfremder Sozialromantiker kritisiert (vgl. Scheib 2008). Ähnlich erging es Ron Sommer, dem ehemaligen Vorstandsvorsitzenden der Deutschen Telekom. Aus dem mitreißenden Medienprofi, der ein ganzes Volk zu Aktionären machen wollte, wurde nach dem Kursverfall der Telekom-Aktie ein „Populist ohne unternehmerische Substanz" (Glotz 2001).

Besonders eklatant ist der Fall von Thomas Middelhoff. Während seiner Zeit als Vorstandsvorsitzender von Bertelsmann und Arcandor wurde „Big T." als „Deutschlands einziger Topmanager" (Hegemann 2014) bezeichnet, ihm eine „Mischung aus Beharrlichkeit und Eloquenz" zugeschrieben und er mit zahlreichen Auszeichnungen wie der Ehrendoktorwürde der Handelshochschule Leipzig und dem Vorbildpreis der Universität Bayreuth geehrt. Nach dem von ihm mitverschuldeten Konkurs von Arcandor wurde er von den Insolvenzverwaltern wegen zahlreicher Managementfehler auf Schadenersatz verklagt und im November 2014 wegen Untreue und Steuerhinterziehung zu einer Freiheitsstrafe von drei Jahren verurteilt. „Die Wucht, mit der Karriere, Ruf und Vermögen des Thomas Middelhoff in den vergangenen Jahren zerbarsten, ist wohl einmalig in der deutschen Wirtschaftsgeschichte. Vom gefeierten Wunderknaben bei Bertelsmann ist er erst zur Wut-, dann zur Witzfigur avanciert (…). Zu verrückt klingt aus heutiger Sicht, dass die Elite des Landes dem Blendax-Lächeln und festen Blick des Managers jahrelang mehr Glauben schenkte als den wirtschaftlichen Kennzahlen" (Hielscher/Finkenzeller/Zerfaß 2014).

Trotz der aufgezeigten Mängel kommt den Eigenschaftstheorien wegen ihrer hohen Anschaulichkeit und Einfachheit in der Unternehmungspraxis eine große Bedeutung zu. Unter dem Stichwort der transformationalen Führung wird seit einigen Jahren sogar wieder verstärkt die vermeintliche Bedeutung einzigartiger Persönlichkeitsmerkmale hervorgehoben (vgl. Kap. 5.4.1.3). Nach Ansicht von Neuberger (2002, S. 240 ff.) dienen Eigenschaftstheorien vor allem der Personifizierung und Zurechnung von Erfolg und Misserfolg und damit der Befriedigung eines insbesondere in individualistischen Kulturen stark ausgeprägten Bedürfnisses. „Der Rückgriff auf ‚Charisma' und ‚Vision'", so bemerken Ridder et al. (2001, S. 87), „ist (somit) eher Ausdruck eines Erklärungsnotstands, denn einer kritischen Betrachtung des Phänomens von Führung und Folgebereitschaft."

5.4.2.2 Verhaltenstheorien

Im Rahmen der Verhaltenstheorien steht die Frage im Vordergrund, welches Verhalten eine erfolgreiche Führungskraft auszeichnet. Zumeist werden dabei in Anlehnung an die **Idealtypen legaler Herrschaft von Weber** (1972) vier Führungsstile differenziert (vgl. Tab. 5.34).

Welcher Führungsstil die höchste Effizienz aufweist, ist stark umstritten. Während für Weber der bürokratische Führungsstil die reinste und rationalste Form der Führung darstellt, da dieser „das Optimum an Möglichkeit für die Durchführung des Prinzips der Arbeitszerlegung (...) nach rein sachlichen Gesichtspunkten"

(Weber 1972, S. 562) darstellt und die berechenbare Ausübung von Aufgaben „ohne Ansehen der Person“ (ebenda) ermöglicht, weisen insbesondere Crozier/Friedberg (1979) auf dessen dysfunktionale Wirkungen hin. Nach ihrer Auffassung führt der bürokratische Führungsstil zu einer Ritualisierung des Verhaltens und zur Abnahme von Anpassungs- und Umstellungsfähigkeiten der Mitarbeiter. Insbesondere bei schlecht strukturierten und häufig wechselnden Arbeitsaufgaben wird ihm deshalb nur eine geringe Effizienz zugeschrieben.

Tabelle 5.34. Klassifikation idealtypischer Führungsstile nach Max Weber

Kriterien des Führungsstils	autoritär/ autokratisch	patriarchalisch	charismatisch	bürokratisch
Menschenbild: Mitarbeiter werden behandelt als ...	Maschinen	Kinder	Jünger	Nummern, anonyme Faktoren
Schwerpunkt der Motivation	Angst und Zwang	Abhängigkeit	Bewunderung und Identifikation	Anweisungen und Vorschriften
Autorität und Macht des Vorgesetzten basiert auf	Positionsmacht	Treue- und Versorgungspflicht	persönliche Ausstrahlung	Hierarchie
Entscheidungen werden durchgesetzt durch	Befehl	persönliche Weisungen und Vorschriften	Überzeugung	anonyme Regeln und Strukturen
Information	von der Spitze	wohlwollend von der Spitze	persönlich von der Spitze	formelle Wege von oben nach unten
Entscheidungen werden kontrolliert durch	totale Fremdkontrolle durch Vorgesetzte	persönlich durch den Patriarchen	Sozialisation und soziale Kontrolle	Berichte und schriftliche Überprüfungen

Quelle: zusammengestellt nach Zander 1990, S. 139; Staehle 1999, S. 335 f.; Freund/Knoblauch/Eisele 2003, S. 129

Im Hinblick auf die *Realisierung unterschiedlicher personalpolitischer Ziele* kommen empirische Untersuchungen zu dem Ergebnis, dass ein autoritärer Führungsstil tendenziell zu einer höheren Arbeitsleistung führt, während ein kooperativer Führungsstil tendenziell eine höhere Arbeitszufriedenheit bedingt (für einen Überblick vgl. von Rosenstiel/Nerdinger 2011, S. 297 ff.). Deshalb wird vielfach argumentiert, dass Führungskräfte gleichzeitig einen aufgaben- und beziehungsorientierten Führungsstil praktizieren sollten.

Ein Beispiel dafür ist der **Verhaltensgitter-Ansatz** von Blake/Mouton (1980). Dessen Grundlage bilden die Ohio State-Studien (vgl. Stogdill/Coons 1957), die im Unterschied zu früheren Studien davon ausgehen, dass Sachorientierung (*task* *orientation* bzw. *initiating structure*) und Menschenorientierung (*people orientation* bzw. *consideration*) nicht die Extrempunkte eines Kontinuums, sondern zwei voneinander unabhängige Dimensionen darstellen. Entsprechend lassen sich diese als Achsen eines zweidimensionalen Verhaltensgitters (*managerial grid*) auffassen, die jeweils durch eine neunstufige Skala unterteilt werden. Dadurch entstehen 81 unterschiedliche Führungsstile, die zur Komplexitätsreduktion jedoch auf fünf Ausprägungen beschränkt werden (vgl. Abb. 5.26).

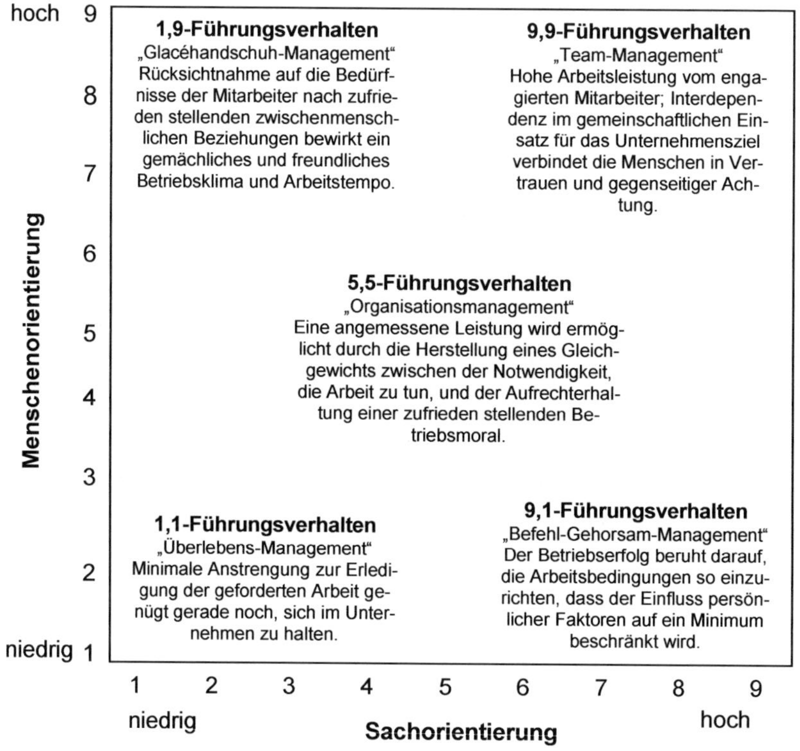

Abb. 5.26. Verhaltensgitter von Blake/Mouton (1980, S. 27)

Nach einer umfangreichen Beschreibung dieser fünf Führungsstile und ihrer Auswirkungen argumentieren Blake/Mouton, dass allein der Führungsstil 9,9 Erfolg versprechend ist. Die Führungsstile 9,1 werden dagegen als pessimistisch, 5,5 als unpraktisch, 1,9 als zu idealistisch und 1,1 als unmöglich verworfen. Der Verhaltensgitter-Ansatz besitzt damit nicht nur eine deskriptive, sondern auch eine normative Dimension, die ihm in der Unternehmungspraxis eine weite Verbreitung beschert hat. Gefördert wurde diese vor allem in den achtziger Jahren durch Grid-Seminare, in denen die Autoren Anleitungen zur Aneignung des 9,9-Führungsstils gegeben haben.

Generell belegt die Meta-Analyse von Derue et al. (2011), dass das Verhalten von Führungskräften einen größeren Einfluss auf den Führungserfolg als deren Persönlichkeitseigenschaften hat. Besonders groß ist der Erklärungsgehalt der Sachorientierung, während die Menschenorientierung einen deutlich schwächeren Zusammenhang mit der Führungsleistung aufweist. Unklar ist jedoch, ob dies unter allen situativen Bedingungen gilt oder vom spezifischen Führungskontext (z.B. kulturelle Prägung, Aufgabenkomplexität, Qualifikationsniveau) abhängig ist. Mögliche situative Einflussfaktoren werden vom Verhaltensgitter-Ansatz jedoch vernachlässigt. Zwar werden zunächst unterschiedliche Führungsstile differenziert und deren Eignung in unterschiedlichen Situationen diskutiert, schließlich jedoch ein einziger Führungsstil für allgemeingültig deklamiert (vgl. Staehle 1999, S. 841 f.).

5.4.2.3 Situationstheorien

Im Gegensatz zu den Eigenschafts- und Verhaltenstheorien wird von den Situationstheorien der Personalführung sowohl die Vorstellung eines *great man*, der sich aufgrund seiner Persönlichkeitsmerkmale als erfolgreiche Führungskraft auszeichnet, als auch die eines *one best way*, der in allen Situationen anwendbar ist, abgelehnt. Vielmehr herrscht im Sinne der Kontingenztheorie die Auffassung vor, dass die Effizienz eines Führungsstils von den situativen Rahmenbedingungen abhängig ist. Erfolgreich sind demnach Führungskräfte, die über analytische Fähigkeiten verfügen und ihr Führungsverhalten der Situation entsprechend anpassen können.

Der Zusammenhang zwischen unterschiedlichen Situationsmerkmalen, Führungsstilen und Führungseffizienz wird in zahlreichen Führungstheorien thematisiert. Exemplarisch dafür sind das 3-D-Programm von Reddin, die Reifegradtheorie von Hersey/Blanchard, die Kontingenztheorie der Personalführung von Fiedler und das normative Entscheidungsmodell von Vroom/Yetton, die im Folgenden ausführlich dargestellt werden.

5.4.2.3.1 3-D-Programm von Reddin

Das 3-D-Programm der Personalführung von Reddin (1977) basiert wie der Verhaltensgitteransatz von Blake/Mouton auf den Ohio State-Studien. Im Unterschied zu diesem werden die beiden Achsen jedoch als Beziehungsorientierung und Aufgabenorientierung bezeichnet und statt in neun lediglich in zwei Stufen unterteilt. Daraus ergeben sich vier typische Führungsstile, die als Verfahrensstil, Beziehungsstil, Aufgabenstil und Integrationsstil bezeichnet werden. Mit der Effektivität des Führungsverhaltens wird zudem eine dritte Dimension eingeführt (vgl. Abb. 5.27).

Im Gegensatz zu Blake/Mouton vertritt Reddin damit die Auffassung, dass ein Führungsstil in Abhängigkeit der Situation, in der er angewandt wird, sowohl effektiv als auch ineffektiv sein kann. Merkmale der Situation sind etwa die Aufgabenanforderungen, die Mitarbeiter und Kollegen, die Vorgesetzten sowie die Organisationsstruktur und das Organisationsklima.

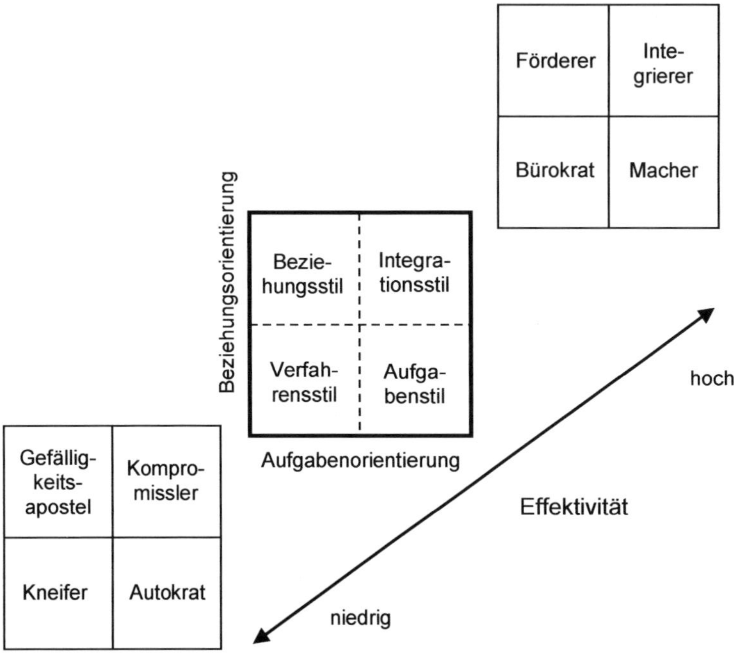

Abb. 5.27. Führungsstile im 3-D-Programm von Reddin (1977, S. 28)

- Der *Verfahrensstil* ist durch die Betonung von Regeln, Vorschriften und Verfahren gekennzeichnet. Effektiv ist dieser Führungsstil vor allem bei eindeutigen Aufgabenanforderungen, einer ausgeprägten Unabhängigkeit von Vorgesetzten und Mitarbeitern sowie bewährten Organisationsprinzipien (*Bürokrat*). Zum *Kneifer* wird eine Führungskraft dagegen, wenn sie einen Verfahrensstil bei schlecht strukturierten und schwierigen Aufgaben, wenig kooperationsbereiten und schlecht ausgebildeten Mitarbeitern und unberechenbaren Vorgesetzten praktiziert.
- Der *Beziehungsstil* beinhaltet eine starke Orientierung an den Bedürfnissen der Mitarbeiter. Effektiv sind dabei *Förderer*, die möglichst viele Aufgaben an ihre Mitarbeiter delegieren und diesen Raum für ihre eigene Entwicklung lassen. Gehen sie dabei jedoch allen Konflikten aus dem Weg und vernachlässigen die Aufgabenorientierung, werden sie zu ineffektiven *Gefälligkeitsaposteln*.
- Beim *Aufgabenstil* ist das Führungsverhalten ausschließlich auf die Arbeitsleistung ausgerichtet. Als *Macher* setzen Führungskräfte anspruchsvolle, aber realisierbare Ziele und überzeugen ihre Mitarbeiter durch ihr Fachwissen. Fehlt dieses und beruht der Führungsstil vor allem auf der Positionsmacht der Führungskraft, werden diese zu ineffektiven *Autokraten*.
- Der *Integrationsstil* zeichnet sich durch die gleichzeitige und gleichgewichtige Betonung der Aufgaben- und Beziehungsorientierung aus. *Integrierer* sind dabei Führungskräfte, die die unterschiedlichen Bedürfnisse und Qualifikationen

der Mitarbeiter produktiv zur Steigerung der Arbeitsleistung zu nutzen wissen. *Kompromissler* sind dagegen entscheidungsscheu und verstehen es nicht, Mitarbeiter- und Unternehmungsziele miteinander in Einklang zu bringen.

Der Vorteil des 3-D-Programms gegenüber dem Verhaltensgitteransatz ist die Berücksichtigung verschiedener Situationsfaktoren. Entsprechend zielen die auf der Grundlage dieses Konzepts entwickelten Trainingsmaßnahmen darauf ab, die Führungssituation zu analysieren und den effektivsten Führungsstil auszuwählen, und nicht wie bei Blake/Mouton, den richtigen Führungsstil einzuüben (vgl. Staehle 1999, S. 844). Offen bleibt jedoch, warum gerade die von Reddin ausgewählten und nicht andere Faktoren der Führungssituation relevant sind. Insbesondere fehlt eine theoretische Fundierung des Konzepts. Zudem ist der Ansatz bislang noch nicht empirisch getestet worden und aufgrund der Abstraktheit der verwendeten Konzepte und Begriffe einer Überprüfung auch kaum zugänglich (vgl. Neuberger 2002, S. 517).

5.4.2.3.2 Reifegradtheorie von Hersey/Blanchard

Auch die Reifegradtheorie von Hersey/Blachard (1969) basiert auf den zwei Dimensionen des Führungsstils der Ohio State-Studien. Im Unterschied zu dem 3-D-Programm hängt die Wahl des effizienten Führungsstils jedoch nicht von der Aufgabe, sondern vom aufgabenrelevanten Reifegrad des Mitarbeiters ab. Darunter wird die technische Reife verstanden, eine Aufgabe zu erfüllen, sowie die psychologische Reife, die dafür erforderliche Motivation zu besitzen. Ein hoher Reifegrad schlägt sich demnach in der mentalen Unabhängigkeit des Mitarbeiters, der ganzheitlichen Betrachtung der Aufgabe sowie einem ausgeprägten Leistungsstreben nieder. Der Reifegrad durchläuft nach Hersey/Blanchard eine Entwicklungskurve, die vier idealtypische Führungsstile beinhaltet (vgl. Abb. 5.28):

- Den Ausgangspunkt bildet die *Unterweisung* des Mitarbeiters. Dabei werden diesem die einzelnen Merkmale der Aufgabe detailliert erläutert und der Prozess der Aufgabenerledigung festgelegt. Eine Partizipationsmöglichkeit des Mitarbeiters besteht nicht.
- Bei dem als *Verkaufen* bezeichneten Führungsstil wird davon ausgegangen, dass der Mitarbeiter bereits eine gewisse Reife zur Ausübung seiner Aufgabe besitzt. Die Führungskraft bezieht diesen deshalb in seine Entscheidungsfindung ein, behält sich aber das letzte Entscheidungsrecht vor.
- Mit zunehmender Reife findet eine *Beteiligung* des Mitarbeiters am Entscheidungsprozess statt. Führungskraft und Mitarbeiter verstehen sich als gleichberechtigt und tragen in gleicher Weise zur Entscheidungsfindung bei.
- Bei Mitarbeitern mit einem sehr hohen Reifegrad soll nach Hersey/Blanchard eine *Delegation* von Entscheidungskompetenzen erfolgen. Im Extremfall überlässt die Führungskraft dem Mitarbeiter nach der Erläuterung der Aufgabe die alleinige Entscheidung über die einzusetzenden Mittel.

Die Aufgabe der Führungskraft besteht somit darin, den aufgabenrelevanten Reifegrad des Mitarbeiters zu diagnostizieren und den eigenen Führungsstil daran anzupassen. Dies erfordert von der Führungskraft eine hohe Führungsstilflexibilität. Darüber hinaus besteht ihre Aufgabe darin, den Reifegrad der Mitarbeiter permanent zu erhöhen. Die Personalführung weist deshalb in der Reifegradtheorie einen engen Bezug zur Personalentwicklung auf (vgl. Kap. 4.1.3).

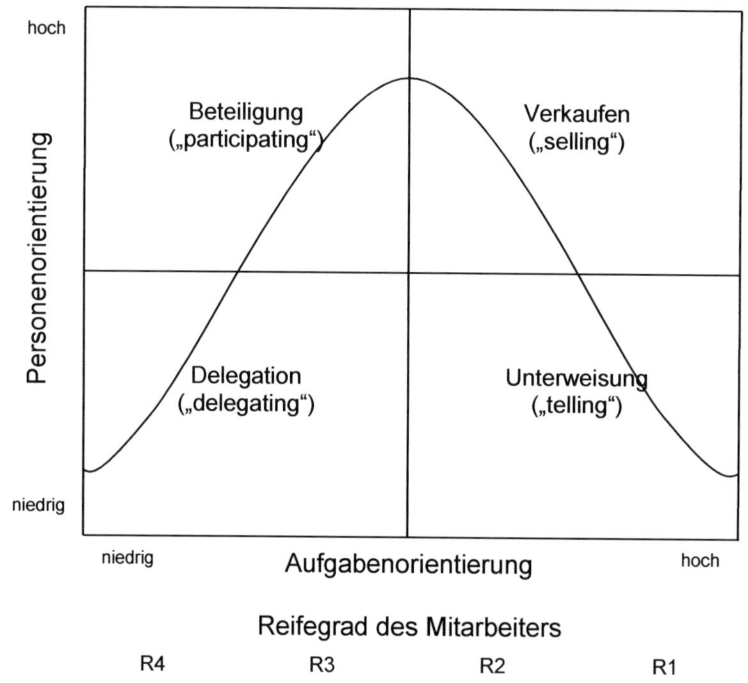

Abb. 5.28. Reifegradtheorie von Hersey/Blanchard (1969)

5.4.2.3.3 Kontingenztheorie der Personalführung von Fiedler

Ähnlich wie dem 3-D-Programm der Personalführung von Reddin und der Reifegradtheorie von Hersey/Blanchard liegt auch der Kontingenztheorie der Personalführung von Fiedler (1967) die Hypothese zugrunde, dass die Effizienz eines Führungsstils von der Führungssituation abhängig ist. Im Unterschied dazu stellen für Fiedler die Aufgaben- und Beziehungsorientierung jedoch keine unabhängigen Dimensionen dar. Vielmehr geht dieser von der Annahme aus, dass stets eine der beiden Orientierungen eindeutig überwiegt.

Zur Messung des Führungsstils hat Fiedler einen Fragebogen mit 18 achtstufigen semantischen Differenzialen entwickelt, mit dessen Hilfe Führungskräfte den von ihnen am wenigsten geschätzten Mitarbeiter (*least preferred coworker*, LPC) einschätzen sollen (vgl. Tab. 5.35). Dem liegt die Annahme zugrunde, dass eine günstige Beschreibung des LPC für einen *personenorientierten Führungsstil* und eine ungünstige Beschreibung des LPC für einen *aufgabenorientierten Führungsstil* spricht.

Zur Beschreibung der auf eine Führungskraft einwirkenden situativen Bedingungen unterscheidet Fiedler drei Dimensionen, die jeweils dichotomisiert und kombiniert werden und so acht unterschiedliche Führungssituationen ergeben:

Tabelle 5.35. LPC-Skala von Fiedler

angenehm	8	7	6	5	4	3	2	1	unangenehm
freundlich	8	7	6	5	4	3	2	1	unfreundlich
zurückweisend	1	2	3	4	5	6	7	8	entgegenkommend
gespannt	1	2	3	4	5	6	7	8	entspannt
distanziert	1	2	3	4	5	6	7	8	persönlich
kalt	1	2	3	4	5	6	7	8	warm
unterstützend	8	7	6	5	4	3	2	1	feindselig
langweilig	1	2	3	4	5	6	7	8	interessant
streitsüchtig	1	2	3	4	5	6	7	8	ausgleichend
verdrießlich	1	2	3	4	5	6	7	8	heiter
offen	8	7	6	5	4	3	2	1	verschlossen
verleumderisch	1	2	3	4	5	6	7	8	loyal
unzuverlässig	1	2	3	4	5	6	7	8	zuverlässig
rücksichtsvoll	8	7	6	5	4	3	2	1	rücksichtslos
widerlich	1	2	3	4	5	6	7	8	nett
akzeptabel	8	7	6	5	4	3	2	1	nicht akzeptabel
unaufrichtig	1	2	3	4	5	6	7	8	aufrichtig
gefällig	8	7	6	5	4	3	2	1	nicht gefällig

Quelle: Fiedler/Chemers/Mahar 1979, S. 16

- Die *Positionsmacht* gibt an, in wieweit eine Führungskraft aufgrund ihrer Position und der ihr eingeräumten Befugnisse und Kompetenzen in der Lage ist, die Mitarbeiter in ihrem Sinne zu führen.
- Die *Aufgabenstruktur* bezeichnet, ob eine Aufgabe stark oder schwach strukturiert ist.
- Die *Führungskraft-Mitarbeiter-Beziehung* charakterisiert das Vertrauen der Mitarbeiter in eine Führungskraft und deren Bereitschaft, Anweisungen zu folgen.

Die Führungseffizienz als dritte Modellvariable wird als *Gruppenleistung* definiert. In den unterschiedlichen Untersuchungen von Fiedler wird diese etwa anhand von Umsatz, Stückzahl, Fehlerhäufigkeit oder Zeitbedarf gemessen. Die *Zufriedenheit der Gruppenmitglieder* geht als Nebenprodukt in die Führungseffizienz ein.

Ursprünglich ging Fiedler von der dem Human Relations-Ansatz entlehnten Hypothese aus, dass die Gruppenleistung mit zunehmender Personenorientierung der Führungskraft (hoher LPC-Wert) zunimmt. Seine empirischen Untersuchungen konnten diese Hypothese jedoch nicht bestätigen. Vielmehr zeigte sich, dass die Effizienz des personen- bzw. aufgabenorientierten Führungsstils von der jeweiligen Führungssituation abhängig ist. Abb. 5.29 gibt die Korrelation zwischen dem LPC-Wert der Führungskraft und der Gruppenleistung in den acht verschiedenen Führungssituationen wieder. Eine positive Korrelation zwischen dem LPC-Wert und der Gruppenleistung bedeutet, dass ein personenorientierter Führungsstil erfolgreich ist, während bei einer negativen Korrelation ein aufgabenorientierter Führungsstil eine höhere Effizienz aufweist. Aus dieser Erkenntnis leitet Fiedler ein präskriptives und normatives Modell ab, das Führungskräften anzeigt, in welcher Situation welcher Führungsstil am besten geeignet ist (vgl. Abb. 5.30).

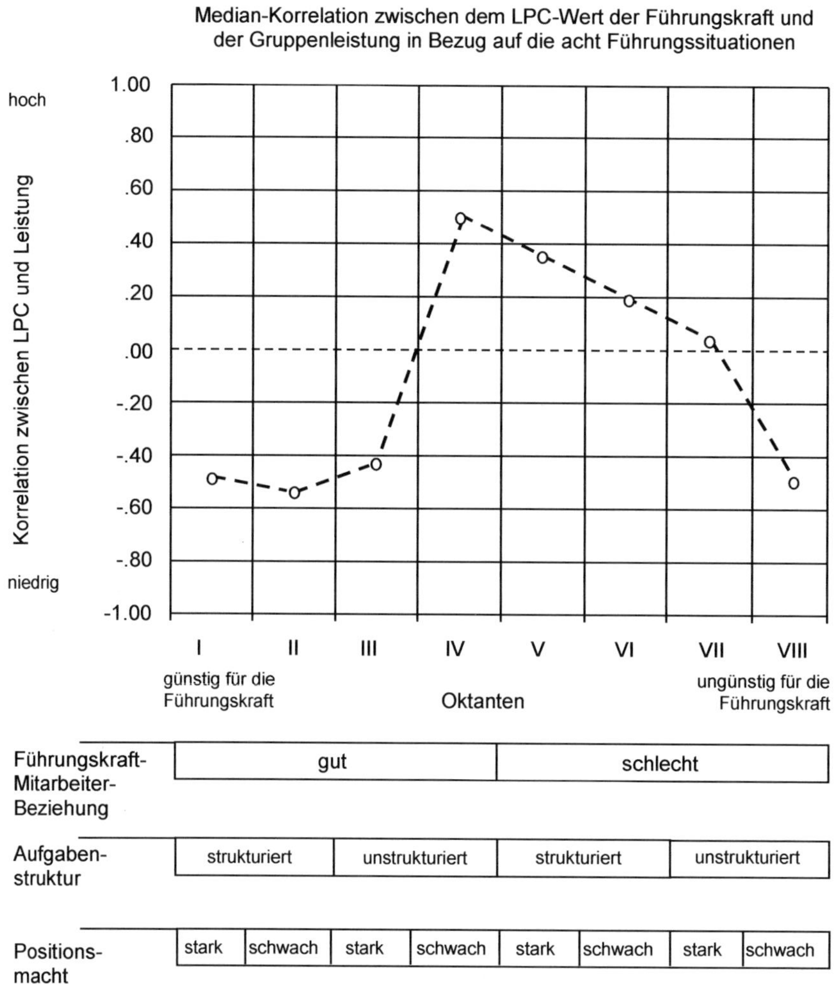

Abb. 5.29. Modell zur Analyse von Führungssituationen nach Fiedler (Quelle: leicht modifiziert nach Staehle 1999, S. 351)

Im Unterschied zu früheren Ansätzen ist Fiedler nicht der Auffassung, dass Führungskräfte ihren Führungsstil an die Führungssituation anpassen sollten, da dieser nur sehr langfristig veränderbar ist. Vielmehr schlägt er vor, zunächst den Führungsstil einer Person zu bestimmen und dann die Situation, d.h. eine oder mehrere der drei als relevant erachteten Dimensionen, an diesen anzupassen.

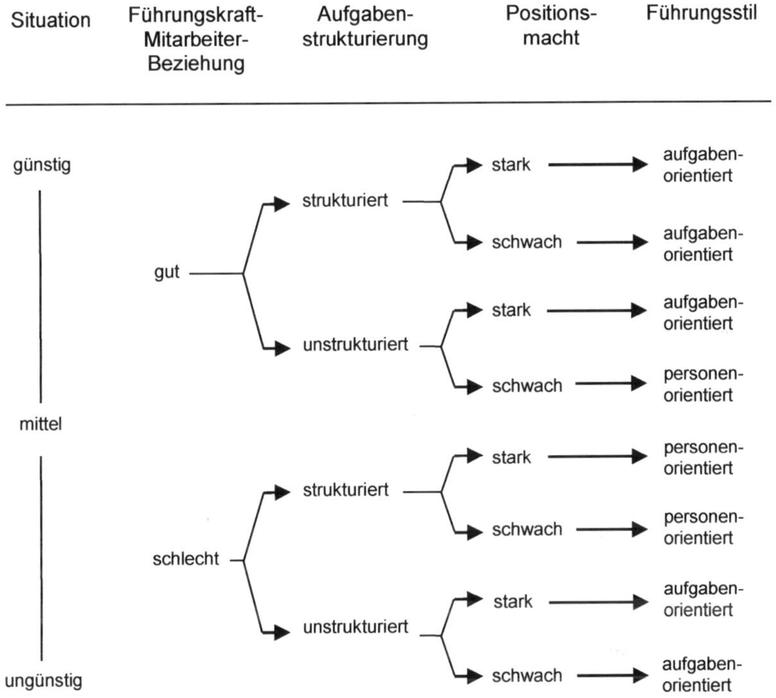

Abb. 5.30. Zusammenhang zwischen Führungssituation, Führungsstil und Führungseffizienz (Quelle: leicht modifiziert nach Fiedler/Mai-Dalton 1995, Sp. 943)

Diese Schlussfolgerung kann jedoch zu problematischen Ergebnissen führen. So schlägt Fiedler in bestimmten Situationen eine Verschlechterung der Führungskraft-Mitarbeiter-Beziehung vor, um die Situation dem praktizierten Führungsstil anzupassen. Ein weiterer fundamentaler Kritikpunkt ist die mangelnde empirische Bestätigung des Ansatzes. Fiedler selbst kommt in Folgestudien zu teilweise erheblich von der Ursprungsstudie abweichenden Ergebnissen, die jedoch als theoriekonform interpretiert werden (vgl. den Überblick in Neuberger 2002, S. 500 f.). Kritisiert wird darüber hinaus die mangelnde theoretische Begründung und Unvollständigkeit der drei Situationsvariablen, bei denen insbesondere Merkmale der geführten Mitarbeiter unberücksichtigt bleiben (vgl. Scholz 2014, S. 1126 f.). Gegen den LPC-Wert wird angeführt, dass dieser die Aufgaben- und Personenorientierung im Gegensatz zu den Erkenntnissen der Ohio State-Studien nicht als voneinander unabhängige Dimensionen, sondern als Extrempunkte auf einem Kontinuum ansieht. Zudem wird bezweifelt, ob dieser tatsächlich das Verhalten oder nicht vielmehr lediglich die Einstellung einer Führungskraft misst (vgl. Staehle 1999, S. 352).

Trotz dieser teilweise vehementen Kritik muss Fiedler das Verdienst zugesprochen werden, zum ersten Mal die situativen Bedingungen der Personalführung in ein empirisch überprüfbares Modell integriert und damit die weitere Forschung stark beeinflusst zu haben. Die Kritik, wichtige Dimensionen der Führungssituation oder Kriterien der Führungseffizienz nicht zu berücksichtigen, lässt sich zudem gegen jede Führungstheorie vorbringen. „Denn: Es gibt weder *die* Führungssituation, noch *die* Arbeitsgruppe, daher gibt es auch nicht *den* Führenden, *das* Führungsverhalten, *die* Führungseffizienz“ (Berthel/Becker 2013, S. 191).

5.4.2.3.4 Normatives Entscheidungsmodell von Vroom/Yetton

Die Grundlage des normativen Entscheidungsmodells von Vroom/Yetton (1973) bildet ein Entscheidungsbaum, der Führungskräften vorgibt, welchen Führungsstil sie in welcher Situation praktizieren sollen, um erfolgreich zu sein (vgl. Abb. 5.31). Hierzu werden sieben *Entscheidungsregeln* aufgestellt, von denen sich die ersten drei auf die Entscheidungsqualität und die letzten vier auf die Entscheidungsakzeptanz beziehen. Die sukzessive Anwendung der Entscheidungsregeln führt zu unterschiedlichen Führungsstilempfehlungen (vgl. Tab. 5.36). Diese reichen vom autokratischen (A) über den beratenden Stil (B) bis zu Gruppenentscheidungen (G), wobei jeweils mehrere Varianten möglich sind. Neben diesen für *Gruppenprobleme* geeigneten Führungsstilen werden von Vroom/Yetton zwei Führungsstile für *Individualprobleme* (GI und D für Delegation) thematisiert, die zur Komplexitätsreduktion im Folgenden jedoch unberücksichtigt bleiben.

Zur Auswahl der sich aus der Anwendung des Modells ergebenden und am Ende des Entscheidungsbaums aufgeführten Führungsstile muss eine Gewichtung der Ziele vorgenommen werden. Soll vor allem der *Zeitaufwand der Entscheidungsfindung* reduziert werden (*time-efficient model*), wird die jeweils erste von häufig mehreren Alternativen als beste angesehen. Besitzen dagegen die Entscheidungskriterien Partizipation und Personalentwicklung eine größere Relevanz (*time-investment model*), so ergibt sich genau die umgekehrte Reihenfolge.

Das normative Entscheidungsmodell wurde in mehreren Untersuchungen empirisch getestet und dabei weitgehend bestätigt (vgl. den Überblick in Jago 1995, Sp. 1066 ff.). Dies gilt auch für Studien außerhalb Nordamerikas wie die Studie von Piel (1986) in Deutschland und von Böhnisch/Jago/Reber (1987) in Österreich, was auf eine hohe *interkulturelle Gültigkeit* des Modells hindeutet. Staehle (1999, S. 860) kritisiert jedoch, dass diese Studien überwiegend nicht von unabhängigen Dritten durchgeführt wurden. Zudem wird dabei häufig auf retrospektive Selbsteinschätzungen von Führungskräften zurückgegriffen, die zumeist eher den Eindruck eines stärker partizipativen Führungsstils vermitteln als Befragungen untergeordneter Mitarbeiter.

Kritisch gegen die *Modellkonzeption* wird eingewandt, dass mit der Entscheidungsfindung lediglich eine Phase des Führungsprozesses konzeptionell erfasst wird. Ein weiterer Kritikpunkt ist, dass ein autoritärer Führungsstil ausschließlich unter Zeitdruck als legitim angesehen wird und andere Einflussfaktoren, die diesen rechtfertigen könnten, ausgeblendet werden. Darüber hinaus bleiben mitarbeiterorientierte Effizienzkriterien (Zufriedenheit, Sicherheit, etc.) unberücksichtigt (vgl. Berthel/Becker 2013, S. 212).

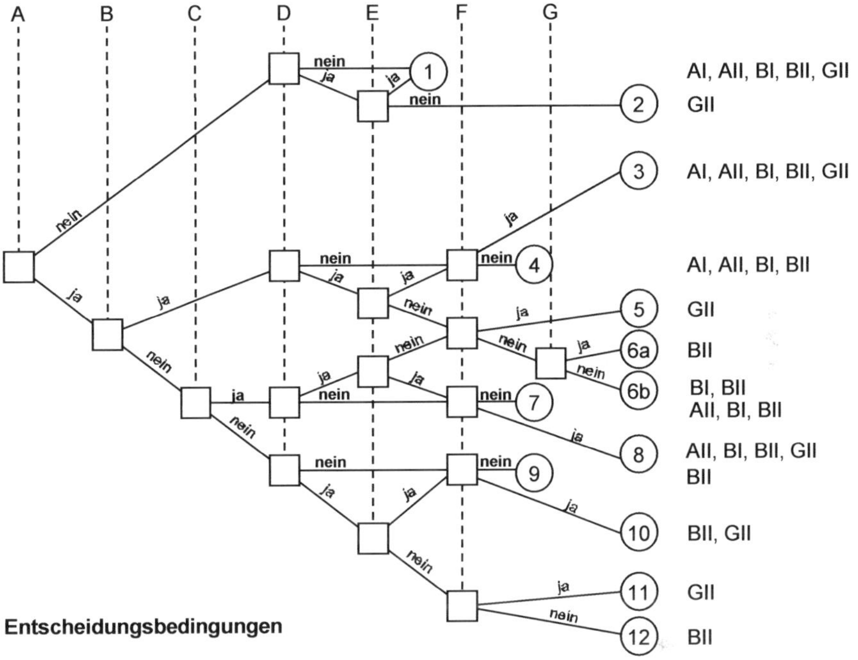

Entscheidungsbedingungen

A Qualität wichtig?
Ist vermutlich eine Lösung sachlich besser als eine andere?

B Genügend Informationen vorhanden?
Hat der Vorgesetzte selbst alle Informationen für eine richtige Entscheidung?

C Problem strukturiert?
Ist bekannt, welche Informationen fehlen, wie das Problem zu lösen ist, wo fehlende Informationen zu holen sind?

D Akzeptierung wichtig?
Ist das Akzeptieren der Entscheidung durch die Mitarbeiter für die effektive Ausführung wichtig?

E Akzeptierung bei Alleinentscheidung?
Wenn der Vorgesetzte die Entscheidung selbst trifft, würde sie dann von den Mitarbeitern akzeptiert?

F Betriebsziele akzeptiert?
Teilen die Mitarbeiter die Betriebsziele, die durch die Problemlösung erreicht werden sollen?

G Konflikte wahrscheinlich?
Wird es vermutlich zwischen den Mitarbeitern zu Konflikten kommen, welche Lösung zu bevorzugen ist?

Abb. 5.31. Entscheidungsbaum zum Auffinden des effizientesten Führungsstils nach Vroom/Yetton (Quelle: Jago 1995, Sp. 1066 f.)

Die *praktische Anwendbarkeit* des normativen Entscheidungsmodells von Vroom/Yetton besteht vor allem in der Schulung von Führungskräften in situativem Denken. Darüber hinaus wird deutlich gemacht, dass unterschiedliche Situationen bzw. Probleme unterschiedliche Formen der Personalführung erfordern. Durch die hohe Zahl der berücksichtigten Situationsvariablen ist das Modell dabei den zuvor dargestellten Ansätzen überlegen. Wenig realistisch erscheint jedoch die Annahme, dass Führungskräfte ihr Verhalten permanent neuen Situationen anpassen können. Neuberger (2002, S. 508) bezeichnet das Modell deshalb als „Horrorvision", da es die Aufgabe von Führungskräften auf die Situationsanalyse reduziert und ihr Handeln programmiert.

Tabelle 5.36. Führungsstile nach Vroom/Yetton

AI	Die Führungskraft löst das Problem selbst und trifft die Entscheidung alleine, wobei sie lediglich die ihr im Moment verfügbaren Informationen nutzt.
AII	Die Führungskraft holt zunächst die notwendigen Informationen von ihren Mitarbeitern ein und entscheidet dann alleine. Die Rolle der Mitarbeiter besteht ausschließlich in der Beschaffung von Informationen, nicht jedoch in der Bewertung von Alternativen oder der Anregung von Lösungen.
BI	Die Führungskraft diskutiert das Problem mit einzelnen Mitarbeitern individuell und holt deren Meinung ein, trifft jedoch die Entscheidung anschließend alleine. Dabei können, müssen aber nicht die Vorschläge der Mitarbeiter berücksichtigt werden.
BII	Die Führungskraft diskutiert das Problem mit den Mitarbeitern in einer Gruppenbesprechung, trifft jedoch die Entscheidung anschließend alleine. Dabei können, müssen aber nicht die Vorschläge der Mitarbeiter berücksichtigt werden.
GII	Die Führungskraft diskutiert das Problem mit den Mitarbeitern in einer Gruppe. Gemeinsam werden Informationen ausgetauscht, Alternativen entwickelt und eine Entscheidung getroffen. Die Rolle der Führungskraft ist vor allem die eines Diskussionsleiters, der jedoch nicht versucht, den Gruppenmitgliedern seine Meinung aufzuzwingen.

Quelle: Vroom/Yetton 1973, S. 13

5.4.2.4 Praktische Bedeutung und Effizienz

Obwohl die in den letzten Abschnitten dargestellten Führungstheorien von ihren Vertretern popularisiert und in einer Vielzahl von Veröffentlichungen und Seminaren verbreitet wurden, sind sie zur Erklärung der betrieblichen Realität und zur Ableitung von Handlungsempfehlungen nur bedingt geeignet. Ein zentraler Mangel ist insbesondere die weitgehende Vernachlässigung von *Merkmalen der geführten Mitarbeiter*, die in der Unternehmungspraxis zunehmend an Gewicht gewinnen. So führt etwa der Wertewandel von materiellen zu postmateriellen Werten (Inglehart 1998) dazu, dass die Führungserwartungen immer mehr zu einer kooperativen Führung tendieren. Durch den Abbau von Hierarchien, die Dezentralisierung von Entscheidungskompetenzen und die Veränderung der Kommunikationsstrukturen durch neue Informationstechnologien nimmt zudem die Bedeutung der lateralen Kooperation und des Schnittstellenmanagements zu. Die Individualisierung und Professionalisierung der Mitarbeiter bewirkt darüber hinaus eine wachsende Bedeutung von Selbststeuerung und Selbstführung.

Ein weiterer gravierender Schwachpunkt der klassischen Führungstheorien ist die mangelnde Berücksichtigung *kultureller Einflüsse*. Die interkulturelle Managementforschung weist darauf hin, dass die Effizienz unterschiedlicher Führungsstile in einem hohen Maße von den kulturell geprägten Partizipationserwartungen der unterstellten Mitarbeiter abhängig ist (vgl. Kap. 4.2.2). So zeichnen sich Mitarbeiter aus den meisten protestantisch geprägten westlichen Industrieländern, in denen ein starker Glaube an die Selbstbestimmtheit der menschlichen Existenz vorherrscht, durch hohe Partizipationserwartungen aus. In traditionellen Gesellschaften, die durch den Glauben an die Schicksalsbedingtheit des persönlichen Daseins geprägt sind, überwiegen dagegen autoritäre Führungsstilpräferenzen. Von Keller (1995, Sp. 1402) begründet diese geringe Partizipationserwartung damit, dass durch traditionelle Werte geprägte Mitarbeiter eigene Entscheidungen häufig als Last empfinden, die ihnen durch eine autoritäre Führung abgenommen wird. Auch wenn diese Schlussfolgerung häufig kritisiert wird, besteht Einigkeit darüber, dass Führungsstile *culture bound* und deshalb nicht von einer Kultur in eine andere übertragbar sind (vgl. Hofstede 2001; House et al. 2004). Wie Weibler et al. (2000) aufzeigen, gilt dies selbst für kulturell verwandte Länder wie Deutschland, Österreich und die Schweiz. Vor dem Hintergrund der zunehmenden kulturellen Heterogenität der Belegschaft vieler Unternehmungen besitzt diese Erkenntnis nicht nur für international tätige Unternehmungen eine hohe Relevanz.

Den meisten Führungstheorien liegt die implizite Annahme zugrunde, dass zwischen den Führungskräften und den ihnen untergeordneten Mitarbeitern eine permanente persönliche Interaktion besteht. Personalführung findet jedoch zunehmend über räumliche und nationale Grenzen hinweg statt. Dies gilt insbesondere für international tätige Unternehmungen, die über eine Vielzahl ausländischer Tochtergesellschaften verfügen und deren Führungskräfte häufig für mehrere Unternehmungseinheiten verantwortlich sind (vgl. Holtbrügge/Schillo 2011). *Führung auf Distanz* erfolgt zumeist mit Hilfe elektronischer Kommunikationsmedien, die eine geringere *media richness* als die persönliche Kommunikation beinhalten. Länderübergreifende Führungsbeziehungen werden zudem durch unterschiedliche Kommunikationsstile und -inhalte sowie durch Unterschiede beim Zeitverständnis und bei den Arbeitszeiten beeinflusst (vgl. Herrmann/Hüneke/Rohrberg 2006; Grundgreif/Holtbrügge/Schillo 2007).

Umstritten ist, ob sich auch das *Geschlecht* einer Führungskraft bzw. eines geführten Mitarbeiters auf den praktizierten bzw. erwarteten Führungsstil auswirkt. Während einige empirische Studien darauf hinweisen, dass Frauen sowohl einen eher partizipativen Führungsstil praktizieren als auch erwarten, wird diese *sex differences*-Hypothese von anderen Untersuchungen nicht bestätigt (vgl. den Überblick in Parkin/Hearn 1995). Relativ unstrittig ist jedoch, dass die Ausübung von Macht in Unternehmungen als Teilaspekt der Personalführung eine starke sexuelle Komponente aufweist (vgl. Hearn et al. 1989; Krell/Osterloh 1992; Alvesson/Billing 1997).

Die Kritik an den klassischen Führungstheorien hat in den letzten Jahren zu einer Umorientierung der Führungsforschung geführt. Dabei sind vor allem zwei Ansätze von Interesse, die im Folgenden ausführlich thematisiert werden: die Personalführung in symbolischer und in struktureller Perspektive.

5.4.3 Personalführung in symbolischer Perspektive: Der Ansatz der Organisationskultur

Die Bedeutung der Organisationskultur für die Personalführung resultiert daraus, dass Führungskräfte das Denken und Handeln der ihnen unterstellten Mitarbeiter nicht nur durch unmittelbare Kommunikation und Interaktion, sondern auch durch *symbolische Führung* beeinflussen können. Führungskräfte handeln symbolisch, „indem sie Handlungen ausführen, die von anderen (sinnvoll) gedeutet werden und geregeltes (regeltreues) Anschlusshandeln auslösen" (Neuberger 2002, S. 662). Dem liegt die Erkenntnis zugrunde, dass Führungskräfte durch direkte Interventionen nur in dem Maße intendierte Einstellungs- und Verhaltensänderungen herbeiführen können, in dem diese mit den in der Organisationskultur verwurzelten Werten übereinstimmen und sich deren Sprache und Symbole bedienen (vgl. Hentze et al. 2005, S. 470 ff.).

Die Organisationskultur bildet die Gesamtheit der Orientierungsmuster, Denkhaltungen und Symbole, die eine Unternehmung im Verlauf ihrer Geschichte herausbildet und die das Verhalten der Mitarbeiter maßgeblich prägt (vgl. Schreyögg/ Geiger 2016, S. 317 ff.). Deren Ausgangspunkt bildet die Annahme, „dass das ganze organisatorische Leben – und nicht nur einige offenkundige Dinge wie das Firmenlogo oder das Firmengebäude – von Symbolen und symbolischer Interaktion geprägt ist" (Schreyögg/Geiger 2016, S. 338).

Zur Beschreibung und Analyse von Organisationskulturen wird häufig auf das **Kulturmodell von Schein** (1984) zurückgegriffen, bei dem zwischen drei Kulturebenen mit unterschiedlichen Formen der Manifestation bzw. Erschließung unterschieden wird (vgl. Abb. 5.32):

- Auf der ersten Ebene siedelt Schein die *Basisannahmen* einer Unternehmung an. Diese umfassen die grundlegenden Überzeugungen und Vorstellungsmuster über die Umwelt, die Wahrheit, die Natur des Menschen, das menschliche Handeln und die zwischenmenschlichen Beziehungen. Die Basisannahmen bilden eine unsichtbare, überwiegend unbewusste und unterhalb der Realitätsebene angesiedelte latente Sinnstruktur, die nur interpretativ erschlossen werden kann. Sie sind besonders tief verwurzelt und nur sehr langfristig veränderbar.
- Die weitgehend unsichtbaren und unbewussten Basisannahmen drücken sich in *Normen und Standards* aus, die konkrete Regeln für das Handeln beinhalten. Diese können sowohl in unternehmungspolitischen Grundsätzen explizit formuliert sein als auch implizite Verhaltensrichtlinien darstellen. Auch diese Muster für die Selektion und Interpretation von Ereignissen und Handlungsweisen sind nur teilweise sichtbar und bewusst und damit ebenfalls schwer erfassbar.

- Die dritte Ebene der Organisationskultur bilden die *Symbolsysteme*. Dazu zählen z.B. Architektur, Firmenzeichen (Logos), Kleidung, Sprache und Umgangsformen, Geschichten und Legenden sowie Zeremonien, Riten und „Helden“ der Unternehmung. Symbole dienen der Kommunikation der schwer fassbaren Annahmen und Wertvorstellungen nach innen und außen. Sie sind sichtbar, aber interpretationsbedürftig.

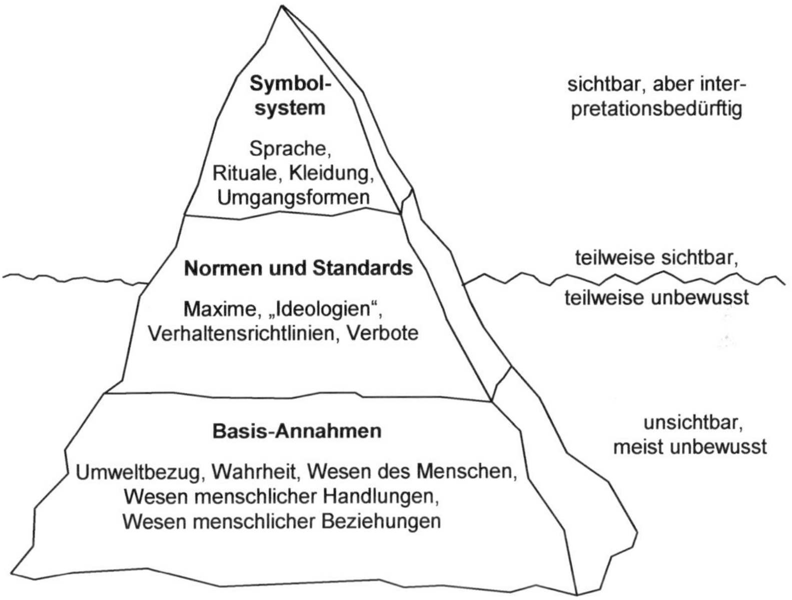

Abb. 5.32. Ebenen der Organisationskultur (Quelle: in Anlehnung an Schein 1984, S. 4)

Eine starke Organisationskultur, die sich durch Prägnanz sowie einen hohen Verbreitungs- und Internalisierungsgrad auszeichnet (vgl. Schreyögg/Geiger 2016, S. 331 ff.), kann den Bedarf an direkter persönlicher Einflussnahme durch Führungskräfte reduzieren. An die Stelle der interaktionalen Führung treten dabei kulturelle Orientierungen, die das Denken und Handeln der Mitarbeiter bestimmen. Die Organisationskultur stellt somit ein *Führungssubstitut* dar (vgl. Ebers 1995, Sp. 1677 f.).

Beispiele für symbolische Führung sind etwa geöffnete Bürotüren als Ausdruck von Transparenz und offener Kommunikation, Statussymbole wie Dienstwagen zur Förderung des Leistungsprinzips, die Benutzung von Titeln zur Betonung von Seriosität oder Geschichten und Legenden über den Unternehmungsgründer zur Vermittlung von unternehmerischer Initiative und Langfristigkeit. Auch das Kommunikationsverhalten von Führungskräften (vgl. Tab. 5.37) und deren Präsentation in der Öffentlichkeit (vgl.

Tab. 5.38) stellen wichtige Elemente der symbolischen Führung dar. Den intendierten Einfluss auf Einstellungen und Verhalten der Mitarbeiter können diese Symbole aber nur dann ausüben, wenn sie in der jeweiligen Organisationskultur verankert sind. Geöffnete Bürotüren werden deshalb nicht zur Verbesserung der Kommunikation beitragen, wenn die Führungskraft ein pessimistisches Menschenbild hat und die „Helden“ der Unternehmung Mitarbeiter sind, die ihre Entscheidungen einsam und gegen alle Widerstände durchsetzen.

Symbolische Führung auf der Basis gemeinsamer Orientierungspunkte für das Denken und Handeln der Mitarbeiter ist vor allem dann geeignet, wenn (vgl. Hentze et al. 2005, S. 471)

- die Mitarbeiter zur Legitimierung und Unterstützung der (nicht immer unzweifelhaften) Unternehmungsziele aufgefordert und motiviert werden sollen (Herstellung von Unternehmungsidentität, Bindung an die Unternehmung, Loyalität, Gruppenkohäsion),
- lediglich unbestimmte, wenig stabile oder nicht näher definierte Präferenzen der geführten Mitarbeiter vorliegen oder aufgrund rationaler Argumentation nicht eindeutig hergeleitet werden können, und
- die Unternehmungsleitung (wenig motivierende, weil schlechte) Bewertungen ihres verantwortlichen Handelns vermeiden bzw. im eigenen positiven Sinne verbessern möchte.

Tabelle 5.37. Kommunikationsverhalten ausgewählter Top-Manager

	Email/Tag	**Telefon**	**Assistenten**	**Sonstiges**
Bill Gates (Microsoft)	100 (gefiltert)	in Email integriert	1	Whiteboard und Buntstifte (kein Papier)
Bill Gross (Pimco)	0	nur für Ehefrau	0	6 Bildschirme
Alan Laffey (Procter & Gamble)	minimieren	minimieren	k.A.	handgeschriebene Zettel
Marissa Mayer (Google)	> 700	„Ich liebe mein Handy“	1	tägliche Sprechstunde 16-17.30 Uhr
Hank Paulsen (Goldman Sachs)	0	200/Tag	1	Fitness-Studio nach Ankunft in Übersee
Amy Schulman (DLA Piper)	600 (Blackberry)	Handy (früher 2)	2 (in Schichten)	versucht, „Emails nicht im Kino zu lesen“
Howard Schulz (Starbucks)	wenig	wichtig	k.A.	„Gute Tasse Kaffee“
Vera Wong (Vera Wong Group)	0	“Hasse Telefon”	1	immer erreichbar für die Mitarbeiter

Quelle: Walsh 2006, S. 11

Unterschiedliche Auffassungen bestehen darüber, ob und wie Organisationskulturen beeinflusst werden können. Während die *Kulturingenieure* davon ausgehen, dass sich Kulturen ähnlich wie andere Führungsinstrumente einsetzen und planmäßig verändern lassen, betrachten die *Kulturalisten* die Organisationskultur als eine organisch gewachsene Lebenswelt, die sich gezielten Beeinflussungsversuchen entzieht bzw. auf diese mit unbeabsichtigten Folgen reagiert. Realistisch scheint die Annahme zu sein, dass sich die Veränderung von Organisationskulturen zwar initiieren lässt, der Ausgang dieses Veränderungsprozesses aber nur in einem begrenzten Maße vorhersehbar ist (vgl. Schreyögg/Geiger 2016, S. 343 ff.). Symbolische Führung ist deshalb zwar eine in vielen Situationen sehr effiziente, jedoch nur langfristig wirksame Form der Personalführung.

Tabelle 5.38. Präsentation von Vorstandsvorsitzenden von DAX-Unternehmungen in der Öffentlichkeit (Ränge)

Rang	Vorstandsvorsitzender	Unternehmung	Erwähnungen in den Pressemitteilungen	Länge der Vita auf der Unternehmungshomepage	Zahl und Größe von Fotos im Geschäftsbericht	Vorsprung des Gehalts vor stellv. Vorsitzendem	Verhältnis von „ich" und „wir" in Interviews
1	W. Wenning	Bayer	1	5	5	3	6
2	N. Schweickart	Altana	4	8	1	6	2
3	D. Zetsche	DaimlerChrysler	10	3	2	13	4
4	W. Reitzle	Linde	5	13	5	13	9
5	W. Diekmann	Allianz	12	4	5	23	3
6	J. Hambrecht	BASF	15	10	5	13	5
7	W. Bernotat	E.ON	11	15	5	7	10
8	H. Roels	RWE	6	6	19	5	14
9	K.-P. Müller	Commerzbank	17	17	2	10	7
10	N. Bomhard	Münchener Rück	2	24	5	13	13
11	H. Hainer	Adidas	9	16	5	9	22
12	M. Frenzel	TUI	7	9	5	21	20
13	J. Ackermann	Deutsche Bank	16	23	22	1	1
14	K. Kleinfeld	Siemens	23	1	2	24	16
15	W. Ziebart	Infineon	19	27	5	4	12
16	W. Mayerhuber	Lufthansa	2	2	22	20	21
17	K. Zumwinkel	Deutsche Post	14	22	5	13	17
18	G. Funke	Hypo Real Estate	25	14	22	2	11
19	H. Samuelsson	MAN	13	19	5	26	15
20	W. Schimmelmann	Postbank	21	20	5	8	24
21	H.-J. Körber	Metro	8	12	19	22	18
22	B. Lipps	Fresenius	18	21	5	13	26
23	H. Kagermann	SAP	22	7	22	11	23
24	R. Francioni	Deutsche Börse	27	26	5	27	8
25	M. Wennemer	Continental	24	18	22	12	19
26	U. Lehner	Henkel	20	25	19	13	25
27	E. Schulz	ThyssenKrupp	26	11	22	25	26

Quelle: Kahlen/Wiskow 2006, S. 140

5.4.4 Personalführung in struktureller Perspektive: Der Ansatz der Postmoderne

Die Grundlage des postmodernen Ansatzes der Personalführung bildet die Erkenntnis, dass Macht nicht nur durch direkte und personale Eingriffe (interaktionale Führung) und durch sinnstiftendes Handeln (symbolische Führung), sondern auch durch Programme, Strukturen und Regeln (strukturelle Führung) ausgeübt werden kann (vgl. zum Folgenden ausführlich Holtbrügge 2001, S. 181 ff.). Besonders radikal wird diese Dezentrierung und Entpersonalisierung der Macht von Foucault formuliert. Den Ausgangspunkt seines Ansatzes einer zellenförmigen „Mikrophysik der Macht" (Foucault 1976, S. 40) bildet die historische Analyse gesellschaftlicher Sanktionsformen, die sich von affektgeladenen, auf körperliche Schmerzen zielenden Strafen (Macht des Souveräns) in der zweiten Hälfte des 18. Jahrhunderts zu subtilen und kontinuierlichen Formen der Überwachung und Kontrolle von Handlungen (Disziplinarmacht) gewandelt haben.

> Das Sinnbild dieser entpersonalisierten Mikrophysik der Macht ist für Foucault (1976, S. 251 ff.) das Panoptikum. Ende des 18. Jahrhunderts von Jeremy Bentham zur Humanisierung des Strafvollzugs entwickelt, stellt das Panoptikum ein ringförmiges Gebäude dar, in dessen Zentrum sich ein Wachturm befindet, um den herum einzelne Zellen gruppiert sind. Zwischen dem Wachturm und den Zellen sind Fenster angebracht, die so beschaffen sind, dass alle Zellen vom Turm, der Turm aber nicht von den Zellen eingesehen werden können. Die Häftlinge können deshalb von den Wärtern jederzeit beobachtet werden, ohne zu wissen, wann dies genau geschieht. „Die Wirkung der Überwachung ‚ist permanent, auch wenn ihre Durchführung sporadisch ist'; die Perfektion der Macht vermag ihre tatsächliche Ausübung überflüssig zu machen" (Foucault 1976, S. 258).

Die Grundlage der entpersonalisierten Ausübung von Macht ist die Trennung gesellschaftlicher Bereiche der Normalität von solchen der Anomalität und die Aufrechterhaltung des Normalen durch einen umfassenden Erfassungs-, Disziplinierungs- und Normierungsprozess. Voraussetzung und Gegenstand dieses Prozesses sind die Beobachtung und die Produktion von Wissen von Individuen. Beispiele für die Normierung von Mitarbeitern durch die Produktion von Wissen im Bereich des Personalmanagement sind etwa Stellenbeschreibungen, Multimomentaufnahmen, Einstellungsmessungen, Assessment Center oder Leistungsbeurteilungen (vgl. Townley 1993, S. 526 ff.; Findlay/Newton 1998; Fox 1990). Durch diese Techniken der Erfassung, Bewertung, Sichtbarmachung und Internalisierung wird ein automatisiertes Machtverhältnis geschaffen und aufrechterhalten, das vom Machtausübenden unabhängig ist.

Foucaults Ansatz einer zellenförmigen Mikrophysik der Macht versteht Macht damit nicht als Besitz, der an ein bestimmtes Subjekt gebunden ist, sondern als Grundlage und Produkt der strategischen Auseinandersetzung zwischen Akteuren. Sie ist nicht durch Argumente und Wahlentscheidungen wie etwa die organisatorische Rollendifferenzierung in Führungskräfte und untergeordnete Mitarbeiter legitimiert, sondern stellt ein Netz von arbiträren, asymmetrischen und temporären Beziehungen dar, das alle Bereiche der Lebenswelt durchzieht. „Die Macht ist nicht etwas, was man erwirbt, wegnimmt, teilt, was man bewahrt oder verliert; die Macht ist etwas, was sich von unzähligen Punkten aus und im Spiel ungleicher und beweglicher Beziehungen vollzieht. (Sie ist) das Spiel, das in unaufhörlichen Kämpfen und Auseinandersetzungen die Kraftverhältnisse verwandelt, verstärkt, verkehrt“ (Foucault 1977, S. 113 ff.).

Das postmoderne Verständnis der Personalführung steht damit in einem starken Kontrast zu den klassischen Führungstheorien, die von hierarchischen Beziehungen ausgehen und die Möglichkeit voraussetzen, das Handeln der untergeordneten Mitarbeiter zielgerichtet zu beeinflussen (vgl. Clegg 1994). „Macht ist (vielmehr) diffundiert, (...) nicht mehr konkreten Personen zuschreibbar, noch nicht einmal denjenigen an der Spitze der Hierarchie. Es gibt zwar den Chef, aber Macht ist kein Eigentum, das man übertragen kann, sondern ein integriertes System, das selbständig ist, weil es von innen her mit der Ökonomie und den Zwecken der jeweiligen Organisation verbunden ist“ (Pelzer 1995, S. 50). Man könnte sogar so weit gehen, zu sagen, dass die an der Spitze einer Hierarchie stehenden Führungskräfte am wenigsten Macht besitzen, individuelle Ziele zu setzen, Entscheidungen zu treffen und Maßnahmen umzusetzen. Mit der Verpflichtung auf den Shareholder Value, d.h. auf die Erfüllung der Ansprüche *einer* Interessengruppe, berauben sie sich gerade selbst ihrer Freiheit. Sie stehen nicht an der Spitze, weil sie als individuelle Subjekte autonom, innovativ und initiativ handeln, sondern den Zwängen, die das Prinzip des Shareholder Value ausübt, am besten gerecht werden. Ein Blick in ihren Terminkalender belegt, wie stark ihr Dispositions- und Entscheidungsspielraum geschrumpft ist. „Sie sind Sklaven des Systems, das sie selbst reproduzieren“ (Holtbrügge 2001, S. 190).

Grundlage und Instrumente der Machtausübung in postmoderner Perspektive sind deshalb weder bestimmte Eigenschaften von Führungskräften noch die Anwendung eines bestimmten aufgaben- oder mitarbeiterorientierten Führungsstils, sondern subtile Formen der Überwachung und internalisierten Selbstkontrolle. Diese basieren vor allem auf der Nutzung neuer Informations- und Kommunikationstechnologien, denen eine zentrale Koordinationsfunktion zugeschrieben wird. An die Stelle der optischen Überwachung mit Hilfe von Mauern, Fenstern und Türmen rückt dabei häufig die elektronische Überwachung durch Zeit- und Nutzungserfassungen, *cookies* und Berechtigungschips, die alle Aktivitäten der Mitarbeiter in Datenbanken erfassen, codieren und speichern. Jeder Mitarbeiter hinterlässt elektronische Spuren, die sich jederzeit verfolgen lassen und dadurch eine umfassende Kontrolle ermöglichen. Die Digitalisierung von Daten erlaubt dabei die Reproduktion von Wissen ohne Informationsverlust. Das architektonische Panoptikum wird so zum „elektronischen Superpanoptikum“ (Poster 1990, S. 90).

Intensiv untersucht wurden die Auswirkungen subtiler Formen der Überwachung und der internalisierten Selbstkontrolle vor allem im Rahmen der Teamorganisation (vgl. z.B. Barker 1993; Ezzamel/Willmott 1998; Sewell 1998). Da die Leistungen der einzelnen Teammitglieder aufgrund der intransparenten Arbeitsteilung bei dieser Form der Arbeitsorganisation durch außenstehende Führungskräfte häufig nicht mehr adäquat beurteilt werden können, erfolgt die Kontrolle vielfach durch die gegenseitige Beurteilung der Teammitglieder. Diese *peer reviews* führen dazu, dass der „zwingende Blick" (Foucault 1976) nicht mehr von den Vorgesetzten, sondern von den Mitarbeitern selbst ausgeht, die dadurch gleichzeitig zum Objekt und Subjekt der Kontrolle werden. „The employee can never tell who might use what against him or her or when a statement will come back to one's own demise. And the wider the group participation in decision-making, the fewer people are safe confidants. Worker participation programmes, for example, can move the work group from interest solidarity to member self-surveillance" (Deetz 1992, S. 40). *Peer reviews* ermöglichen der Organisation zudem den Zugang zu intuitiven und subjektiven Bewertungen von Mitarbeitern, die gewöhnlich verborgen bleiben. Diese Form der Kontrolle generiert damit nicht nur Wissen über die physische Verrichtung von vorgegebenen Arbeitsprozessen und die Realisierung der Unternehmungsziele, sondern auch über das psychische *commitment* der Mitarbeiter (vgl. McKinlay/Taylor 1998, S. 181).

Neue Formen der internalisierten Kontrolle besitzen nicht nur in Bereichen mit geringen Qualifikationsanforderungen und repetitiven Arbeitsaufgaben, sondern häufig auch in hochinnovativen und wissensintensiven Unternehmungen wie etwa der Computer-, Biotechnologie-, Consulting- und Telekommunikationsbranche eine große Bedeutung (vgl. Alvesson 1993; Barker 1993; Deetz 1998). Arbeitsaufgaben in diesen Branchen zeichnen sich durch die zentrale Bedeutung des intellektuellen Kapitals, unstrukturierte und nicht-repetitive Arbeitsaufgaben und das Fehlen eines physischen Produkts mit exakt bestimmbaren Eigenschaften aus. Wie Deetz (1998) in einer Fallstudie aufzeigt, werden die hier herrschenden Normen und Werte wie Fortschrittsoptimismus, Kundenorientierung und *entrepreneurial spirit* von den Mitarbeitern vor allem dann als Zwang internalisiert, wenn die Ergebnisse ihrer Entscheidungen und Handlungen nicht unmittelbar durch übergeordnete Vorgesetzte beurteilt, sondern in abstrakten Erfolgskriterien wie Gewinn, Kundenzufriedenheit oder Aktienkurs gemessen werden. Denn während hierarchische Beziehungen zwischen Führungskräften und Mitarbeitern offensichtlich sind und deshalb hinterfragt, kritisiert oder umgangen werden können, verlieren diese mikropolitischen Strategien bei abstrakten Erfolgskriterien ohne direkte Referenz zu bestimmten Personen oder Handlungen ihre Wirkung. „Gegen eine als ungerecht empfundene Beurteilung durch einen Vorgesetzten kann man sich wehren, gegen einen sinkenden Aktienkurs nicht" (Holtbrügge 2001, S. 197).

6 Personalcontrolling

Den vierten und letzten Bestandteil des integrierten Personalmanagement-Ansatzes bildet die Messung der Personalmanagement-Effizienz im Rahmen des Personalcontrolling. Das Personalcontrolling umfasst drei zentrale Elemente. Zunächst müssen geeignete Instrumente und Methoden ausgewählt werden, mit denen die Effizienz des Personalmanagement gemessen werden kann. Die umfassende Realisierung der Kontroll-, Informations- und Steuerungsfunktion erfordert in einem zweiten Schritt deren Integration in ein konsistentes Kennzahlensystem. Das dritte Element bildet die Institutionalisierung und Organisation des Personalcontrolling (vgl. Abb. 6.1).

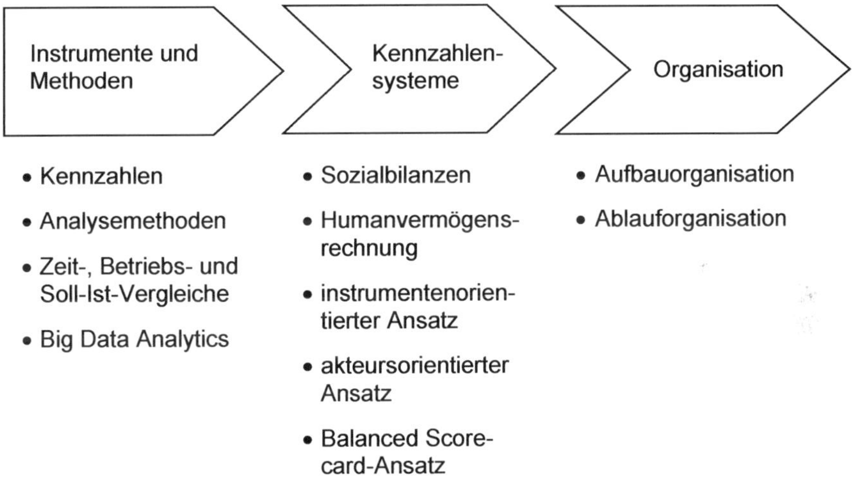

Abb. 6.1. Elemente des Personalcontrolling

6.1 Gegenstand und Ziele des Personalcontrolling

Am Beginn des Controllingprozesses steht die **Kontrollfunktion** der Bewertung des Personalmanagement auf seine Effizienz, d.h. den Erreichungsgrad der angestrebten Ziele. Dies gilt sowohl für die Kontrolle der in der Vergangenheit getroffenen Entscheidungen (*feedback*-Kontrolle) als auch für die antizipative Bewertung zukünftiger Handlungsalternativen (*feedforward*-Kontrolle). Die Voraussetzung dafür ist die Implementierung eines leistungsfähigen Planungssystems, das die zeitnahe Festlegung bzw. Erfassung aller erforderlichen Soll- und Ist-Größen sowie das frühzeitige Erkennen von entscheidenden Abweichungen erlaubt.

Die **Informationsfunktion** umfasst darüber hinaus die systematische, rechtzeitige und nutzergerechte Information aller Entscheidungsträger und Interessengruppen des Personalmanagement. Erforderlich dazu ist der Aufbau und die regelmäßige Pflege eines umfassenden und detaillierten Informationssystems, das die Erfassung, Verarbeitung, Aufbereitung und Bereitstellung aller für das Personalmanagement relevanten Informationen sicherstellt. Viele Unternehmungen greifen dazu auf standardisierte Personalsoftware zurück (vgl. Bruhn 2002).

> Die meistverwandte Personalsoftware in Großunternehmungen ist SAP® ERP HCM. Sie besteht aus einer Personaldatenbank, einer Arbeitsplatzdatenbank, einer Methoden- und Modellbank sowie verschiedenen Schnittstellen zur Datenein- und -ausgabe. Der besondere Vorteil von SAP® ERP HCM ist die Möglichkeit, alle Daten sowohl innerhalb dieses Moduls sowie mit allen anderen Modulen von SAP® ERP HCM auszutauschen und damit Datenredundanzen und -inkonsistenzen zu vermeiden. SAP® ERP HCM umfasst die beiden unabhängig voneinander einsetzbaren Komponenten Personaladministration und -abrechnung sowie Personalplanung und -entwicklung, wobei die verwaltenden Instrumente des Personalmanagement stärker unterstützt werden als die gestaltenden (vgl. Edinger/Marxsen/Krüger 2014).

Die **Steuerungsfunktion** des Personalcontrolling beinhaltet die Identifikation möglicher Ursachen des ineffizienten Einsatzes von Instrumenten des Personalmanagement und die Ausarbeitung sinnvoller Handlungsalternativen. Dies schließt auch die Initiierung von Änderungen des Ziel- und Handlungsrahmens bei permanenten und erheblichen Soll-Ist-Abweichungen (Prämissen-Controlling) ein. Strittig wird die Frage diskutiert, ob auch die Einleitung bzw. Veranlassung der erforderlichen Aktivitäten zu den Aufgaben des Personalcontrolling zählt (vgl. etwa Amshoff 1993, S. 191 f.). Während dies einerseits mit dem hohen Informationsstand über die relevanten Zusammenhänge begründet werden kann, besteht dadurch andererseits die Gefahr, dass das Personalcontrolling seine Unabhängigkeit gegenüber den entsprechenden Fachabteilungen einbüßt.

Im Hinblick auf die **Controllingobjekte** kann zwischen einem instrumentalen, institutionellen und funktionalen Personalcontrolling unterschieden werden:

- Das *instrumentale* Personalcontrolling misst die Effizienz der unterschiedlichen Instrumente des Personalmanagement, d.h. es findet ein Controlling der Personalbeschaffung, der Personalentwicklung, des Personaleinsatzes etc. statt. Im Mittelpunkt steht zumeist die dem *Kontingenzansatz* entlehnte Frage, ob diese Instrumente in Übereinstimmung mit den relevanten Bedingungen des Personalmanagement ausgewählt und eingesetzt werden.

- Das *institutionelle* Personalcontrolling ist auf die Personalabteilung als Organisationseinheit gerichtet. Diese Perspektive weist somit einen engen Bezug zu dem auf den *personalökonomischen Ansätzen* basierenden Wertschöpfungscenter-Konzept der Personalorganisation auf (vgl. Kap. 3.2.2.4).
- Das *funktionale* Personalcontrolling betrachtet das Personalmanagement als Ganzes. Im Sinne des *ressourcenorientierten Ansatzes* wird untersucht, in wieweit dieses einen positiven Beitrag zur Wettbewerbsfähigkeit der Unternehmung leistet.

Je nachdem, welche dieser drei Perspektiven überwiegt, können unterschiedliche Instrumente, Methoden und Systeme des Personalcontrolling eingesetzt werden. Hierauf wird im Folgenden eingegangen.

6.2 Instrumente und Methoden des Personalcontrolling

Das zentrale Instrument der Effizienzmessung im Rahmen des Personalcontrolling stellen **Kennzahlen** dar. Kennzahlen sind Messgrößen, die in konzentrierter Form über quantitativ erfassbare Sachverhalte informieren (vgl. Reichmann/Kißler/Baumöl 2017, S. 34 ff.). Deren Grundgedanke ist die Verdichtung der Vielzahl der im Personalmanagement anfallenden Daten zu wenigen aussagefähigen Größen. Durch die Abstraktion und Reduktion von Informationen sollen sie Führungskräfte und die Personalabteilung bei der Entscheidungsfindung unterstützen und die Kontrolle von Entscheidungen erleichtern. Voraussetzungen dafür sind die permanente Bildung und Analyse von Kennzahlen sowie deren systematische Integration in ein umfassendes Controllingsystem (vgl. Kap. 6.3). Kennzahlen können unterschiedliche **Formen** haben (vgl. Abb. 6.2):

- *Absolute Zahlen* sind Summen, Differenzen und Mittelwerte, die wiederum jeweils Mengen- oder Wertgrößen darstellen können. Sie besitzen nur einen relativ geringen Informationswert, da sie keine Ursache-Wirkungs-Zusammenhänge abbilden können.
- Bei *Verhältniszahlen* können drei Formen unterschieden werden:
  - *Gliederungszahlen* geben die relative Bedeutung einer Teilgröße an einer Gesamtgröße wieder. Beide Größen werden in derselben Dimension (z.B. €, Stunde oder Anzahl) und demselben Zeitpunkt bzw. Zeitraum gemessen.
  - Bei *Beziehungszahlen* werden wesensverschiedene, jedoch sachlich zusammenhängende Größen zueinander ins Verhältnis gesetzt. Zähler und Nenner können in derselben oder in unterschiedlichen Dimensionen gemessen werden, müssen sich jedoch auf denselben Zeitpunkt bzw. Zeitraum beziehen.
  - *Indexzahlen* geben das Verhältnis gleichartiger, aber örtlich oder zeitlich verschiedener Größen zueinander wieder. Dabei wird eine betrachtete Größe mit einer Basisgröße verglichen. Eine Sonderform sind *Elastizitätskoeffizienten*, durch welche die Auswirkungen von Veränderungen einer unabhängigen Größe (Ursache) auf eine abhängige Größe (Wirkung) abgebildet werden.

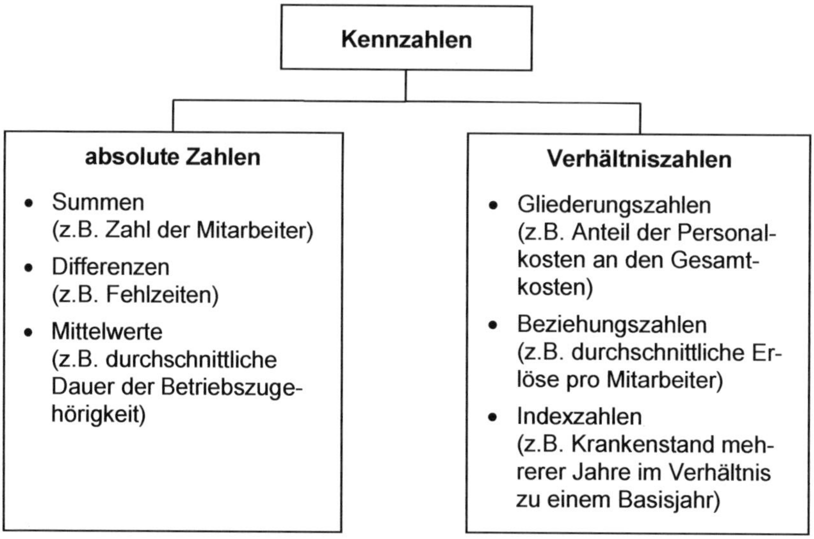

Abb. 6.2. Formen von Kennzahlen (Quelle: Schulte 2011, S. 4 ff.)

Abhängig davon, ob Informationen über die Kosten und den Nutzen der einzelnen Instrumente des Personalmanagement in monetärer oder nicht-monetärer Form vorliegen, können vier **Methoden des Personalcontrolling** angewandt werden (vgl. Hentze/Kammel 1993, S. 143 ff.; Gerpott 1995, S. 23 ff.):

- Bei der *Nutzwert-Analyse* wird der Zielerreichungsgrad des Personalmanagement durch nicht-monetäre Punktbewertungen ermittelt. Aufgrund der relativ geringen Informationsanforderungen sind Nutzwert-Analysen zumeist für alle Controllingobjekte möglich.
- Bei der *Kostenvergleichsrechnung* werden die Kostenwirkungen unterschiedlicher Instrumente miteinander verglichen. Die höchste Effizienz weist dasjenige Instrument auf, das die geringsten Kosten verursacht. Neben dieser instrumentalen Sichtweise lassen sich Kostenvergleichsrechnungen oft auch im Rahmen des institutionellen und funktionalen Personalcontrolling durchführen.
- Bei der *Kosten-Wirksamkeits-Analyse* werden die Kosten, die mit dem Einsatz eines Personalmanagement-Instruments verbunden sind, den in nicht-monetären Einheiten gemessenen Wirkungen gegenübergestellt. Voraussetzung dafür ist, dass die Kosten der betrachteten Instrumente bekannt und deren Nutzen operationalisierbar und messbar ist.
- Bei der *Kosten-Nutzen-Analyse* werden sowohl die Kosten als auch die Erträge des Einsatzes von Personalmanagement-Instrumenten betrachtet. Die höchste Effizienz weist dasjenige Instrument mit dem höchsten Kapitalwert auf, d.h. bei dem die Differenz zwischen diskontierten Erträgen und Kosten am größten ist. Aufgrund der hohen Informationsanforderungen sind Kosten-Nutzen-Analysen zumeist auf das institutionelle Personalcontrolling beschränkt.

Zur Messung der instrumentalen, institutionellen und funktionalen Effizienz des Personalmanagement bedient sich das Personalcontrolling verschiedener **Vergleiche**:

- *Zeitvergleiche* umfassen die Kontrolle der Personalmanagement-Effizienz im Zeitablauf. Sie dienen vor allem dazu, Änderungen des Einsatzes personalpolitischer Instrumente aufzuzeigen.
- *Betriebsvergleiche* beinhalten die Kontrolle der Personalmanagement-Effizienz im Vergleich zu den unmittelbaren Konkurrenten (Benchmarking). Eine weitere Form ist der Vergleich unterschiedlicher Unternehmungsbereiche.
- Bei *Soll-Ist-Vergleichen* werden die angestrebte und die tatsächlich realisierte Personalmanagement-Effizienz gegenübergestellt. Indem unmittelbar an der Personalplanung angesetzt wird, wird so die Gefahr des „Vergleichs des Schlendrians mit dem Schlendrian" (Schmalenbach 1934, S. 263) verringert.

Die Durchführung von Vergleichen setzt voraus, dass die Kennzahlen im Zeitablauf bzw. in den jeweiligen Bereichen und Unternehmungen einheitlich definiert und berechnet werden. Diese Voraussetzung ist i.d.R. im Rahmen des instrumentalen Personalcontrolling eher erfüllt als beim institutionellen und funktionalen Personalcontrolling.

Neben der systematischen Analyse strukturierter und zu diesem Zweck erhobener und aufbereiteter Personaldaten ermöglichen neue Informations- und Kommunikationstechnologien zunehmend, auch nicht strukturierte Daten auszuwerten. Im Rahmen der **Big Data Analytics** lassen sich dafür etwa personenbezogene Stammdaten und Daten zu Arbeitsplätzen, Leistungen, Kompetenzen, Weiterbildungsaktivitäten, Entgelt und Mitarbeiterengagement nutzen. Darüber hinaus können Daten aus sozialen Netzwerken sowie von mobilen Endgeräten der Mitarbeiter zur Analyse von Zusammenhängen und Mustererkennung herangezogen werden (vgl. Fitz-enz/Mattox 2014). Während die Menge entsprechender Daten exponentiell wächst, liegen jedoch erst wenige Erfahrungen mit Algorithmen und Heuristiken zu deren Auswertung vor (vgl. Strohmeier/Piazza 2015). Big Data Analytics wird deshalb bislang vor allem zur operativen Berichterstattung und weniger zur strategischen und prognostizierenden Analytik genutzt. Darüber hinaus müssen die Bestimmungen des Datenschutzes berücksichtigt werden (vgl. Gola 2015). Das BDSG schränkt etwa die Verarbeitung personenbezogener Daten stark ein. Zudem besteht nach § 87 BetrVG Abs. 1 Nr. 6 ein Mitbestimmungsrecht des Betriebsrats bei der „Einführung und Anwendung von technischen Einrichtungen, die dazu bestimmt sind, das Verhalten oder die Leistung der Arbeitnehmer zu überwachen" (vgl. Kap. 3.2.1.1).

Ein Beispiel für eine Unternehmung, die bereits in einem großen Umfang Big Data Analytics im Personalmanagement einsetzt, ist Xerox. Traditionell legte Xerox bei der Auswahl von Mitarbeitern großen Wert auf deren Erfahrungen. Durch Big Data Analytics wurde dann jedoch festgestellt, dass für die hohe Fluktuation in Call Centern vor allem deren Persönlichkeit maßgeblich ist. Während wissbegierige Menschen die Unternehmung oft schon nach weniger als sechs Monaten wieder verlassen, ist die Verweildauer von kreativen Menschen dort deutlich größer. Nach der Umstellung der Personalauswahl konnte deshalb die Fluktuationsrate um rund 50% reduziert werden (vgl. Cornerstone on Demand 2013).

6.3 Kennzahlensysteme

Zur Realisierung der Steuerungsfunktion des Personalcontrolling müssen Kennzahlen nicht nur sporadisch und vereinzelt gebildet, sondern in ein umfassendes Kennzahlensystem integriert werden. Als Kennzahlensystem wird die systematische Zusammenstellung von Kennzahlen bezeichnet, die in einer sachlich sinnvollen Beziehung zueinander stehen, einander ergänzen oder erklären und die Ziele des Personalmanagement umfassend abbilden. Kennzahlensysteme müssen folgende **Anforderungen** erfüllen (vgl. Hentze/Kammel 1993, S. 87 ff.; Wimmer/ Neuberger 1998, S. 559; Wunderer/Jaritz 2007, S. 28 ff.):

- *Klarheit und Übersichtlichkeit*: Die Kennzahlen müssen verständlich und eindeutig sein und einen schnellen Überblick ermöglichen.
- *Umfang*: Die Anzahl der Kennzahlen darf nicht zu groß sein, da diese sonst ihre handlungsleitende Funktion verlieren.
- *Systematische Struktur*: Eine Vielzahl formal-logischer und empirischer Beziehungen zwischen den einzelnen Kennzahlen erleichtert die Ursachenanalyse.
- *Umfassender Zielbezug*: Die einzelnen Kennzahlen müssen an den Zielen des Personalmanagement ausgerichtet sein und sowohl die Abstimmung der einzelnen Instrumente des Personalmanagement untereinander (*Konsistenzansatz*) als auch deren Abstimmung mit den Bedingungen des Personalmanagement (*Kontingenzansatz*) ermöglichen.

In der Literatur liegen mehrere Kennzahlensysteme vor, die in unterschiedlicher Weise versuchen, diesen Anforderungen gerecht zu werden. Zu den bekanntesten Ansätzen zählen Sozialbilanzen, die Humanvermögensrechnung, instrumentenorientierte und akteursorientierte Kennzahlensysteme sowie der Balanced Scorecard-Ansatz. Diese werden im Folgenden dargestellt.

6.3.1 Sozialbilanzen

Sozialbilanzen stellen einen der frühesten Ansätze von Unternehmungen dar, Rechenschaft über die Auswirkungen ihrer Tätigkeit für die Mitarbeiter abzulegen. Erstmals in den siebziger Jahren als Bestandteil des gesellschaftsbezogenen Rechnungswesens eingeführt, dienen sie vor allem der Information externer Interessengruppen wie den Anteilseignern, dem Staat oder potenziellen Bewerbern (vgl. Pieroth 1978). Entsprechend beinhalten Sozialbilanzen Kennzahlen zur Struktur der Mitarbeiter, zu deren Entlohnung, zur Arbeitssicherheit, u.a. (vgl. Dierkes 1992).

Eine Unternehmung, die seit 1954 im Rahmen von Berichten zur gesellschaftlichen Verantwortung Sozialbilanzen veröffentlicht, ist die BASF AG. Darin finden sich etwa Angaben zur Zusammensetzung der Belegschaft, zu den Personal- und Personalzusatzkosten und zur materiellen Mitarbeiterbeteiligung. Weitere Kennzahlen geben die Teilzeitquote, die Fluktuationsrate, die prämierten Verbesserungsvorschläge und die Aufwendungen für Weiterbildung wieder. Wie in vielen anderen Unternehmungen nehmen die mitarbeiterbezogenen Kennzahlen im Vergleich zur Berichterstattung über das ökologische und gesellschaftliche Verhalten jedoch nur einen relativ kleinen Raum ein (vgl. BASF 2002).

Im Rahmen der Novellierung des Rechnungswesens gewinnt die Berichterstattung über die Belange der Mitarbeiter zunehmend an Bedeutung. So schreibt § 289c HGB vor, dass nichtfinanzielle Leistungsindikatoren wie Informationen über Arbeitnehmerbelange im Konzernlagebericht darzustellen sind. Auch das Deutsche Rechnungslegungs Standards Committee (2014) empfiehlt im DRS 12, Informationen über das intellektuelle Kapital und damit auch über das Humankapital in den Konzernlagebericht aufzunehmen. Bislang gibt es dafür jedoch noch keinen Standard, so dass jede Unternehmung selbst darüber entscheiden kann, worüber und in welcher Form sie berichtet (vgl. Schütte 2004). Aufgrund ihres primär externen Adressatenkreises und der starken Verdichtung der Kennzahlen steht zudem eindeutig die Informationsfunktion des Personalcontrolling im Vordergrund, während sich die Kontroll- und Steuerungsfunktionen dagegen nur in einem begrenzten Maße erfüllen lassen (vgl. von Wysocki 1992). Sozialbilanzen sind deshalb zur Ableitung personalpolitischer Handlungsempfehlungen kaum geeignet.

6.3.2 Humanvermögensrechnung

Die Humanvermögensrechnung basiert auf der Überlegung der *personalökonomischen Ansätze*, die Mitarbeiter nicht als Kostenfaktor, sondern als Investitionsgut aufzufassen und analog zu den anderen Vermögensgegenständen der Unternehmung als Humanvermögen zu aktivieren (vgl. Flamholtz 1999). Für jeden Mitarbeiter wird ein Zeitwert berechnet, der sich als Differenz zwischen dem diskontierten Wert seiner zukünftig erwartbaren Beiträge zum Unternehmungserfolg abzüglich der periodenbezogenen Personalaufwendungen (z.B. Lohn- und Gehaltszahlungen, vermögenswirksame Leistungen, Pensionsrückstellungen) und der investiven Personalaufwendungen (z.B. Kosten der Personalwerbung, -auswahl, -einstellung und -weiterbildung) ergibt (vgl. Wucknitz 2002, S. 195 ff.; Fitz-enz 2003, S. 108 ff.). Das Humanvermögen umfasst in diesem Sinne das gesamte einer Unternehmung zur Verfügung stehende menschliche Leistungspotenzial, das zur Realisierung der Unternehmungsziele eingesetzt werden kann.

Nachdem die Humanvermögensrechnung in den achtziger Jahren an Bedeutung verloren hatte, ist in jüngster Zeit im Rahmen des *ressourcenorientierten Ansatzes* wieder eine verstärkte Aufmerksamkeit zu beobachten. Der Anlass dafür ist die Erkenntnis, dass die Wettbewerbsfähigkeit einer Unternehmung in einem zunehmenden Maße von der Entwicklung und Nutzung ihrer personellen Ressourcen abhängt, die sich im Vergleich zu finanziellen und materiellen Ressourcen durch ihre hohe Unternehmungsspezifität und ihren damit verbundenen hohen Imitationsschutz auszeichnen. Dieser Aspekt wird jedoch in Shareholder Value-Ansätzen, die ausschließlich finanzwirtschaftliche Kennzahlen betrachten, nicht adäquat berücksichtigt (vgl. Schmeisser/Lukowsky 2006). Dies ist insofern erstaunlich, als einer empirischen Studie von Strack/Franke/Dertnig (2000) zufolge die Personalkosten bei allen DAX-Unternehmungen ein Vielfaches der Kapitalkosten ausmachen.

> Empirische Untersuchungen weisen darauf hin, dass die Entlassung von Mitarbeitern kurzfristig häufig zu steigenden Aktienkursen führt und der Kapitalmarkt somit die gesunkenen Personalkosten honoriert (vgl. Knauer/ Lachmann 2011). Dabei bleibt jedoch zumeist unberücksichtigt, dass Unternehmungen durch Entlassungen wertvolles Humankapital verlieren, das nach einiger Zeit oft mit einem erheblichen Kostenaufwand wieder neu beschafft werden muss. Zudem wirken sich Entlassungen negativ auf die Leistung der verbleibenden Mitarbeiter aus. Langfristig haben Entlassungen deshalb häufig einen sinkenden Unternehmungswert zur Folge, was durch die Betrachtung der Mitarbeiter als Humanvermögen und nicht als Kostenfaktor vermieden werden kann (vgl. Herding/Stumpfhaus 2003).

Zunehmend wird deshalb gefordert, neben Finanzkennzahlen langfristig orientierte personelle Kennzahlen in die Berechnung des Unternehmungswertes einzubeziehen und im Rahmen der wertorientierten Unternehmungsführung analog zum Finanzmanagement auch ein Human Capital Management einzuführen (vgl. Becker 2008). Dessen Aufgabe ist es, das Humanvermögen der Unternehmung gezielt zu identifizieren, zu entwickeln und Gewinn bringend einzusetzen.

Ein Beispiel dafür ist die von Scholz/Stein/Bechtel (2011) entwickelte **Saarbrücker Formel**. Diese umfasst vier Komponenten des Human Capital (HC) (vgl. Abb. 6.3):

$$HC = \sum_{i=1}^{g} ((\overbrace{FTE_i * l_i}^{\text{HC-Wertbasis}} * \underbrace{\frac{w_i}{b_i}}_{\text{HC-Wertverlust}} + \overbrace{PE_i}^{\text{HC-Wertkompensation}}) * \underbrace{M_i}_{\text{HC-Wertveränderung}})$$

Abb. 6.3. Saarbrücker Formel (Quelle: Scholz/Stein/Bechtel 2011)

- Die *HC-Wertbasis* gibt an, welchen Wert die Mitarbeiter für die Unternehmung bilden. Dazu werden die Beschäftigten in Vollzeitkräfte (Full Time Equivalent, FTE) umgerechnet und in sinnvolle Beschäftigtengruppen (i) unterteilt. Ein

Kriterium dafür kann z.B. der höchste erreichte Ausbildungsabschluss sein. Für die einzelnen Beschäftigtengruppen werden dann die branchenüblichen Durchschnittslöhne und -gehälter (l_i) ermittelt. Die Produkte aus FTE_i und l_i ergeben die Lohn- und Gehaltssummen, die eine Unternehmung branchenüblich für die einzelnen Beschäftigtengruppen seiner Belegschaft zahlen müsste.

- Der *HC-Wertverlust* bildet den natürlichen Relevanzverfall des Wissens der Mitarbeiter ab. Zu dessen Ermittlung wird die Zeitspanne, über die Wissen zur Erzielung von Wertschöpfung relevant ist (w_i), mit der nach Gruppen differenzierten durchschnittlichen Betriebszugehörigkeit der Beschäftigten (b_i) zueinander in Relation gesetzt. Zur Quantifizierung der Wissensrelevanzzeit wird auf Erkenntnisse zur Halbwertszeit des Wissens in unterschiedlichen Branchen zurückgegriffen. Während diese etwa im öffentlichen Dienst auf 10 Jahre beziffert wird, beträgt sie in der IT-Branche nur zwei Jahre.
- Die *HC-Wertkompensation* dokumentiert, in wieweit die abnehmende Wissensrelevanz durch Personalentwicklung (PE_i) kompensiert wird. Sie wird durch den im Erhebungszeitraum getätigten Aufwand für Maßnahmen der Personalentwicklung (in €) abgebildet. Dahinter verbirgt sich die Erkenntnis, dass Mitarbeiter nur dann wertvolle Träger von Humankapital bleiben, wenn sie ihre Qualifikationen permanent aktualisieren.
- Die *HC-Wertveränderung* basiert auf der Idee, dass der Wert des Humankapitals von der Motivation der Mitarbeiter abhängt. Mit Motivation wird die Bereitschaft der Mitarbeiter bezeichnet, sich für den Erfolg ihrer Unternehmung einzusetzen. Zu ihrer Quantifizierung wird auf Mitarbeiterbefragungen zurückgegriffen, die in einem Motivationsindex (M_i) zusammengefasst werden. Dieser wird rechnerisch so gestaltet, dass er Werte zwischen 0 und 2 annehmen kann. Je geringer der Wert ist, desto größer ist die HC-wertmindernde Demotivation der Mitarbeiter. Je höher dieser ist, desto größer ist deren HC-wertsteigernde Motivation. Ein Motivationsindex von 1 ist HC-wertneutral.

Das HC nimmt nach der Saarbrücker Formel stets Werte größer oder gleich 0 an. Es wird umso größer,

- je mehr Humankapitalträger in der Unternehmung arbeiten (FTE_i),
- je höher deren marktübliche Durchschnittsgehälter sind (l_i),
- je aktueller und somit wertschöpfungsrelevanter deren Wissen ist (w_i/b_i),
- je höher die Investitionen in Maßnahmen der Personalentwicklung (PE_i) sind, und
- je höher die Motivation der Mitarbeiter (M_i) ist.

Die Vorteile der Saarbrücker Formel sehen Scholz/Stein/Bechtel (2011, S. 213 ff.) darin, ökonomische, ressourcenorientierte und motivationstheoretische Ansätze miteinander zu verbinden. Der ermittelte HC-Wert ist auf eine bestimmte Periode bezogen und nach unterschiedlichen Organisationseinheiten differenzierbar, so dass er sich sowohl für Zeit- als auch für Betriebsvergleiche eignet. Die vier Komponenten des HC weisen zudem auf unterschiedliche Instrumente des Personalmanagement hin, mit denen ein Wertzuwachs realisiert werden kann. Insofern weist der Ansatz einen expliziten Entscheidungsbezug auf. Im Mittelpunkt steht dabei der Wert der Mitarbeiter und nicht der Wert des Personalmanagement, d.h. die funktionale Perspektive des Personalcontrolling. Tab. 6.1 gibt ein Rechenbeispiel zur Saarbrücker Formel wieder.

Tabelle 6.1. Rechenbeispiel zur Saarbrücker Formel

Grunddaten Input			**Wertmäßige Auswirkung Output**
HC-Wertbasis	Full-Time-Equivalent (FTE)	100,00	
	Marktgehalt (L)	25.000 €	2.500.000 €
HC-Wertverlust	Wissensrelevanzzeit (W)	10 Jahre	
	Betriebszugehörigkeit (B)	15 Jahre	- 833.333 €
HC-Wertkompensation	Personalentwicklung (PE)		+ 700.000 €
HC-Wertveränderung	Commitment (M1)	1,51	+ 402.233 €
	Arbeitssituation (M2)	1,10	+ 78.889 €
	Retention (M3)	0,70	- 236.667 €
HC			2.611.222 €

Quelle: Scholz/Bechtel 2005, S. 33

In einer Studie bei 13 DAX 30-Unternehmungen haben Scholz/Stein (2007) die Anwendbarkeit der Saarbrücker Formel empirisch getestet. Dabei konnten sie vier **Typen von Humankapitalstrategien** identifizieren:

- Bei *Humankapitalvernichtern* ist der HC-Wert kleiner als die HC-Wertbasis. Dies ist vor allem auf den Wissensverlust aufgrund der wissensmäßigen Überalterung der Belegschaft zurückzuführen, die nicht durch Personalentwicklung kompensiert wird.
- *Wissenserosionsoptimierer* zeichnen sich nur durch einen geringen Wissensverlust aus, der durch Personalentwicklung und Maßnahmen zur Motivationssteigerung ausgeglichen wird.
- *Punktlander* verzeichnen zwar einen hohen Wissensverlust, der aber fast punktgenau kompensiert wird. HC-Wert und HC-Wertbasis sind nahezu gleich groß.
- Bei *Humankapitalmaximierern* wird der HC-Wertverlust durch intensive Personalentwicklung und Motivationssteigerung überkompensiert. Der HC-Wert liegt deshalb über der HC-Wertbasis.

Die Saarbrücker Formel hat in den letzten Jahren eine große Aufmerksamkeit erlangt, aber auch zahlreiche, teilweise massive *Kritik* hervorgerufen (vgl. Becker/ Lubucay/Rieger 2007). So wird kritisiert, dass die Saarbrücker Formel keinen expliziten Marktbezug hat, da in die Berechnung der HC-Wertbasis vergangenheitsorientierte Durchschnittslöhne und keine Wiederbeschaffungskosten eingehen. Zudem fließen lediglich der Aufwand der Personalentwicklung und nicht deren Nutzenbeitrag in die Berechnung der HC-Wertkompensation ein. Der Saarbrücker Formel liegt deshalb die „heroische Annahme“ (Kossbiel 2007, S. 340) zugrunde, dass der jährliche Personalentwicklungsaufwand unmittelbar und in vollem Umfang zu einer Erhöhung des Humankapitals führt. Ein weiterer Kritikpunkt ist, dass die Kategorien zur Bestimmung der HC-Wertveränderung wichtige Erkenntnisse der Motivationsforschung nicht berücksichtigen und die komplexen Beziehungen zwischen Motivation und Leistung (vgl. Kap. 2.3) stark vereinfachend abgebildet werden. Nach Auffassung von Becker/Lubucay/Rieger (2007, S. 54 f.) setzt die Saarbrücker Formel deshalb personalpolitische Fehlanreize, da sich der HC-Wert steigern lässt, indem wenig sinnvolle Maßnahmen wie die Einstellung von Mitarbeitern in Bereichen mit geringer Innovation oder die Entlassung erfahrener bei gleichzeitiger Einstellung neuer Mitarbeiter ergriffen werden.

Insgesamt leistet die Humanvermögensrechnung – trotz zahlreicher Detailprobleme – einen wichtigen Beitrag zur informatorischen Fundierung personalpolitischer Entscheidungen. Die dabei vorgenommene Betrachtung der Mitarbeiter als Aktiva und nicht als Kostenverursacher ist in vielen Bereichen bereits üblich. Beispiele dafür sind der Transfer von Spitzensportlern zwischen Vereinen (vgl. Schmeisser/Ennemann/Drewicke 2009) und der Abschluss von Versicherungen gegen Invalidität oder Erkrankung von Schauspielern, Rockstars, Models u.a. (vgl. Papmehl 1999, S. 81). Problematisch ist jedoch, dass sich der Wert eines Mitarbeiters für eine Unternehmung nur schwer in quantitativen Größen ausdrücken lässt. Während der Personalaufwand relativ leicht ermittelbar ist, ist die Ermittlung des zukünftigen potenziellen Humanertrags mit großen Prognoseunsicherheiten behaftet. Die Mitarbeiter stellen zudem kein Eigentum der Unternehmung dar, über das diese uneingeschränkt verfügen kann, und sind als nicht entgeltlich erworbene immaterielle Vermögenswerte gemäß DRS 12 in Deutschland nicht aktivierungsfähig (vgl. Persch 2003, S. 40 ff.). Darüber hinaus ist die Gleichsetzung von Mitarbeitern mit Maschinen, Grundstücken und Gebäuden sowie deren Reduzierung auf ihre ökonomische Verwertbarkeit aus ethischen Gründen bedenklich. Die Humanvermögensrechnung ist deshalb in deutschen Unternehmungen bislang kaum verbreitet (vgl. Brandl/Welpe 2006; Schmeisser/Eckstein/Boche 2009).

6.3.3 Instrumentenorientierter Ansatz

Im Mittelpunkt des instrumentenorientierten Ansatzes steht die Überlegung, spezifische Kennzahlen für die einzelnen Instrumente des Personalmanagement zu bilden. Die größte Verbreitung in der Literatur hat dabei der Ansatz von Schulte (2011) erfahren, der zwischen acht Instrumenten des Personalmanagement mit jeweils unterschiedlichen Kennzahlen unterscheidet (vgl. Tab. 6.2).

Entsprechend der von Schulte gewählten Vorgehensweise ist sein Ansatz auf die instrumentale Perspektive des Personalcontrolling gerichtet. Unklar ist jedoch, welche Zusammenhänge zwischen den einzelnen Kennzahlen bestehen. Deren Steuerungsfunktion bleibt deshalb offen. Wimmer/Neuberger (1998, S. 557) wenden zudem ein, dass nicht nachzuvollziehen ist, aus welchem übergeordneten Gesichtspunkt die einzelnen Kennzahlen abgeleitet werden, d.h. warum genau diese und nicht andere Kennzahlen relevant sind. Sie halten deshalb den Anspruch von Schulte, ein Kennzahlen*system* entwickelt zu haben, für nicht eingelöst.

Tabelle 6.2. Personal-Kennzahlensystem von Schulte

Personalbedarf und -struktur	**Personalbeschaffung**	**Personaleinsatz**	**Personalerhaltung und Leistungsstimulation**
• Netto-Personalbedarf • Arbeitsvolumen/ Arbeitszeit • Qualifikationsstruktur • Behindertenanteil • Frauenanteil • Durchschnittsalter der Belegschaft • Durchschnittsdauer der Betriebszugehörigkeit	• Bewerber pro Ausbildungsplatz • Vorstellungsquote • Effizienz der Beschaffungswege • Personalbeschaffungskosten je Eintritt • Produktivität der Personalbeschaffung • Grad der Personaldeckung • Frühfluktuationsrate • Anzahl der Versetzungswünsche nach kurzer Dienstdauer	• Vorgabezeit • Leistungsgrad • Arbeitsproduktivität • Arbeitsplatzstruktur • Verteilung des Jahresurlaubs • Überstundenquote • Durchschnittskosten je Überstunde • Leitungsspanne • Entsendungsquote • Rückkehrquote	• Fluktuationsrate • Fluktuationskosten • Krankheitsquote • Unfallhäufigkeit • Ausfallzeit infolge Unfall • Kosten von Arbeitsunfällen • Grad der Unfallschwere • Lohnformenstruktur • Lohngruppenstruktur • Vermögensbildende Leistungen je Mitarbeiter • Erfolgsbeteiligung je Mitarbeiter • Altersversorgungsanspruch je Mitarbeiter • Nutzungsgrad betrieblicher Sozialeinrichtungen • Aufwand für freiwillige betriebliche Sozialleistungen je Mitarbeiter

Personalentwicklung	**Betriebliches Vorschlagswesen**	**Personalfreisetzung**	**Personalkostenplanung und -kontrolle**
• Ausbildungsquote • Übernahmequote • Struktur der Prüfungsergebnisse • Struktur der Bildungsmaßnahmen • jährliche Weiterbildungszeit pro Mitarbeiter • Anteil der Personalentwicklungskosten an den Gesamtpersonalkosten • Weiterbildungskosten pro Tag u. Teilnehmer • Bildungsrendite	• Verbesserungsvorschlagsrate • Struktur der Einreicher • Bearbeitungszeit pro Verbesserungsvorschlag • Annahmequote • Realisierungsquote • Durchschnittsprämie • Einsparungsquote	• Sozialplankosten pro Mitarbeiter • Abfindungsaufwand je Mitarbeiter	• Personalintensität • Personalkosten in Prozent der Wertschöpfung • Personalzusatzkostenquote • Personalkosten je Mitarbeiter • Personalkosten je Stunde

Quelle: Schulte 2011, S. 182

6.3.4 Akteursorientierter Ansatz

Die Grundlage des akteursorientierten Ansatzes bildet die dem *Konfliktansatz* entlehnte Annahme, dass zwischen den Akteuren des Personalmanagement partielle Zielkonflikte bestehen, die zu unterschiedlichen Interpretationen von Ergebnissen des Personalmanagement führen können. Entsprechend können zwei grundlegende **Dimensionen der Personalmanagement-Effizienz** unterschieden werden (vgl. Marr/Stitzel 1979):

- Die *unternehmungsbezogene bzw. betriebswirtschaftliche Effizienz* betrachtet die Auswirkungen des Personalmanagement aus Sicht der Anteilseigner bzw. der Führungskräfte als deren Interessenvertreter.
- Im Rahmen der *mitarbeiterbezogenen bzw. sozialen Effizienz* steht die Perspektive der Mitarbeiter im Vordergrund.

Aus diesen beiden Dimensionen müssen in jeder Unternehmung **Kriterien und Indikatoren der Personalmanagement-Effizienz** abgeleitet werden, die eine valide, reliable, wirtschaftliche und rechtzeitige Effizienzmessung ermöglichen. Auf der Basis einer umfassenden Analyse von Zielen des Personalmanagement in der Literatur argumentiert Holtbrügge (1995a, S. 277 ff.), dass sich die beiden zentralen Dimensionen der Personalmanagement-Effizienz durch folgende Kriterien und Indikatoren abbilden lassen (vgl. Tab. 6.3):

Tabelle 6.3. Dimensionen, Kriterien und Indikatoren der Personalmanagement-Effizienz

Kriterien	Indikatoren
unternehmungsbezogene Effizienz	
Personalbereitstellung	• Arbeitsmarktpotenzial • Arbeitgeberimage • Bewerberzahlen und -qualität • Beschaffungskosten
Arbeitsproduktivität	• Arbeitsmenge • Arbeitsqualität • Flexibilität • Leistungsintegration
Arbeitsrentabilität	• Entgelthöhe • Umsatz pro Mitarbeiter • Wertschöpfung pro Mitarbeiter
Strategieimplementierung	• potenzielles Einsatzspektrum • Qualifikation und Motivation • Loyalität zur Unternehmung
mitarbeiterbezogene Effizienz	
Arbeitszufriedenheit	• Absentismus • Fluktuation • Streiks • Zufriedenheitsindizes

- *Personalbereitstellung*: Die Fähigkeit, die zur Realisierung der Unternehmungsziele benötigten Mitarbeiter (insbesondere Fach- und Führungskräfte) nach quantitativen, qualitativen, zeitlichen und örtlichen Erfordernissen jederzeit bereitstellen zu können, wird vor allem durch das Potenzial des relevanten Arbeitsmarktes und das Arbeitgeberimage einer Unternehmung bestimmt. Ihren Niederschlag finden diese Kriterien in der Bewerberzahl und -qualität. Ein weiteres Kriterium ist die Höhe der mit der Stellenbesetzung anfallenden Kosten.
- *Arbeitsproduktivität*: Die Erzielung einer hohen Arbeitsproduktivität bzw. Arbeitsleistung erfordert den optimalen Einsatz des Faktors „menschliche Arbeit" und dessen bestmögliche Kombination mit den anderen Produktionsfaktoren. In Anlehnung an den physikalischen Arbeitsbegriff wird die Arbeitsproduktivität als die in einer bestimmten Zeit und einer festgelegten Arbeitsqualität erbrachte Arbeitsmenge bzw. Arbeitsquantität definiert. Eine weitere Determinante der Arbeitsproduktivität ist die Stabilität der Arbeit, die insbesondere durch mitarbeiterbedingte Unterbrechungen des Produktionsablaufes gefährdet werden kann. Vor allem im Rahmen neuer Formen der Arbeitsorganisation sind darüber hinaus die Flexibilität und Integration der Arbeitsleistung von Bedeutung. Während als Flexibilität die Anpassungsfähigkeit an veränderte Arbeitsanforderungen bezeichnet wird, zielt die Integration auf die Zusammenarbeit mit anderen Mitarbeitern ab.
- *Arbeitsrentabilität*: Ein ebenfalls relativ leicht operationalisierbares Kriterium der Personalmanagement-Effizienz ist die Arbeitsrentabilität bzw. Arbeitswirtschaftlichkeit. Die Arbeitsrentabilität stellt als personalwirtschaftliches Leistungs-Kosten-Verhältnis die Relation der von den Mitarbeitern erbrachten Arbeitsleistung zu den mitarbeiterbedingten Kosten (insbesondere Löhne und Gehälter) dar. Sie kann insbesondere durch eine bewusste Leistungsrestriktion, Streiks, Absentismus sowie die negativen Auswirkungen der Fluktuation beeinträchtigt werden.
- *Strategieimplementierung*: Angesichts der wachsenden Bedeutung der Mitarbeiter als strategischer Wettbewerbsfaktor gewinnt die Fähigkeit einer Unternehmung an Relevanz, das bei den Mitarbeitern vorhandene Leistungs- und Fähigkeitspotenzial umfassend zu nutzen und permanent zu entwickeln. Kriterien dafür sind etwa die Qualifikation der Mitarbeiter, deren potenzielles Einsatzspektrum (Mehrfachqualifikationen) sowie die von diesen ausgehenden Innovationen, die z.B. anhand der eingehenden und umgesetzten Verbesserungsvorschläge gemessen werden können.
- *Arbeitszufriedenheit*: Das zentrale mitarbeiterorientierte Kriterium der Personalmanagement-Effizienz stellt die Arbeitszufriedenheit der Mitarbeiter dar. Diese kann entweder durch systematische Mitarbeiterbefragungen oder mit Hilfe von Indikatoren gemessen werden (vgl. z.B. Neuberger 1974b; Neuberger/Allerbeck 1978; Domsch/Ladwig 2013). Empirische Untersuchungen zeigen etwa, dass z.B. die Fluktuations- und Abwesenheitsrate, die Zahl und Dauer von Streiks sowie Beschwerden über das Verhalten von Vorgesetzten und Kollegen (Mobbing) eine hohe Korrelation mit dem theoretischen Konstrukt der Arbeitszufriedenheit aufweisen (vgl. z.B. die Beiträge in Fischer 2006).

Eines der am intensivsten untersuchten Phänomene im Rahmen des Personalcontrolling stellt der Absentismus von Mitarbeitern dar. Nach einer Vollerhebung des Wissenschaftlichen Instituts der AOK waren im Jahre 2015 durchschnittlich 5,3% aller mehr als 10 Mio. erwerbstätigen AOK-Mitglieder krankgeschrieben. Nachdem zwischen 1995 und 2006 ein kontinuierlicher Rückgang von 5,9% auf 4,4% zu beobachten war, steigt der Krankenstand seitdem wieder leicht an. Die durchschnittliche krankheitsbedingte Abwesenheit lag bei 11,6 Kalendertagen. 41,6% der Ausfalltage entfielen auf Langzeiterkrankungen mit einer Dauer von mehr als sechs Wochen. Im internationalen Vergleich nimmt Deutschland damit einen mittleren Platz ein.

Mit zunehmendem Alter nimmt die Zahl der Krankmeldungen ab, während jedoch die Dauer der Arbeitsunfähigkeit kontinuierlich zunimmt. Der Krankenstand bei Männern liegt um 0,1 Prozentpunkte höher als bei Frauen. Zudem sind auffällige regionale Unterschiede feststellbar. Am höchsten ist der Krankenstand im Saarland (6,2%), Nordrhein-Westfalen (5,9%) sowie Hessen und Rheinland-Pfalz (jeweils 5,8%), während die Bundesländer Bayern (4,8%) und Baden-Württemberg (5,1%) die niedrigsten Krankenstände aufweisen. Einen erheblichen Einfluss auf die Zahl der Arbeitsunfähigkeitstage haben auch die Branche und Schwere der ausgeübten Tätigkeit. Am höchsten ist der Krankenstand mit 6,0% in der Branche Verkehr und Transport, am niedrigsten mit 3,9% bei Banken und Versicherungen (vgl. Meyer/Meschede 2016).

Neben unfallbedingten und medizinisch-biologisch verursachten Fehlzeiten hat die Abwesenheit der Mitarbeiter häufig motivationale Ursachen (vgl. Brandenburg/Nieder 2009). Betriebliche Untersuchungen belegen, dass die motivational bedingte Abwesenheit vor allem durch Rückkehrgespräche und Anwesenheitsprämien gesenkt werden kann (vgl. Backes-Gellner/Schorn/Krings 2001).

Im Unterschied zum instrumentenorientierten Ansatz steht beim akteursorientierten Ansatz die funktionale Perspektive des Personalcontrolling im Vordergrund. Der Ansatz eignet sich deshalb vor allem dazu, die Auswirkungen des Personalmanagement insgesamt abzubilden. Durch die Anknüpfung an den *Konfliktansatz des Personalmanagement* weist der akteursorientierte Ansatz zudem ein tragfähiges theoretisches Fundament auf. Wie beim Ansatz von Schulte (2011) ist aber auch hier die Auswahl der Kennzahlen letztlich subjektiv.

6.3.5 Balanced Scorecard-Ansatz

Ähnlich wie dem Humanvermögensansatz liegt auch dem Balanced Scorecard-Ansatz die Überlegung zugrunde, dass eine Reduzierung auf finanzwirtschaftliche Kennzahlen nicht ausreicht, um den Wert einer Unternehmung adäquat abzubilden und diese effizient zu steuern. Entsprechend wird die finanzielle Perspektive um nicht-monetäre Kennzahlen zur Kundenzufriedenheit, zur Innovationstätigkeit und zu den internen Prozessen ergänzt. Das Ziel besteht darin, der Unternehmungsführung neben den traditionellen monetär-operativen Kennzahlen nicht-monetäre, strategisch orientierte Kennzahlen zur Verfügung zu stellen, mit denen die strategischen Ziele der Unternehmung in operative Messgrößen umgesetzt und gleichzeitig die Interessen der wichtigsten Stakeholder abgebildet werden können (vgl. Kaplan/Norton 1997).

In jüngster Zeit wurden zahlreiche Konzepte entwickelt, den für die Steuerung von Unternehmungen entwickelten Balanced Scorecard-Ansatz für das Personalmanagement zu adaptieren (vgl. Ackermann 2000; Becker/Huselid/Ulrich 2001; Kunz 2001; Tönnesen 2002). Dabei ergeben sich für die vier Perspektiven folgende Implikationen:

- Bei der *Finanzperspektive* wird das Personalmanagement unter monetären Aspekten betrachtet. Im Mittelpunkt steht das Kosten-Nutzen-Verhältnis der einzelnen Instrumente des Personalmanagement, der Personalabteilung oder des Personalmanagement insgesamt.
- Die *Kundenperspektive* umfasst die Beurteilung der Produkte und Dienstleistungen, die die Personalabteilung den Führungskräften und Mitarbeitern zur Verfügung stellt. Deren Kundenzufriedenheit wird i.d.R. durch nicht-monetäre Kennzahlen bewertet.
- Die Perspektive *Lernen und Innovationen* beinhaltet die Messung der bei den Mitarbeitern vorhandenen Qualifikationen und deren Veränderung. Im Mittelpunkt stehen dabei Maßnahmen der Personalentwicklung.
- Die *interne Prozessperspektive* untersucht die von der Personalabteilung ausgelösten bzw. durchgeführten Prozesse (z.B. Einstellungen, Versetzungen oder Pensionierungen von Mitarbeitern). Von besonderer Bedeutung sind Prozesse, die über die Grenzen der Personalabteilung hinausgehen.

Um keine unüberschaubare Vielzahl von Kennzahlen zu bilden und damit die Steuerungsfunktion des Personalcontrolling zu gefährden, sollte deren Zahl vier bis sieben Messgrößen pro Perspektive nicht überschreiten. Insgesamt ergeben sich somit etwa 20 Kennzahlen, die einen ausgeprägten Bezug zur Unternehmungsstrategie als wichtigste interne Bedingung des Personalmanagement aufweisen sollen (vgl. Wickel-Kirsch 2001, S. 285).

Die Balanced Scorecard lässt sich im Rahmen des instrumentalen, institutionellen und funktionalen Personalcontrolling einsetzen. Ein Beispiel für deren Anwendung auf die Personalabteilung als Wertschöpfungscenter gibt Tab. 6.4 wieder. Dabei werden die einzelnen Erfolgsfaktoren und Messgrößen nicht aus der Personalstrategie der Unternehmung, sondern aus der Strategie des Personalbereichs abgeleitet.

Der Vorteil des Balanced Scorecard-Ansatzes besteht darin, dass die vier Perspektiven und die einzelnen Kennzahlen nicht isoliert neben einander stehen, sondern in eine Gesamtperspektive integriert sind und einen expliziten strategischen Bezug aufweisen. Entgegen der großen Aufmerksamkeit in der Literatur liegen jedoch noch keine umfassenden und systematischen Untersuchungen zur Umsetzung und zum praktischen Nutzen des Balanced Scorecard-Ansatzes für das Personalcontrolling vor.

Tabelle 6.4. Beispiel einer Balanced Scorecard für die Personalabteilung als Wertschöpfungscenter

	Erfolgsfaktoren	**Messgrößen**
Finanzielle Perspektive	• Geschäftsergebnis der Personalabteilung	• Budgeteinhaltung • Anteil der verrechneten Leistungen an die dezentralen Auftraggeber • Gewinn (*Business-Dimension*)
Kundenperspektive	• Zufriedenheit der (internen) Kunden	• Zufriedenheit mit den Dienstleistungen der Personalabteilung (Servicequalität) • Arbeitszufriedenheit der Führungskräfte und Mitarbeiter (*vor allem Service-Dimension*)
Innovations- und Lernperspektive	• Innovations- und Umsetzungsfähigkeit der Personalabteilung	• Managementqualität der Personalabteilung (z.B. Entwicklung neuer Konzepte und Instrumente) • Beurteilung des Umsetzungserfolgs wichtiger Aufträge durch Geschäftsleitung und Betroffene (*vor allem Management-Dimension*)
	• Adäquanz des Personalinformationssystems	• Beurteilung des Personalinformationssystems durch die Nutzer
Perspektive der internen Geschäftsprozesse	• Effizienz der Personalmanagementprozesse	• Ressourceneinsatz (Input) • Prozesskennziffern (Throughput) • Zielerreichungsgrad (Output)

Quelle: erweitert nach Wunderer/Jaritz 2007, S. 385

6.4 Organisation des Personalcontrolling

6.4.1 Aufbauorganisation

Empirische Untersuchungen belegen, dass das Personalcontrolling in vielen Unternehmungen nicht nur eine von anderen Abteilungen wahrgenommene Aufgabe darstellt, sondern *als Stabsfunktion institutionalisiert* ist. So schätzt etwa Gerpott (1995, S. 12), dass das Personalcontrolling Mitte der neunziger Jahre in etwa 30 bis 40% der deutschen Unternehmungen in einer eigenen Organisationseinheit zusammengefasst ist, wobei der Grad der Institutionalisierung mit zunehmender Unternehmungsgröße ansteigt. Für die Schweiz haben Wunderer/Dick (2007, S. 184) für das Jahr 1999 einen Institutionalisierungsgrad von 27% ermittelt.

Prinzipiell kann das Personalcontrolling organisatorisch entweder der Personalabteilung oder der Controllingabteilung zugeordnet werden (vgl. Hentze/Kammel 1993, S. 194 ff.; Schulte 2011, S. 175 ff.). Die mit diesen beiden Alternativen jeweils verbundenen Vorteile sind in Tab. 6.5 zusammengefasst.

In der Unternehmungspraxis findet zumeist eine Zuordnung des Personalcontrolling zur Personalabteilung statt, um dessen Akzeptanz bei den Mitarbeitern sicherzustellen (vgl. DGFP 2001, S. 38). Nach einer empirischen Studie unter 690 deutschen Unternehmungen von Schmeisser/Eckstein/Boche (2009, S. 47 f.) gilt dies insbesondere für kleine und nicht-börsennotierte Unternehmungen. Dabei besteht jedoch die bereits bei der Darstellung der Funktionen des Personalcontrolling in Kap. 6.1 beschriebene Gefahr, dass das Personalcontrolling die für Verfahrensanalysen und Ergebniskontrollen notwendige Unabhängigkeit einbüßt. Diese Gefahr kann durch die Anwendung des *dotted-line*-Prinzips begrenzt werden, bei dem eine disziplinarische Unterstellung unter die Personalabteilung bei gleichzeitiger funktionaler Zuordnung zur Controllingabteilung stattfindet (vgl. Wunderer/Schlagenhaufer 1994, S. 89).

Tabelle 6.5. Bewertung alternativer Zuordnungsformen des Personalcontrolling

Unterordnung des Personalcontrolling unter die Personalabteilung	**Unterordnung des Personalcontrolling unter die Controllingabteilung**
• höhere Akzeptanz bei den Mitarbeitern • geringere Datenschutzprobleme • bessere Berücksichtigung von Besonderheiten des Personalmanagement (*soft facts*)	• größere Unabhängigkeit von der Personalabteilung • besserer Zugriff auf Unternehmungsdaten • höhere Kompetenz bei Techniken und Methoden des Controlling

6.4.2 Ablauforganisation

Die zentrale Aufgabe im Rahmen der Ablauforganisation ist es, die reibungslose Durchführung des Personalcontrolling sicherzustellen. Die einzelnen **Phasen des Controllingprozesses** sind in Abb. 6.4 dargestellt.

Die erste Phase bildet die *Festlegung und Gewichtung der personalpolitischen Ziele*. Diese erfolgt jedoch nicht durch das Personalcontrolling, sondern ist eine strategische Aufgabe der Unternehmungsleitung.

An die Zielplanung schließt sich die Festlegung der für das Personalcontrolling relevanten Kennzahlen an. Diese umfasst nicht nur die *Entwicklung eines unternehmungsindividuellen Kennzahlensystems*, sondern auch die exakte Beschreibung und Definition der Kennzahlen. Dazu bietet sich die Erstellung von Kennzahlenblättern an (vgl. Tab. 6.6), die in einem Kennzahlenhandbuch zusammengefasst werden.

Tabelle 6.6. Beispiel für ein Kennzahlenblatt

Kennzahlen-Bezeichnung	**Unfallhäufigkeit**	**Kennzahl-Nr.**
Beschreibung/ Formel	$\frac{\text{Anzahl der Unfälle}}{\text{Durchschnittliche Anzahl der Mitarbeiter}} \times 100[\%]$	
Gliederungs-möglichkeiten	• Wegeunfälle/Arbeitsunfälle • Mitarbeitergruppen • Standorte	
Erhebungszeit-punkte/-räume	monatlich; jährlich	
Anwendungs-bereich	Maß für die Arbeitssicherheit	
Kennzahlenzweck	Kontrolle der Unfallhäufigkeit	
mögliches Ziel	Senkung der Unfallhäufigkeit	
Basisdaten	Anzahl der meldepflichtigen Unfälle Durchschnittliche Anzahl der Mitarbeiter	
Vergleichs-grundlagen	Zeitvergleich Betriebsvergleich	
Interpretation	Aufgabe einer gezielten, aktiven Personalarbeit muss es sein, die Unfallhäufigkeit permanent zu reduzieren. Als Maßnahmen hierzu bieten sich an: • Verbesserung der Arbeitssicherheit • Information der Mitarbeiter und Vorgesetzten • Schaffung von Anreizen • gezielte Beratung durch Sicherheitsfachkräfte und Mitarbeiter • regelmäßige Veröffentlichung der Unfallstatistik	

Quelle: Schulte 2011, S. 211

Eng verbunden damit ist die Sicherung der Informationsquellen für die Berechnung der Kennzahlen sowie der Vergleichsgrundlagen. Wie bereits in Kap. 6.2 dargestellt, muss dabei insbesondere deren *formale und zeitliche Übereinstimmung* sichergestellt werden, d.h. die zu Vergleichen herangezogenen Kennzahlen müssen einheitlich definiert und berechnet werden.

Darüber hinaus kommt der *Auswahl und Schulung der Kennzahlenersteller und -empfänger* eine große Bedeutung zu. Aufgrund des hohen Verdichtungsgrads der in Kennzahlen verborgenen Informationen muss garantiert werden, dass diese adäquat interpretiert werden. Insbesondere die Zusammenhänge zwischen einzelnen Kennzahlen können nur dann umfassend erkannt werden, wenn die Kennzahlenempfänger dazu entsprechend geschult worden sind.

Bei der Festlegung der Erhebungs- und Berichtszeitpunkte und -räume ist gegenwärtig ein Wandel erkennbar. In der Vergangenheit war das Berichtswesen vielfach an den Ansprüchen externer Interessengruppen wie der Arbeitsverwaltung, Krankenkassen oder Versicherungen orientiert. Die Folge davon war ein statisch und statistisch orientiertes Auftrags-Controlling, bei dem die Informationsfunktion im Vordergrund stand (vgl. Wunderer/Jaritz 2007, S. 12 ff.). Aufgrund der veränderten Rahmenbedingungen des Personalmanagement entwickelt sich das Berichtswesen jedoch immer stärker von der periodischen Kontrolle zu einem *anlassorientierten Controlling*. Dies bedeutet, dass Berichte nicht nur in zuvor festgelegten regelmäßigen Abständen (z.B. monatlich, halbjährlich oder jährlich), sondern auch unregelmäßig bei Bedarf (z.B. Reorganisationen, Unternehmungsübernahmen, Einführung neuer Technologien) erfolgen. Den letzten Schritt bildet die *übersichtliche und nutzergerechte Aufbereitung der Kennzahlenergebnisse*. Hierzu bieten sich insbesondere graphische Formen der Darstellung an (vgl. Hungenberg 2010; Zelazny 2015). Um Fehlinterpretationen vorzubeugen, sollten diese jedoch durch ausführliche verbale Erläuterungen ergänzt werden.

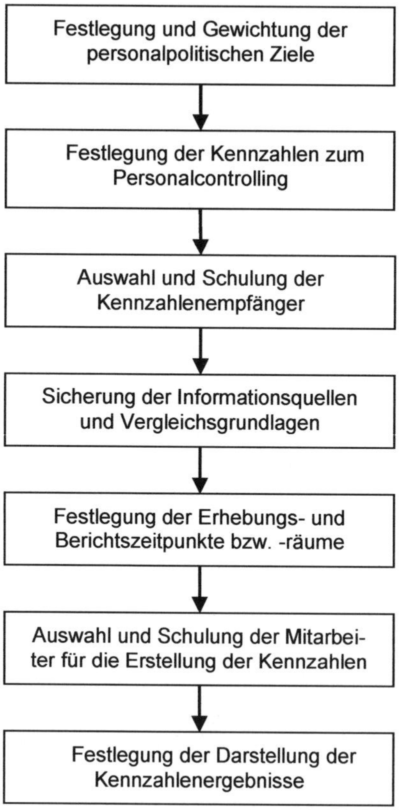

Abb. 6.4. Phasen des Controllingprozesses (Quelle: leicht verändert nach Schulte 2011, S. 172)

6.5 Voraussetzungen und Grenzen des Personalcontrolling

Die Aufgaben des Personalcontrolling bestehen darin, den Erreichungsgrad der angestrebten Personalmanagement-Ziele zu messen, die Entscheidungsträger des Personalmanagement über deren Ergebnisse zu informieren und sinnvolle Handlungsalternativen auszuarbeiten. Dazu bedient sich das Personalcontrolling verschiedener Kennzahlen und Kennzahlensysteme, deren Entwicklung und Messung jedoch zahlreiche **konzeptionelle und methodische Probleme** aufwirft:

- *Kausalität*: Der Nachweis kausaler Zusammenhänge zwischen dem Einsatz eines Personalmanagement-Instruments und der Veränderung der Personalmanagement-Effizienz ist nur möglich, wenn andere Faktoren konstant oder vernachlässigbar sind (*ceteris paribus*-Bedingung).
- *Wirkungsrichtung*: Konzeptionell kann nur schwer zwischen Ursache und Wirkung des Einsatzes eines bestimmten Instruments unterschieden werden. So können etwa höhere Weiterbildungsaufwendungen einerseits zu einer höheren Arbeitsproduktivität führen, während es andererseits denkbar ist, dass sich Unternehmungen mit einer höheren Arbeitsproduktivität einen höheren Weiterbildungsaufwand leisten. Ein anderes Beispiel dafür ist die Richtung des Zusammenhangs zwischen Arbeitsleistung und -zufriedenheit, die z.B. von den motivationstheoretischen Ansätzen unterschiedlich beurteilt wird (vgl. Kap. 2.3).
- *Wirkungsverzögerungen*: Es ist nur schwer erfassbar, ob der Einsatz eines Personalmanagement-Instruments unmittelbar oder erst mit Zeitverzögerungen (*time lag*) zu einer höheren Effizienz führt.
- Nicht zuletzt ist der unterstellte *stetige Ursache-Wirkungs-Zusammenhang* problematisch. So können in bestimmten Situationen bereits geringfügige Veränderungen eines Personalmanagement-Instruments erhebliche Auswirkungen auf die Personalmanagement-Effizienz haben (Schmetterlings-Effekt der Chaos-Theorie).

Beispielhaft lassen sich diese konzeptionellen und methodischen Probleme an dem Ziel der Arbeitszufriedenheit illustrieren. Abb. 6.5 zeigt, dass sich diese in unterschiedlichen Zufriedenheitsformen und -folgen niederschlagen kann. So können Innovationen der Mitarbeiter je nach Ergebnis des Anreiz-Beitrags-Vergleichs sowohl Folge von Arbeitszufriedenheit als auch von Arbeitsunzufriedenheit sein (vgl. auch Zhou/George 2001). Das Ergebnis dieses Anreiz-Beitrags-Vergleichs kann zudem durch geringfügige Veränderungen (z.B. Wechsel der Vergleichsperson, Über- oder Unterschreitungen kritischer Schwellenwerte bei der Personalentlohnung) stark beeinflusst werden. Die Analyse von Ursache-Wirkungs-Beziehungen und die Ableitung von Handlungsempfehlungen setzt deshalb die genaue Kenntnis der jeweiligen inhaltlichen Zusammenhänge voraus (vgl. Ittner/Larcker 2004).

Das mitarbeiterorientierte Kriterium der Arbeitszufriedenheit ist auch ein anschauliches Beispiel dafür, dass sich viele personalpolitische Phänomene nur schwer operationalisieren und quantifizieren lassen (vgl. Hentze/Kammel 1993, S.

136). Im Unterschied etwa zum Investitions- und Beschaffungscontrolling beschäftigt sich das Personalcontrolling mit Menschen, für die die Arbeit nicht nur einen Verwendungszweck hat, sondern – wie bereits in Kap. 4.1.1 ausgeführt – „die nicht erneuerbare Grundlage der Existenz“ (Dütz/Thüsing 2017, S. 1 f.) darstellt. Dies bedeutet, dass sich das Personalcontrolling nicht nur auf die relativ leicht messbaren ökonomischen Aspekte des Personalmanagement beschränken darf, sondern sich auch mit den komplexen Zusammenhängen der menschlichen Existenz auseinandersetzen muss. Die größte Gefahr für das Personalcontrolling ist deshalb die trügerische Exaktheit von Kennzahlen, die die umfassende Messbarkeit und Steuerbarkeit des menschlichen Verhaltens suggerieren.

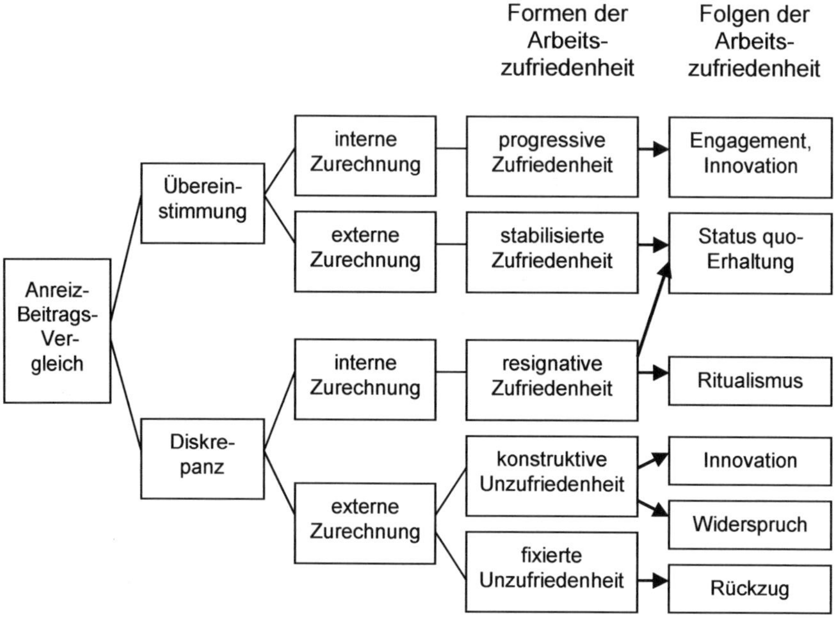

Abb. 6.5. Formen und Folgen der Arbeitszufriedenheit (Quelle: leicht verändert nach Berthel/Becker 2013, S. 105)

Schließlich muss berücksichtigt werden, dass das Personalcontrolling immer auch einen politischen Aspekt beinhaltet (vgl. Wimmer/Neuberger 1998, S. 583 ff.). „Quantitativ ausgewiesene personalwirtschaftliche Erfolgsbeiträge dienen nicht nur als Reflexionsinput, sondern fungieren – nicht selten vorrangig – als Rationalitätsmythos zur Legitimation personalwirtschaftlicher Strukturen“ (Scherm/Pietsch 2005, S. 54). Im Unterscheid zu den Naturwissenschaften ist die Messung von Ergebnissen des Personalmanagement – wie insbesondere die postmoderne Organisationstheorie betont (vgl. Holtbrügge 2001, S. 129 ff.) – somit kein wertfreier Prozess, sondern immer auch Ausdruck von Herrschaft. Entscheidend ist deshalb nicht nur, was kontrolliert wird, sondern auch, wer wen zu welchem Zweck kontrolliert.

Abkürzungsverzeichnis

AA	Angewandte Arbeitswissenschaft
AER	American Economic Review
AME	Academy of Management Executive
AMJ	Academy of Management Journal
AMLE	Academy of Management Learning & Education
AMR	Academy of Management Review
ASQ	Administrative Science Quarterly
A&O	Zeitschrift für Arbeits- und Organisationspsychologie
BEER	Business Ethics: A European Review
BFuP	Betriebswirtschaftliche Forschung und Praxis
CRR	Corporate Reputation Review
DBW	Die Betriebswirtschaft
DGFP	Deutsche Gesellschaft für Personalführung
DIW	Deutsches Institut für Wirtschaftsforschung
DU	Die Unternehmung
EJCCM	European Journal of Cross-Cultural Competence and Management
GOM	Group & Organization Management
HBM	Harvard Business Manager
HBR	Harvard Business Review
HR	Human Relations
HRDI	Human Resource Development International
HRM	Human Resource Management
HRP	Human Resource Planning
HWFü	Handwörterbuch der Führung
HWInt	Handwörterbuch Export und Internationale Unternehmung
HWO	Handwörterbuch Unternehmensführung und Organisation
HWP	Handwörterbuch des Personalwesens
HWPlan	Handwörterbuch der Planung
IAB	Institut für Arbeitsmarkt- und Berufsforschung
IJCCM	International Journal of Cross Cultural Management
IJHRM	International Journal of Human Resource Management
IndBez	Industrielle Beziehungen
IW	Institut der Deutschen Wirtschaft
JAP	Journal of Applied Psychology
JEBO	Journal of Economic Behavior & Organization
JIBS	Journal of International Business Studies
JIM	Journal of International Management
JOB	Journal of Organizational Behavior
JOM	Journal of Management

JOOP	Journal of Occupational and Organizational Psychology
JPSP	Journal of Personality and Social Psychology
MitAB	Mitteilungen aus der Arbeitsmarkt- und Berufsforschung
MM	Manager Magazin
MR	Management Revue
MSc	Management Science
NZA	Neue Zeitschrift für Arbeitsrecht
OD	Organizational Dynamics
OS	Organization Studies
OSc	Organization Science
PPsych	Personnel Psychology
PSS	Psychological Science
RES	Review of Economic Studies
SMJ	Strategic Management Journal
SMR	Sloan Management Review
THE	Teaching in Higher Education
TPM	Team Performance Management
WiSt	Wirtschaftswissenschaftliches Studium
wisu	Das Wirtschaftsstudium
WZB	Wissenschaftszentrum Berlin
ZAF	Zeitschrift für Arbeitsmarktforschung
ZFA	Zeitschrift für Arbeitsrecht
ZfB	Zeitschrift für Betriebswirtschaft
ZfbF	Zeitschrift für betriebswirtschaftliche Forschung
ZfM	Zeitschrift für Management
ZfO	Zeitschrift für Organisation
ZfP	Zeitschrift für Personalforschung

Literaturverzeichnis

Abraham, M./Büschges, G.: Einführung in die Organisationssoziologie. 4. Aufl., Berlin 2009.

Achleitner, A.-K./Wichels, D.: Stock-Option Pläne als Vergütungsbestandteil wertorientierter Entlohnungssysteme. In: Stock Options, hrsg. v. A.-K. Achleitner u. P. Wollmert. 2. Aufl., Stuttgart 2002, S. 1-25.

Achleitner, A.-K./Wollmert, P. (Hrsg.): Stock Options. 2. Aufl., Stuttgart 2002.

Ackermann, K.-F. (Hrsg.): Balanced Scorecard für Personalmanagement und Personalführung. Praxisansätze und Diskussion. Wiesbaden 2000.

Adams, J.S.: Toward an Understanding of Inequity. In: Journal of Abnormal Social Psychology, Vol. 67, 1963, S. 422-436.

Adams, J.S.: Inequity in Social Exchange. In: Advances in Experimental Social Psychology, hrsg. v. L. Berkowitz, Vol. 2, 1965, S. 267-299.

Addison, J.T./Schnabel, C./Wagner, J.: Works Councils in Germany. Their Effects on Establishment Performance. In: Oxford Economic Papers, 53, 2001, S. 659-694.

Addison, J.T./Teixeira, P./Evers, K./Bellmann, L.: Is the Erosion Thesis Overblown? Evidence from the Orientation of Uncovered Employers. IZA Discussion Paper 6658, Bonn 2012.

Addison, J.T./Teixeira, P./Zwick, T.: Works Councils and the Anatomy of Wages, ZEW Discussion Paper 06-086, Mannheim 2006.

Adler, N. J./Gundersen, A.: International Dimensions of Organizational Behavior. 5. Aufl., Mason, OH 2008.

Adler, P./Kwon, S.-W.: Social Capital. Prospects for a New Concept. In: AMR, Vol. 27, 1, 2002, S. 27-40.

Alewell, D.: Zeitarbeit und Interimsmanagement in Deutschland. Ein empirischer und institutioneller Vergleich. In: ZfbF, 58. Jg., 12, 2006, S. 990-1012.

Alewell, D./Bähring, K./Canis, A./Hauff, S./Thommes, K.: Outsourcing von Personalfunktionen. Motive und Erfahrungen im Spiegel von Experteninterviews. München-Mering 2007.

Alewell, D./Hauff, S./Pull, K.: Trennungsmanagement. Stand der Forschung und aktuelle empirische Befunde. In: Handbuch Strategisches Personalmanagement. 2. Auf., hrsg. v. R. Stock-Homburg. Wiesbaden 2013, S. 245-261.

Alewell, D./Martin, S.: Transaktionskostenansatz und Personalwirtschaftslehre. In: ZfM, 1. Jg., 3, 2006, S. 282-302.

Alvesson, M.: Management of Knowledge-Intensive Companies. Berlin-New York 1993.

Alvesson, M./Billing, Y.D.: Understanding Gender and Organizations. London-Thousand Oaks-New Delhi 1997.
Ambros, S.: Personaladministration outsourcen. In: Personalwirtschaft, 29. Jg., 10, 2002, S. 14-17.
Amshoff, B.: Controlling in deutschen Unternehmungen. Realtypen, Kontext und Effizienz. Wiesbaden 1993, zugl. Diss., Dortmund 1991.
Andreoni, J./Miller, J.: Giving According to Garp. An Experimental Test of the Consistency of Preferences for Altruism. In: Econometrica, Vol. 70, 2, 2002, S. 737-753.
Andresen, M.: Das (Un-)Glück der Arbeitszeitfreiheit: Eine ökonomisch-psychologische Analyse und Bewertung. Wiesbaden 2009, zugl. Habil., Hamburg 2008.
Andrzejewski, L.: Trennungs-Kultur. Handbuch für ein professionelles, wirtschaftliches und faires Kündigungs-Management. 3. Aufl., Neuwied 2008.
Antoni, C.H.: Qualitätszirkel als Modell partizipativer Gruppenarbeit. Analyse der Möglichkeiten und Grenzen aus der Sicht betroffener Mitarbeiter. Bern-Stuttgart-New York 1990, zugl. Diss., Mannheim 1990.
Antoni, C.H.: Meister im Wandel. Zur veränderten Rolle des Meisters bei der Einführung von Gruppenarbeit. In: AA, 134, 1992, S. 32-56.
Antoni, C.H.: Teilautonome Arbeitsgruppen. Ein Königsweg zu mehr Produktivität und einer menschengerechteren Arbeit? Weinheim 1996.
Antoni, C.H.: Teamarbeit gestalten. Grundlagen, Analysen, Lösungen. Weinheim 2000.
Aragón-Sánchez, A./Barba-Aragón, I./Sanz-Valle, R.: Effects of Training on Business Results. In: IJHRM, Vol. 14, 6, 2003, S. 956-980.
Arnold, H.: Personal gewinnen mit Social Media. 2. Aufl., Freiburg 2014.
AutoUni: Zahlen, Daten, Fakten. Wolfsburg 2017, https://www.autouni.de/content/master/de/home/die-autouni/weiterbildung/zahlen_daten_fakten.html.

Backes-Gellner, U.: Personalwirtschaftslehre – eine ökonomische Disziplin?! In: ZfP, 7. Jg., 4, 1993, S. 513-529.
Backes-Gellner, U./Lazear, E.P./Wolff, B.: Personalökonomik. Fortgeschrittene Anwendungen für das Management. Stuttgart 2001.
Backes-Gellner, U./Schorn, R./Krings, A.: Ursachen und Abbau von Fehlzeiten: Analysen auf der Basis einer mehrjährigen Betriebsfallstudie. In: ZfB, 81. Jg., Ergänzungsheft 1, 2001, S. 105-117.
Bährle, R.J.: Arbeitsrecht. Stuttgart 1997.
Baillod, J.: Arbeitszeit. Humanisierung der Arbeit durch Arbeitszeitgestaltung. Stuttgart 1986.
Barker, J.R.: Tightening the Iron Cage: Concertive Control in Self-Managing Teams. In: ASQ, Vol. 38, 1993, S. 408-437.
Barmeyer, C.I./Stein, V.: Deutschland denkt's, Frankreich tut's? Die virtuelle Personalabteilung im Kulturvergleich. In: Interkulturelle Personalorganisation, hrsg. v. C.I. Barmeyer u. J. Bolten. Sternenfels 1998, S. 71-105.
Barney, J.: Gaining and Sustaining Competitive Advantage. 3. Aufl., New York 2007.

Barney, J.B./Clark, D.N.: Resource-Based Theory. Creating and Sustaining Competitive Advantage. Oxford 2007.

BASF AG: Gesellschaftliche Verantwortung 2001. Ludwigshafen 2002.

Bass, B.M.: Leadership and Performance beyond Expectations. New York-London 1985.

Bass, B.M.: Bass and Stogdill's Handbook of Leadership. Theory, Research and Managerial Applications. New York 1990.

Bass, B.M./Riggio, R.E.: Transformational Leadership. 2. Aufl., Mahwah, NJ 2006.

Bauer, J.-H./Krieger, S./Arnold, C.: Arbeitsrechtliche Aufhebungsverträge. Arbeits-, gesellschafts-, steuer- und sozialversicherungsrechtliche Hinweise zur einvernehmlichen Beendigung von Dienst- und Arbeitsverhältnissen. 9. Aufl., München 2013.

Bauer, K./Gehring, S.: Altersteilzeit: Handbuch zu den gesetzlichen und tariflichen Regelungen. 2. Aufl., Baden-Baden 2016.

Bayer, W./Hoffmann, T.: Gesetzeswidrige Mitbestimmungslücken bei der GmbH, GmbH-Rundschau, 17, 2015, S. 909-918.

Bebchuk, L.A./Fried, J.: Pay Without Performance. Overview of the Issues. In: AMP, Vol. 20, 1, 2006, S. 5-24.

Becker, B.E./Huselid, M.A./Ulrich, D.: The HR Scorecard. Linking People, Strategy, and Performance. Boston, Mass. 2001.

Becker, F.G.: Anreizsysteme für Führungskräfte. Möglichkeiten zur strategisch-orientierten Steuerung des Managements. Stuttgart 1990.

Becker, F.G.: Lexikon des Personalmanagements. 2. Aufl., München 2002.

Becker, F.G.: Grundlagen betrieblicher Leistungsbeurteilungen. Leistungsverständnis und -prinzip, Beurteilungsproblematik und Verfahrensprobleme. 5. Aufl., Stuttgart 2009.

Becker, G.S.: Human Capital. A Theoretical and Empirical Analysis with Special Reference to Education. New York 1964.

Becker, G.S.: Vom Nutzen der Liebe. In: McK Wissen, 3. Jg., 12, 2004, S. 78-83.

Becker, N./Höft , S./Holzenkamp, M./Spinath, F.M.: The Predictive Validity of Assessment Centers in German-Speaking Regions. A Meta-Analysis. In: Journal of Personnel Psychology, Vol. 10, 2, 2011, S. 61-69.

Becker, M.: Messung und Bewertung von Humanressourcen. Konzepte und Instrumente für die betriebliche Praxis. Stuttgart 2008.

Becker, M.: Personalentwicklung. Bildung, Förderung und Organisationsentwicklung in Theorie und Praxis. 6. Aufl., Stuttgart 2013.

Becker, M./Labucay, I./Rieger, C.: Erfassung und Bewertung von Humankapital – Kritische Anmerkungen zur Saarbrücker Formel. In: BFuP, 59 Jg., 1, 2007, S. 38-58.

Becker, M./Schwertner, A.: Gestaltung der Personal- und Führungskräfteentwicklung. Empirische Erhebung, State of the Art und Entwicklungstendenzen. München-Mering 2002.

Beer, M./Spector, B./Lawrence, P.R./Mills, D.Q./Walton, R.E.: Human Resource Management. A General Manager's Perspective. New York- London 1985.

Beile, J. unter Mitarbeit von C. Dencker u. P. Sommer: Personalberichterstattung der DAX-30-Unternehmen. 2. Aufl., Arbeitspapier 138 der Hans-Böckler-Stiftung. Düsseldorf 2011.

Belbin, R.M.: Team Roles at Work. 2. Aufl., London-New York 2010.

Bellgardt, P.: Flexible Arbeitszeitsysteme. Heidelberg 1987.

Bellmann, L.: Senioritätsentlohnung, betriebliche Hierarchie und Arbeitsleistung. Eine theoretische und empirische Untersuchung zur Lohnstruktur. Frankfurt a.M. 1986, zugl. Diss., Hannover 1985.

Bellmann, M.: Siemens Management Learning – ein ganzheitlicher Ansatz zur Integration von Lernen und Arbeit. In: Strategien der Personalentwicklung, hrsg. v. H.-C. Riekhof. 5. Aufl., Wiesbaden 2002, S. 13-22.

Bénabou, R./Tirole, J.: Intrinsic and Extrinsic Motivation. In: RES, Vol. 70, 2003, S. 489-520.

Benz, M./Stutzer, A.: Was erklärt die gestiegenen Managerlöhne? In: DU, 57. Jg., 1, 2003, S. 5-19.

Berg, N.: Globale Teams: Eine kritische Analyse des gegenwärtigen Forschungsstands. In: ZfP, 20. Jg., 3, 2006 (a), S. 215-232.

Berg, N.: „Gemeinsam sind wir stärker". Ansätze einer ressourcenbasierten Fundierung globaler Teams. In: ZfM, 1. Jg., 3, 2006 (b), S. 204-233.

Berg, N./Holtbrügge, D.: Global Teams. A Network Approach. In: TPM, Vol. 16, 3/4, 2010, S. 187-211.

Berg-Peer, J.: Outplacement in der Praxis. Trennungsprozesse sozialverträglich gestalten. Wiesbaden 2003.

Berkowsky, W.: Die betriebsbedingte Kündigung. Eine umfassende Darstellung unter Berücksichtigung des Betriebsverfassungs- und Sozialrechts sowie des Arbeitsgerichtsverfahrens. 6. Aufl., München 2007.

Bernauer, D./Hesse, G./Laick, S./Schmitz, B.: Social Media im Personalmarketing. Erfolgreich in Netzwerken kommunizieren. Köln 2011.

Berthel, J./Becker, F.G.: Personal-Management. Grundzüge für Konzeptionen betrieblicher Personalarbeit. 8. Aufl., Stuttgart 2007; 10. Aufl., Stuttgart 2013.

Betrand, M./Mullainathan, S.: Agents With and Without Principals. In: AER, Vol. 90, 2, 2000, S. 203-208.

Bettin, E.: Unlautere Abwerbung. Berlin 1999.

Biebl, J./Neumann, D.: Arbeitszeitgesetz. Kommentar. 16. Aufl., München 2013.

Binkelmann, P./Braczyk, H.-J./Seltz, R. (Hrsg.): Entwicklung der Gruppenarbeit in Deutschland. Stand und Perspektiven. Frankfurt a.M.-New York 1993.

Bisani, F.: Ausgewählte Probleme betrieblicher Personalarbeit. Wiesbaden 1983.

Bishop, J.: A's hier A's and B's hier C's. In: Leadershipisaverb.blogspot, 15.7.2009, http://leadershipisaverb.blogspot.de/2009/07/as-hire-as-and-bs-hire-cs.html.

Blake, R.R./Mouton, J.S.: Verhaltenspsychologie im Betrieb. 2. Aufl., Düsseldorf-Wien 1980.

Bleicher, K./Meyer, E.: Führung in der Unternehmung. Formen und Modelle. Reinbek bei Hamburg 1976.

Bliesener, T.: Ist die Validität biographischer Daten ein methodisches Artefakt? Ergebnisse einer meta-analytischen Studie. In: A&O, 36. Jg., 1992, S. 12-21.

Blötz, U.: Planspiele in der beruflichen Bildung. Bielefeld 2003.

Blüthmann, H.: Geld gegen Freizeit. In: Die Zeit, 44, 29.10.1993, S. 27.

Böhm, W./Hennig, J./Popp, C.: Zeitarbeit und Arbeiten 4.0. Handbuch für die Praxis. 4. Aufl., Köln 2017.

Bohm, E.: Lehrbuch der Rorschach-Psychodiagnostik. Bern 1996.

Böhmer R.: Moderne Nomaden des Arbeitsmarkts. In: Wirtschaftswoche, 13, 2007, S. 54-65.

Böhnisch, W./Jago, A.G./Reber, G.: Zur interkulturellen Validität des Vroom/Yetton Modells. In: DBW, 47. Jg., 1987, S. 85-93.

Bokranz, R./Landau, K.: Einführung in die Arbeitswissenschaft. Stuttgart 1991.

Bond, M.A./Pyle, J.L.: The Ecology of Diversity in Organizational Settings: Lessons from a Case Study. In: HRB, Vol. 51, 5, 1998, S. 589-623.

Bonn, G./Gmür, M./Klimecki, R.G.: Der Einfluss des Personalmanagements auf organisationale Kreativität und Markterfolg von Unternehmen. In: ZfP, 18. Jg., 1, 2004, S. 5-23.

Bosse, A. /Wiedmann, J.: 360 Möglichkeiten, die Komplexität nicht auf die Spitze zu treiben: die Simplifizierung des 360°-Feedbacks der Lufthansa Group. In: Neue Komplexität in Personalarbeit und Führung. Herausforderungen und Lösungsansätze, hrsg. v. R. Scheinpflug u. K. Stolzenberg. Wiesbaden 2017, S. 211-225.

Boswell, W.R./Roehling, M.V./LePine, M.A./Moynihan, L.M.: Individual Jobchoice Decisions and the Impact of Job Attributes and Recruitment Practices. A Longitudinal Field Study. In: HRM, Vol. 42, 1, 2003, S. 23-37.

Brandenburg, U./Nieder, P.: Betriebliches Fehlzeiten-Management: Instrumente und Praxisbeispiele für erfolgreiches Anwesenheits- und Vertrauensmanagement. 2. Aufl., Wiesbaden 2009.

Brandl, J.: Die Legitimität von Personalabteilungen. Eine Rekonstruktion aus Sicht der Unternehmensleitung. München-Mering 2005, zugl. Diss., Wien 2005.

Brandl, J./Welpe, I.: Ursachen der Ablehnung von Human Capital Management seitens der Unternehmensführung. Eine Analyse aus Perspektive interpretativer Ansätze der Accountingforschung. In: DBW, 66. Jg., 5, 2006, S. 542-560.

Brandt, P.: Das Assessment Center. Ein erfolgreiches Instrument der Personalauswahl? In: Psychologie und Gesellschaftskritik, 13. Jg., 4, 1989, S. 25-40.

Branke, S.: Konzernübergreifende Talentplanung für das Mittlere und Top-Management bei der Deutschen Lufthansa. Vortrag auf dem IQPC Skills and Competencies Workshop, Neuss 8.3.2006.

Braun, D./Prüwer, M./von Nitzsch, R.: Ultimatum-Spiele und Fairness in Verhandlungssituationen. Erkenntnisse der spieltheoretischen Entscheidungsforschung. In: WiSt, 40. Jg., 10, 2011, S. 507-512.

Braun, I.: Outsourcing von Personalfunktionen. Eine Strategie zur Erhöhung der Dienstleistungsqualität? München-Mering 2009, zugl. Diss., Tübingen 2009.

Brecht, B.: Dreigroschenoper. Berlin 1928.

Brecht-Heitzmann, H./Groels, M./Reichmuth, T.: Bewerberüberprüfung mittels Internet. Ergebnisse einer experimentellen Untersuchung. In: ZfP, 24. Jg., 1, 2010, S. 69-78.

Brenke, K.: Home Office: Möglichkeiten werden bei weitem nicht ausgeschöpft. In: DIW Wochenbericht, 5, 2016, S. 95-105.

Breisig, T.: It's Team Time. Kleingruppenkonzepte in Unternehmen. Köln 1990.

Breisig, T.: Entgelt nach Leistung und Erfolg. Grundlagen moderner Entlohnungssysteme. Frankfurt a.M. 2003.

Breisig, T.: Entlohnen und Führen mit Zielvereinbarungen: Methoden, Chancen und Risiken – Wissen für Betriebs- und Personalräte. 3. Aufl., Frankfurt a.M. 2006.

Bremer, C.: Formen und Voraussetzungen der Telearbeit. In: Virtuelle Wirtschaft. Virtuelle Unternehmen, Virtuelle Produkte, Virtuelles Geld und Virtuelle Kommunikation, hrsg. v. A. Brill u. M. de Vries. Opladen 1998, S. 120-136.

Brenke, K.: Dauer der Arbeitszeiten in Deutschland. In: Wochenberichte des DIW, 71. Jg., 47, 2004, S. 731-737.

Brenke, K./Rinne, U./Zimmermann, K.F.: Kurzarbeit: Nützlich in der Krise, aber nun den Ausstieg einleiten. In: Wochenberichte des DIW, 77. Jg., 16, 2010, S. 2-14.

Bretz, R./Judge, T.: Realistic Job Previews: A Test of the Adverse Self-Selection Hypothesis. In: JAP, Vol. 83, 2, 1998, S. 330-337.

Brewster, C./Wood, G./Brookes, M./van Ommeren, J.: What Determines the Size of the HR Function? A Cross-national Analysis. In: HRM, Vol. 45, 1, 2006, S. 3-21.

Brickenkamp, R./Brähler, E./Holling, H.: Brickenkamp Handbuch psychologischer und pädagogischer Tests. Bd.1, Göttingen 2001.

Briedis, K./Minks, K.-H.: Generation Praktikum – Mythos oder Massenphänomen? Gefördert vom Bundesministerium für Bildung und Forschung. Berlin 2007.

Brockhausen, E./Kielisch, J./Schnerring, J./Staeck, J.: SAP® HR. Technische Grundlagen und Programmierung. Bonn 2003.

Brosi, P./Spörrle, M.: Die dunkle Seite der Führung: Negatives Führungsverhalten, dysfunktionale Persönlichkeitsmerkmale und situative Einflussfaktoren. In: Die Zukunft der Führung, hrsg. v. S. Grote. Berlin-Heidelberg 2012, S. 269-290.

Bruhn, H.-D.: Software für das Human-Asset-Management. In: Personalwirtschaft, 29. Jg., 12, 2002, S. 19-22.

Bühler, W./Siegert, T. (Hrsg.): Unternehmenssteuerung und Anreizsysteme. Stuttgart 1999.

Bund, K.: Frau. Vorstand. Abgehängt. In: Die Zeit, 27.11.2014, S. 21-22.

Bundesagentur für Arbeit: Aktuelle Entwicklungen der Zeitarbeit. Nürnberg 2017.

Bungard, W.: Qualitätszirkel in der Arbeitswelt. Göttingen 1992.

Burt, R.S.: The Contingent Value of Social Capital. In: ASQ, Vol. 42, 2, S. 339-365.

Busch, A./Holst, E.: Verdienstdifferenzen zwischen Frauen und Männern nur teilweise durch Strukturmerkmale zu erklären. In: Wochenberichte des DIW, 75. Jg., 15, 2008 (a), S. 184-191.

Busch, A./Holst, E.: „Gender Pay Gap": In Großstädten geringer als auf dem Land. In: Wochenberichte des DIW, 75. Jg., 33, 2008 (b), S. 462-469.

Busshoff, H./Lesch, H.: Sozialer Friede. Deutschland nur noch oberes Mittelmaß. In: Gewerkschaftsspiegel, 2, 2016, S. 1.
Buttler, A.: Einführung in die betriebliche Altersversorgung. 7. Aufl., Karlsruhe 2015.

Cantor, R.: Firm-specific Training and Contract Length. In: Economica, Vol. 57, 2, 1990, S. 1-14.
Cascio, E.F.: Applied Psychology in Personnel Management. 5. Aufl., New York 1998.
Chadwick, C./Dabu, A.: Human Resources, Human Resources Management, and the Competitive Advantage of Firms. Toward a More Comprehensive Model of Causal Linkages. In: OSc, Vol. 20, 1, 2009, S. 253-272.
Chandler, A.D. Jr.: Strategy and Structure. Chapters in the History of the Industrial Enterprise. Cambridge, Mass.-London 1962.
Chung, K.H./Rogrs, R.C./Lubatkin, M./Owens, J.E.: Do Insiders Make Better CEOs than Outsiders? In: AME, Vol. 1, 4, 1987, S. 323-329.
Clegg, S.R.: Weber and Foucault: Social Theory for the Study of Organizations. In: Organization, Vol. 1, 1, 1994, S. 149-178.
Coase, R.H.: The Nature of the Firm. In: Economica, Vol. 4, 1937, S. 386-405.
Colquitt, J.A.: On the Dimensionality of Organizational Justice. A Construct Validation of a Measure. In: JAP, Vol. 86, 3, 2001, S. 386-400.
Colquitt, J.A./Conlon, D.E./Wesson, M.J./Porter, C.: Justice at the Millennium. A Meta-Analytic Review of 25 Years of Organizational Justice Research. In: JAP, Vol. 86, 3, 2001, S. 425-445.
Conrad, P.: Strategisches Human Resources Management. In: Personalmanagement im Wandel. Vom Dienstleister zum Businesspartner. Karl-Friedrich Ackermann zum 65. Geburtstag, hrsg. v. P. Speck u. D. Wagner. Wiesbaden 2003, S. 3-21.
Conradi, W.: Personalentwicklung. Stuttgart 1983.
Conway, N./Briner, R.B.: Understanding psychological contracts at work. A critical evaluation of theory and research, Oxford 2005.
Cooke, F.L./Shen, J./McBride, A.: Outsourcing HR as a Competitive Strategy? A Literature Review and an Assessment of Implications. In: HRM, Vol. 44, 4, 2005, S. 413-432.
Cornerstone on Demand: Big Data in HR. München 2013, http://www.cornerstoneondemand.de/sites/multisite/files/whitepaper/csod-wp-big-data-de.pdf.
Croset, P./Dobler, M.: Die rechtssichere Abmahnung: Ein Leitfaden für Personalabteilung und Geschäftsführung. 2. Auf., Wiesbaden 2016.
Crozier, M./Friedberg, E.: Macht und Organisation. Die Zwänge kollektiven Handelns. Königstein i. Ts. 1979.
Csikszentmihalyi, M.: Das flow-Erlebnis. Jenseits von Angst und Langeweile: im Tun aufgehen. 11. Aufl., Stuttgart 2010.
Cyert, R.M./March, J.G.: A Behavioral Theory of the Firm. Englewood Cliffs, NJ 1963.

Daimler AG: Geschäftsbericht 2016. Stuttgart 2017.

Deci, E.L./Koestner, R./Ryan, R.M.: A Meta-Analytic Review of Experiments Examining the Effects of Extrinsic Rewards on Intrinsic Motivation. In: Psychological Bulletin, Vol. 125, 6, 1999, S. 627-668.

Deckstein, D.: SAP. Der etwas andere Betriebsrat. In: Süddeutsche Zeitung, 21.7.2007.

Deetz, S.: Disciplinary Power in the Modern Corporation. In: Critical Management Studies, hrsg. v. M. Alvesson u. H. Willmott. London-Newbury Park-New Delhi 1992, S. 21-45.

Deetz, S.: Discursive Formations, Strategized Subordination and Self-surveillance. In: Foucault, Management and Organization Theory. From Panopticon to Technologies of Self, hrsg. v. A. McKinlay u. K. Starkey. London-Thousand Oaks-New Delhi 1998, S. 151-172.

Dellekönig, C.: Der Teilzeit-Manager. Frankfurt a.M.-New York 1995.

Dentz, W.: Betriebliche Mitbestimmung. Beispiele, Analysen, Lösungen. Köln 2003.

Deppe, J.: Quality Circle und Lernstatt. Ein integrativer Ansatz. 3. Aufl., Wiesbaden 1992, zugl. Diss., Bochum 1988.

Derue, D.S./Nahrgang, J.D./Wellman, N./Humphrey, S.E.: Trait and Behavioral Theories of Leadership. An Integration and Meta-analytical Test of their Relative Validity. In: PPsych, Vol. 64, 1, 2011, S. 7-52.

Deutsche Bank AG: Personalbericht 2016. Frankfurt a.M. 2017.

Deutsche Dachgesellschaft für Interimsmanagement: Interim Management Markt in Deutschland. Online-Markterhebung 2009. Münster 2009, http://www.ddim.de/de/Interim_Management_Markt/Markt/Markterhebung_2009.php.

Deutsches Rechnungslegungs Standards Committee: Deutsche Rechnungslegungs Standards (DRS). Grundwerk mit 20. Ergänzungslieferung. Stuttgart 2014.

Devillard, S./Graven, W./Lawson, E./Paradise, R./Sancier-Sultan, S.: Woman Matter 2012. Making the Breakthrough. Report, McKinsey & Company. Paris et al. 2012.

DGFP (Hrsg.): Personalcontrolling in der Praxis. Stuttgart 2001.

DGFP (Hrsg.): Employer Branding. Die Arbeitgebermarke gestalten und im Personalmarketing umsetzen. Bielefeld 2012.

Dierdorff, E.C./Surface, E.A.: If You Pay for Skills, Will They Learn? Skill Change and Maintenance under a Skill-Based Pay System. In: JOM, Vol. 34, 4, 2008, S. 721-743.

Dierkes, M.: Die Sozialbilanz. Ein gesellschaftsbezogenes Planungs- und Rechnungssystem. Frankfurt a.M. 1992.

Dierkes, M.-J.: Programmdesign für ein erfolgreiches Onboarding neuer Führungspersönlichkeiten – Darstellung des First Leadership Programms bei der Lufthansa Technik. In: Auswahl und Onboarding von Führungspersönlichkeiten. Diagnose, Assessment und Integration, hrsg. v. C. von Au. Wiesbaden 2017, S. 177-194.

Dilger, A.: Ökonomik betrieblicher Mitbestimmung. Die wirtschaftlichen Folgen von Betriebsräten. München-Mering 2002, zugl. Habil., Greifswald 2001.

van Dick, R./West, M.A.: Teamwork, Teamdiagnose, Teamentwicklung. 2. Aufl., Göttingen et al. 2013.

Dögl, C./Holtbrügge, D.: Corporate environmental responsibility, employer reputation and employee commitment. An empirical study in developed and emerging economies. In: IJHRM, Vol. 25, 12, 2013, 1739-1762.

Doll, N.: GDL-Chef Schell: „Es gibt keine Sieger und keine Besiegten". In: welt.de, 14.1.2008, http://www.welt.de/wirtschaft/article1552975/Es_gibt_keine_Sieger_und_keine_Besiegten.html.

Domsch, M./Gerpott, T.J.: Personalwesen(s), Organisation des. In: HWO, 3. Aufl., hrsg. v. E. Frese. Stuttgart 1992, Sp. 1934-1949.

Domsch, M.E./Ladwig, D.H. (Hrsg.): Handbuch Mitarbeiterbefragung. 3. Aufl., Berlin-Heidelberg. 2013.

Dorfman, P.W./Hanges, P. J./Brodbeck, F. C.: Leadership and Cultural Variation. The Identification of Culturally Endorsed Leadership Profiles. In: Culture, Leadership, and Organizations. The GLOBE Study of 62 Societies, hrsg. v. R.J. House, P. J. Hanges, M. Jarvidan, P.W. Dorfman u. V. Gupta. Thousand Oaks et al. 2004, S. 669-719.

Dowling, M./Eberspächer, J./Picot, A. (Hrsg.): eLearning in Unternehmen. Neue Wege für Training und Weiterbildung. Berlin-Heidelberg 2003.

Dribbusch, H.: Tarifkonkurrenz als gewerkschaftspolitische Herausforderung: Ein Beitrag zur Debatte um die Tarifeinheit. WSI-Diskussionspapier Nr. 172, Düsseldorf 2010.

Drucker, P.F.: Die Praxis des Management. Düsseldorf 1956.

Drumm, H.J.: Ethik in der Personalwirtschaft. In: HWP, 3. Aufl., hrsg. v. E. Gaugler, W.A. Oechsler u. W. Weber. Stuttgart 2004, Sp. 723-734.

Drumm, H.J.: Personalwirtschaft. 6. Aufl., Berlin et al. 2008.

Dülfer, E.: Personalwesen in unterschiedlichen Kulturen. In: HWP, 2. Aufl., hrsg. v. E. Gaugler u. W. Weber. Stuttgart 1992, Sp. 1881-1893.

Dütz, W./Thüsing, G.: Arbeitsrecht. 22. Aufl., München 2017.

Eberle, U.: Urlaub nach Gusto. In: Brand Eins, 8, 2012, S. 66-71.

Ebers, M.: Organisationskultur und Führung. In: HWFü, 2. Aufl., hrsg. v. A. Kieser, G. Reber u. R. Wunderer. Stuttgart 1995, Sp. 1664-1682.

Eberz, L.-M./Baum, M./Kabst, R.: Der Einfluss von Rekrutiererverhaltensweisen auf den Bewerber. Ein mediierter Prozess. In: ZfP, 26. Jg., 1, 2012, S. 5-29.

Eckardstein, D. von: Von der anforderungsabhängigen zur qualifikationsorientierten Entlohnung. In: Handbuch Anreizsysteme, hrsg. v. G. Schanz. Stuttgart 1991, S. 215-232.

Eckardstein, D. von/Fredecker, I./Greife, W./Janisch, R./Zingsheim, G.: Die Qualifikation der Arbeitnehmer in neuen Entlohnungsmodellen. Zur Funktion von Modellen des Qualifikationslohns in personalwirtschaftlichen und gesellschaftlichen Strategien. Frankfurt a.M. et al. 1988.

Eckardstein, D. von/Schnellinger, F: Betriebliche Personalpolitik. 3. Aufl., München 1978.

Edinger, J./Marxsen, A./Krüger, C.: Personalwirtschaft mit SAP® ERP HCM. Funktionen- Prozesse-Customizing. 4. Aufl., Bonn 2014.

Eichenberg, T./Bursy, R. (Hrsg.): Management von internationalen HR Shared Service Centern: Implementierungsempfehlungen und Best Practice. Wiesbaden 2017.

Eigler, J.: Transaktionskosten als Steuerungsinstrument für die Personalwirtschaft. Frankfurt a.M. 1996, zugl. Diss., Regensburg 1995.

Eisenhardt, K.: Agency Theory: An Assessment and Review. In: AMR, Vol. 14, 1989, S. 57-74.

Ellguth, P./Kohaut, S.: Tarifbindung und betriebliche Interessenvertretung. Ergebnisse aus dem IAB-Betriebspanel 2013. In: WSI-Mitteilungen, 4, 2014, S. 286-295.

Elliot, J./Simon, W.L.: Steve Jobs – iLeadership. Mit Charisma und Coolness an die Spitze. München 2011.

Elšik, W.: Strategisches Personalmanagement. Konzeptionen und Konsequenzen. München-Mering 1992.

Emery, F./Thorsrud, E.: Democracy at Work. The Report of the Norwegian Industrial Democracy Program. Leiden 1976.

Endres, H.: Frauen im Top-Management? So macht es Porsche. In: HBM, 1, 2017, S. 88-95.

Engelhard, F./Holtbrügge, D.: Biculturals, Team Facilitation and Multicultural Team Performance. An Information-Processing Perspective. In: EJCCM, Vol. 4, 3/4, 2017, S. 236-262

Engels, L.: Prämierte Absageschreiben. Brennen Sie eigentlich für unser Unternehmen? In: Spiegel Online, 24.11.2014, http://www.spiegel.de/karriere/berufsleben/bewerbung-die-besten-absageschreiben-2014-a-1001209.html.

Erhart, M.G./Klein, K.J.: Predicting followers' preferences for charismatic leadership. The influence of follower values and personality. In: The Leadership Quarterly, Vol. 12, 2, 2001, S. 153-179.

Erpenbeck, J./von Rosenstiel, L. (Hrsg.): Handbuch Kompetenzmessung. Erkennen, Verstehen und Bewerten von Kompetenzen in der betrieblichen, pädagogischen und psychologischen Praxis. Stuttgart 2003.

Ettlin, T./Schweizerische Gemeinnützige Gesellschaft (Hrsg.): SeitenWechsel. Lernen in anderen Arbeitswelten. Zürich 2003.

European Foundation for the Improvement of Living and Working Conditions: Developments in Collectively Agreed Working Time 2013. Dublin 2014.

Evans, P.: On the Importance of a Generalist Conception of Human Resource Management: A Cross-National Look. In: HRM, Vol. 23, 4, 1984, S. 347-363.

Evans, P.: The Strategic Outcomes of Human Resource Management. In: HRM, Vol. 25, 1, 1986, S. 149-167.

Evans, P./Lank, E./Farquhar, A.: Managing Human Resources in the International Firm: Lessons from Practice. In: Human Resource Management in the International Firm. Change, Globalization, Innovation, hrsg. v. P. Evans, Y. Doz u. A. Laurent. London 1989, S. 113-143.

Evers, H.: Stand und Entwicklung variabler Vergütungssysteme für Führungskräfte in Deutschland. In: Handbuch Variable Vergütung für Führungskräfte, hrsg. v. D. von Eckardstein. München 2001, S. 27-45.

Eyer, E./Haussmann, T.: Zielvereinbarung und variable Vergütung. Ein praktischer Leitfaden – nicht nur für Führungskräfte. 6. Aufl., Wiesbaden 2014.

Ezzamel, M./Willmott, H.: Accounting for Teamwork: A Critical Study of Group-based Systems of Organizational Control. In: ASQ, Vol. 43, 1998, S. 358-396.

Falk, A./Kosfeld, M.: The Hidden Costs of Control. In: AER, Vol. 96, 12, 2006, S. 1611-1630.

Fayard, A.-L./Weeks, J.: Photocopiers and Water-coolers. The Affordances of Informal Interaction. In: OS, Vol. 28, 5, 2007, S. 605–634.

Fayol, H.: Administration industrielle et générale. Extrait du Bulletin de la Société de l'Industrie Minérale. Paris 1916.

Felser, G.: Personalmarketing. Praxis der Personalpsychologie. Göttingen et al. 2010.

Ferstl, J.: Managervergütung und Shareholder Value. Konzeption einer wertorientierten Vergütung für das Top-Management. Wiesbaden 2000, zugl. Diss., Regensburg 1999.

Festing, M./Dowling, P.J./Weber, W./Engle, A.D.: Internationales Personalmanagement. 3. Aufl., Wiesbaden 2011.

Festing, M./Martin, A./Mayrhofer, W./Nienhüser, W. (Hrsg.): Personaltheorie als Beitrag zur Theorie der Unternehmung. Festschrift für Prof. Dr. Wolfgang Weber zum 65. Geburtstag. München-Mering 2004.

Fiedler, F.E.: A Theory of Leadership Effectiveness. New York et al. 1967.

Fiedler, F.E./Chemers, M.M./Mahar, L.: Der Weg zum Führungserfolg. Ein Selbsthilfeprogramm für Führungskräfte. Stuttgart 1979.

Fiedler, F.E./Mai-Dalton, R.: Führungstheorien – Kontingenztheorie. In: HWFü, 2. Aufl., hrsg. v. A. Kieser, G. Reber u. R. Wunderer. Stuttgart 1995, Sp. 940-953.

Findlay, P./Newton, T.: Re-framing Foucault: The Case of Performance Appraisal. In: Foucault, Management and Organization Theory. From Panopticon to Technologies of Self, hrsg. v. A. McKinlay u. K. Starkey. London-Thousand Oaks-New Delhi 1998, S. 211-229.

Fisch, R./Beck, D./Englich, B.: Projektgruppen in Organisationen. Göttingen 2000.

Fischbacher, U./Fehr, E./Gächter, S.: Are People Conditionally Cooperative? Evidence from Public Good Experiments. In: Economic Letters, Vol. 71, 3, 2001, S. 397-404.

Fischer, L.: Arbeitszufriedenheit. Konzepte und empirische Befunde. 2. Aufl., Göttingen et al. 2006.

Fischer, T./Rödl, K.: Unternehmensziele und Anreizsysteme. Theoretische Grundlagen und empirische Befunde aus deutschen Unternehmen. In: Controlling, 19. Jg., 1, 2007, S. 5-14.

Fitting, K./Engels, G./Schmidt, I./Trebinger, Y./Linsenmeier, W.: Betriebsverfassungsgesetz mit Wahlordnung. 28. Aufl., München 2016.

Fitz-enz, J.: Renditefaktor Personal. So messen und erhöhen Sie den Roi Ihrer Mitarbeiter. Frankfurt-New York 2003.

Fitz-enz, J./Mattox, J.R.: Predictive Analytics for Human Resources. New York 2014.

FitzRoy, F.R./Kraft, K.: Unionization, Wages and Efficiency: Theories and Evidence from the US and West Germany. In: Kyklos, 38. Jg, 1985, S. 537-554.

Flamholtz, E.: Human Resource Accounting. Advances in Concepts, Methods, and Applications. 3. Aufl., Dordrecht 1999.

Fombrun, C.J./Tichy, N.M./Devanna, M.A. (Hrsg.): Strategic Human Resource Management. New York et al. 1984.

Foucault, M.: Überwachen und Strafen. Die Geburt des Gefängnisses. Frankfurt a.M. 1976.

Foucault, M.: Sexualität und Wahrheit, Bd. 1: Der Wille zum Wissen. Frankfurt a.M. 1977.

Fox, S.: Strategic HRM: Postmodern Conditioning for the Corporate Culture. In: Management Education and Development, Vol. 21, 3, 1990, S. 192-206.

Franz, W.: Arbeitsmarktökonomik. 8. Aufl., Berlin et al. 2013.

Freeman, R.E.: Strategic Management. A Stakeholder Approach. Boston, Mass. 1984.

Freund, F./Knoblauch, R./Eisele, D.: Praxisorientierte Personalwirtschaftslehre. 6. Aufl., Stuttgart 2003.

Frey, B.S.: Markt und Motivation. Wie ökonomische Anreize die (Arbeits-)Moral verdrängen. München 1997.

Frey, B.S./Meier, S.: Social Comparisons and Pro-Social Behavior. Testing 'Conditional Cooperation' in a Field Experiment. In: AER, Vol. 94, 12, 2004, S. 1717-1722.

Frey, B.S./Osterloh, M.: Pay for Performance – Immer empfehlenswert? In: ZfO, 69. Jg., 2, 2000, S. 64-69.

Frey, B.S./Osterloh, M.: Motivation – der zwiespältige Produktionsfaktor. In: Managing Motivation. Wie Sie die neue Motivationsforschung für Ihr Unternehmen nutzen können, hrsg. v. B.S. Frey u. M. Osterloh. 2. Aufl., Wiesbaden 2002, S. 19-42.

Frick, B./Bellmann, L./Frick, J.: Betriebliche Zusatzleistungen in der Bundesrepublik Deutschland: Verbreitung und Effizienzfolgen. In: ZfO, 69. Jg., 2, 2000, S. 83-91.

Friedli, V.: Die betriebliche Karriereplanung. Konzeptionelle Grundlagen und empirische Studien aus der Unternehmensperspektive. Bern et al. 2002, zugl. Diss., Bern 2001.

Fuchs, A./Westerwelle, A./Buchberger, C.: Campus-Recruiting. Niedernhausen 1999.

Füchtner, S./Wegerich, T. (Hrsg.) Das Handbuch der Personalberatung: Eine Branche im Umbruch. 2. Aufl., Frankfurt a.M. 2011.

Gaedt, M.: Mythos Fachkräftemangel. Was auf Deutschlands Arbeitsmarkt gewaltig schiefläuft. Weinheim 2014.

Gärtner, J./Kundi, M./Wahl, S./Siglär, R./Boonstra-Hörwein, K./Herber, G./Carlberg, I./Janke, M./Voß, J./Conrad, H.: Handbuch Schichtpläne. Planungstechnik, Entwicklung, Ergonomie, Umfeld. 2. Aufl., Zürich 1998.

Gatewood, R.D./Gowan, M.A./Lautenschlager, G.J.: Corporate Image, Recruitment Image, and Initial Job Choice Decisions. In: AMJ, Vol. 36, 1993, S. 414-427.

Gebauer, A.: Einführung von Corporate Universities. Eine kritische Rekonstruktion der Entwicklungsverläufe in Deutschland. Heidelberg 2007, zugl. Diss., Witten-Herdecke 2006.

Gebert, D./von Rosenstiel, L.: Organisationspsychologie. Person und Organisation. 5. Aufl., Stuttgart 2002.

Gehrmann, W./Tenbrock, C.: Flexible Funktionäre. In: Die Zeit, 50, 4.12.2003, S. 23.

Geißler, K.A.: Zeit – verweile doch... Lebensformen gegen die Hast. Freiburg 2008.

Gemünden, H.G./Högl, M.: Teamarbeit in innovativen Projekten. Eine kritische Bestandsaufnahme der empirischen Forschung. In: Management von Teams. Theoretische Konzepte und empirische Befunde, hrsg. v. H.G. Gemünden u. M. Högl, 2. Aufl., Wiesbaden 2001, S. 1-31.

Gerpott, T.J.: Controlling von Personalprogrammen als Teilfeld des operativen Personal-Controlling. In: Controlling von Personalprogrammen, hrsg. v. T.J. Gerpott u. S.H. Siemers. Stuttgart 1995, S. 3-56.

Ghoshal, S.: Bad Management Theories are Destroying Good Management Practices. In: AMLE, Vol. 4, 1, 2005, S. 75–91.

Ghoshal, S./Moran, P.: Bad for Practice. A Critique of the Transaction Cost Theory. In: AMR, Vol. 21, 1996, S. 13-47.

Giardini, A./Kabst, R.: Recruitment Process Outsourcing. Eine Szenariostudie zur Akzeptanz von Outsourcing-Maßnahmen in der Personalauswahl. In: ZfP, 22. Jg., 4, 2008, S. 370-387.

Gilbert, C./De Winne, S./Sels, L.: The Influence of Line Managers and HR Department on Employees' Affective Commitment. In: IJHRM, Vol. 22, 8, 2011, S. 1618-1637.

Gilchrist, D./Luca, M./Malhotra, D.: When 3 + 1 > 4: Gift Structure and Reciprocity in the Field. In: MSc, Vol. 62, 9, 2016, S. 2639-2650.

Gilson, S.C./Vetsuypens, M.R.: CEO Compensation in Financially Distressed Firms. An Empirical Analysis. In: Journal of Finance, Vol. 48, 1993, SD. 425-459.

Glotz, P.: Ron Sommer. Der Weg der Telekom. Hamburg 2001.

Gmür, M./Klimecki, R.G./Litz, S.A.: Führungskräfterekrutierung in wissensintensiven Unternehmen. In: DU, 57. Jg., 3, 2003, S. 185-199.

Gmür, M./Schwerdt, B.: Der Beitrag des Personalmanagements zum Unternehmenserfolg. Eine Metaanalyse nach 20 Jahren Erfolgsfaktorenforschung. In: ZfP, 19. Jg., 3, 2005, S. 221-251.

Göbbels, F.: Arbeitsverträge in Textbausteinen. 3. Aufl., Freiburg 2016.

Göpfert, B./Wilke, E.: Recherchen des Arbeitgebers in Sozialen Netzwerken nach dem geplanten Beschäftigtendatenschutzgesetz. In: NZA, 23. Jg., 2010, S. 1329–1333.

Goffman, E.: Stigma. Über Techniken der Bewältigung beschädigter Identität. Frankfurt a.M. 1967.

Gola, P.: HR Intelligence und Analytics. Datenschutzrechtliche Grenzziehungen. In: Human Resource Intelligence und Analytics. Grundlagen, Anbieter, Erfahrungen und Trends, hrsg. v. S. Strohmeier u. F. Piazza. Berlin 2015, S. 127-158.

Golden, T.D./Fromen, A.: Does it Matter Where your Manager Works? Comparing Managerial Work Mode (Traditional, Telework, Virtual) Across Subordinate Work Experiences and Outcomes. In: HR, Vol. 64, 11, 2011, S. 1451-1475.

Graf, A.: Lebenszyklusorientierte Personalentwicklung. Ein Ansatz für die Erhaltung und Förderung von Leistungsfähigkeit und -bereitschaft während des gesamten betrieblichen Lebenszyklus. Bern et al. 2002, zugl. Diss., Bern 2002.

Graf, N./Edelkraut, F.: Mentoring. Das Praxisbuch für Personalverantwortliche und Unternehmer. 2. Aufl., Wiesbaden 2016.

Grandjean, E.: Physiologische Arbeitsgestaltung. Leitfaden der Ergonomie. 3. Aufl., Landsberg a.L. 1987.

Granovetter, M.S.: The Strength of Weak Ties. In: American Journal of Sociology, Vol. 78, 6, 1973, S. 1360-1380.

Grawert, A.: Cafeteria-Systeme in Deutschland. 30 Jahre Individualisierung von Entgeltbestandteilen. In: Differentielles Management. Individualisierung und Organisation in systemischer Kongruenz. Festschrift für Prof. Dr. Dieter Wagner, hrsg. v. S. Armutat u. A. Seisreiner. Wiesbaden 2012, S. 109-124.

Greenberg, J.: The Social Side of Fairness. Interpersonal and Informational Classes of Organizational Justice. In: Justice in the Workplace. Approaching Fairness in Human Resource Management, hrsg. v. R. Cropanzano. Hillsdale 1980, S. 79-103.

Greenberg, J.: A Taxonomy of Organizational Justice Theories. In: AMJ, Vol. 12, 1, 1987, S. 9-22.

Grieger, J.: Ökonomisierung in Personalwirtschaft und Personalwirtschaftslehre. Theoretische Grundlagen und praktische Bezüge. Wiesbaden 2004, zugl. Habil., Wuppertal 2003.

Groß, H./Seifert, H./Sieglen, G.: Formen und Ausmaß verstärkter Arbeitszeitflexibilisierung. In: WSI-Mitteilungen, 4, 2007, S. 202-208.

Groysberg, B./Nanda, A./Nohria, N.: Wenn Stars verglühen. In: HBM, 27. Jg., 1, 2005, S. 34-45.

Groysberg, B./Sant, L./Abrahams, R.: When „Stars" Migrate, do they still Perform like Stars? In: SMR, Vol. 50, 1, 2008, S. 41-46.

Grubitzsch, S.: Testtheorie, Testpraxis. Eschborn 1999.

Grund, C.: Mitarbeiterrekrutierung über das Internet. Marktanalyse und empirischer Untersuchung von Determinanten und Konsequenzen für die Arbeitnehmer. In: ZfB, 76. Jg., 5, 2006, S. 451-472.

Grundgreif, D./Holtbrügge, D./Schillo, K.: Problemfelder virtueller Auslandsentsendungen. Ergebnisse einer empirischen Studie. In: Remote Services. Neue Formen der Internationalisierung von Dienstleistungen, hrsg. v. D. Holtbrügge, H. Holzmüller u. F. v. Wangenheim. Wiesbaden 2007, S. 41-65.

Guest, D.E.: Human Resource Management and Performance: A Review and Research Agenda. In: IJHRM, Vol. 8, 3, 1997, S. 263-276.

Gutenberg, E.: Grundlagen der Betriebswirtschaftslehre. Bd. 1: Die Produktion. 24. Aufl., Heidelberg 1983.
Guthrie, J.P./Datta, D.K.: Corporate Strategy, Executive Selection, and Firm Performance. In: HRM, Vol. 37, 2, 1998, S. 101-115.
Gutmann, J./Kilian, S.: Zeitarbeit. Fakten, Trends und Visionen. 2. Aufl., Freiburg i. Br. 2011.

Hachmeister, D.: Möglichkeiten und Grenzen wertorientierter Steuerungskennzahlen als Bemessungsgrundlage der Entlohnung für Führungskräfte. In: Handbuch Variable Vergütung für Führungskräfte, hrsg. v. D. von Eckardstein. München 2001, S. 47-67.
Hackl, B./Gerpott, F.: HR 2020 – Personalmanagement der Zukunft. Strategien umsetzen, Individualität unterstützen, Agilität ermöglichen. München 2015.
Hackman, J.R./Oldham, G.R.: Development of the Job Diagnostic Survey. In: JAP, Vol. 60, 2, 1975, S. 159-170.
Hagemann, T./Oecking, S./Reichenbach, R.: Betriebliche Altersversorgung. 5. Aufl., Freiburg 2015.
Hahn, C.: Virtuelle Mitarbeiterbeteiligung. Grundlagen, Aufbau und praktische Formulierungsbeispiele. Wiesbaden 2016.
Haipeter, T.: Tarifabweichungen und Flächentarifverträge. Eine Analyse der Regulierungspraxis in der Metall- und Elektroindustrie. Wiesbaden 2009.
Hamel, W.: Entgeltformen bei veränderten Technologien und Arbeitsstrukturen. In: Handbuch Anreizsysteme, hrsg. v. G. Schanz. Stuttgart 1991, S. 111-126.
Hanau, P./Veit, A./Hoff, A.: Recht und Praxis der Arbeitszeitkonten: Wertguthaben, Altersteilzeit, Flexikonten. 2. Aufl., München 2015.
Hank, R.: Die Eisenacher und die Rüsselsheimer. In: Frankfurter Allgemeine Zeitung, 181, 6.8.1994, S. 11.
Hans-Böckler-Stiftung: Mitbestimmung in Deutschland. Daten und Fakten. Düsseldorf 2014.
Hansen, K.P.: Die Mentalität des Managers. In: Managementforschung, Bd. 4, hrsg. v. G. Schreyögg u. P. Conrad. Berlin-New York 1994, S. 71-103.
Haritz, J.: Personalarbeit im dezentralen Modell am Beispiel Bertelsmann. In: Innovative Personal-Organisation. Center-Modelle für Wertschöpfung, Strategie, Intelligenz und Virtualisierung, hrsg. v. C. Scholz. Neuwied-Kriftel-Berlin 1999, S. 189-197.
Hartz, P.: Jeder Arbeitsplatz hat ein Gesicht. Die Volkswagen-Lösung. Frankfurt a.M.-New York 1994.
Havranek, C./Freudhofmeier, M./Schmidt, N.: Die optimierte Personalabteilung. Wege zur Effizienzsteigerung von Human Resources. Wien 2010.
Haythornthwaite, C./Andrews, R./Fransman, J./Meyers, E.M. (Hrsg.): The Sage Handbook of E-learning Research. 2. Aufl., London et al. 2016.
Hawranek, D.: Das Signal von Wolfsburg. In: Der Spiegel, 46, 2004, 102-104.
Hearn, J./Sheppard, D.L./Tancred-Sheriff, P./Burrell, G. (Hrsg.): The Sexuality of Organizations. London-Newbury Park-New Delhi 1989.

Hegele, C./Kieser, A.: Neutron Jack oder Hero Jack. Sammelrezension von Büchern über Jack Welch und General Electric. In: DBW, 60. Jg., 3, 2000, S. 379-398.

Hegemann, L.: Thomas Middelhoff. Der Absturz. In: Wirtschaftswoche, 14.11.2014, http://www.handelsblatt.com/unternehmen/management/thomas-middelhoff-der-absturz/10950442-all.html.

Hein, T.: Uschi oder Maybee? In.: Die Zeit, 27.12.2013, S. 28.

Hell, B./Schuler, H./Boramir, I./Schaar, H.: Verwendung und Einschätzung von Verfahren der internen Personalauswahl und Personalentwicklung im 10 Jahres-Vergleich. In: ZfP, 20. Jg., 1, 2006, S. 58-78.

Hentze, J./Graf, A.: Personalwirtschaftslehre. Bd. 2, 7. Aufl., Bern-Stuttgart-Wien 2005.

Hentze, J./Kammel, A.: Personalcontrolling. Bern-Stuttgart-Wien 1993.

Hentze, J./Kammel, A.: Personalwirtschaftslehre. Bd. 1, 7. Aufl., Bern-Stuttgart-Wien 2001.

Hentze, J./Graf, A./Kammel, A./Lindert, K.: Personalführungslehre. Grundlagen, Funktionen und Modelle der Führung. 4. Aufl., Bern-Stuttgart-Wien 2005.

Herding, K./Stumpfhaus, B. Humankapital nicht bewerten, sondern entfalten. In: Personalwirtschaft, 30. Jg., 5, 2003, S. 55-58.

Hermelin, E./Lievens, F./Robertson, I.T.: The Validity of Assessment Centres for the Prediction of Supervisory Performance Ratings. A Meta-Analysis. In: International Journal of Selection and Assessment, Vol. 15, 2007, S. 405-411.

Herrmann, D./Hüneke, K./Rohrberg, A.: Führung auf Distanz. Mit virtuellen Teams zum Erfolg. Wiesbaden 2006.

Hersey, P./Blanchard, K.: Management of Organizational Behavior. Utilizing Human Resources. Englewood Cliffs, NJ 1969.

Herzberg, F.: Work and the Nature of Man. Cleveland, Ohio 1966.

Hess, B.: Sabbaticals. Auszeit vom Job - wie Sie erfolgreich gehen und motiviert zurückkommen. Frankfurt a.M. 2002.

Hesse, G.: Integrierte E-Recruiting-Lösung. In: Personalwirtschaft, 29. Jg., 1, 2002, S. 18-23.

Hesse, J./Schrader, H.C.: Testaufgaben. Das Übungsprogramm. Frankfurt 2001 (a).

Hesse, J./Schrader, H.C.: Testtraining 2000plus. Einstellungs- und Eignungstests erfolgreich bestehen. Frankfurt 2001(b).

Hesse, J./Schrader, H.C.: Das perfekte Arbeitszeugnis. Richtig formulieren, verstehen, verhandeln. Hallbergmoos 2011.

Hesse, J./Schrader, H.C.: Persönlichkeitstests. Verstehen – durchschauen – trainieren. Hallbergmoos 2013.

Heymann, H.-H./Seiwert, L.J.: Job-Sharing. Flexible Arbeitszeit durch Arbeitsplatzteilung. Renningen 1986.

Hielscher, H./Finkenzeller, K./Zerfaß, F.: Thomas Middelhoff. Noch mehr Ärger für Big T. In: Wirtschaftswoche, 25.11.2014, http://www.wiwo.de/unternehmen/handel/thomas-middelhoff-noch-mehr-aerger-fuer-big-t-/11014242-all.html.

Hildisch, A.K.: Zur strategischen Integration der Personalabteilung. Eine erweiterte strukturationstheoretische Betrachtung. Wiesbaden 2012, zugl. Diss., Eichstätt-Ingolstadt 2012.

Hipp, L./Stuth, S.: Management und Teilzeitarbeit. Wunsch und Wirklichkeit. WZBrief Arbeit, 15, Mai 2013.

Hirschman, A.O.: Exit, Voice, and Loyality. Cambridge, Mass. 1970.

Högl, M./Gemünden, H.G.: Teamwork Quality and the Success of Innovative Projects. A Theoretical Concept and Empirical Evidence. In: OSc, Vol. 12, 4, 2001, S. 435-449.

Högsdal, B.: Planspiele. Einsatz von Planspielen in der Aus- und Weiterbildung. Praxiserfahrungen und bewährte Methoden. Bonn 1996.

Höhn, R.: Verwaltung heute. Autoritäre Führung oder modernes Management. Bad Harzburg 1970.

Hofmann, D./Steppan, R.: (Hrsg.): Headhunter: Blick hinter die Kulissen einer verschwiegenen Branche. Wiesbaden 2010.

Hohendanner, C./Janik, F.: Praktika und betriebliche Personalpolitik. Verbreitung und Nutzungsintensität von Praktika in deutschen Betrieben. In: ZAF, 41. Jg., 4, 2008, S. 471-487.

Höpner, M.: Unternehmensmitbestimmung unter Beschuss. Die Mitbestimmungsdebatte im Licht der sozialwissenschaftlichen Forschung. In: IntBez, 11. Jg., 4, 2004, S. 347-379.

Hoff, A.: Vertrauensarbeitszeit. Einfach flexibel arbeiten. Wiesbaden 2002.

Hoffman, B.J./Woehr, D.J./Maldagen-Youngjohn, R./Lyons, B.D.: Great Man or Great Myth? A Quantitative Review of the Relationship between Individual Differences and Leader Effectiveness. In: JOOP, Vol. 84, 2, 2011, S. 347-381.

Hofstede, G.: Culture's Consequences: International Differences in Work-Related Values. Beverly Hills-London 1980.

Hofstede, G.: Culture's Consequences. Comparing Values, Behaviors, Institutions, and Organizations Across Nations. 2. Aufl., Thousand Oaks-London-New Delhi 2001.

Hofstede, G./Hofstede, G.J./Minkov, M.: Cultures and Organizations - Software of the Mind: Intercultural Cooperation and Its Importance for Survival. 3. Aufl., New York et al. 2010.

Hofstede, G./Bond, M.H.: The Confucius connection: From cultural roots to economic growth. In: OD, Vol. 16, 4, 1988, S. 5-21.

Hohendanner, C.: Befristet Beschäftigte. Gut positioniert mit Hoffnung auf Anschluss. In: IAB-Forum, 1, 2008, S. 26-31.

Hohenstein, A./Wilbers, K. (Hrsg.): Handbuch E-Learning. Köln 2009.

Holtbrügge, D.: Personalmanagement multinationaler Unternehmungen in Osteuropa. Bedingungen - Gestaltung - Effizienz. Wiesbaden 1995 (a), zugl. Diss., Dortmund 1995.

Holtbrügge, D.: Quantitative Personalbedarfsplanung in der öffentlichen Verwaltung. Ziele, Möglichkeiten und Grenzen vor dem Hintergrund der Diskussion um einen schlanken Staat. In: Verwaltung und Fortbildung, 23. Jg., 1, 1995 (b), S. 41-59.

Holtbrügge, D.: Postmoderne Organisationstheorie und Organisationsgestaltung. Wiesbaden 2001, zugl. Habil., Dortmund 2000.

Holtbrügge, D.: Personalmanagement in Multinationalen Unternehmungen. In: Management Multinationaler Unternehmungen, hrsg. v. D. Holtbrügge. Heidelberg et al. 2003, S. 199-215.

Holtbrügge, D./Ambrosius, J.: Mentoring, Skill Development, and Career Success of Foreign Expatriates. In: HRDI, Vol. 18, 3, 2015, S. 278-294.

Holtbrügge, D./Baron, A./Friedmann, C.B.: Personal Attributes, Organizational Conditions and Ethical Attitudes. A Social Cognitive Approach. In: BEER, Vol. 24, 3, 2015, S. 264-281.

Holtbrügge, D./Berg, N.: Personalentwicklung. In: WiSt, 34. Jg., 3, 2005, S. 133-137.

Holtbrügge, D./Engelhard, F.: Bikulturelle Führungskräfte. In: WiSt, 43. Jg., 10, 2014, S. 521-526.

Holtbrügge, D./Engelhard, F.: Study Abroad Programs. Individual Motivations, Cultural Intelligence, and the Mediating Role of Boundary Spanning. In: AMLE, Vol. 15, 3, 2016, S. 435-455.

Holtbrügge, D./Friedmann, C.B.: Geschäftserfolg in Indien. Strategien für den vielfältigsten Markt der Welt. Berlin et al. 2011.

Holtbrügge, D./Friedmann, C.B./Puck, J. F.: Recruitment and Retention in Foreign Firms in India. A Resource-based view. In: HRM, Vol. 49, 3, 2010, S. 439-455.

Holtbrügge, D./Haussmann, H. (Hrsg.): The Internationalization of Firms. Case Studies from the Nürnberg Metropolitan Region. Augsburg-München 2017.

Holtbrügge, D./Holzmüller, H.H./v. Wangenheim, F. (Hrsg.): Internationalisierung von Dienstleistungen mit 3K. Konfiguration-Koordination-Kundenintegration. Wiesbaden 2009.

Holtbrügge, D./Kreppel, H.: Employer Attractiveness of Chinese, Indian and Russian Firms in Germany. Signaling Effects of HR Practices. In: CRR, Vol. 18, 3, 2015, S. 223-242.

Holtbrügge, D./Mohr, A.T.: Cultural Determinants of Learning Style Preferences. In: AMLE, Vol. 9, 4, 2010, S. 622-637.

Holtbrügge, D./Platz, S.: Student expectations and experiences in higher education A comparison of state and private universities in Germany. In: International Marketing of Higher Education, hrsg. v. T. Wu u. V. Naido. London 2016, S. 171-190.

Holtbrügge, D./Puck, J.: Interkulturelle Teams - Chancen, Risiken und Erfolgsfaktoren. In: Personal, 55. Jg., 8, 2003, S. 46-49.

Holtbrügge, D./Puck, J.: Geschäftserfolg in China. Strategien für den größten Markt der Welt. 2. Aufl. Berlin et al. 2008.

Holtbrügge, D./Rygl, D.: Arbeitgeberimage deutscher Großunternehmungen. In: Personal, 54. Jg., 10, 2002, S. 18-21.

Holtbrügge, D./Schillo, K.: Virtuelle Auslandsentsendungen. Konzeptionelle Grundlagen, Anwendungsbeispiele und Bewertung. In: Remote Services. Neue Formen der Internationalisierung von Dienstleistungen, hrsg. v. D. Holtbrügge, H. Holzmüller u. F. v. Wangenheim. Wiesbaden 2007, S. 27-37.

Holtbrügge, D./Schillo, K.: Virtual delegation across borders. A knowledge-based perspective. In: EMJ, Vol. 29, 1, 2011, S. 1-10.
Holtbrügge, D./Weldon, A./Rogers, H.: Cultural Determinants of Email Communication Styles. In: IJCCM, Vol. 13, 2013, 1, S. 89-110.
Holtbrügge, D./Welge, M.K.: Internationales Management. Theorien, Funktionen, Fallstudien. 6. Aufl., Stuttgart 2015.
Hornke, L./Winterfeld, U. (Hrsg.): Eignungsbeurteilungen auf dem Prüfstand: DIN 33430 zur Qualitätssicherung. Heidelberg-Berlin 2004.
Hossiep, R./Paschen, M./Mühlhaus, O.: Persönlichkeitstests im Personalmanagement. Göttingen 2000.
House, R.J./Hanges, P.J./Jarvidan, M./Dorfman, P.W./Gupta, V. (Hrsg.): Culture, Leadership, and Organizations. The GLOBE Study of 62 Societies. Thousand Oaks et al. 2004.
Hovestadt, G./Beckmann, T.: Corporate Universities. Ein Überblick. Untersuchung im Auftrag der Hans-Böckler-Stiftung. Düsseldorf 2010, http://www.boeckler.de/pdf/mbf_netzwerke_corporate_unis.pdf.
Howell, J.M./Shamir, B.: The Role of Followers in the Charismatic Leadership Process. Relationships and their Consequences. In: AMR, Vol. 30, 1, 2005, S. 96-112.
Hromadka, W./Maschmann, F.: Arbeitsrecht. Bd. 1: Individualarbeitsrecht. 6. Aufl., Berlin et al. 2015.
Hromadka, W./Maschmann, F.: Arbeitsrecht. Bd. 2: Kollektivarbeitsrecht und Arbeitsstreitigkeiten. 7. Aufl., Berlin et al. 2017.
Hülsheger, U.R./Anderson, N.: Applicant Perspectives in Selection: Going beyond preference reactions. In: International Journal of Selection and Assessment, Vol. 17, 4, 2009, S. 335-345.
Huesmann, M.: Arbeitszeugnisse aus personalpolitischer Perspektive. Wiesbaden 2008, zugl. Diss., Berlin 2007.
Hummel, T.R.: Erfolgreiches Bildungscontrolling. Heidelberg 2001.
Hungenberg, H.: Problemlösung und Kommunikation im Management. Vorgehensweisen und Techniken. 3. Aufl., München-Wien 2010.
Hungenberg, H./Wulf, T.: Grundlagen der Unternehmensführung. 5. Aufl., Berlin et al. 2015.
Hunter, J.E./Hunter, R.F.: Validity and Utility of Alternative Predictors of Job Predictors of Job Performance. In: Psychological Bulletin, Vol. 96, 1984, S. 72-98.
Hüttemann, H.-H.: Anreizmanagement in schrumpfenden Branchen. Wiesbaden 1993, zugl. Diss., Dortmund 1993.
Hutzschenreuter, T.: Wachstumsstrategien. Einsatz von Managementkapazitäten zur Wertsteigerung. Wiesbaden 2001, zugl. Habil., Leipzig 2001.

Inglehart, R.: Modernisierung und Postmodernisierung. Kultureller, wirtschaftlicher und politischer Wandel in 43 Gesellschaften. Frankfurt a.M.-New York 1998.
Isaacson, W.: Steve Jobs. Die autorisierte Biografie des Apple-Gründers. München 2011.

Ittner, C.D./Larcker, D.F.: Wenn die Zahlen versagen. In: HBM, 26. Jg., 2, 2004, S. 70-81.

Jago, A.G.: Führungstheorien – Vroom/Yetton-Modell. In: HWFü, 2. Aufl., hrsg. v. A. Kieser, G. Reber u. R. Wunderer. Stuttgart 1995, Sp. 1058-1075.

Jetter, W.: Effiziente Personalauswahl. Durch strukturierte Einstellungsgespräche die richtigen Mitarbeiter finden. 3. Auf. , Stuttgart 2008.

Jopp, H.-D.: Führungskräfte-Definitionen in Gesetz, Literatur und betrieblicher Praxis. In: Handbuch des Führungskräfte-Managements, hrsg. v. R. Dahlems. München 1994, S. 1-18.

Jost, P.-J.: Strategisches Konfliktmanagement in Organisationen. Eine spieltheoretische Einführung. 2. Aufl., Wiesbaden 1999.

Jost, P.-J.: Organisation und Motivation. Eine ökonomisch-psychologische Einführung. 2. Aufl., Wiesbaden 2008.

Joulia, F./Goerke, D.: Langfristige variable Vergütungsinstrumente bei SAP. In: Handbuch Variable Vergütung für Führungskräfte, hrsg. v. D. von Eckardstein. München 2001, S. 253-263.

Judge, T.A./Bono, J.E./Ilies, R./Gerhardt, M.W.: Personality and leadership. A qualitative and quantitative review. In: JAP, Vol 87, 4, 2002, S. 765-780.

Judge, T.A./Piccolo, R.F./Kosalka, T.: The bright and dark sides of leader traits: A review and theoretical extension of the leader trait paradigm. In: The Leadership Quarterly, Vol. 20, 2009, S. 855-875.

Kabst, R.: Transaktionskostentheorie: Einführung, kritische Diskussion und Ansätze zur Weiterentwicklung. In: Personaltheorie als Beitrag zur Theorie der Unternehmung. Festschrift für Prof. Dr. Wolfgang Weber zum 65. Geburtstag, hrsg. v. M. Festing, A. Martin, W. Mayrhofer u. W. Nienhüser. München-Mering, 2004, S. 43-70.

Kabst, R./Thost, T./Isidor, R.: Interim Management. Auf dem Weg zur Selbstverständlichkeit. Düsseldorf 2010.

Kahlen, R./Wiskow, J.-H.: Die Firma, das bin ich. In: Capital, 26, 2006, S. 138-143.

Kaiser, S./Kozica, A. (Hrsg.): Ethik im Personalmanagement: Zentrale Konzepte, Ansätze und Fragestellungen. München-Mering 2012.

Kaiser, S./Paust, R./Kampe, T.: Externe Mitarbeiter. Erfolgreiches Management externer Professionals, Freelancer und Dienstleister. Wien 2007.

Kaiser, S./Ringlstetter, M. (Hrsg.): Work-Life Balance. Erfolgversprechende Konzepte und Instrumente für Extremjobber. Berlin et al. 2010.

Kanter, R.M.: The Change Masters. New York 1993.

Kaplan, R.S./Norton D.P.: Balanced Scorecard. Stuttgart 1997.

Kapp, H./Mähl, C.: E-Learning bei BASF. In: E-Learning in der Praxis. Strategien, Konzepte, Fallstudien, hrsg. v. H.-C. Riekhof u. H. Schüle. Wiesbaden 2002, S. 381-395.

Katzenbach, J.R.: The Steve Jobs Way. In: Strategy+Business, 67, 2012, S. 1-3.

Katzenbach, J.R./Smith, D.K.: Teams. Der Schlüssel zur Hochleistungsorganisation. Wien 1993.

Kaufmann, M.: Fiese Fragen. Rätselraten im Vorstellungsgespräch. In: Spiegel Karriere, 18.3.2015, http://www.spiegel.de/karriere/berufsstart/vorstellungsgespraech-die-schwierigsten-fragen-a-1024060.html.

Keller, B.: Berufs- und Spartengewerkschaften. Neue Akteure und Perspektiven der Tarifpolitik. Augsburg-München 2017.

von Keller, E.: Management in fremden Kulturen. Ziele, Ergebnisse und methodische Probleme der kulturvergleichenden Managementforschung. Bern-Stuttgart 1982, zugl. Diss., St. Gallen 1980.

von Keller, E.: Comparative Management. In: HWInt, hrsg. v. K. Macharzina u. M.K. Welge. Stuttgart 1989, Sp. 231-241.

von Keller, E.: Kulturabhängigkeit der Führung. In: HWFü, hrsg. v. A. Kieser, G. Reber u. R. Wunderer. Stuttgart 1987, Sp. 1285-1294.

von Keller, E.: Kulturabhängigkeit der Führung. In: HWFü, 2. Aufl., hrsg. v. A. Kieser, G. Reber u. R. Wunderer. Stuttgart 1995, Sp. 1397-1406.

Kerschbaumer, J./Eischl, K./Kossens, M.: Freie Mitarbeit und Ich-AG. Köln 2004.

Kersting, M./Püttner, I.: Personalauswahl: Qualitätsstandards und rechtliche Aspekte. In: Lehrbuch der Personalpsychologie, hrsg. v. H. Schuler. 2. Aufl., Göttingen 2006, S. 841-861.

Kienbaum, G.: Umfeldanalyse. In: HWPlan, hrsg. v. N. Szyperski u. U. Winand. Stuttgart 1989, Sp. 2033-2044.

Kienbaum, J./Zimmer, E.: Integriertes HR-Management. In: Webbasierte Personalwertschöpfung. Theorien-Konzeption-Praxis, hrsg. v. C. Scholz u. J. Gutmann. Wiesbaden 2003, S. 15-26.

Kienbaum Consultants International GmbH: Internationale Rekrutierungsmessen im Vergleich. Gummersbach 2003 (a).

Kienbaum Consultants International GmbH: Worklife-Balance internationaler Top-Manager 2003. Gummersbach 2003 (b).

Kienbaum Consultants International GmbH: HR 4 HR. Professionalisierung von HR-Funktionen durch Kompetenzentwicklung und attraktivere Karrieren. Gummersbach 2014.

Kienbaum Consultants International GmbH: Absolventenstudie 2014/2015. Gummersbach 2015.

Kieser, A.: Der situative Ansatz. In: Organisationstheorien. 7. Aufl., hrsg. v. A. Kieser u. M. Ebers. Stuttgart 2014, S. 164-194.

Kieser, A./Nagel, R./Krüger, K.H.: Die Einführung neuer Mitarbeiter in das Unternehmen. 2. Aufl., Neuwied-Frankfurt a.M. 1990.

Kieser, A./Walgenbach, P.: Organisation. 6. Aufl., Stuttgart 2010.

Kissel, O.R.: Arbeitskampfrecht. München 2002.

Kirkpatrick, D.L.: Evaluating Training Programs. The Four Levels. San Francisco 1998.

Kirsch, W./Esser, W.-M./Gabele, E.: Das Management des geplanten Wandels von Organisationen. Stuttgart 1979.

Klein, S.: Zeit. Der Stoff, aus dem das Leben ist. Eine Gebrauchsanleitung. 4. Aufl., Frankfurt a.M. 2011.

Kleinmann, M.: Assessment Center. 2. Aufl., Göttingen et al. 2013.

Klinger, S./Rebien, M.: Soziale Netzwerke helfen bei der Personalsuche. In: IAB-Kurzbericht, 24, 2009.

Kluckow, N.: Managerentlohnung. Distributives, prozedurales und interaktionales (Un-)Gerechtigkeitsempfinden. Wiesbaden 2014, zugl. Diss., Halle-Wittenberg 2014.

Kluge, N./Sick, S./Pütz, L.: Aufsichtsräte. Wie Firmen de Mitbestimmung aushebeln. In: Böckler Impuls, 6, 2016, S. 2-3.

Knauer, T.: Relevanz, Qualität und Determinanten der externen Unternehmenspublizität zum Humankapital – eine empirische Bestandsaufnahme der HDAX-Unternehmen. In: ZfP, 24. Jg., 3, 2010, S. 205-230.

Knauer, T./Lachmann, M.: Kapitalmarktreaktionen auf Personalabbauprogramme. Welchen Einfluss haben Motiv, Umfang und Freiwilligkeit? In: ZfB, 81. Jg., 10, 2011, S. 1109-1140.

Knebel, H. (Hrsg.): Stand der Leistungsbeurteilung und Leistungszulagen. Neuwied-Kriftel 1995.

Knoll, L.: Intertemporale Entlohnung und ökonomische Effizienz. Ein Beitrag zur Theorie und Empirie von Alters-Verdienst-Profilen. München 1994, zugl. Diss., Würzburg 1994.

Koch, A. unter Mitarbeit von A. Wohlhüter: Werkverträge in der Arbeitswelt. Arbeitspapier Nr. 2 der Otto-Brenner-Stiftung. Frankfurt a.M. 2012.

König, S./König, A.: Outdoor-Teamtrainings. Von der Gruppe zum Hochleistungsteam. 2. Aufl., Augsburg 2005.

Kohaut, S./Schnabel, C.: Verbreitung, Ausmaß und Determinanten der übertariflichen Entlohnung. In: MitAB, 36. Jg., 4, 2003, S. 661-671.

Kolakovic, M./Kempfer, U.: Komplett-Outsourcing des Personalbereichs. Das Beispiel der Jenoptik-Gruppe. In: Personal, 50. Jg., 10, 1998, S. 494-501.

Kolakovic, M./Kempfer, U.: Die Personalabteilung als externer Dienstleister. Das Beispiel der Jenoptik-Gruppe. In: Personal, 52. Jg., 1, 2000, S. 8-10.

Kommission zur Modernisierung der deutschen Unternehmensmitbestimmung: Bericht der wissenschaftlichen Mitglieder der Kommission mit Stellungnahmen der Vertreter der Unternehmen und der Vertreter der Arbeitnehmer. 2006, http://www.bundesregierung.de/Content/DE/Archiv16/Artikel/2006/12/Anlagen/2006-12-20-mitbestimmungskommission,property=publicationFile.pdf.

Kompa, A.: Demontage des Assessment Centers : Kritik an einem modernen personalwirtschaftlichen Verfahren. In: DBW, 50. Jg., 1990, 5, S. 587-609.

Kompa, A.: Assessment Center. Bestandsaufnahme und Kritik. 7. Aufl., München-Mering 2004.

Kosiol, E.: Leistungsgerechte Entlohnung. Wiesbaden 1962.

Kosiol, E.: Organisation der Unternehmung. 2. Aufl., Wiesbaden 1976.

Kossbiel, H.: Personalbedarfsermittlung. In: HWP, 2. Aufl., hrsg. v. E. Gaugler u. W. Weber. Stuttgart 1992, Sp. 1596-1608.

Kossbiel, H.: Anmerkungen zur Logik, Mystik und Heroik in der sogenannten Saarbrücker Formal für die Bewertung des Humankapitals. In: ZfM, 2. Jg., 3, 2007, S. 336-348.

Kotthoff, H.: Betriebsräte und betriebliche Herrschaft. Eine Typologie von Partizipationsmustern im Industriebetrieb. Frankfurt a.M.-New York 1981.

Krämer, C./Lübke, C./Ringling, S.: Personalplanung und -entwicklung mit mySAP® HR. Prozessorientierte Einführung – Rollenbasierte Anwendung. Bonn 2002.

Krämer, W.: Das Fallen der Lohnquote zeigt keine unsoziale Umverteilung an. In: Handelsblatt, 16.10.1997.

Kramarsch, M.H.: Aktienbasierte Managervergütung. 2. Aufl., Wiesbaden 2004.

Kratz, H.-J.: 20 Rollenspiele für Führungssituationen. Für Trainer, Coaches, Berater und Führungskräfte. Weinheim/Basel 2013.

Krause, A./Rinne, U./Zimmermann, K.F./Böschen, I./Alt, R.: Pilotprojekt „Anonymisierte Bewerbungsverfahren". Berlin-Bonn-Frankfurt a.d.O. 2012, http://www.iza.org/en/webcontent/publications/reports/report_pdfs/iza_report_44.pdf.

Krell, G./Ortlieb, R./Sieben, B. (Hrsg.): Chancengleichheit durch Personalpolitik. Gleichstellung von Frauen und Männern in Unternehmen und Verwaltungen. 6. Aufl., Wiesbaden 2011.

Krell, G./Osterloh, M. (Hrsg.): Personalpolitik aus der Sicht von Frauen – Frauen aus der Sicht der Personalpolitik. Was kann die Personalforschung von der Frauenforschung lernen? Sonderband der ZfP, München-Mering 1992.

Krimphove, D.: Rechtsfragen des Personalcontrollings. Eine Übersicht. In: Einführung in die finanz- und kapitalmarktorientierte Personalwirtschaft, hrsg. v. W. Schmeisser, A. Clermont, T.R. Hummel u. D. Krimphove. München-Mering 2007, S. 111-138.

Kros, M.: Machtkampf im SAP-Betriebsrat entschieden. In: Mannheimer Morgen, 16.5.2014, http://www.morgenweb.de/nachrichten/wirtschaft/regionale-wirtschaft/machtkampf-im-sap-betriebsrat-entschieden-1.1701808.

Kruger, J./Dunning, D.: Unskilled and Unaware of it. How Difficulties in Recognizing One's Own Incompetence Lead to Inflated Self-Assessments. In: JPSP, Vol. 77, 6, 1999, S. 1121-1134.

Krulis-Randa, J.S.: Personalbedarf und Personalausstattung der Personalabteilung. In: Reorganisation der Personalabteilung, hrsg. v. K.-F. Ackermann. Stuttgart 1994, S. 187-200.

Kubicek, H.: Dimensionen der Humanisierung des Arbeitslebens. Eine Analyse ausgewählter Buchveröffentlichungen unter besonderer Berücksichtigung betriebswirtschaftlicher Literatur. In: DBW, 39. Jg., 4, 1979, S. 663-679.

Kürn, H.-C.: E-Recruiting bei Siemens. Neue Philosophie, Roll-out und Change Management. Vortrag auf der Tagung „e-Recruiting – Experten im Gespräch". Hamburg 2004.

Kunz, G.: Die Balanced Scorecard im Personalmanagement. Ein Leitfaden für Aufbau und Einführung. Frankfurt a.M.-New York 2001.

Küpper, H.-U.: Mitbestimmung. In: HWP, 2. Aufl., hrsg. v. E. Gaugler u. W. Weber. Stuttgart 1992, Sp. 1408-1419.

Kupsch, P.U./Marr, R.: Personalwirtschaft. In: Industriebetriebslehre, hrsg. v. E. Heinen. 8. Aufl., Wiesbaden 1985, S. 623-767.

Kutscher, J./Weidinger, M./Hoff, A.: Flexible Arbeitszeitgestaltung. Wiesbaden 1996.

Kutter, I.: Die Schöne und das Personalbiest. In: Die Zeit, 23, 31.5.2012, S. 34.

Lado, A.A./Wilson, M.C.: Human Resource Systems and Sustained Competitive Advantage: A Competency-based Perspective. In: AMR, Vol. 19, 4, 1994, S. 699-727.

Lakies, T.: Befristete Arbeitsverträge. Der Ratgeber für Beschäftigte und ihre Interessenvertretung. Köln 2016.

Lämmlein, A./Brauner, C.: Exit-Interview: Mitarbeiterbindung als Schlüsselfaktor zum Erfolg. In: Webbasierte Personalwertschöpfung. Theorien-Konzeption-Praxis, hrsg. v. C. Scholz u. J. Gutmann. Wiesbaden 2003, S. 269-283.

Lambertz, G.: Bessere Wirtschaftspolitik durch weniger Demokratie? Ökonomische Demokratiekritik und Theorie der Autokratie. Hamburg 1990, zugl. Diss., Duisburg 1989.

Lamparter, D.H.: Die 35-Stunden-Mär. In: Die Zeit, 28, 1.7.2004 (a), S. 19.

Lamparter, D.H.: Kraftakt in Wolfsburg. In: Die Zeit, 39, 16.9.2004 (b), S. 25-26.

Landmann, J./Thode, E.: Herausforderung Zeitarbeit. Studie im Auftrag der Bertelsmann Stiftung. Gütersloh 2012, http://www.bertelsmann-stiftung.de/cps/rde/xbcr/SID-739AA97C-872E256D/bst/xcms_bst_dms_35839__2.pdf.

von Landsberg, G.: Bildungs-Controlling. 2. Aufl., Stuttgart 1995.

Lang, J.M.: Moderne Entgeltsysteme. Leistungslohn bei Gruppenarbeit. 2. Aufl., Wiesbaden 2001, zugl. Diss., Trier 1997.

Langemeyer, H.: Das Cafeteria-Verfahren. München-Mering 1999, zugl. Diss., Potsdam 1998.

Laukamm, T.: Strategisches Management von Human Ressourcen. In: Strategieorientierte Personalentwicklung, hrsg. v. C. Riekhof. Wiesbaden 1986, S. 77-113.

Laumer, S./Eckhardt, A./Weitzel, T.: Online Gaming to Find a New Job. Examining Job Seekers' Intention to Use Serious Games as a Self-Assessment Tool. In: ZfP, 26. Jg., 3, 2012, S. 218-240.

Laumer, S./Maier, C./Eckhardt, A.: The impact of business process management and applicant tracking systems on recruiting process performance: an empirical study. In: ZfB, 85. Jg., 4, 2015, S: 421-453.

Lentz, B./Kahlen, R.: Hartnäckige Verehrer. In: Capital, 13, 2006, S. 70-78.

Lesch, H.: Je kleiner, desto böser? Tarifkonflikte von Sparten- und Branchengewerkschaften im Vergleich. In: ifo-Schnelldienst, 70. Jg., 2, 2017, S. 33-38.

Lesch, H./Hellmich, P.: Das Tarifeinheitsgesetz: Juristischer Balanceakt mit ökonomischer Wirkung. IW Policy Paper 1, Köln 2015.

Leventhal, G.S.: What Should be Done with Equity Theory? New Approaches to the Study of Fairness in Social Relationships. In: Social Exchange. Advances in Theory and Practice, hrsg. v. K. Gergen, M. Greenberg u. R. Willis. New York 1980, S. 27-55.

Liebig, S./Schupp, J.: Entlohnungsgerechtigkeit in Deutschland? Hohes Ungerechtigkeitsempfinden bei Managergehältern. In: Wochenberichte des DIW, 71. Jg., 47, 2004, S. 725-730.

Lippold, D.: Die Personalmarketing-Gleichung. Einführung in das wertorientierte Personalmanagement. München 2011.

Löhr, J.: Mittleres Management. Die Leiden der Sandwich-Chefs. In: faz.net, 4.5.2010, http://www.faz.net/aktuell/beruf-chance/arbeitswelt/mittleres-management-die-leiden-der-sandwich-chefs-1964960.html.
Löwisch, M./Caspers, G./Klumpp, S.: Arbeitsrecht. 11. Aufl., München 2017.
Löwisch, M./Rieble, V.: Tarifvertragsgesetz. 4. Aufl., München 2016.
Logger, E./Vinke, R./Kluytmans, F.: Compensation and Appraisal in an International Perspective. In: International Human Resource Management. An Integrated Approach, hrsg. v. A.-W. Harzing u. J. Van Ruysseveldt. London-Thousand Oaks-New Delhi 1995, S. 144-155.
Lucas, M.: Arbeitszeugnisse richtig deuten. München 2001.
Luce, R.A./ Barber, A.E./ Hillmann, A.J.: Good Deeds and Misdeeds: A mediated model of the effect of corporate social performance on organizational attractiveness. In: Business & Society, Vol. 40, 2001, S. 397-415.
Luczak, H./Volpert, W. (Hrsg.): Handbuch Arbeitswissenschaft. Stuttgart 1996.
Lück, D.: Personalmarkt, Personalwerbung und Personalauswahl in Frankreich. In: Internationales Personalmarketing. Konzepte-Erfahrungen-Perspektiven, hrsg. v. H. Strutz u. K. Wiedemann. Wiesbaden 1992, S. 177-186.
Luhmann, N.: Soziale Systeme. Grundriß einer allgemeinen Theorie. 6. Aufl., Frankfurt a.M. 2001.
Lüscher, M.: Der Vier-Farben Mensch. München 1991.

Macharzina, K./Wolf, J.: Unternehmensführung. Das internationale Managementwissen. Konzepte-Methoden-Praxis. 9. Aufl. Wiesbaden 2015.
Mag, W.: Einführung in die betriebliche Personalplanung. 2. Aufl., München 1998.
Maier, W.: Systemisches Personalmanagement. Möglichkeiten und Grenzen. München-Mering 1998, zugl. Diss., Berlin 1997.
March, J.G./Simon, H.A.: Organizations. New York-London-Sydney 1958.
Marr, R.: Überlegungen zu einem Konzept der „differentiellen Personalwirtschaft“. In: Individualisierung der Personalwirtschaft. Grundlagen, Lösungsansätze und Grenzen, hrsg. v. H.J. Drumm. Bern-Stuttgart 1989, S. 37-47.
Marr, R. (Hrsg.): Arbeitszeitmanagement. 3. Aufl., Berlin 2001.
Marr, R./Schmidt, H.: Humanvermögensrechnung. In: HWP, 2. Aufl., hrsg. v. E. Gaugler u. W. Weber. Stuttgart 1992, Sp. 1031-1042.
Marr, R./Stitzel, M.: Personalwirtschaft. Ein konfliktorientierter Ansatz. München 1979.
Martin, A. (Hrsg.): Personal als Ressource. München-Mering 2003.
Martin, A./Nienhüser, W. (Hrsg.): Personalpolitik. Wissenschaftliche Erklärung der Personalpraxis. München-Mering 1998.
Martin, R.L.: Irrweg Optionsplan. In: HBM, 25. Jg., 4, 2003, S. 12-13.
Martocchio, J.J.: Strategic Compensation. A Human Resource Management Approach. 2. Aufl., Upper Saddle River, NJ 2001.
Maslow, A.H.: A Theory of Human Motivation. In: Psychological Review, Vol. 50, 1943, S. 370-396.
Maslow, A.H.: Motivation and Personality. 2. Aufl., New York-Evantson-London 1970.

Maslow, A.H.: Motivation und Persönlichkeit. Olten-Freiburg i.Br. 1977.
Massow, M.: Teilzeit-Atlas. Düsseldorf 1999.
Matiaske, W./Kabst, R.: Outsourcing und Professionalisierung in der Personalarbeit: Eine transaktionskostentheoretisch orientierte Studie. In: Neue Formen der Beschäftigung und Personalpolitik. Sonderband der ZfP, hrsg. von A. Martin u. W. Nienhüser. München-Mering 2002, S. 247-271.
Matiaske, W./Weller, I.: Leistungsorientierte Vergütung im öffentlichen Sektor. Ein Test der Motivationsverdrängungshypothese. In: ZfBF 78. Jg., 1, 2008, S. 35-60.
Mattscheck, M.: Onlinemarketing-Jobbörsen. Übersicht und Vergleich. In: onlinemarketing-praxis.de, 2013, http://www.onlinemarketing-praxis.de/basisinformationen/onlinemarketing-jobboersen-uebersicht-und-vergleich.
Mayo, E.: The Human Problems of an Industrial Civilization. Boston 1946.
Mayrhofer, W.: Trennung von der Organisation. Vom Outplacement zur Trennungsberatung. Wiesbaden 1989, zugl. Diss., Wien 1988.
Mayrhofer, W.: Systemtheorie und Personalwirtschaft. In: Grundlagen der Personalwirtschaft. Theorien und Konzepte, hrsg. v. W. Weber. Wiesbaden 1996, S. 89-114.
Maznevski, M.L.: Understanding Our Differences: Performance in Decision-Making Groups with Diverse Members. In: HR, Vol. 47, 5, 1994, S. 531-552.
McCall, M.W./Lombardo, M.M./Morrison, A.M.: The Lessons of Experience. Lexington, Mass. 1988.
McCrae, R.R./Costa, P.T.: Personality in Adulthood. A Five-Factor Theory Perspective. 2. Auf., New York 2006.
McDaniel, M.A./Whetzel, D.L./Schmidt, F.O./Hunter, J.E./Maurer, S.D./Russel, J.: The Validity of Employment Interviews. A Comprehensive Review and Meta-Analysis. In: JAP, Vol. 79, 4, 1994, S. 599-616.
McElroy, J.C./Morrow, P.C.: Employee Reactions to Office Redesign. A Naturally Occurring Quasi-field Experiment in a Multi-generational Setting. In: HR, Vol. 63, 5, 2010, S. 609-636.
McGregor, D.: The Human Side of Enterprise. New York 1960.
McGregor, D.: Der Mensch im Unternehmen. Düsseldorf-Wien 1970.
McKinlay, A./Taylor, P.: Through the Looking Glass: Foucault and the Politics of Production. In: Foucault, Management and Organization Theory. From Panopticon to Technologies of Self, hrsg. v. A. McKinlay u. K. Starkey. London-Thousand Oaks-New Delhi 1998, S. 173-190.
McKinsey: Investor Opinion Survey. London 2000.
McKinsey: Global Investor Opinion Survey. Key Findings. London 2003.
Meckel, M.: Das Glück der Unerreichbarkeit. Wege aus der Kommunikationsfalle. München 2008.
Meier, A./Stuker, C./Trabucco, A.: Auslagerung der Personaldienstfunktion. Machbarkeit und Grenzen. In: ZfO, 66. Jg., 3, 1997, S. 138-145.
Meinel, G./Heyn, J./Herms, S.: Teilzeit- und Befristungsgesetz (TzBfG). Kommentar. München 2004.
Mencken, F.C./Winfield, I.: In Search of the "Right Stuff": The Advantages and Disadvantages of Informal and Formal Recruiting Practices in External Labor

Markets. In: American Journal of Economics and Sociology, Vol. 57, 2, 1998, S. 135-153.
Menkes, J.: Better under Pressure. Wie Spitzenleistungen unter extremer Belastung möglich werden. Die Gesetze exzellenter Führung unter Stress. Wien 2012.
Mentzel, W.: Personalentwicklung. Erfolgreich motivieren, fördern und weiterbilden. München 2001.
Metz, F.: Konzeptionelle Grundlagen, empirische Erhebungen und Ansätze zur Umsetzung des Personal-Controlling in die Praxis. Frankfurt a.M. 1995 (a).
Metz, T.: Status, Funktion und Organisation der Personalabteilung. Ansätze zu einer institutionellen Theorie des Personalwesens. München-Mering 1995, zugl. Diss., Trier 1995 (b).
Meyer, M./Meschede, M.: Krankheitsbedingte Fehlzeiten in der deutschen Wirtschaft im Jahr 2015. In: Fehlzeiten-Report 2016. Unternehmenskultur und Gesundheit - Herausforderungen und Chancen, hrsg. v. B. Badura, A. Ducki, H. Schröder, J. Klose u. M. Meyer. Berlin et al. 2016, S. 251-454.
Migge, B.: Handbuch Coaching und Beratung. 3. Auf., Weinheim-Basel 2014.
Mikl-Horke, G.: Industrie- und Arbeitssoziologie. 6. Aufl., Oldenburg 2007.
Miner, A.S.: Idiosyncratic Jobs in Formalized Organizations. In: ASQ, Vol. 32, 1987, 3, S. 327-351.
Miner, A.S.: Structural Evolution through Idiosyncratic Jobs. In: Organization Science, Vol. 1, 2, 1990, S. 195-210.
Mintzberg, H.: Die Mintzberg-Struktur. Organisationen effektiver gestalten. Landsberg a.L. 1992.
Mitlacher, L.W.: Zeitarbeit in Deutschland und den USA. Eine vergleichende Analyse von Einflussfaktoren auf die Nutzung von Zeitarbeit. Lohmar 2004, zugl. Diss., Mannheim 2004.
Mohnen, A./Falk, S.: Familienunternehmen als Arbeitgeber. Empirische Untersuchung aus Sicht junger Akademiker. Stiftung Familienunternehmen, München 2014, http://www.familienunternehmen.de/media/public/pdf/publikationen-studien/studien/Studie_Stiftung_Familienunternehmen_Familienunternehmen-als-Arbeitgeber.pdf.
Mohr, A.T./Holtbrügge, D./Berg, N.: Learning Style Preferences and the Perceived Usefulness of E-Learning. In: THE, Vol. 63, 3, 2012, S. 309-322.
Moser, K./Galais, N.: Zeitarbeit aus Mitarbeitersicht. In: Zeitarbeit: Chancen, Erfahrungen, Herausforderungen, hrsg. v. M.O. Schwaab u. A. Durian. Wiesbaden 2009, S. 49-65.
Moser, K./Grabarkiewicz, R.: Die Darstellung unternehmenskultureller Werte in visuellen Elementen von Stellenanzeigen. In: ZfO, 68. Jg., 1, 1999, S. 1-19.
Moser, K./Stehle, W./Schuler, H.: Personalmarketing. Göttingen-Stuttgart 1993.
Müller, E.: Mensch schlägt Maschine. In: Managermagazin, 12, 2006, S. 130-136.
Müller, M.: Die Institution Betriebsrat aus personalwirtschaftlicher Sicht. München-Mering 2005, zugl. Diss., Braunschweig 2004.
Müller, S.: Die verhaltensbedingte Kündigung. Leitfaden für die Praxis. München 2013.

Müller-Jentsch, W.: Strukturwandel der industriellen Beziehungen. „Industrial Citizenship“ zwischen Markt und Regulierung. Wiesbaden 2007.

Mueller-Oerlinghausen, J./Schaefer, K.: Mit der Marke bei Bewerbern punkten. In: Personalwirtschaft, 32. Jg., 9, 2005, S. 40-42.

Müller-Seitz, P.: Erfolgsfaktor Schichtarbeit? Köln 1991.

Murphy, K.J.: Executive Compensation. In: Handbook of Labor Economics. Vol. 3, hrsg. v. O. Ashfelder u. D. Card. Amsterdam 1999, S. 2485-2563.

Murray, B./Gerhart, B.: An Empirical Analysis of a Skill-based Pay Program and Plant Performance Outcomes. In: AMJ, Vol. 41, 1, 1998, S. 68-78.

Nesemann, K.: Talentmanagement durch Trainee-Programme. Auswirkungen der Gestaltungsmerkmale auf den Programmerfolg. Wiesbaden 2012, zugl. Diss., Bern 2011.

Neuberger, O.: Theorien der Arbeitszufriedenheit. Stuttgart 1974 (a).

Neuberger, O.: Messung der Arbeitszufriedenheit. Stuttgart 1974 (b).

Neuberger, O.: Arbeit. Begriff, Gestaltung, Motivation, Zufriedenheit. Stuttgart 1985.

Neuberger, O.: Personalentwicklung. 2. Aufl., Stuttgart 1994.

Neuberger, O.: Personalwesen 1: Grundlagen, Entwicklung, Organisation, Arbeitszeit, Fehlzeiten. Stuttgart 1997.

Neuberger, O.: Führen und führen lassen. 6. Aufl., Stuttgart 2002.

Neuberger, O./Allerbeck, M.: Messung und Analyse der Arbeitszufriedenheit. Erfahrungen mit dem „Arbeitsbeschreibungsbogen (ABB)“. Bern-Stuttgart-Wien 1978.

Neubert, R./Thomas, M.: Das Arbeitszeitmodell Vertrauensarbeitszeit in der Praxis. Empirische Erkenntnisse zur Motivation, zur wahrgenommenen Arbeitseffizienz und zur Arbeitszeitmodell-Zufriedenheit. In: ZfO, 74. Jg., 4, 2005, S. 211-216.

Neumann, E./Heß, S.: Mit Rollen spielen. Rollenspielsammlung für Trainerinnen und Trainer. 5. Aufl., Bonn 2017.

Newman, J.M./Gerhart, B./ Milkovich, G.T.: Compensation. 12. Aufl., New York 2016.

Niedenhoff, H.-U.: Mitbestimmung in der Bundesrepublik Deutschland. 14. Aufl., Köln 2005.

Niggl, M./Edfelder, D./Kraupa, M.: Telearbeit bei der BMW Group. Steigerung der Wettbewerbsfähigkeit durch flexibles Arbeiten. Berlin-Heidelberg-New York 2000.

Noland, M./Moran, T./Kotschwar, B.R.: Is Gender Diversity Profitable? Evidence from a Global Survey. Peterson Institute for International Economics, Working Paper 16-3, 2016.

Noll, B./Volkert, J./Zuber, N.: Managermärkte. Wettbewerb und Zugangsbeschränkungen. Eine institutionen- und sozioökonomische Perspektive. Baden-Baden 2011.

Northouse, P.G.: Leadership. Theory and Practice. 7. Aufl., Thousand Oaks-London-New Delhi 2015.

Obermann, C.: Assessment Center. Entwicklung, Durchführung, Trends. Mit originalen AC-Übungen. 5. Aufl. Wiesbaden 2013.

Ockenfels, A./Sliwka, D./Werner, P.: Timing of Kindness. Evidence from a Field Experiment. In: JEBO, Vol. 111, S. 79-87.

Odiorne, G.S.: Management by Objectives. Führung durch Vorgabe von Zielen. München 1967.

Odiorne, G.S.: Strategic Management of Human Resources. A Portfolio Approach. San Francisco-London 1984.

Oechsler, W.A./Paul, C.: Personal und Arbeit. Einführung in das Personalmanagement. 10. Aufl., Berlin-München-Boston 2015.

Oechsler, W.A./Reichmann, L./Mitlacher, L.: Flexibilisierung der Beschäftigung. Das VW-Modell ‚5000 mal 5000' als Ansatz zur Flexibilisierung von Arbeitsbeziehungen in Deutschland? In: DBW, 63. Jg., 1, 2003, S. 93-107.

Oechsler, W.A./Reichmann, L.: Entgeltflexibilisierung – Zur Rolle des Tarifvertrags bei aktuellen Flexibilisierungstendenzen. In: ZfbF, 54. Jg., 9, 2002, S. 527-542.

von der Oelsnitz, D./Stein, V./Hahmann, M.: Der Talente-Krieg. Personalstrategie und Bildung im globalen Kampf um Hochqualifizierte. Bern-Stuttgart-Wien 2007.

Oesterle, M.-J.: Führungskräfte. In: HWP, 3. Aufl., hrsg. v. E. Gaugler, W.A. Oechsler u. W. Weber. Stuttgart 2004, Sp. 790-801.

O'Neil, H.F./Perez, R.S.: Web-Based Learning. Theory, Research, and Practice. Mahwah, NJ-London 2006.

Ordóñez, L.D./Schweitzer, M.E./Galinsky, A.D./Bazerman, M.H.: Goals Gone Wild. The Systematic Side Effects of Overprescribing Goal Setting. In: AMP, Vol. 23, 2, 2009, S. 6-16.

Otto & Co KG: Otto gewinnt mit inspirierender Mittagspause den HR Excellence Award. Pressemitteilung, 3.12.2015, https://www.otto.de/unternehmen/de/newsroom/news/2015/otto-culture-club-gewinnt-hr-excellence-award.php.

o.V.: VW nimmt Abschied von der AutoUni. In: Spiegel Online, 15.6.2006, http://www.spiegel.de/unispiegel/studium/prestigeprojekt-gescheitert-vw-nimmt-abschied-von-der-autouni-a-454861.html.

o.V.: Langzeitkonten. Keine Zeit für die Auszeit. In: Stuttgarter Zeitung, 13.4.2008, http://content.stuttgarter-zeitung.de/stz/page/1682689_0_6340_-langzeitkonten-keine-zeit-fuer-die-auszeit.html.

o.V.: Die Mär vom familienfreundlichen Unternehmen. In: Die Welt, 23.3.2014, http://www.welt.de/wirtschaft/article126096856/Die-Maer-vom-familienfreundlichen-Unternehmen.html.

Padilla, A./Hogan, R./Kaiser, R.B.: The toxic triangle: Destructive leaders, susceptible followers, and conducive environments. In: The Leadership Quarterly, Vol. 18, 2007, S. 176-194.

Papmehl, A.: Personal-Controlling. 2. Aufl., Heidelberg 1999.

Parkin, P.W./Hearn, J.: Frauen, Männer und Führung. In: HWFü, 2. Aufl., hrsg. v. A. Kieser, G. Reber u. R. Wunderer. Stuttgart 1995, Sp. 392-408.

Paschen, M./Weidemann, A./Turck, D./Stöwe, C.: Assessment Center professionell. Worauf es ankommt und wie Sie vorgehen. Neuwied-Kriftel 2003.

Paton, R./Peters, G./Storey, J./Taylor, A.S. (Hrsg.): Handbook of Corporate University Development: Managing Strategic Learning Initiatives in Public and Private Domains. Aldershot-Burlington 2005.

Pellens, B. (Hrsg.): Unternehmenswertorientierte Entlohnungssysteme. Stuttgart 1998.

Pelzer, P.: Der Prozeß der Organisation. Zur postmodernen Ästhetik der Organisation und ihrer Rationalität. Amsterdam 1995.

Persch, P.-R.: Die Bewertung von Humankapital – eine kritische Analyse. München-Mering 2003, zugl. Diss., Potsdam 2003.

Peter, L.J./Hull, R.: Das Peter-Prinzip oder Die Hierarchie der Unfähigen. 16. Aufl., Reinbek b. Hamburg 2001.

Peters, T.J./Waterman, R.H.: Auf der Suche nach Spitzenleistungen. Was man von den bestgeführten US-Unternehmen lernen kann. Landsberg a.L. 1984.

Pfarr, H./Ullmann, K./Bradtke, M./Schneider, J./Kimmich, M./Bothfeld, S.: Der Kündigungsschutz zwischen Wahrnehmung und Wirklichkeit: Betriebliche Erfahrungen mit der Beendigung von Arbeitsverhältnissen. München-Mering 2005.

Pfeiffer, W./Dörrie, U./Stoll, E.: Menschliche Arbeit in der industriellen Produktion. Göttingen 1977.

Picot, A./Dietl, H./Franck, E./Fiedler, M./Royer, S.: Organisation. Theorie und Praxis aus ökonomischer Sicht. 7. Aufl., Stuttgart 2015.

Picot, A./Reichwald, R./Wiegand, R.T.: Die grenzenlose Unternehmung. Information, Organisation und Management. 5. Aufl., Wiesbaden 2003.

Piel, N.: Strategien der Entscheidungsfindung in bürokratischen Organisationen. Diss., Bochum 1986.

Pieroth, E.: Sozialbilanzen in der Bundesrepublik Deutschland. Ansätze, Entwicklungen, Beispiele. München 1978.

Pilarski, B./Tornack, C./Klein, M./Schumann, M.: Mobile Anwendungen im Personalmanagement. Marktüberblick und Eignung. In: HMD – Praxis der Wirtschaftsinformatik, 49. Jg., 286, 2012, S. 63-72.

Pink, D.H.: Drive. Was Sie wirklich motiviert. Salzburg 2010.

Porter, L.W./Lawler III, E.E.: Managerial Attitudes and Performance. Homewood, Ill. 1968.

Porter, M.E.: Wettbewerbsstrategie. Methoden zur Analyse von Branchen und Konkurrenten. 10. Aufl., Frankfurt a.M. 1999.

Poster, M.: The Mode of Information. Chicago 1990.

Prinz, E./Schwalbach, J.: Zum Stand der Managervergütung in Deutschland und Europa: Ein aktuelles Porträt. In: DU, 65. Jg., Sonderband 1, 2011.

Puck, J.F./Mohr, A.T./Holtbrügge, D.: Cultural Convergence through Web-Based Management Techniques? The Case of Corporate Web Site Recruiting. In: JIM, Vol. 12, 2006, S. 181-195.

Puck, J./Rygl, D./Exter, A./Holtbrügge, D.: Kulturelle Einflüsse auf internetbasierte HR-Managementtechniken. Verliert die nationale Kultur an Bedeutung? In: ZfP, 18. Jg., 1, 2004, S. 24-38.

Pullig, K.-K.: Personalmanagement. Leipzig 1993.

Rademakers, M.: Corporate Universities: Drivers of the Learning Organization. London 2014.

Reddin, W.J.: Das 3-D Programm zur Leistungssteigerung des Managements. München 1977.

Reich, F. unter Mitarbeit von M. Grill u. S. Scheytt: Gekündigt! Was jetzt?. In: Stern, 20, 2003, S. 24-38.

Reichert, T.: Outsourcing interner Dienste. Agenturtheoretische Analyse am Beispiel von Personalleistungen. Wiesbaden 2005, zugl. Diss., Bochum 2004.

Reichmann, T./Kißler, M./Baumöl, U.: Controlling mit Kennzahlen. Die systemgestützte Controlling-Konzeption. 9. Aufl., München 2017.

Reichwald, R./Möslein, K./Sachenbacher, H./Englberger, H.: Telekooperation. Verteilte Arbeits- und Organisationsformen. 2. Aufl., Berlin-Heidelberg-New York 2000.

Reilly, R.R./Chao, G.T.: Validity and Fairness of Some Alternative Employee Selection Procedures. In: PPsych, Vol. 35, 1982, S. 1-62.

Reinwald, M./Hüttermann, H./Kröll, J./Boerner, S.: Gender Diversity in Führungsteams und Unternehmensperformanz. Eine Metaanalyse. In: ZfbF, 67. Jg., 9, 2015, S. 262-296.

Remer, A.: Personal und Management im Wandel der Strategien. In: Personal als Strategie. Mit flexiblen und lernbereiten Human-Ressourcen Kernkompetenzen aufbauen, hrsg. v. R. Klimecki u. A. Remer. Neuwied-Kriftel-Berlin 1997, S. 399-417.

Rettig, D.: Arbeitgeber-Ranking. „Schatz, ich bleibe heute wieder länger im Büro". In: Wirtschaftswoche, 20, 16.5.2011, S. 120-125.

Rheinberg, F.: Motivation. Stuttgart 2002.

Rieble, V.: Bezahlung des Betriebsrats. München 2017.

Richter, A.: Aussteigen auf Zeit. Das Sabbatical-Handbuch. Köln 2002.

Richter, J.: Das Ausbildungsverhalten von Betrieben. Eine Analyse der Kosten und Nutzen der betrieblichen Berufsausbildung in Westdeutschland. Berlin 2000, zugl. Diss., Jena 2000.

Ridder, H.-G./Conrad, P./Schirmer, F./Bruns, H.-J.: Strategisches Personalmanagement. Mitarbeiterführung, Integration und Wandel aus ressourcenorientierter Sicht. Landsberg a.L. 2001.

Rieble, V.: Flash-Mob – ein neues Kampfmittel? In: NZA, 14. Jg., 25.7.2008, S. 796-798, http://beck-online.beck.de/default.aspx?typ=reference&y=300&z=NZA&b=2008&s=796&n=1.

Riedl, J.: Strategie und Personal. Ansätze zur Personalorientierung der strategischen Unternehmensführung. Wiesbaden 1995, zugl. Diss., Bayreuth 1995.

Ring, G.: Arbeitsrecht für Wirtschaftswissenschaftler. München-Wien 2012.

Ringlstetter, M./Kaiser, S.: Humanressourcen-Management. München 2008.

Ristau-Winkler, M.: Fachkräfte dringend gesucht. Von der Engpassanalyse zur erfolgreichen Sicherung. In: Arbeitskultur 2020. Herausforderungen und Best Practices der Arbeitswelt der Zukunft, hrsg. v. W. Widuckel, K. de Molina, M.J. Ringlstetter u. D. Frey. Wiesbaden 2015, S. 13-25.

Rittweger, S./Petri, U./Schweikert, F.-J.: Altersteilzeit. 2. Aufl., München 2002.
Roethlisberger, F.J./Dickson, W.J.: Management and the Worker. An Account of a Research Program Conducted by the Western Electric Company, Hawthorne Works, Chicago. Cambridge, Mass. 1939.
Röllinghoff, S.: Die Individualisierung des Personaleinsatzes. Empirische Annäherungen, normative Programme und theoretische Implikationen unter Berücksichtigung neuerer organisationstheoretischer Ansätze. München-Mering 1996, zugl. Diss., Münster 1995.
Röpke, T.: Diskriminiert mich, bitte! In: Die Zeit, 5, 25.1.2007, S. 77.
Roth, P.L./Bobko, P./Van Iddekinge, C.H./Thatcher, J.B.: Social Media in Employee-Selection-Related Decisions. A Research Agenda for Uncharted Territory. In: JOM, Vol. 42, 1, 2016, S. 269-298.
Rousseau, D.M.: Psychological contracts in organizations. Understanding written and unwritten agreements. Thousand Oaks, CA et al. 1995.
Rousseau, D.M./Ho, V.T./Greenberg, J.: I-Deals. Idiosyncratic Terms in Employment Relationships. In: AMR, Vol. 31, 4, 2006, S. 977-994.
Rosenkranz, R.: Personalbedarfsrechnung in Bürobetrieben. In: Das Rationelle Büro, 19. Jg., 1968, 12, S. 16-22.
von Rosenstiel, L.: Motivation im Betrieb. Mit Fallstudien aus der Praxis. 11. Aufl., Wiesbaden 2015.
von Rosenstiel, L./Nerdinger, F.W.: Grundlagen der Organisationspsychologie. Basiswissen und Anwendungshinweise. 7. Aufl., Stuttgart 2011.
von Rosenstiel, L./Regnet, E./Domsch, M.E. (Hrsg.): Führung von Mitarbeitern. Fallstudien zum Personalmanagement. 7. Aufl., Stuttgart 2014.
Rudolph, U./Böhm, R./Lummer, M.: Ein Vorname sagt mehr als 1000 Worte. In: Zeitschrift für Sozialpsychologie, 38. Jg., 2007, S. 17-31.
Rückerl, T.: Das große Praxis-Handbuch Business Coaching. Die wirkungsvollsten Werkzeuge für Profis. 2. Aufl., Weinheim 2015.
Rühl, M./Hoffmann, J.: Das AGG in der Unternehmenspraxis. Wie Unternehmen und Personalführung Gesetz und Richtlinien rechtssicher und diskriminierungsfrei umsetzen. Wiesbaden 2008.
Ruffle, B.J./Shtudiner, Z.: Are Good-Looking People More Employable? In: MSc, Vol. 61, 8, 2014, S. 1760-1776.
Rump, J./Walter, N. (Hrsg.): Arbeitswelt 2030. Trends, Prognosen, Gestaltungsmöglichkeiten. Stuttgart 2013.
Ryan, A.M./McFarland, L./Baron, H./Page, R.: An International Look at Selection Practices: Nation and Culture as Explanations for Variability in Practice. In: PPsych, Vol. 52, 2, 1999, S. 359-391.
Rygl, D./Puck, J.A.: Alters-Diversität. Entwicklung eines ganzheitlichen personalpolitischen Konzepts am Beispiel der Pharmabranche. In: Erfolgreiche Umsetzung von Work-Life-Balance in Organisationen. Strategien, Konzepte, Maßnahmen. Wiesbaden 2007, S. 291-309.

Sabadish, N./Mishel, L.: CEO Pay in 2012 Was Extraordinarily High Relative to Typical Workers and Other High Earners. Economic Policy Institute, Issue

Brief 367, 26.06.2013, http://www.epi.org/publication/ceo-pay-2012-extraordinarily-high/.
Sachverständigenrat zur Beurteilung der gesamtwirtschaftlichen Entwicklung: Jahresgutachten: 2006/07. „Widerstreitende Interessen – Ungenutzte Chancen". Wiesbaden 2006.
Sadowski, D.: Der Handel mit Sozialleistungen. Zur Ökonomie und Organisation der betrieblichen Sozialpolitik. In: DBW, 44. Jg., 4, 1984, S. 579-590.
Sadowski, D.: Personalökonomie und Arbeitspolitik. Stuttgart 2002.
Sadowski, D./Backes-Gellner, U./Frick, B.: Works Councils: Barriers or Boosts for the Competitiveness of German Firms. In: British Journal of Industrial Relations, Vol. 33, 1995, S. 493-513.
Saks, A.: A Psychological Process Investigation for the Effects of Recruitment Source and Organization Information on Job Survival. In: JOB, Vol. 15, 3, 1994, S. 225-244.
Sauder, G./Schmidt, H.: Die Personalabteilung als Dienstleistungsfunktion. In: Personal, 40. Jg., 3, 1988, S. 90-94.
Schad, N./Michl, W.: Outdoor-Training. Personal- und Organisationsentwicklung zwischen Flipchart und Bergseil. 2. Aufl., Neuwied 2004.
Schanz, G.: Personalwirtschaftslehre. Lebendig Arbeit in verhaltenswissenschaftlicher Perspektive. 3. Aufl., München 2000.
Scheffer, U./Hesse, F.W. (Hrsg.): E-Learning. Die Revolution des Lernens gewinnbringend einsetzen. Stuttgart 2003.
Scheib, W.: Edzard Reuter. Ein Visionär wird 80, http://www.manager-magazin.de.koepfe/portraets/0,2828,535569,00.html, 15.2.2008.
Schein, E.H.: Career Dynamics. Matching Individual and Organizational Needs. Reading, Mass. 1978.
Schein, E.H.: Organizational Psychology. Englewood Cliffs, NJ 1980.
Schein, E.H.: Coming to a New Awareness of Organizational Culture. In: SMR, Vol. 25, 2, 1984, S. 3-16.
Scherm, E.: Unternehmerische Arbeitsmarktforschung. München 1990.
Scherm, E.: Personalabteilung als Profit Center: Ein realistisches Leitbild? In: Personalführung, 12, 1992, S. 1034-1037.
Scherm, E.: Braucht die Personalwirtschaftslehre mehr Ökonomie? In: Personal, 50. Jg., 9, 1998, S. 450-545.
Scherm, E.: Internationales Personalmanagement. 2. Aufl., München-Wien 1999.
Scherm, E./Pietsch, G.: Erfolgsmessung im Personalcontrolling – Reflexionsimpuls oder Rationalitätsmythos. In: BFuP, 57. Jg., 1, 2005, S. 43-57.
Schermerhorn, J.R./Hunt, J.G./Osborn, R.N.: Managing Organizational Behavior. 2. Aufl., New York 1985.
Schiefele, H.: Lernmotivation und Motivlernen. München 1974.
Schleßmann, H.: Das Arbeitszeugnis. Zeugnisrecht, Zeugnissprache, Bausteine, Muster. Heidelberg 1998.
Schlick, C.M./Bruder, R./Luczak, H.: Arbeitswissenschaft. 3. Aufl., Berlin et al. 2010.
Schmalenbach, E.: Selbstkostenrechnung und Preispolitik. 6. Aufl., Leipzig 1934.

Schmeisser, W./Eckstein, P.E./Boche, M.: Die Finanzorientierte Personalwirtschaft auf dem empirischen Prüfstand. Eine webbasierte Befragung. München-Mering 2009.

Schmeisser, W./Ennemann, C./Drewicke, O.: Berliner Humankapitalbewertungsmodell am Beispiel von Fußballspielerwerten. In: Die Finanzorientierte Personalwirtschaft auf dem empirischen Prüfstand. Eine webbasierte Befragung, hrsg. v. W. Schmeisser, P.E. Eckstein u. M. Boche. München-Mering 2009, S. 131-140.

Schmeisser, W./Lukowsky, M.: Human Capital Management. A Critical Consideration of the Evaluation and Reporting of Human Capital. München-Mering 2006.

Schmidt, B./Hecht, H.: Generation Praktikum 2011. Praktika nach Studienabschluss: Zwischen Fairness und Ausbeutung. Berlin 2011.

Schmidt, R./Schwalbach, J.: Zur Höhe und Dynamik der Vorstandsvergütung in Deutschland. In: ZfB, 77. Jg., Special Issue 1, 2007, S. 111-22.

Schmidtke, C.: Signaling im Personalmarketing. Eine theoretische und empirische Analyse des betrieblichen Rekrutierungserfolges. München-Mering 2002, zugl. Diss., Köln 2002.

Schnabel, C.: Betriebliche Flexibilisierungsspielräume durch tarifvertragliche Öffnungsklauseln. In: Personal, 50. Jg., 4, 1998, S. 160-164.

Schnabel, C.: Gewerkschaften auf dem Rückzug? Mythen, Fakten und Herausforderungen. In: Wirtschaftsdienst, 96. Jg., 6, 2016, S. 426-432.

Schneider, H.J./Fritz, S.: Erfolgs- und Kapitalbeteiligung. 7. Aufl., Stuttgart 2013.

Schneyink, D.: Zeitarbeit in Deutschland: Billig-Branche vor neuem Boom. In: stern.de, 20.8.2009, http://www.stern.de/wirtschaft/news/maerkte/zeitarbeit-in-deutschland-billig-branche-vor-neuem-boom-1504400.html.

Scholz, C.: Ein Denkmodell für das Jahr 2000? Die virtuelle Personalabteilung. In: Personalführung, 28. Jg., 5, 1995, S. 398-403.

Scholz, C.: Die virtuelle Personalabteilung: Stand der Dinge und Perspektiven. In: Personalführung, 35. Jg., 2, 2002, S. 22-31.

Scholz, C.: Spieler ohne Stammplatzgarantie. Darwiportunismus in der neuen Arbeitswelt. Weinheim 2003 (a).

Scholz, C.: Personalmanagement – Strategisches Outsourcing oder operative Selbstauflösung? In: Personalmanagement im Wandel. Vom Dienstleister zum Businesspartner. Karl-Friedrich Ackermann zum 65. Geburtstag, hrsg. v. P. Speck u. D. Wagner. Wiesbaden 2003 (b), S. 105-123.

Scholz, C. Personalmanagement. Informationsorientierte und verhaltenstheoretische Grundlagen. 6. Aufl., München 2014.

Scholz, C./Bechtel, R.: Zehn Nutzen der Saarbrücker Formel. In: Personalwirtschaft, 32. Jg., 11, 2005, S. 32-36.

Scholz, C./Sattelberger, T.: Human Capital Reporting: HCR10 als Standard für eine transparente Personalberichterstattung. München 2012.

Scholz, C./Stein, V.: Humankapitalstrategien bei DAX 30-Unternehmen. In: Personalwirtschaft, 34. Jg., 1, 2007, S. 30-32.

Scholz, C./Stein, V./Bechtel, R.: Human Capital Management. Wege aus der Unverbindlichkeit. 3. Aufl., Köln 2011.

Schreyögg, G./Geiger, D.: Organisation. Grundlagen moderner Organisationsgestaltung. 6. Aufl., Wiesbaden 2016.
Schreyögg, G./Sydow, J. (Hrsg.): Strategische Prozesse und Pfade. Managementforschung Bd. 13, Wiesbaden 2003.
Schröder, C.: Industrielle Arbeitskosten im internationalen Vergleich. In: IW-Trends, 43. Jg., 3, 2016, S. 39-57.
Schröder, H.G.: Das neue Betriebsverfassungsgesetz 2001: (K)ein Wettbewerbsvorteil für die deutsche Wirtschaft. In: Krise des Flächentarifvertrags?, hrsg. v. F.W. Lehmann. München-Mering 2002, S. 100-109.
Schüler, R.V.: Globale Führungskräfteplanung. In: Personalwirtschaft, 30. Jg., 10, 2003, S. 10-13.
Schütte, M.: Humankapital: Kein Thema für externe Berichterstattung und Corporate Governance? In: Der Betrieb, 34, 20.8.2004, S. 1793-1795.
Schuler, H.: Psychologische Personalauswahl. Eignungsdiagnostik für Personalentscheidungen und Berufsberatung. 4. Aufl., Göttingen 2014.
Schuler, H./Moser, K. (Hrsg.): Lehrbuch Organisationspsychologie. 5. Aufl., Bern 2013.
Schuler, H./Frier, D./Kauffmann, M.: Personalauswahl im europäischen Vergleich. Göttingen 1993.
Schuler, H./Funke, U./Moser, K./Donat, M.: Personalauswahl in Forschung und Entwicklung. Eignung und Leistung von Wissenschaftlern und Ingenieuren. Göttingen 1995.
Schuler, H./Stehle, W. (Hrsg.): Biographische Fragebögen als Methode der Personalauswahl. Stuttgart 1986.
Schulte, C.: Personalcontrolling mit Kennzahlen. 3. Aufl., München 2011.
Schuster, L.: Gestaltungsformen eines Cafeteria-Systems. In: wisu, 20. Jg., 1991, 5, S. 363-365.
Schuster, T./Holtbrügge, D./Heidenreich, S.: Konfiguration und Koordination von Unternehmungen in der Softwarebranche. Das Beispiel SAP. In: Internationalisierung von Dienstleistungen mit 3K. Konfiguration-Koordination-Kundenintegration, hrsg. v. D. Holtbrügge, H. Holzmüller und F. von Wangenheim. Wiesbaden 2009, S. 155-181.
Schwaab, M.-O./Durian, A. (Hrsg.): Zeitarbeit: Chancen – Erfahrungen – Herausforderungen. Wiesbaden 2009.
Schwarz, R.: Praxisleitfaden Betriebliche Altersvorsorge. Alles Wichtige für den täglichen Einsatz. Wiesbaden 2013.
Schwarzbach, M.: Betriebliche Bündnisse. Ein Leitfaden für die Praxis. Wiesbaden 2006.
Schwertfeger, B.: Personalverantwortung. Mitarbeiter sind zweitrangig. In: Die Zeit, 25.7.2014.
Schwierz, C./Klempert, A./Kuptz, K./Lorenz, C.: Social Media und Personalarbeit: Potenzial erkannt. Und genutzt? IFOK-Studie, Bensheim et al. 2009, http://www.ifok.de/uploads/media/IFOK_Pluspunkt_SocialMedia_HR.pdf.
Seibert, S.E./Kraimer, M.L./Liden, R.C.: A Social Capital Theory of Career Success. In: AMJ, Vol. 44, 2, 2001, S. 219-237.

Seiwert, L.: Noch mehr Zeit für das Wesentliche. Zeitmanagement neu entdecken. München 2009.

Semmer, N.K./Jacobshagen, N.: Feedback im Arbeitsleben – eine Selbstwert-Perspektive. In: Gruppendynamik & Organisationsberatung, 41. Jg., 1, 2010, S. 39-55.

Sewell, G.: The Discipline of Teams: The Control of Team-based Industrial Work through Electronic Surveillance. In: ASQ, Vol. 43, 1998, S. 397-428.

Shaw, J.D./Gupta, N./Mitra, A./Ledford, G.E.: Success and Survival of Skill-Based Pay Plans. In: JOM, Vol. 31, 1, 2005, S. 28-49.

Siebenhüter, S.: Integrationshemmnis Leiharbeit. Auswirkungen von Leiharbeit auf Menschen mit Migrationshintergrund. Arbeitsheft Nr. 69 der Otto-Brenner-Stiftung. Frankfurt a.M. 2011.

Simon, C./Warner J.: Matchmaker, Matchmaker: The Effect of Old Boy Networks on Job Match Quality, Earnings, and Tenure. In: Journal of Labor Economics, Vol. 10, 3, 1992, S. 306-330.

Simonsohn, U./Gino, F.: Daily Horizons. Evidence of Narrow Bracketing in Judgment from 10 Years of M.B.A. Admissions Interviews. In: PSS, Vol. 24, 2, 2013, S. 219—224.

Sick, S.: Der deutschen Mitbestimmung entzogen. Unternehmen mit ausländischer Rechtsform nehmen zu. In: Mitbestimmungsförderung, Report Nr. 8, 2015 (a), http://www.boeckler.de/pdf/p_mbf_report_2015_8.pdf.

Sick, S.: Mitbestimmungsfeindlicheres Klima. In: Mitbestimmungsförderung, Report Nr. 13, 2015 (b), https://www.boeckler.de/pdf/p_mbf_report_2015_13.pdf.

Siewert, H.H.: Einstellungstests souverän meistern. Frankfurt a.M. 2000.

Six, U.: Sind Gruppen radikaler als Einzelpersonen? Darmstadt 1981.

Souza Soares, P.A. de: Der gläserne Bewerber. In: Die Zeit, 37, 6.9.2012, S. 77-78.

Sprenger, R.K.: Mythos Motivation. Wege aus der Sackgasse. 15. Aufl., Frankfurt-New York 1998.

Staehle, W.H.: Management. Eine verhaltenswissenschaftliche Perspektive. 8. Aufl., überarbeitet von P. Conrad u. J. Sydow. München 1999.

Staffelbach, B.: Strategisches Personalmanagement. Bern, Stuttgart 1986.

Statistisches Bundesamt: Volkswirtschaftliche Gesamtrechnungen. Wiesbaden 2009.

Stehle, W.: Verfahren zur Auswahl von Führungskräften. In: ZfbF, 32. Jg., 1980, S. 89-97.

Steiner, H. (Hrsg.): Online-Assessment. Grundlagen und Anwendung von Online-Tests in der Unternehmenspraxis. Berlin et al. 2009.

Steinle, C.: Führung. Grundlagen, Prozesse und Modelle der Führung in der Unternehmung. Stuttgart 1978.

Steinle, C.: Führungsdefinitionen. In: HWFü, 2. Aufl., hrsg. v. A. Kieser, G. Reber u. R. Wunderer. Stuttgart 1995, Sp. 523-533.

Steinmann, H./Hennemann, C.: Personalmanagementlehre zwischen Managementpraxis und mikro-ökonomischer Theorie. Versuch einer wissenschaftstheoretischen Standortbestimmung. In: Entgeltsysteme. Lohn, Mitarbeiterbeteiligung und Zusatzleistungen. Festschrift zum 65. Geburtstag von Eduard Gaugler, hrsg. v. W. Weber. Stuttgart 1993, S. 41-78.

Steinmann, H./Löhr, A.: Ethik im Personalwesen. In: HWP, 2. Aufl., hrsg. v. E. Gaugler u. W. Weber. Stuttgart 1992, Sp. 843-852.

Steinmetz, H./Scheel, A.: Erfolgsreiche Personalsuche im Social Web. Professionelle Strategien, um die besten Talente per XING, Facebook, Twitter & Co. Zu gewinnen. Düsseldorf 2012.

Stephan, M.: Offshoring von HR-Prozessen bei der SAP AG. In: ZfO, 76. Jg., 3, 2007, S. 151-157.

Stewart, G.L./Manz, C.C.: Leadership for Self-Managing Work Teams: A Typology and Integrative Model. In: HR, Vol. 48, 7, 1995, S. 747-770.

Stock, R.: Erfolgsauswirkungen der marktorientierten Gestaltung des Personalmanagements. In: ZfbF, 56. Jg., 5, 2004, S. 237-258.

Stock-Homburg, R.: Personalmanagement. Theorien, Konzepte, Instrumente. 3. Aufl., Wiesbaden 2013.

Stock-Homburg, R./Herrmann, L./Bieling, G.: Erfolgsrelevanz des Personalmanagements. Ein Überblick über 17 Jahre empirische Forschung. In: DU, 63. Jg., 1, 2009, S. 8-74.

Stoebe, F.: Outplacement. Manager zwischen Trennung und Neuanfang. Frankfurt a.M. 1993.

Störmer, S.: Führt Attraktivität zum Erfolg? Zum Einfluss des Body-Maß-Index auf den Karriereerfolg. In: ZfbF, 63. Jg., 9, 2011, S. 609-631.

Strohmeier, S./Piazza, F. (Hrsg.): Human Resource Intelligence und Analytics. Grundlagen, Anbieter, Erfahrungen und Trends. Berlin et al 2015.

Stogdill, R.M./Coons, A.E.: Leader Behavior. Its Description and Measurement. Ohio 1957.

Stogdill, R.M.: Handbook of Leadership. New York 1974.

Stoll, L.: Rechtliche Bedingungen und Möglichkeiten von Rufbereitschaft. In: Rufbereitschaft. Wenn die Arbeit in der Freizeit ruft, hrsg. v. S. Fietze, M. Keller, N. Friedrich u. J. Dettmers. München-Mering 2014, S. 137-150.

Stolz, M.: Generation Praktikum. In: Die Zeit, 14, 31.3.2005, S. 61-63.

Stopp, U.: Betriebliche Personalwirtschaft. 25. Aufl., Stuttgart 2002.

Strack, R./Franke, J./Dertnig, S.: Workonomics$^{TM:}$ Der Faktor Mensch im Wertmanagement. In: ZfO, 69. Jg., 5, 2000, S. 283-288.

Strack, R./Caye, J.-M./von der Linden, C./Quiros, H./Haen, P.: From Capability to Profitability: Realizing the Value of People Management. Boston Consulting Group, Boston 2012.

Stritzke, C.: Marktorientiertes Personalmanagement durch Employer Branding: Theoretisch-konzeptioneller Zugang und empirische Evidenz. Wiesbaden 2010, zugl. Diss., Mannheim 2009.

Süß, S./Kleiner, M.: The Psychological Relationship between Companies and Freelancers. An Empirical Study of the Commitment and the Work-related Expectations of Freelancers. In: MR, Vol. 18, 3, 2007, S. 251-270.

Svoboda, M.: Wertorientierte Vergütung bei der Deutschen Bank. In: Handbuch Variable Vergütung für Führungskräfte, hrsg. v. D. von Eckardstein. München 2001, S. 239-252.

Szebel-Habig, A./Kaps, R.U. (Hrsg.): Mit Gender Management zum Unternehmenserfolg: Grundlagen, wissenschaftliche Beiträge, Best Practice. Freiburg 2016.

Tannenbaum, R./Schmidt, W.H.: How to Choose a Leadership Pattern. In: HBR, Vol. 36, 2, 1958, S. 95-101.

Taylor, F.W.: The Principles of Scientific Management. New York 1911.

Taylor, F.W.: Die Grundsätze wissenschaftlicher Betriebsführung. München 1913.

Teipen, C.: Die Frühverrentung im Wandel betrieblicher Strategien. München-Mering 2003, zugl. Diss, Berlin 2002.

Teufer, S.: Die Bedeutung des Arbeitgeberimage bei der Arbeitgeberwahl. Theoretische Analyse und empirische Untersuchung bei High Potentials. Wiesbaden 1999, zugl. Diss., Mannheim 1999.

Thibaut, J./Walker, L.: Procedural Justice. A Psychological Analysis. Hillsdale, NJ 1975.

Thom, N./Wenger, A./Zaugg, R. (Hrsg.): Fälle zu Organisation und Personal. 5. Aufl., Bern 2007.

Thorsrud, E.: Democratization of Work as a Process of Change towards Non-Bureaucratic Types of Organization. In: European Contributions to Organization Theory, hrsg. v. G. Hofstede. Assen 1976, S. 244-271.

Thüsing, G.: Arbeitnehmerüberlassungsgesetz (AÜG). 3. Aufl., München 2012.

Tobsch, V./Schult, M./Fietze, S./Matiaske, W.: Rufbereitschaft auf betrieblicher Sicht. Bedeutung, Ausgestaltung und Erfahrungen. In: Rufbereitschaft. Wenn die Arbeit in der Freizeit ruft, hrsg. v. S. Fietze, M. Keller, N. Friedrich u. J. Dettmers. München-Mering 2014, S. 7-28.

Tonnesen, C.T.: Die Balanced Scorecard als Konzept für das ganzheitliche Personalcontrolling. Analyse und Gestaltungsmöglichkeiten. Wiesbaden 2002, zugl. Diss., Stuttgart 2001.

Towers Perrin: Working Today. Understanding what Drives Employee Engagement. o. Ort 2003.

Townley, B.: Foucault, Power/Knowlege, and its Relevance for Human Resource Management. In: AMR, Vol. 18, 3, 1993, S. 518-545.

Trost, A. (Hrsg.): Employer Branding. Arbeitgeber positionieren und präsentieren. 2. Aufl., Köln 2013.

Trost, A.: Unter den Erwartungen. Warum das jährliche Mitarbeitergespräch in modernen Arbeitswelten versagt. Weinheim 2015.

Truxillo, D.M./Bauer, T.N./McCarthy, J.M.: Applicant Fairness Reactions to the Selection Process. In: The Oxford Handbook of Justice in Work Organizations, hrsg. v. R. Cropanzano u. M. Ambrose. Oxford 2015, S. 621-640.

Tsai, W./Ghoshal, S.: Social Capital and Value Creation. The Role of Intrafirm Networks. In: AMR, Vol. 41, 4, 1998, S. 464-476.

Tuckman, B.W.: Developmental Sequence in Small Groups. In: Psychological Bulletin, Vol. 63, 1965, S. 384-399.

Tuckman, B.W./Jensen, M.A.: Stages of Small-group Development Revisited. In: GOM, Vol. 2, 4, 1977, S. 419-427.

Uckermann, S.: Betriebliche Altersversorgung und Zeitwertkonten. Arbeits- und Sozialrecht, Steuer- und Bilanzrecht. Stuttgart 2009.
Ulich, E.: Arbeitspsychologie. 7. Aufl., Stuttgart 2011.
Ulrich, P./Fluri, E.: Management. 7. Aufl., Stuttgart 1995.

Vašek, T.: Work-Life-Bullshit. Warum die Trennung von Arbeit und Leben in die Irre führt. München 2013.
Virtanen, M./Singh-Manoux, A./Ferrie, J.E./Gimeno, D./Marmot, M.G./Elovainio, M./Jokela, M./Vahtera, J./Kivimäki, M.: Long Working Hours and Cognitive Function. The Whitehall II Study. In: American Journal of Epidemiology, Vol. 169, 5, 2009, S. 596-605.
Voigt-Weber, L.: Alternative Betriebe. Genese, Strukturen und Funktionsprobleme. Frankfurt a.M. 1998.
Volkswagen AG: Geschäftsbericht 2016. Wolfsburg 2017.
Vosberg, D.: Der Markt für Personaldienstleistungen. Ökonomische Analyse von Nachfrage und Angebot. Wiesbaden 2003, zugl. Diss, Leipzig 2002.
Vroom, V.H.: Work and Motivation. New York u.a. 1964.
Vroom, V.H./Yetton, P.W.: Leadership and Decision-making. Pittsburg 1973.

Waas, B.: Bausteine einer Flexibilisierung des deutschen Arbeitsrechts aus rechtsvergleichender Sicht am Beispiel der Niederlande. In: ZFA, 34. Jg., 1, 2003, S. 1-42.
Wächter, H.: Mitbestimmung. München 1983.
Wächter, H.: Vom Personalwesen zum Strategic Human Resource Management. Ein Zustandsbericht anhand der neueren Literatur. In: Managementforschung 2: Flache Hierarchien und organisatorisches Lernen, hrsg. v. W.H. Staehle u. P. Conrad. Berlin-New York 1992, S. 313-340.
Wagner, D.: Organisation, Führung und Personalmanagement. Neue Perspektiven durch Flexibilisierung und Individualisierung. 2. Aufl., Freiburg i.Br. 1991 (a).
Wagner, D.: Anreizpotentiale und Gestaltungsmöglichkeiten von Cafeteria-Modellen. In: Handbuch Anreizsysteme, hrsg. v. G. Schanz. Stuttgart 1991 (b), S. 91-109.
Wagner, D.: Personalfunktion in der Unternehmensleitung. Grundlagen-Empirische Analyse-Perspektiven. Wiesbaden 1994.
Wagner, D./Grawert, A./Langemeyer, H.: Cafeteria-Modelle. Stuttgart 1993.
Wahren, H.-K.: Zwischenmenschliche Kommunikation und Interaktion in Unternehmen. Berlin-New York 1985.
Wahren, H.-K.: Gruppen- und Teamarbeit in Unternehmen. Berlin-New York 1994.
Walker, J.W./Reif, W.E.: Human Resource Leaders: Capability Strength and Gaps. In: HRP, Vol. 22, 4, 1999, S. 21-32.
Wallner, F.X.: Die ordentliche Änderungskündigung des Arbeitgebers. Berlin 2001.
Walsh, I.: Die Arbeitsgewohnheiten der Spitzenmanager. In: Personalwirtschaft, 33. Jg., 7, 2006, S. 10-11.

Walton, R.E./Lawrence, P.R. (Hrsg.): Human Resource Management: Trends and Challenges. Boston, Mass. 1985.

Watzlawick, P./Beavin, J.H./Jackson, D.D.: Menschliche Kommunikation. Formen, Störungen, Paradoxien. 7. Aufl., Bern-Stuttgart-Toronto 1985.

Weber, M.: Wirtschaft und Gesellschaft. 5. Aufl., Tübingen 1972.

Weckes, M.: Geschlechterverteilung in Vorständen und Aufsichtsräten. In: Report 10 der Hans-Böckler-Stiftung. Düsseldorf 2015.

Weckes, M./Werner, N.: Vorstandsvergütung. Chefs verdienen ein Vielfaches. In: Böckler-Impuls, 16, 2013, S. 4, http://www.boeckler.de/impuls_2013_16_gesamt.pdf.

Weibel, A./Rost, K./Osterloh, M.: Gewollte und ungewollte Anreizwirkungen von variablen Löhnen: Disziplinierung der Agenten oder Crowding-Out? In: ZfbF, 59. Jg., 12, 2007, S. 1029-1054.

Weibler, J. unter Mitarbeit v. S. Endres, T. Kuhn, M. Müssigbrodt u. M. Petersen: Personalführung. 3. Aufl., München 2016.

Weibler, J./Brodbeck, F./Szabo, E./Reber, G./Wunderer, R./Moosmann, O.: Führung in kulturverwandten Regionen. Gemeinsamkeiten und Unterschiede bei Führungsidealen in Deutschland, Österreich und der Schweiz. In: DBW, 60. Jg., 5, 2000, S. 588-606.

Weidenfeld, U.: Paritätisch schwer verstimmt Die Rolle von Arbeitnehmern in Aufsichtsräten ist heikel. In: Tagesspiegel, 20.6.2003, http://www.tagesspiegel.de/meinung/kommentare/paritaetisch-schwer-verstimmt-die-rolle-von-arbeitnehmern-in-aufsichtsraeten-ist-heikel/424316.html.

Weinert, A.B.: Menschenbilder und Führung. In: HWFü, 2. Aufl., hrsg. v. A. Kieser, G. Reber u. R. Wunderer. Stuttgart 1995, Sp. 1495-1510.

Weinert, A.B.: Organisations- und Personalpsychologie. 5. Aufl., Basel 2004.

Weitzel, T./Eckhardt, A./Laumer, S./Maier, C./von Stetten, A./Weinert, C./Wirth, J./Kraft, B.: Recruiting Trends 2015. Eine empirische Untersuchung mit den Top-1.000-Unternehmen aus Deutschland sowie den Top-300-Unternehmen aus den Branchen Finanzdienstleistung, Health Care und IT. Bamberg-Frankfurt a.M. 2015, http://media.newjobs.com/dege/Studien/2015/Recruiting%20 Trends%202015_Gesamtstudie.pdf.

Welbourne, T.M./Cable, D.M.: Group Incentives and Pay Satisfaction: Understanding the Relationship Trough an Identity Theory Perspective. In: HR, Vol. 48, 6, 1995, S. 711-726. 1995

Welge, M.K.: Unternehmensführung. Bd. 3: Controlling. Stuttgart 1988.

Weller, I.: Fluktuationsmodelle. Ereignisanalyse mit dem Sozio-ökonomischen Panel. München-Mering 2007, zugl. Diss., Flensburg 2004.

Weller, I./Holtom, B.C./Matiaske, W./Mellewigt, T.: Level and Time Effects of Recruitment Sources on Early Voluntary Turnover. In: JAP, Vol. 94, 2009, 1146-1162.

v. Werder, A.: Modernisierung der Mitbestimmung. In: DBW, 64. Jg., 2, 2004, S. 229-243.

Werle, K.: Top 100. Die Lieblingsarbeitgeber der Young Professionals. In: MM, 30.4.2009, http://www.manager-magazin.de/koepfe/karriere/0,2828,619302,00.html.

Werle, K.: Aufstiegsverweigerer. Karriere? Ohne mich! In: Spiegel Online, 27.08.2012, http://www.spiegel.de/karriere/berufsleben/karriereverweigerer-wer-will-noch-chef-werden-a-851667.html.

Weuster, A.: Personalauswahl I. Internationale Forschungsergebnisse zu Anforderungsprofil, Bewerbersuche, Vorauswahl, Vorstellungsgespräch und Referenzen. 3. Aufl., Wiesbaden 2012(a).

Weuster, A.: Personalauswahl II. Personalauswahl II: Internationale Forschungsergebnisse zum Verhalten und zu Merkmalen von Interviewern und Bewerbern. 3. Aufl., Wiesbaden 2012(b).

Weuster, A./Scheer, B.: Arbeitszeugnisse in Textbausteinen. Rationelle Erstellung, Analyse, Rechtsfragen. 13. Aufl., Stuttgart 2015.

Wick, A.: Urteiler in der Personalauswahl. Einflüsse persönlicher Vorstellungen über Eignung und Personalauswahl auf Informationsnutzung, Beurteilung und Entscheidung. München-Mering 2005, zugl. Diss., Kaiserslautern 2005.

Wickel-Kirsch, S.: Balanced Scorecard als Instrument des Personalcontrolling. In: Strategisches Personalmanagement in Globalen Unternehmen, hrsg. v. A. Clermont, W. Schmeisser u. D. Krimphove. München 2001, S. 273-289.

Wichmann, M./Langer, K.-U.: Öffentliches Dienstrecht. 8. Aufl., Stuttgart 2017.

Widuckel, W.: Gestaltung des demographischen Wandels als unternehmerische Aufgabe. In: Länger leben, arbeiten und sich engagieren, hrsg. v. J.U. Prager u. A. Schleiter. Gütersloh 2006, S. 117-132.

Widuckel, W.: Arbeitskultur 2020. Herausforderungen für die Zukunft der Arbeit. In: Arbeitskultur 2020. Herausforderungen und Best Practices der Arbeitswelt der Zukunft, hrsg. v. W. Widuckel, K. de Molina, M.J. Ringlstetter u. D. Frey. Berlin et al. 2015, S. 29-44.

Wiedmann, J.: Mehrstufiges Auswahlverfahren mit Online-Assessments bei der Lufthansa. In: Online-Assessments. Grundlagen und Anwendung von Online-Tests in der Unternehmenspraxis, hrsg. v. H. Steiner. Berlin et al. 2009, S. 105-126.

Wilke, Maack und Partner: Länderberichte über finanzielle Mitarbeiterbeteiligung in Europa. Hamburg-Brüssel 2014, http://www.wilke-maack.de/download/2014/07/WMP_Mitarbeiterbeteiligung_Europa_ETUI_2014.pdf

Wilke, K.: Jung, dynamisch, illegal. In: Karriere, 1, 2007, S. 46-50.

Williamson, I.O./King, J.E. Jr.,/Lepak, D./Sarma, A.: Firm Reputation, Recruitment Web Sites, and Attracting Applicants. In: HRM, Vol. 49, 4, 2010, S. 669-687.

Williamson, O.E.: Markets and Hierarchies: Analysis and Antitrust Implications. New York-London 1975.

Williamson, O.E.: Die ökonomischen Institutionen des Kapitalismus. Tübingen 1990.

Wimmer, P./Neuberger, O.: Personalwesen 2. Personalplanung, Beschäftigungssysteme, Personalkosten, Personalcontrolling. Stuttgart 1998.

Winter, S.: Optionspläne als Instrument wertorientierter Managementvergütung. Frankfurt a.M. 2000, zugl. Habil., Berlin 1999.

Wippermann, C.: Frauen in Führungspositionen. Barrieren und Brücken. Studie der Sinus Sociovision GmbH im Auftrag des Bundesministeriums für Familie,

Jugend, Senioren und Jugend. Berlin 2010, http://www.bmfsfj.de/Redaktion BMFSFJ/Broschuerenstelle/Pdf-Anlagen/frauen-in-f_C3_BChrungspositionen -deutsch,property=pdf,bereich=bmfsfj,sprache=de,rwb=true.pdf.

Wisskirchen, F.: Management des Personals outsourcen. In: Personalmagazin, 7, 2003, S. 54-56.

Wittlage, H.: Personalbedarfsermittlung. München 1995.

Wöhe, G./Döring, U.: Einführung in die Allgemeine Betriebswirtschaftslehre. 21. Aufl., München 2002.

Wohlgemuth, A.C.: Human Resources Management aus unternehmungspolitischer Sicht. In: Personal-Management und Strategische Unternehmensführung, hrsg. v. C. Lattmann. Heidelberg 1987, S. 85-103.

Wolf, J.: Organisation, Management, Unternehmensführung. Theorien, Praxisbeispiele und Kritik. 5. Aufl., Wiesbaden 2013.

Wolff, B./Lazear, E.P.: Einführung in die Personalökonomik. Stuttgart 2001.

Wollsching-Strobel, P.: Managementnachwuchs erfolgreich machen. Personalentwicklung für High Potentials. Wiesbaden 1999.

Wollsching-Strobel, P./Prinz, B. (Hrsg.): Talentmanagement mit System. Berlin et al. 2012.

Womack, J.P./Jones, D.T./Roos, D.: Die zweite Revolution in der Automobilindustrie. 7. Aufl., Frankfurt-New York 1992.

Wood, J.M./Nezworski, M.T./Lilienfeld, S.O./Garb, H.N.: What's Wrong with the Rorschach? Hoboken, NJ 2003.

Wottawa, H./Montel, C./Mette, C./Zimmer, B./Hiltmann, M.: Eligo-Studie. Berufliche Lebensziele und Leistungspotenziale junger Hochschulabsolventinnen und Hochschulabsolventen. In: Wirtschaftspsychologie, 13. Jg., 3, 2011, S. 85-111.

Wright, P.M./Dyer, L./Takla, M.G.: What's next? Key Findings from the 1999 State-of-the-Art & Practice Study. In: HRP, Vol. 22, 4, 1999, S. 12-20.

Wright, P.M./McMahan, G.C./McWilliams, A.: Human Resources and Sustained Competitive Advantage: A Resource-based Perspective. In: IJHRM, Vol. 5, 5, 1994, S. 301-326.

Wucknitz, U.D.: Handbuch Personalbewertung. Messgrößen-Anwendungsfelder-Fallstudien. Stuttgart 2002.

Wucknitz, U.D.: Personal-Rating und Personal-Risikomanagement. Wie mittelständische Unternehmen ihre Bewertung verbessern. Stuttgart 2005.

Wunderer, R.: Von der Personaladministration zum Wertschöpfungs-Center. In: DBW, 52. Jg., 2, 1992, S. 201-217.

Wunderer, R.: Führung und Zusammenarbeit. Eine unternehmerische Führungslehre. 9. Aufl., Köln 2011.

Wunderer, R./von Arx, S.: Personalmanagement als Wertschöpfungs-Center. Unternehmerische Organisationskonzepte für interne Dienstleister. 3. Aufl., Wiesbaden 2002.

Wunderer, R./Dick, P. unter Mitarbeit von U. Jäger u. R. Ramon: Personalmanagement – Quo vadis? Analysen und Prognosen zu Entwicklungstrends bis 2010. 5. Aufl., Neuwied 2007.

Wunderer, R./Jaritz, A.: Unternehmerisches Personalcontrolling. Evaluation der Wertschöpfung im Personalmanagement. 4. Aufl., Neuwied-Kriftel 2007.
Wunderer, R./Mittmann, J.: 10 Jahre Personalwirtschaftslehre – von Ökonomie nur Spurenelemente. In: DBW, 43. Jg., 4, 1983, S. 623-655.
Wunderer, R./Schlagenhaufer, P.: Personalcontrolling. Funktionen-Instrumente-Praxisbeispiele. Stuttgart 1994.
von Wysocki, K.: Sozialbilanzen. In: HWP, 2. Aufl., hrsg. v. E. Gaugler u. W. Weber. Stuttgart 1992, Sp. 2025-2035.

Yakubovich, V./Lup, D.: Stages of the Recruitment Process and the Referrer's Performance Effect. In: OSc, Vol. 17, 6, 2006, S. 710-723.

Zajac, E.J.: CEO Selection, Succession, Compensation and Firm Performance: A Theoretical Integration and Empirical Analysis. In: SMJ, Vo. 11, 3, 1990, S. 217-230.
Zander, E.: Entgeltformen bei veränderten Technologien, Arbeitsstrukturen und Arbeitszeitregelungen. In: ZfbF, 38. Jg., 4, 1986, S. 289-301.
Zander, E.: Praxis des Führens. Führung – wieder gefragt. 7. Aufl., Heidelberg 1990.
Zander, E.: Personal- und Organisationsabteilung, Zusammenarbeit zwischen. In: HWO, 3. Aufl., hrsg. v. E. Frese. Stuttgart 1992, Sp. 1914-1923.
Zander, E./Femppel, K.: Leistungsorientierte Vergütung. Köln 2000.
Zander, E./Halberstadt, G.: Mitarbeiterinformation als Führungsaufgabe. Rechtsgrundlagen, Instrumente, Erfahrungen. 4. Aufl., Köln 1995.
Zelazny, G.: Wie aus Zahlen Bilder werden. Der Weg zur visuellen Kommunikation. 7. Aufl., Wiesbaden 2015.
Zils, E.: Eye-Tracking. So gestalten Sie Ihre Online Stellenanzeigen richtig. In: online-recruiting.net, 23.4.2014, http://www.online-recruiting.net/eye-tracking-so-gestalten-sie-ihre-online-stellenanzeigen-richtig/.
Zhou, J./George, J.M.: When Job Dissatisfaction Leads to Creativity: Encouraging the Expression of Voice. In: AMJ, Vol. 44, 4, 2001, S. 682-696.
Zimmermann, S.: Intern versus extern – eine personalökonomische Analyse von Einflussfaktoren auf die Besetzung von Spitzenführungspositionen. In: ZfP, 23. Jg., 3, 2009, S. 195-218.
Zugehör, R.: Die Zukunft des rheinischen Kapitalismus. Unternehmen zwischen Kapitalmarkt und Mitbestimmung. Opladen 2003.
Zulley, J./Knab, B.: Unsere Innere Uhr. Natürliche Rhythmen nutzen und der Non-Stop-Belastung entgehen. Freiburg 2003.
Zwick, T.: Weiterbildungsintensität und betriebliche Produktivität. In: ZfB, 74. Jg., 7, 2004, S. 651-668.

Firmenverzeichnis

Stichwortverzeichnis

24264745R00210

Printed in Poland
by Amazon Fulfillment
Poland Sp. z o.o., Wrocław